多智能体系统基于观察器的一致性控制

高利新 徐晓乐 著

上海交通大學出版社
SHANGHAI JIAO TONG UNIVERSITY PRESS

内容提要

本书旨在介绍不同动态的多智能体系统基于观察器的一致性问题,并对给出的控制策略做了深入的探讨和理论分析。全书共分 12 章。第 1 章为绪论。第 2 章介绍研究背景和预备知识。第 3 章讨论具有一般线性系统结构的多智能体系统基于状态的一致性问题。第 4 章介绍了具有一般线性系统结构的连续多智能体系统基于输出的一致性问题。第 5 章考虑具有一般线性系统结构的多智能体系统基于间歇性观测器的一致性问题。第 6 章探讨具有一般线性系统结构的多智能体系统在无向切换拓扑下的有限时间一致性问题。第 7 章探讨多智能体系统的自适应一致性问题。第 8 章考虑基于函数观测器的一致性问题。第 9 章研究了广义多智能体系统在有向拓扑图下的一致性问题。第 10 章考虑了连续时间二阶多智能体采样系统的一致性问题。第 11 章研究一类带有未知非线性项的多智能体系统的跟踪问题。第 12 章研究了基于分布式控制器和观测器的离散时间多智能体系统的跟踪问题。

本书适宜于从事控制理论相关专业的研究人员、研究生和工程技术人员阅读与参考。

图书在版编目(CIP)数据

多智能体系统基于观察器的一致性控制/ 高利新,
徐晓乐著. —上海:上海交通大学出版社,2018
ISBN 978-7-313-18820-5

Ⅰ. ①多… Ⅱ. ①高… ②徐… Ⅲ. ①观测仪器
Ⅳ. ①TH73

中国版本图书馆 CIP 数据核字(2018)第 011106 号

多智能体系统基于观察器的一致性控制

著　　者:高利新　徐晓乐
出版发行:上海交通大学出版社　　地　　址:上海市番禺路 951 号
邮政编码:200030　　电　　话:021-64071208
出 版 人:谈　毅
印　　制:虎彩印艺股份有限公司　　经　　销:全国新华书店
开　　本:710 mm×1000 mm　1/16　　印　　张:14.25
字　　数:268 千字
版　　次:2018 年 4 月第 1 版　　印　　次:2018 年 4 月第 1 次印刷
书　　号:ISBN 978-7-313-18820-5/TH
定　　价:68.00 元

主要符号对照表

$\mathbf{R}^n$	n 维实欧几里得空间
$\mathbf{R}^{n\times m}$	n 行 m 列实矩阵集合
$\boldsymbol{I}_n$	n 维的单位矩阵
$\mathbf{0}_n$	n 维的零矩阵
$\boldsymbol{1}_n$	所有元素为 1 的列向量
$\mathrm{Re}(\mu)$	复数 μ 的实部
$\mathrm{Im}(\mu)$	复数 μ 的虚部
$\otimes$	Kronecker 积
$\mathrm{diag}\{A_1, \cdots, A_n\}$	以 $A_j(j=1, 2, \cdots, n)$ 为对角元素的分块对角矩阵
$\boldsymbol{X}^{\mathrm{T}}$	矩阵 $\boldsymbol{X}$ 的转置
$\boldsymbol{X}^{\mathrm{H}}$	矩阵 $\boldsymbol{X}$ 的厄米特共轭转置
$\det(X)$	矩阵 $\boldsymbol{X}$ 的行列式
$\mathrm{Rank}(X)$	矩阵 $\boldsymbol{X}$ 的秩
$\boldsymbol{X}^{-1}$	方阵 $\boldsymbol{X}$ 的逆
$\boldsymbol{X}\geqslant 0$	对称正半定矩阵 $\boldsymbol{X}$
$\boldsymbol{X}>0$	对称正定矩阵 $\boldsymbol{X}$
$\boldsymbol{X}\geqslant \boldsymbol{Y}$	$\boldsymbol{X}-\boldsymbol{Y}$ 是对称正半定矩阵
$\boldsymbol{X}>\boldsymbol{Y}$	$\boldsymbol{X}-\boldsymbol{Y}$ 是对称正定矩阵
$*$	对称矩阵的对称块 如 $\begin{bmatrix} \boldsymbol{X} & \boldsymbol{Y} \\ * & \boldsymbol{Z} \end{bmatrix}$ 中的 $*$ 代表 $\boldsymbol{Y}^{\mathrm{T}}$
max	最大值
min	最小值

$\sigma_{\max}(\boldsymbol{X})$	矩阵 $\boldsymbol{X}$ 的最大奇异值
$\lambda_{\min}(\boldsymbol{X})$	矩阵 $\boldsymbol{X}$ 的最小特征值
$\lambda_{\max}(\boldsymbol{X})$	矩阵 $\boldsymbol{X}$ 的最大特征值
$\\|\cdot\\|_1$	向量或矩阵 1 范数
$\\|\cdot\\|_2$	向量或矩阵 2 范数
$\\|\cdot\\|_\infty$	向量或矩阵∞范数
$\triangleq$	定义为(define)
$E\{\cdot\}$	数学期望
$\mathrm{sgn}(\boldsymbol{x})$	向量 $\boldsymbol{x}$ 的符号函数

前　言

自然界中存在一个普遍的现象，即弱小的生物个体总是通过群体的配合完成觅食、迁徙、躲避天敌等活动，如鱼群、鸟群、蚁群、蜂群等为了迁移、猎捕食物、防御敌人等常常要出现有规律的编队行为。通过大量的观察和研究发现，这些生物种群中每个个体都微不足道，也没有复杂的智慧，在这些编队行为中，个体通过相互合作大幅提高了搜索和猎捕猎物的成功效率，同时极大地降低了单独个体遭受捕猎者攻击的可能性。受到自然界的启发，很多学者对生物物种的这种合作机理产生了浓厚的兴趣，并对此进行了大量的模拟仿真寻求其中的规律。随着分布式计算、通信和传感技术的快速发展并日趋成熟，系统中的各个组件单元已成为具备一定计算和执行能力的单个个体，因此催生了一门新兴的复杂系统科学——多智能体系统。

目前，多智能体系统正以极大的魅力吸引着世界上众多专家、学者为之奋斗。对它的研究已经渗透到物理学、信息学、生物学、管理学、社会学以及经济学等不同的领域。20 世纪 90 年代以来，对于多智能体系统的研究已经成为分布式人工智能研究的热点。在多智能体系统中，智能体间的协调不仅能够提高智能体系统的整体行为性能，增强解决问题的能力，还能使系统具有更好的协作性、灵活性。所以研究多智能体的协调工作是研究多智能体系统的必然要求。多智能体系统协调控制的关键之一即要有合理的体系结构和适当的协调策略。过去的数十年里，由于多智能体系统在各方面的广泛应用，相关的文献迅速增长。在多智能体系统协同控制的众多主流研究问题中，一致性问题是最重要也是最基本的问题，它的主要任务是利用智能体的局部状态信息，设计一个分布式控制协议使得一组智能体能够实现一致。对于多智能体一致性问题，大多数现存的解决方案是设计基于状态信息的控制协议，这就默认了智能体的状态信息是已知或可测的。但是在许多实际应用中，由于技术水平的限制或者经济成本过高导致系统的一些状态变量并不能够直接获得。为了克服这种困难，状态观测器便成了用来估计那些不可测状态变量的最好选择。迄今为止，通过基于观测器协议的一致性问题已经成为多智能体网络的重要问题。

本书以作者近年从事多智能体系统这一领域为背景，主要集中基于观察器的一致性协议的设计及稳定性分析。众所周知，智能体动态和系统的信息拓扑网络是一致性协议设计和系统性能分析的关键性因素。本书研究内容主要涉及基于不同的智能体动态、系统的信息拓扑网络和观察器结构下一致性协议的设计与分析。在系统的信息拓扑网络方面，无向与有向拓扑网络、固定与切换拓扑网络、带领导与无领导的拓扑网络等情形。在智能体动态方面，考虑个体由一般线性系统、非线性系统、离散时间系统、分数阶系统和广义系统等描述的多智能体系统。在观察器构造方法，考虑全维、降维和函数型观察器等形式，对广义多智能体系统，我们不仅设计具有广义动态建模的状态观察器，还研究正常线性系统描述状态观察器。另外，在网络性形下，控制器和观察器可有更丰富的连接方式，这些都会影响控制协议设计和系统性能分析。我们的研究，如果能使读者更加了解基于状态观察器的一致性协议的设计方法，并能得到启发和应用，我们会感到非常欣慰。

借此机会，作者衷心感谢浙江省自然基金委对我们研究的支持，本书部分研究成果受浙江省自然基金项目(LY17030003和LY130005)资助。本书内容除徐晓乐博士攻读博士学位的成果外，还包括崔玉龙、李志韬、王如生、许冰冰、崔贾、赵玉格、陈文秀、李俊伟等研究生相关研究成果，部分研究还有陈文海等课题组老师的参与。崔玉龙、李志韬、王如生等研究生参与部分章节撰写和校对，在这一并表示感谢！感谢温州大学数学与信息科学学院同事们的帮助和支持，感谢家人的贡献和付出！

由于作者水平所限，书中存在的不妥和错误之处，恳请读者批评指正。

作者

2017年7月

目　录

第1章 绪论

1.1 研究背景

自然界中存在着一个普遍的现象，即弱小的生物个体总是通过群体的配合完成觅食、迁徙、躲避天敌等任务，如结对巡游的鱼群、编队迁徙的鸟群、协调工作的蚁群等。通过大量的观察和研究发现，在这些生物种群中每个个体都微不足道也没有复杂的智慧，但通过相互合作大幅提高了搜索和捕获猎物的成功率，同时极大地降低了单独个体遭受捕猎者攻击的可能性。例如在蚁群中，不论是工蚁还是蚁后都没有足够的能力来指挥完成御敌、迁徙、觅食、清扫蚁穴这些复杂的行为，然而通过群体的协作却能完成单个个体无法完成的任务；又如鸟群和鱼群等经常形成一个大的编队，处于编队中个体的相对位置是固定的，当所有个体组成了一个固定的队形时，整个编队可看作一个移动的刚性整体。受到生物群体行为的启发，很多学者对生物物种的这种合作机理产生了浓厚的兴趣，并对此进行了大量的模拟仿真寻求其中的规律。同时，更多的学者在思考："能否把生物物种的这种协作机制引入到工业实践中？"随着分布式计算、通信和传感技术的快速发展并日趋成熟，系统中的各个组件单元已成为具备一定计算和执行能力的单个个体。由于上述"硬件"和"软件"支持，催生了一门新兴的复杂系统科学——多智能体系统的协调控制。

多智能体系统是由多个智能体组成的集合。这些智能体之间通过相互协同合作，共同完成一个复杂任务。他们通过竞争或协商的手段协调和解决各智能体的行为和目标之间的冲突和矛盾。多智能体系统是一类复杂、开放的分布式系统，具有自治性、分布性，并具有自组织能力、学习能力和推理能力。多智能体系统是近年发展起来的一门新兴的复杂科学系统，同时它也是一门涉及生物、物理、数学、计算机、控制、通信以及人工智能的综合性交叉学科。与传统的控制系统相比，多智能体系统具有非常明显的优势，具体表现在：

(1) 功能性更强。系统的智能体在时间、空间和功能上分布更广，它们可以在同一时间处于不同的位置，执行各自的任务，通过彼此之间的相互协作，在不确定环境下，完成单个智能体无法完成的任务。

(2) 设计简单。多智能体系统主要通过智能体之间相互影响和作用完成复杂的任务，而且对单个智能体的功能要求比较简单，不需要设计复杂的集中控制，从而大大降低了系统的设计难度。

(3) 更好的扩充性。多智能体系统可以不通过个体之间的直接通信而是通过非直接通信进行合作，这样的系统具有更好的可扩充性。

(4) 系统具有更好的灵活性和鲁棒性。当系统中的个别智能体发生故障或系统所处的外部环境发生变化时，系统中的智能体仍能通过自组织能力和其内在的协作机制重新建立相互关系，完成指定任务。

近年来，越来越多的学者关注多智能体系统的协作问题。不同学科的学者从不同的角度对这一问题进行研究。生物学家研究动物群体通过内部合作而涌现各种群体现象的一些规则[113,129,133,153]，而物理学家则通过建立模型来模拟群集现象并通过仿真来进一步解释这些有趣的规律[31,32,42]，系统与控制科学领域的研究者则根据生物群集的自然规律来设计控制律，并将这样的控制律用于真实的群体来达到人们期望的目标。事实上，多智能体系统的应用非常广泛，如自治家庭装置、未来的自治战争系统、危险材料处理系统、高级检测系统等。而研究多智能体系统的主要目的就是使用多个简单低阶的智能体的直接协作取代单个复杂昂贵系统从而达到同样的目的。在协作控制中，智能体可以利用共享信息，即使用传感技术传输信息，可在初始时刻输入共享信息，这些信息包括相同的控制算法、共同的目标或相对的位置信息。有效的协作控制必须能够应对无法预测的情形，对突然变动的环境做出正确的响应。一致性作为多智能体系统中智能体之间协作的基础，成为多智能体系统的一个重要的研究课题。近些年来，由于多智能体系统广泛地应用于实际，多智能体系统的一致性问题研究得到了迅速发展，并且在理论研究和实际应用中取得了丰硕的成果。如移动机器人的协调控制[80]、多传感器网络的分布式数据信息融合[182]，并行计算的负载平衡[83]等。

利用多智能体系统来研究实际问题时，通常会根据系统自身的一些特点，对每个智能体赋予一定的行动能力及行为规则，对智能体与智能体之间的通信及信息交互也会做出约定，每个智能体会按照预先规定的协议，根据系统的目标，利用自身的资源和能力以及通信网络，相互之间的协商确定自身的任务，最后通过协调和协作完成各自的任务并达到整体目标。采用多智能体系统解决实际问题，具有很强的鲁棒性和可靠性，并可提高解决问题的效率。

多智能体系统是复杂系统(这类系统包括自然系统、社会系统和一些复杂的人工系统等)的重要分支之一,为复杂系统的建模、分析和控制提供了新的手段。多智能体系统的主要目的是通过大量的智能个体的合作协调完成复杂的或者危险的任务。例如:危险材料的处理系统、高级监督系统、未来的战争系统以及自治家庭装置等。在这些合作控制问题中,智能体之间通过无线网络或者在初始时刻预输入的共享信息(如相同的控制算法,相对位置信息,共同的目标等)相互协调,最后对任务完成一致意见,即下面介绍的一致性问题。

1.2　多智能体系统的一致性问题及其应用

1.2.1　一致性问题的描述

在日常生活中,我们经常能看到迁徙的鸟群、集体觅食的鱼群等,它们中的个数有时候达到成百上万。这么庞大的规模,由谁来指挥它们来完成聚集、迁徙、觅食、逃避天敌等行为呢?在卫星的信息采集中,数据采集平台的输入端接有多个传感器,通过这些数据采集平台可以自动地采集到各种监测量,这些不同的传感器是如何进行信息交互的呢?现代战争系统是复杂系统,它结合各种陆、海、空高科技设备。每个设备都可以看成是一个子系统,如何协调各个子系统,从而更好地指挥整个军事系统?这些看似毫不相关的问题都有着相同的特征,即都是通过群体中的成员与其他成员的信息交流及共同约定的相互作用,使群体达成共同的感知和意向,或者称达到一致。一致性问题在计算机中的应用已经有较长的时间,复杂动态网络系统中的一致性问题是研究的热点之一。所谓一致性指随着时间的增加,一个复杂系统中所有个体的状态趋于一个相同的值。一致性协议(算法)是指复杂系统中智能体直接相互作用的规则,它描述了每个智能体与相邻的智能体间的信息交换过程。多智能体系统一致性的关键点在于设计适当的控制法则或协议,对于任意的初始状态,随着时间的改变,使得智能体的某一个状态趋于一致。即为了使系统中所有智能体最终达到一个相同的信息状态,必须设计一个合适的算法,即一致性协议,使得所有智能体的信息状态收敛到一个相同值。一致性协议有着广阔的历史背景,而且在多智能体的协调控制中也已经广泛研究[9,37,109,124],其基本思想是对系统中每个智能体的信息状态提出相似的动态方程。如果智能体之间的通信网络允许连续的信息交换或者通信带宽充分大时,用一个微分方程来表示智能体信息状态的更替,即人们一般用微分方程来表示连续时间多智能体系统的动态演化过程。如果通信数据是以离散信息包的形式传递,则用差分方程表示信息状态的更替。

1.2.2 一致性问题的研究现状

一致性问题的研究在计算机领域已经有着很长的历史，它奠定了分布式计算的基础[117]。它始于20世纪70年代的管理科学和统计学。1974年，DeGroot第一次把统计学中的一致性思想应用于解决由多个传感器组成的不确定信息融合问题[37]，而Borkar和Tsitsiklis则应用分布式决策的方法考虑了异步一致性问题[9,163]。Reynold按照自然界中生物种群的特点，针对鸟群、鱼群等系统的群体行为，将自然界群的集体行为用三条简单的规则进行描述：避免碰撞原则（collision avoidance）、速度匹配原则（velocity matching）以及群中心定位原则（flocking centering），这三个规则统称为Reynolds聚合规则。并利用计算机仿真进行验证，提出著名的Boid模型[147]。该模型用动力学方程描述智能体的运动行为。得出了当每个智能体随时间变化时，其周围的智能体也在“被迫”变化，最终形成有序的、协调一致的行为的结论。

1995年，Vicsek[164]开启了一致性问题理论方面的研究工作，提出自驱粒子群模型，对研究非平衡多智能体系统的聚类、运送、变相的行为问题起到十分关键的作用。Vicsek等在此基础上进一步模拟了噪声对模型中智能体运动的影响。随着研究的不断深入，此模型逐渐发展为离散时间多智能体系统的一个典型代表，称为“Vicsek模型”。Vicsek模型是研究多智能体系统的一个基本模型，它具备了复杂多智能体系统的一些关键特征，如动态行为、局部相互作用和变化的邻居关系等，也是研究复杂系统的重要切入点之一。该模型是由N个自治的智能体组成的离散时间系统，每个智能体在平面中以相同大小的速率运动，每个智能体的角度按照邻居角度的矢量平均来更新。可以说Vicsek模型是比Boid模型简单但又不失本质的一种模型。在该模型中的每一个智能体只需要知道以它为中心，半径为r的区域内的其他智能体的局部信息，并利用这些信息来调节自身的运动方向和位置。这样可实现群集中的所有智能体从无序到有序，最终都按照某个共同的方向运动，即达到一致。Vicsek模型符合自然界中群集行为的特性，具有一定的代表意义。

随后，Jadbabie等人研究了线性无噪声的Vicsek模型。Jadbabaie等[80]用无向图来模拟智能体之间的相互作用，根据图论和矩阵论方法考察了线性化“Vicsek模型”的一致性条件，并对文献[164]中的现象给出了理论的解释。

而对于多智能体系统的研究，Olfati Saber和Murray[148,149]所做的工作起到重要的推动工作，他们用有向图模拟智能体之间的相互作用，首次明确提出一致性协议的概念。Saber和Murray等[148,149]建立了一般性的多智能体一致性问题的基本框架，包括连续时间和离散时间的模型。作者利用图论和矩阵论的知识，并引入

Lyapunov 方法来研究一致性问题，揭示了图的连通性与系统稳定性的联系。Ren 和 Beard[140]进一步扩展了文献[163,164]中的理论成果，给出了在切换拓扑情形下达到一致的比较宽松的条件，并证明了当这些有向的网络切换图的并集有一个支撑树（或无向图的网络切换图的并集是连通）时，系统能够达到一致。需要指出的是上述文献都是针对一阶多智能体系统。虽然一阶系统能很好地诠释一致性现象，但是它本身结构简单，并不能描述工程以及自然界中的大多数系统。如生物体的聚集、蜂拥以及无人飞行器或多移动机器人的编队都需要速度和位移两个状态来刻画。因此，很有必要对二阶多智能体系统的一致性进行研究。受蜂拥模型的启发，Ren 提出了二阶多智能体系统，并指出有向通信拓扑存在生成树是二阶多智能体系统实现一致的必要条件而不是充分条件，即二阶系统的一致性条件不仅与网络通信拓扑有关还与参数的选取有关[139]。近年来，二阶系统一致性也同样引起了广泛关注，各种条件下的二阶系统纷纷得到研究[19,82,91,120,135]。Hong 和 Gao 等人在文献[71]中给出了实现二阶连续系统一致的跟踪控制器设计。Hong 在文献[72]中对文献[71]的结果进行深入的研究。Chen 等人对文献[71]的结果进行离散化，并给出相应的分布式控制策略，最后给出系统在离散的情况下达到一致的充分条件[25]。Cao 和 Ren[19]、Hayakawa 等[64]研究了周期采样的情形下二阶连续多智能体系统的一致性问题。Lin 和 Jia[104]考虑切换拓扑以及时滞下的二阶离散多智能体系统的一致性。文献[99,171]研究了有限时间内二阶多智能体系统的一致性问题。

在自然界中，鸟群以某种方式编队，彼此保持一定的距离，并且以相同的速度飞行。文献[146]研究了在有向拓扑图下产生分离和保持相同速度的二阶一致性算法。但是当某一只鸟突然感到出现危险或是发现食物时，鸟群有时会突然改变飞行方向。在这种背景下，建立一致性协议不仅需要它们的相对位置和速度，还需要加速度。由此可见高阶一致性有着很实际的背景。与一阶和二阶多智能体系统不同的是，高阶多智能体系统的一致性不仅要求最终的状态达到一致，还要求状态的各阶微分达到一致。Ren 等利用特征根分析的方法，研究了高阶多智能体系统的一致性问题[145]。Li 等研究一类具有一般线性系统结构的多智能体系统[97]，给出了基于观测器的一致性算法，利用特征根分析的方法，得到了使高阶多智能体系统实现一致的充要条件，并将结果推广到带有参考模型的多智能体系统的一致性问题上来。文献[175,179]研究的是高阶多智能体系统的群集一致性问题。

在以上研究成果的基础上，随后大量学者沿着不同思路和方法对多智能体系统一致性问题进行了研究，分别从连续和离散、固定和切换拓扑、带有时滞和无时滞等多个方面对多智能体系统的一致性问题进行研究。同时，国内的大量学者对多智能体系统一致性问题进行了深入的研究，例如中科院的洪奕光和张纪峰教授、北京大学的段志清教授、清华大学的王龙教授以及东南大学的田玉平教授等众多学者。下面就近年来多智能体系统一致性问题的子问题做简单介绍。

1）带有通信时滞的一致性问题

由于智能体之间的通信距离和通信信道能力有限，往往会导致传递信息的滞后，因此时滞是广泛存在的。有很多学者研究了带有时滞的多智能体系统的一致性问题。如文献[149]证明了一阶基于无向拓扑图的多智能体系统的最大通信时滞与网络拉普拉斯矩阵的最大特征值成反比。文献[8]借助偏微分方程的方法给出了一阶多智能体系统达到平均一致的时滞上限。Cao 等在文献[15]中研究了带时滞信息的离散时间模型，解决了多智能体系统如何收敛到一个共同的航向的问题。Yang 等在文献[194]研究了具有不同时变通信时滞的二阶多智能体系统一致性问题，将时滞系统转化为反馈连接的一个时不变系统和一个有界时滞算子，并根据小增益稳定性定理，分别得到具有时不变和时变通信时滞下，系统在含有全局可达节点的拓扑结构下的频域一致性判据，同时，该文结论还可推广到高阶系统。Qin 等把时滞细化为若干等分，利用线性矩阵不等式的方法，研究了带有时滞的二阶连续多智能体系统的一致性问题[136]。

2）切换拓扑下的一致性问题

在多智能体系统通信网络中，由于数据传输的丢失，会导致智能体之间通信的中断。同时在通信的过程中，会有智能体与新的智能体建立了链接，例如在网络中新的页面产生。在带有传感器的多智能体系统中，当智能体之间的距离小于某个值时，会产生通信，而当大于这个值时，通信则会消失。当有的智能体要避开障碍物时，由于智能体之间的距离过大时，会导致通信的中断，当有新的智能体进入这个距离之内，又产生了新的通信。这些现象都会导致网络通信拓扑的变化。文献[140]研究了动态拓扑结构下的一阶多智能体系统的一致性问题，指出只要一段时间内网络拓扑子图的联合图包含有向生成树则系统可以达到一致。文献[108，159]讨论了带有时滞的一阶多智能体系统在切换拓扑结构下的平均一致性问题，但其要求拓扑结构是时刻保持连通的。Zhang 和 Tian[213]研究了二阶离散多智能体系统在 Markov 切换拓扑下均方一致性问题。文献[215]研究了在 Markov 切换拓扑下，多智能体系统的最小通信成本问题。

3）带领导的一致性问题

在多智能体系统中，有个别智能体代表着整个多智能体系统的共同利益或者是其他智能体跟踪的目标，这些智能体称为领导者，其他智能体称为跟随者。带有领导者的多智能体系统的一致性问题，也称为一致性跟踪问题，就是通过设计合适的一致性算法，使得每个智能体能跟随领导的运动轨迹。文献[121]分别讨论带有领导者和无领导者的一阶和二阶系统的一致性问题；文献[75]研究具有时滞的二阶系统的领导-跟随一致性问题；在有向拓扑图下，文献[137]研究具有时变参考状态的二阶系统的一致性问题。而当领导者的数量大于一时，一致性问题研究的是如何使跟随者进入由领导者组成的凸包中，该问题又叫包围控制问题(containment control problem)。Ji等[81]研究了固定无向拓扑下多智能体系统的包围控制问题，针对领导智能体提出一个混合的控制协议，使所有跟随智能体的位置最终到达由多个领导智能体生成的多面体内。Cao和Ren在文献[124]和[123]中分析了有向切换拓扑下具有多个静止领导智能体的包围控制问题。此外，他们还研究了切换拓扑下具有多个动态领导智能体的包围控制问题，提出了一个非线性的分布式追踪协议。通过只利用了智能体位置信息来设计一致性协议，文献[90]得出这样的结论：对于每个跟随者来说，如果至少有一个领导者与此跟随者存在一条有向路径，则只要通过合理选择控制协议中的参数就可以实现包围控制。

4) 基于状态观测器的一致性问题

反馈是控制系统设计的主要方式，经典控制理论用输出量作为反馈量，而现代控制理论利用状态变量揭示系统内部特性，建立了状态反馈这一新的方式。采用状态反馈不仅可以实现闭环系统极点的任意配置，还可以使系统解耦并形成最优控制规律，是较输出反馈更全面的反馈。采用状态反馈必须测量系统的状态变量，然而状态作为系统内部变量组，或由于不可能全部直接测量，或由于测量手段在经济和适用性上的限制，使状态反馈的物理实现成为不可能或很困难的事[218]。

许多文献中提出的分布式一致性协议大多都是基于邻居的状态信息来实现的，为了使系统达到一致，需要构建一个带有观测器的控制协议，依次来估计那些不能观测的状态变量。在文献[71,160]中，作者提出了基于观测器的分布式控制律分别解决了一阶系统和二阶系统的一致性问题。文献[73]提出了一个分布式算法去估计领导的不能测量的状态变量，得出一阶多智能体系统达到一致的条件。在文献[99]中，Li等人利用输出反馈，构造分布式降维观测器来解决固定通信拓扑下的一致性问题。Zhang等人将其推广到切换拓扑[212]。在文献[152]中，Seo等通过设计动态输出反馈补偿器，使得高阶多智能体系统实现一致。在文献[209]和[68]中，利用了输出反馈算法，得到高阶多智能体系统实现一致的充分条件。文献[11,174,175]研究的是高阶多智能体系统的群集一致性问题。

5) 有限时间一致性问题

收敛速度是一致性协议的一个重要性能指标，因为收敛速度快则意味着系统的控制精度高和抑制干扰能力强。近年来，很多研究关注于如何提高多智能体系统或网络实现一致的速度[6,36,181]。在文献[149]中,Olfati-Saber 等人证明了:对于无向网络,多智能体系统状态趋于一致的速度取决于网络的连通度。即连通度是衡量收敛速度快慢的一种度量指标。为了提高收敛速度,相当多的研究者致力于通过优化网络连通度来加快多智能体系统的收敛速度,然而一致性却从未在有限时间内实现。但是,在实际情况下,经常要求在有限时间内实现一致性,尤其当对系统的控制精度有严格的要求时,有限时间一致性就显得更为重要了。与渐近一致性相比,有限时间一致性具有更快的收敛速度、更强的抗扰性和抗噪性。最近,许多研究者在多智能体系统的有限时间一致性方面做出了重要贡献,见文献[118,157,214]。

6) 自适应参数设计的一致性问题

大多数现有的关于多智能体系统一致性的研究对一些结构完全已知、耦合函数完全已知和参数确定的网络是很有效的。然而,实际中我们很难得到耦合强度和参数的精确估计值并且对网络结构的信息掌握很少。但采用自适应方法可以克服这些缺陷。自适应控制是指不论外界发生怎样巨大变化或系统产生的不确定性,控制系统都能自行调整参数或产生控制作用,使系统仍能按某一性能指标运行在最佳状态的一种控制方法。在日常生活中,所谓自适应是指生物能改变自己的习性以适应新的环境的一种特征。因此,直观地说,自适应控制器应当是这样一种控制器,它能修正自己的特性以适应对象和扰动的动态特性的变化。在许多实际应用中,系统的参数部分甚至全部是未知的,系统的参数也可能随时间的演化发生变化。这种参数的不确定性会对系统的动力学行为产生很大的影响。面对这些客观存在的各式各样的不确定性,如何设计适当的控制器,使得某一指定的性能指标达到并保持最优或者近似最优,这就是自适应控制所要解决的问题。自适应控制的主要思想是利用自适应控制项来弥补参数不确定造成的影响。概括地说,自适应控制是一种适应性控制策略,它是根据检测到的性能指标的变化,产生相应的反馈控制律,以消除这种变化,达到预定的控制目标。自适应控制的必备功能:能够从性能指标的变化检测到对象的变化,能够产生依赖这种变化的控制律,具有实现可变控制律的可调控制器。最近,已出现大量利用自适应方法研究复杂网络同步的文章,如不确定复杂动力网络中的自适应同步,不确定网络的鲁棒自适应同步,神经网络中的自适应同步,未知神经网络中的自适应滞后同步,演化网络中的自适应同步,加权网络中的自适应同步,带有不同拓扑结构的两个网络间的自适应同步等[63,79,86]。最近几年,自适应控制方法也正在逐渐地应用到多智能体系统的一致性问题中[156],对于带有未知参数和参数不匹配的复杂动力网络模型,如何运用自适应方法来实现多智能体系统一致性,仍有很多问题要探索与解决。

1.3 本书的研究工作

本书主要研究多智能体系统基于观察器的一致性问题，主要内容和结构安排如下：

第1章介绍多智能体系统的研究背景及其应用，阐述一致性的基本概念和国内外研究情况。

第2章给出了多智能体系统的图论的基本知识和常用的一些引理及数学符号并简要概括本书的主要内容和结构安排。

第3章讨论具有一般线性系统结构的多智能体系统在固定和切换拓扑结构下基于状态的一致性问题，分别探讨了带领导和无领导的多智能体系统的一致性问题，得到保证系统实现一致的充分条件。

第4章介绍了具有一般线性系统结构的连续多智能体系统基于输出的一致性，给出了4种全维观测器框架和两种降维观测器的构造框架，通过求解 Riccati 方程和 Sylvester 方程，可得协议中的各个参数。通过数值仿真例子说明了所提出的方法的有效性和正确性。

第5章考虑具有一般线性系统结构的多智能体系统的一致性问题，假定每个智能体的状态是未知的，并设计了分布式的间歇性观测器观测智能体的状态。通过求解 Riccati 方程和 Sylvester 方程，可得协议中各个参数。利用带参数的公共 Lyapunov 函数来分析切换拓扑结构下的一致性问题。在该章中，假定控制周期和控制时间是固定的，并得出如下结论：多智能体系统能否实现一致性取决于控制时间和控制周期的比率的大小。

第6章探讨具有一般线性系统结构的多智能体系统在无向切换拓扑下的有限时间一致性问题。假设每个智能体的状态未知，利用输出反馈设计相应的控制器，得到系统实现有限时间一致的充分条件。

第7章出于只能利用每个智能体的输出来设计一致性协议，以及对每个跟随者来说领导的控制输入是未知的这一情形，该章提出了一类新的协议来解决一致性跟踪问题，并得到如下结论：只有当耦合增益有足够大时，所有智能体才能实现一致。为了弥补这一缺点，提出完全分布式的自适应跟踪协议来解决一致性问题。通过数值仿真例子，可以发现在该协议下，即使耦合强度未知，所有跟随者都能跟随领导运动轨迹。

第8章虑考虑带领导的多智能体系统的一致性问题，其网络拓扑图是有向连通的。利用函数观测器构造了一类一致性协议，利用该协议可以构造更低的反馈协议。利用分段的 Lyapunov 函数，并结合平均逗留时间的方法，解决了一致性问题。而且还可以将所构造的协议直接应用于固定拓扑或切换的平衡图。

第 9 章考虑了连续时间二阶多智能体采样系统在固定有向拓扑下的一致性问题。首先在连续时间系统下设计了全维和降维观测器来估计系统未知的速度和位置信息，同时提出了基于这两种观测器的一致性协议；接着，根据离散化的系统设计了一个降维的观测器来估计未知的速度，类似地给出了它的一致性协议。通过利用观测器的分离性原理，利用矩阵和采样控制理论对闭环系统进行分析和计算，得出了与耦合参数、拉普拉斯矩阵的谱以及采样周期相关的一致性充要条件。

第 10 章研究了广义多智能体系统在有向拓扑图下的一致性问题。在只利用邻居智能体的输出信息的情况下，设计了两种基于观测器的分布式一致协议。所设计的观测器与系统状态可分离，且观测器增益矩阵只依赖于广义的 Sylvester 方程和广义 Riccati 方程的解。

第 11 章研究一类带有未知非线性项的多智能体系统的跟踪问题。在假设未知项可以由神经网络逼近的前提下，提出了自适应学习法则来处理未知项。接着设计了一致性协议来解决分数阶多智能体系统的跟踪问题，并设计了完全分布式的一致性协议，利用该协议来调整耦合增益，最终得出所有的跟踪信号都是一致有界的这一结论。

第 12 章研究了基于分布式控制器和观测器的离散时间多智能体系统的跟踪问题。通过运用全状态反馈信息和测量输出反馈信息，提出了设计分布式一致性协议的一般性框架。并且，还提出了基于降维观测器的一致性协议来解决跟踪问题。

第2章 预备知识

2.1 代数图理论

在复杂网络一致性问题的研究中，图论是重要的分析工具。同样的，在多智能体系统中，每个智能体可看作是一个节点，智能体之间的信息传递关系可看作是边，因此可运用图论的知识来表示智能体之间的信息传递关系[60]。因此，需要先提供代数图论中的一些基本概念。

$G=(V, \varepsilon, \boldsymbol{A})$ 表示含 N 个节点的加权有向图，其中 $V=\{v_1, v_2, \cdots, v_N\}$ 表示图 G 的节点集，有限集合 $I=\{1, 2, \cdots, N\}$ 为节点的指标集。$\varepsilon \subseteq V \times V$ 为图 G 的边集，$\boldsymbol{A}=[a_{ij}]$ 是图 G 的以非负数 a_{ij} 为元素的邻接矩阵，其中 $a_{ij}>0$ 表示节点 v_i 与 v_j 之间的连接权值。有向对 (v_i, v_j)，$i, j \in I$ 表示图 G 的边，它表示以 v_i 为起点，v_j 为终点的一条边，其中 v_i 称为父节点，v_j 称为子节点。

当且仅当第 i 个节点能直接接收到第 j 个节点的信息时，$(v_i, v_j) \in \varepsilon$，否则 $(v_i, v_j) \notin \varepsilon$。当 $(v_i, v_j) \in \varepsilon$，$a_{ij}>0$；否则 $a_{ij}=0$。即 $a_{ij}>0 \Leftrightarrow (v_i, v_j) \in \varepsilon$。由于不考虑自环，所以假设对所有的 $i \in I$ 有 $a_{ii}=0$。如果对 $\forall (v_j, v_i) \in \varepsilon$，均有 $(v_i, v_j) \in \varepsilon$ 且 $a_{ij}=a_{ji}$，那么这个加权图就称为无向图，否则，就称为有向图。显然无向图的加权邻接矩阵 $\boldsymbol{A}=[a_{ij}]$ 是对称的。在有向图中，对于任意一个节点 v_i，指向该节点的边的数量称为 ε 的入度；同理，从该节点出发的边的数量称为 ε 的出度。如果 $(v_i, v_j) \in \varepsilon$，那么 v_j 就为 v_i 的一个邻居，点 v_i 的所有邻居记为 $N_i=\{j \mid (v_i, v_j) \in \varepsilon\}$。

两个不同的顶点 v_i 和 v_j 之间的路径是指以不同的边 (v_{i_1}, v_{i_2})，(v_{i_2}, v_{i_3})，$\cdots$，$(v_{i_{j-1}}, v_{i_j})$ 组成的有向序列，其中 $i_j \in I$，$v_{i_j} \in V$。如果从节点 v_i 到另一个节点 v_j 有一条路，那么 v_i 可到达 v_j。如果有向图中的每个其他节点都能到达 v_i，那么就称为全局可达点。如果一个有向图 G 中的任何两个点都是相互可达的，则此有向图 G 是强连通的。相应地，对于无向图 G，如果满足任何两个点都是相互可达的条件，则称此无向图 G 是连通的。有向树是指除了一个节点（即根节点)没有父节点外,其他节点都有唯一的父节点,而且根节点到其他每个节点都有有向路径的有向图。显然,有向树中不存在回路。在无向图中,若每一对节点都被唯一的一条无向路连接,则称这个无向图为树。图 G 的有向生成树是指一个有向树且是 G 的生成子图。在有向图中,有向生成树的存在性只是强连通的一个弱条件[142]。

有向图 G 的拉普拉斯矩阵(Laplacian)定义为 $\boldsymbol{L}=\boldsymbol{D}-\boldsymbol{A}\in\mathbf{R}^{n\times n}$,其中 $\boldsymbol{D}=\mathrm{diag}\{d_1, d_2, \cdots, d_n\}\in\mathbf{R}^{n\times n}$ 是一个对角矩阵,其对角元素为 $d_i=\sum_{j\in N_i}a_{ij}$。拉普拉斯矩阵具有以下几个性质:

(1) 0 是拉普拉斯矩阵 $\boldsymbol{L}$ 的一个特征根,并且 $\mathbf{1}$ 是其对应的特征向量;

(2) 如果 G 是有向强连通或无向连通的,那么 0 是矩阵 $\boldsymbol{L}$ 的单一特征根;

(3) 如果图 G 是连通对称,那么矩阵 $\boldsymbol{L}$ 是对称且半正定,并且所有的特征根为非负实数,依次可以排列为:$0=\lambda_1(\boldsymbol{L})\leqslant\lambda_2(\boldsymbol{L})\leqslant\cdots\leqslant\lambda_N(\boldsymbol{L})$,则

$$\lambda_2(\boldsymbol{L})=\min_{x\neq 0,\ \mathbf{1}^{\mathrm{T}}x=0}\frac{x^{\mathrm{T}}\boldsymbol{L}x}{\|x\|}$$

称 $\lambda_2(\boldsymbol{L})$为无向图 G 的代数连通度。

在本书中,考虑具有 N 个跟随者(following agent)和一个领导(leader agent)组成的多智能体系统的一致性问题。为了描述 N 个跟随者和这个领导智能体之间的信息传递情况,需要在节点集合 $v_0, v_1, v_2, \cdots, v_N$ 上定义一个新的图$\bar{G}$。图 $\bar{G}$ 包括图G、节点 v_0,以及领导智能体与其邻居智能体连接的所有边。如果 v_0 是有向图 $\bar{G}$ 全局可达节点,则称 $\bar{G}$ 是连通的。

下面给出几个重要的引理。

引理 2.1[140,149]:0 分别为拉普拉斯矩阵 $\boldsymbol{L}$ 的右特征向量 $\mathbf{1}$ 和左特征向量 $\boldsymbol{r}^{\mathrm{T}}\in\mathbf{R}^{1\times N}$ 的一个特征根,其他非零特征根均有正实部。进而,当且仅当 0 为单根时图 G 有有向生成树。

引理 2.2[71]:如果无向图 $\bar{G}$ 是连通的,则图 $\bar{G}$ 所对应的矩阵 $\boldsymbol{H}=\boldsymbol{L}+\boldsymbol{D}$ 是正定的。

若 $\boldsymbol{D}\in\mathbf{R}^{m\times m}$ 为一行随机矩阵,且满足 $d_{ii}>0$。当$(j, i)\in\varepsilon$,有 $d_{ij}>0$,否则 $d_{ij}=0$。

引理 2.3[140]:1 是矩阵 $\boldsymbol{D}$ 的一个特征值,对应左右特征向量分别为 $\boldsymbol{r}^{\mathrm{T}}\in\mathbf{R}^{1\times N}$ 和 1,而其他特征根均落在单位圆盘内。进而,当且仅当 1 为单根时图 G 有有向生成树。

由于,现实中描述多智能体动态系统的图的拓扑结构一般是随时间变化而变化的,故需要考虑所有可能的拓扑图 $\Gamma=\{\bar{G}_1, \bar{G}_2, \cdots, \bar{G}_s\}$。拓扑图的指标集为

$\rho=\{1, 2, \cdots, s\}$。为了描述不同网络拓扑的需要，本书定义切换信号映射 σ：$[0, \infty) \to \rho$，这是一个分段常整值函数。设 $t_1=0, t_2, t_3, \cdots$ 是所考虑的多智能体系统的网络拓扑切换时间点。因此，可知 N_i 和连接权重 $a_{ij}(i, j=1, 2, \cdots, N)$ 是时变的。而且与切换拓扑图有关的拉普拉斯矩阵 $\boldsymbol{L}_\sigma(t)(\sigma(t) \in \rho)$ 也是时变的，但是在任意时间间隔 $[t_i, t_{i+1})$ 内，它是时不变的矩阵。

2.2 矩阵理论

方阵 $\boldsymbol{A} \in \mathbf{C}^{n\times n}$ 称作 Hurwitz 矩阵(稳定矩阵)，如果方阵 $\boldsymbol{A}$ 的所有特征值的实部都严格小于零。相反，如果方阵 $\boldsymbol{A}$ 含有至少一个具有正实部的特征值，则称 $\boldsymbol{A}$ 为不稳定矩阵。

矩阵的 Kronecker 积[191]

设 $\boldsymbol{A}=(a_{ij})_{m\times n}$，$\boldsymbol{B}=(b_{ij})_{p\times q}$，则 $\boldsymbol{A}$ 和 $\boldsymbol{B}$ 的 Kronecker 积为

$$\boldsymbol{A} \otimes \boldsymbol{B}=\begin{pmatrix} a_{11}\boldsymbol{B} & a_{12}\boldsymbol{B} & \cdots & a_{1n}\boldsymbol{B} \\ a_{21}\boldsymbol{B} & a_{22}\boldsymbol{B} & \cdots & a_{2n}\boldsymbol{B} \\ \cdots & \cdots & \cdots & \cdots \\ a_{m1}\boldsymbol{B} & a_{m2}\boldsymbol{B} & \cdots & a_{mn}\boldsymbol{B} \end{pmatrix}$$

对于矩阵 $\boldsymbol{A}, \boldsymbol{B}, \boldsymbol{C}, \boldsymbol{D}$，有 $(\boldsymbol{A} \otimes \boldsymbol{B})^{\mathrm{T}}=\boldsymbol{A}^{\mathrm{T}} \otimes \boldsymbol{B}^{\mathrm{T}}$，$(\boldsymbol{A}+\boldsymbol{B}) \otimes \boldsymbol{C}=\boldsymbol{A} \otimes \boldsymbol{C}+\boldsymbol{B} \otimes \boldsymbol{C}$，且 $(\boldsymbol{AB}) \otimes (\boldsymbol{CD})=(\boldsymbol{A} \otimes \boldsymbol{C})(\boldsymbol{B} \otimes \boldsymbol{D})$。

引理 2.4[74]：假设对称矩阵 $\boldsymbol{S}$ 可以分成 $\boldsymbol{S}=\begin{bmatrix} \boldsymbol{S}_{11} & \boldsymbol{S}_{12} \\ \boldsymbol{S}_{21} & \boldsymbol{S}_{22} \end{bmatrix}$，其中 $\boldsymbol{S}_{11}$ 和 $\boldsymbol{S}_{22}$ 是对称方阵。则称这个矩阵 $\boldsymbol{S}$ 是负定的当且仅当

$$\boldsymbol{S}_{11}<0, \boldsymbol{S}_{22}-\boldsymbol{S}_{21}\boldsymbol{S}_{11}^{-1}\boldsymbol{S}_{12}<0$$

或等价于

$$\boldsymbol{S}_{22}<0, \boldsymbol{S}_{11}-\boldsymbol{S}_{12}\boldsymbol{S}_{22}^{-1}\boldsymbol{S}_{21}<0$$

引理 2.5[10]：对于向量 $\boldsymbol{u}, \boldsymbol{v}$，和任意的正定矩阵 $\boldsymbol{Q}$，有 $2\boldsymbol{u}^{\mathrm{T}}\boldsymbol{v} \leqslant \boldsymbol{u}^{\mathrm{T}}\boldsymbol{Q}^{-1}\boldsymbol{u}+\boldsymbol{v}^{\mathrm{T}}\boldsymbol{Q}\boldsymbol{v}$ 成立。

2.3 典型的模型及一致性算法

下面介绍多智能体系统的典型模型及一致性算法。

2.3.1 一阶多智能体系统

当每个智能体满足一阶连续动态方程：

$$\dot{x}_i = u_i(t) \tag{2.1}$$

其中，$x_i(t)$和 $u_i(t)$是第 i 个智能体的位置和控制输入。文献[149]和[141]给出的一致性算法

$$u_i(t) = \sum_{j \in N_i} a_{ij}(x_j(t) - x_i(t)) \tag{2.2}$$

定义 2.1：在一致性算法(2.2)下，多智能体系统(2.2)达到一致，当且仅当对于任意的 i，$j \in \mathbf{V}$，$\lim\limits_{t \to \infty}(x_j(t) - x_i(t)) = 0$。特别的，当 $x_i(t) = x_j(t) = \frac{1}{n}\sum_{i=1}^{N} x_i(0)$ 时，其中 $x_i(0)$是第 i 个智能体的初始状态，则称多智能体系统(2.1)达到平均一致。

当智能体存在输入时滞时，一致性算法为

$$u_i(t) = \sum_{j \in N_i} a_{ij}(x_j(t-\tau) - x_i(t-\tau)) \tag{2.3}$$

其中，τ 为时滞。当智能体之间只存在通信时滞时，文献[114]给出的一致性算法为

$$u_i(t) = \sum_{j \in N_i} a_{ij}(x_j(t-\tau) - x_i(t)) \tag{2.4}$$

2.3.2 二阶多智能体系统

当每个智能体满足二阶连续动态方程

$$\begin{aligned} &\dot{x}_i(t) = v_i(t), \\ &\dot{v}_i(t) = u_i(t),\ i = 0,\ 1,\ \cdots,\ N \end{aligned} \tag{2.5}$$

其中，$x_i(t)$和 $v_i(t)$分别表示第 i 个智能体的位置和速度；$u_i(t)$是第 i 个智能体的控制输入。二阶多智能体常用的一致性算法有以下两种，一是在文献[141]中，一致性算法为

$$u_i(t) = -\sum_{j \in N_i} a_{ij}[(x_i(t) - x_j(t)) + \gamma(v_i(t) - v_j(t))] \tag{2.6}$$

其中，γ 是常数。二是在文献[144]中

$$u_i(t)=-kv_i(t)-\sum_{j\in N_i}a_{ij}[(x_i(t)-x_j(t))+\gamma(v_i(t)-v_j(t))] \tag{2.7}$$

其中，γ 是常数。在算法(2.6)下，多智能体系统(2.5)可以达到动态一致，而在算法(2.7)下，多智能体系统(2.5)可以达到静态一致。当智能体存在输入时滞时，在文献[199]中的一致性算法为

$$u_i(t)=\alpha\sum_{j\in N_i}a_{ij}[(x_j(t-\tau)-x_i(t-\tau))+\beta(v_j(t-\tau)-v_i(t-\tau))] \tag{2.8}$$

其中，τ 是时滞，$\alpha>0$，$\beta>0$。

对于二阶离散多智能体系统

$$\begin{aligned} x_i(k+1)&=x_i(k)+v_i(k)T,\\ v_i(k+1)&=v_i(k)+u_i(k)T,\ i=0,\ 1,\ \cdots,\ N \end{aligned} \tag{2.9}$$

其中，$x_i(k)$和 $v_i(k)$分别表示第 i 个智能体在 k 时刻的位置和速度；$u_i(k)$是第 i 个智能体在 k 时刻的控制输入；T 是采样时间。当通信存在时滞时，文献[105]给出的一致性算法为

$$\begin{aligned} u_i(k)=&-k_0v_i(k)+k_1\alpha\sum_{j\in N_i}a_{ij}[(x_j(k-\tau)-x_i(k))+\\ &k_2(v_j(k-\tau)-v_i(k))] \end{aligned} \tag{2.10}$$

其中，$k_0>0$，$k_1>0$，$k_2>0$，τ 是时滞。

2.3.3 高阶多智能体系统

高阶多智能体系统满足以下动态方程

$$\begin{aligned} \dot{x}_i^0(t)&=x_i^1(t),\\ &\vdots\\ \dot{x}_i^l(t)&=u_i(t),\ i=0,\ 1,\ \cdots,\ N \end{aligned} \tag{2.11}$$

其中，$x_i^k(t)$是状态 $x_i(t)$的第 k 阶微分，$k=0,\ 1,\ \cdots,\ l$，文献[145]给出的一致性算法为

$$u_i(t)=\sum_{j\in N_i}a_{ij}\left[\sum_{k=0}^{l-1}\gamma_k(x_i^k-x_j^k)\right] \tag{2.12}$$

其中，$a_{ij}>0$，$\gamma_k>0$。而更一般模型的高阶多智能体系统[97, 99, 179]中

$$\dot{x}_i=\boldsymbol{A}x_i+\boldsymbol{B}u_i(t) \tag{2.13}$$

典型的一致性算法为

$$u_i(t)=\boldsymbol{K}\sum_{j\in N_i}a_{ij}(x_i(t)-x_j(t)) \tag{2.14}$$

其中，$\boldsymbol{K}$ 为参数矩阵。

第3章 基于状态的一致性算法

3.1 引言

本章考虑一类高阶多智能体系统，其中每个智能体的动力学方程具有一般的线性系统结构。假定每个智能体的状态信息已知，利用智能体的状态信息构造分布式协议，利用 Riccati 方程和 Lyapunov 方法，得到多智能体系统能够实现一致的结论。我们将分别探讨固定和切换拓扑结构下，带领导和无领导的多智能体系统一致性问题。

3.2 固定拓扑结构下的一致性问题

3.2.1 带领导的一致性问题

本节考虑由一个领导和 N 个跟随者组成的多智能体系统。假定每个跟随者的状态遵循如下动态方程

$$\dot{x}_i(t)=\boldsymbol{A}x_i(t)+\boldsymbol{B}u_i(t) \tag{3.1}$$

其中，$x_i\in\mathbf{R}^n(i=1,2,\cdots,N)$ 表示第 i 个智能体的状态，$u_i\in\mathbf{R}^m$ 是智能体 i 的控制输入，矩阵 $\boldsymbol{B}$ 为列满秩矩阵。

而领导的状态遵循如下动态方程：

$$\dot{x}_0(t)=\boldsymbol{A}x_0(t) \tag{3.2}$$

其中，$x_0\in\mathbf{R}^n$ 是领导的状态。显然领导的状态与其他智能体状态无关，而每个跟随者的状态受其他跟随者和领导状态的影响。

对每个智能体 i $(i=1,2,\cdots,N)$ 设计如下的分布式一致性协议

$$u_i(t)=c\boldsymbol{K}\sum_{j\in N_i}a_{ij}(x_i(t)-x_j(t))+c\boldsymbol{K}d_i(x_i(t)-x_0(t)) \tag{3.3}$$

其中，$\boldsymbol{K}\in\mathbf{R}^{m\times n}$ 是反馈矩阵，将对其进行设计。

定义 3.1：如果对每个智能体 $i\in\{1,\cdots,N\}$，均存在一个局部反馈控制协议 u_i，在任意给定的初始条件下，闭环系统均满足 $\lim\limits_{t\to\infty}\|x_i(t)-x_0(t)\|=0, i=1,\cdots,N$，则称多智能体系统(3.1)～(3.2)实现一致。

用 $\varepsilon_i(t)=x_i(t)-x_0(t)$ 来表示智能体 i 和领导的状态误差。则误差 ε_i 的动态方程可表示成：

$$\begin{aligned}\dot{\varepsilon}_i(t)&=\boldsymbol{A}\varepsilon_i(t)+\boldsymbol{B}u_i(t)\\&=\boldsymbol{A}\varepsilon_i(t)+c\boldsymbol{BK}\sum_{j\in N_i}a_{ij}(t)(x_i(t)-x_j(t))+\boldsymbol{BK}d_i(x_i(t)-x_0(t))\\&=\boldsymbol{A}\varepsilon_i(t)+c\boldsymbol{BK}\sum_{j\in N_i}a_{ij}[(x_i(t)-x_0(t))-(x_j(t)-x_0(t))]+\\&\quad c\boldsymbol{BK}d_i(x_i(t)-x_0(t))\end{aligned} \tag{3.4}$$

令 $\boldsymbol{\varepsilon}=(\varepsilon_1^{\mathrm{T}},\cdots,\varepsilon_N^{\mathrm{T}})^{\mathrm{T}}$，可得

$$\begin{aligned}\dot{\varepsilon}(t)&=(\boldsymbol{I}_N\otimes\boldsymbol{A})\varepsilon(t)+c[(\boldsymbol{L}+\boldsymbol{D})\otimes\boldsymbol{BK}]\varepsilon(t)\\&=[\boldsymbol{I}_N\otimes\boldsymbol{A}+c\boldsymbol{H}\otimes(\boldsymbol{BK})]\varepsilon(t)\end{aligned} \tag{3.5}$$

假定 3.1：图 G 包含有向生成树，且 v_0 为其根节点。

当假定 3.1 满足时，矩阵 $\boldsymbol{H}$ 有 N 个特征根，且每个特征根的实部均为正。

假定 3.2：$(\boldsymbol{A},\boldsymbol{B})$可稳定。

下面我们提出一种算法，该算法有助于我们构造控制器中的参数。

算法 3.1：(1) 求如下的 Riccati 方程

$$\boldsymbol{PA}+\boldsymbol{A}^{\mathrm{T}}\boldsymbol{P}-\boldsymbol{PBB}^{\mathrm{T}}\boldsymbol{P}+\boldsymbol{I}=0 \tag{3.6}$$

得到唯一的正定矩阵 $\boldsymbol{P}$。

(2) 设计反馈控制器 $\boldsymbol{K}$ 为

$$\boldsymbol{K}=-\boldsymbol{B}^{\mathrm{T}}\boldsymbol{P} \tag{3.7}$$

(3) 耦合参数 c 满足

$$c=\frac{1}{2\min_{i=1,2,\cdots,N}\mathrm{Re}(\lambda(H_i))} \tag{3.8}$$

定理 3.1：对给定的系统(3.1)～(3.2)，假设假定 3.1，3.2 成立，利用算法 3.1 构造一致性协议(3.3)。那么对任意给定的初始状态，在该协议下所有智能体均能

跟随领导的轨迹。

证明：由于 G 包含有向生成树，则矩阵 $\boldsymbol{H}$ 的 N 个特征根均有正实部。则存在一个正交矩阵 $\boldsymbol{U} \in \mathbf{R}^{N\times N}$ 使得

$$\boldsymbol{U}\boldsymbol{H}\boldsymbol{U}^{\mathrm{T}} \triangleq \boldsymbol{\Lambda}$$

$\boldsymbol{\Lambda}$ 为一块上三角矩阵，其对角线上的元素正好是 $\boldsymbol{H}$ 矩阵的 N 个特征根。令 $\tilde{\boldsymbol{\varepsilon}} \triangleq [\tilde{\boldsymbol{\varepsilon}}_1^{\mathrm{T}}, \tilde{\boldsymbol{\varepsilon}}_2^{\mathrm{T}}, \cdots, \tilde{\boldsymbol{\varepsilon}}_N^{\mathrm{T}}]^{\mathrm{T}} = (\boldsymbol{U}^{\mathrm{T}} \otimes \boldsymbol{I}_n)\boldsymbol{\varepsilon}$，则式(3.5)可转化为

$$\dot{\tilde{\boldsymbol{\varepsilon}}} = (\boldsymbol{I}_N \otimes \boldsymbol{A} + c\boldsymbol{\Lambda} \otimes \boldsymbol{BK})\tilde{\boldsymbol{\varepsilon}} \tag{3.9}$$

由于 $\boldsymbol{\Lambda}$ 为块上三角矩阵，因此 $\tilde{\boldsymbol{\varepsilon}}_i$ 渐近收敛于零，当且仅当 N 个子系统

$$\dot{\tilde{\boldsymbol{\varepsilon}}}_i = (\boldsymbol{A} + c\lambda_i(\boldsymbol{H})\boldsymbol{BK})\tilde{\varepsilon}_i,\ i = 1,\ 2,\ \cdots,\ N \tag{3.10}$$

渐近稳定的。利用算法 3.1，我们可得：存在一矩阵 $\boldsymbol{P}>0$ 满足

$$\begin{aligned}&(\boldsymbol{A} + c\lambda_i(\boldsymbol{H})\boldsymbol{BK})\boldsymbol{P} + (\boldsymbol{A} + c\lambda_i(\boldsymbol{H})\boldsymbol{BK})^H\boldsymbol{P}\\ &= \boldsymbol{PA} + \boldsymbol{A}^{\mathrm{T}}\boldsymbol{P} + 2c\mathrm{Re}(\lambda_i(\boldsymbol{H}))\boldsymbol{PBB}^{\mathrm{T}}\boldsymbol{P} \leqslant\\ &\boldsymbol{PA} + \boldsymbol{A}^{\mathrm{T}}\boldsymbol{P} - \boldsymbol{PBB}^{\mathrm{T}}\boldsymbol{P} < 0\end{aligned} \tag{3.11}$$

即 $\boldsymbol{A} + c\lambda_i(\boldsymbol{H})\boldsymbol{BK}$，$i = 1, 2, \cdots, N$ 是 Hurwitz 的，即式(3.10)中的 N 个子系统渐近稳定，同样意味着式(3.5)渐近稳定，即所有智能体能跟随领导的轨迹。

若跟随者之间的通信拓扑是无向连通的，则 $\boldsymbol{H}$ 是正定的对称矩阵，其中 N 个特征根均为正实数。可直接得到如下结论：

推论 3.1：对给定的系统(3.1)～(3.2)，假设假定 3.1，3.2 成立，利用算法 3.1 构造一致性协议(3.3)的增益矩阵 $\boldsymbol{K}$，耦合参数 $c = \dfrac{1}{2\min_{i=1,2,\cdots,N}\lambda_i(\boldsymbol{H})}$。那么对任意给定的初始状态，在该协议下所有智能体均能跟随领导的轨迹。

3.2.2　固定拓扑下无领导的一致性问题

本节考虑只有 N 个个体组成的多智能体系统，每个智能体的动力学满足式(3.1)。为了实现一致，对每个智能体设计如下的分布式控制协议

$$u_i(t) = c\boldsymbol{K}\sum_{j\in N_i} a_{ij}(x_i(t) - x_j(t)) \tag{3.12}$$

定义 3.2：如果对每个智能体 $i \in \{1, \cdots, N\}$，均存在一个局部反馈控制协议 u_i，在任意给定的初始条件下，闭环系统均满足 $\lim\limits_{t\to\infty} \| x_i(t) - x_j(t) \| = 0,\ i,\ j =$

1，…，N，则称多智能体系统(3.1)实现一致。

设存在一向量 $\boldsymbol{r} \in \mathbf{R}^N$，且满足 $\boldsymbol{r}^{\mathrm{T}}\boldsymbol{L}=0$，$\boldsymbol{r}^{\mathrm{T}}\mathbf{1}=1$，并引入一个新的变量 δ

$$\begin{aligned}\delta(t) &= x(t) - ((\mathbf{1}\boldsymbol{r}^{\mathrm{T}}) \otimes \boldsymbol{I}_n)x(t) \\ &= ((\boldsymbol{I}_N - \mathbf{1}\boldsymbol{r}^{\mathrm{T}}) \otimes \boldsymbol{I}_n)x(t)\end{aligned} \tag{3.13}$$

其中 $\boldsymbol{x}=[x_1^{\mathrm{T}}, x_2^{\mathrm{T}}, \cdots, x_N^{\mathrm{T}}]^{\mathrm{T}}$，$\delta$ 满足$(\boldsymbol{r}^{\mathrm{T}} \otimes \boldsymbol{I}_n)\delta=0$，可得 δ 的动力学方程

$$\dot{\boldsymbol{\delta}} = (\boldsymbol{I}_N \otimes \boldsymbol{A} + c\boldsymbol{L} \otimes \boldsymbol{BK})\delta \tag{3.14}$$

类似文献[149]，$\boldsymbol{\delta}$ 为一致性向量。不难发现，0 为 $\boldsymbol{I}_N - \mathbf{1}\boldsymbol{r}^{\mathrm{T}}$ 的单特征根，$\mathbf{1}$ 为其对应的右特征向量，l 为 $\boldsymbol{I}_N - \mathbf{1}\boldsymbol{r}^{\mathrm{T}}$ 另外的 $N-1$ 重特征根。由此可得：当且仅当 $x_1=x_2=\cdots=x_N$ 时，$\delta=0$。因此一致性问题转换为方程(3.14)的稳定性问题。下面给出结论。

定理 3.2：对给定的多智能体系统(3.1)，假设假定 3.2 成立，利用算法 3.1 构造一致性协议(3.12)的增益矩阵 $\boldsymbol{K}$，耦合参数 $c \geqslant \dfrac{1}{2\min_{\lambda_i(L)\neq 0}\mathrm{Re}(\lambda_i(\boldsymbol{L}))}$。那么对任意给定的初始状态，在该协议下所有智能体实现一致。且

$$x_i(t) \to \omega(t) \triangleq (\boldsymbol{r}^{\mathrm{T}} \otimes e^{At})\begin{pmatrix} x_1(0) \\ \vdots \\ x_N(0) \end{pmatrix} \tag{3.15}$$

其中 $\boldsymbol{r} \in \mathbf{R}^N$ 为一非零特征向量，且满足 $\boldsymbol{r}^{\mathrm{T}}\boldsymbol{L}=0$ 以及 $\boldsymbol{r}^{\mathrm{T}}\mathbf{1}=1$。

证明：由于 G 具有有向生成树，由引理 2.1 可得，0 是 $\boldsymbol{L}$ 的单根，其他特征根均有正实部。$\boldsymbol{U} \in \mathbf{R}^{N\times N}$ 为正交矩阵，且满足 $\boldsymbol{U}^{\mathrm{T}}\boldsymbol{L}\boldsymbol{U}=\bar{\boldsymbol{\Lambda}}=\begin{pmatrix} 0 & 0 \\ 0 & \boldsymbol{\Delta} \end{pmatrix}$，其中矩阵 $\boldsymbol{\Delta}$ 对角线上的元素为矩阵 $\boldsymbol{L}$ 的非零特征根。由于 $\boldsymbol{r}^{\mathrm{T}}$ 和 $\mathbf{1}$ 分别为 L 的对应于零特征根的左右特征向量，取 $\boldsymbol{U}=\left(\dfrac{1}{\sqrt{N}}, \boldsymbol{Y}_1\right)$，$\boldsymbol{U}^{\mathrm{T}}=\begin{pmatrix} \boldsymbol{r}^{\mathrm{T}} \\ \boldsymbol{Y}_2 \end{pmatrix}$，其中 $\boldsymbol{Y}_1 \in \mathbf{R}^{N\times(N-1)}$，$\boldsymbol{Y}_2 \in \mathbf{R}^{(N-1)\times N}$。令 $\boldsymbol{\zeta} \triangleq [\zeta_1^{\mathrm{T}}, \zeta_2^{\mathrm{T}}, \cdots, \zeta_N^{\mathrm{T}}]^{\mathrm{T}} = (\boldsymbol{U}^{\mathrm{T}} \otimes \boldsymbol{I}_n)x$。则式(3.14)可改写成

$$\dot{\zeta} = (\boldsymbol{I}_N \otimes \boldsymbol{A} + c\bar{\boldsymbol{\Lambda}} \otimes \boldsymbol{BK})\zeta \tag{3.16}$$

根据 ζ 的定义，容易得到 $\zeta_1=(\boldsymbol{r}^{\mathrm{T}} \otimes \boldsymbol{I})\delta=0$。由于 $\boldsymbol{\Delta}$ 是块上三角阵，因此 ζ_i，$i=2, 3, \cdots, N$ 渐近收敛到零，当且仅当 $N-1$ 个子系统

$$\dot{\zeta}_i = (\boldsymbol{A} + c\boldsymbol{\Delta}\boldsymbol{BK})\zeta_i,\ i=2, \cdots, N \tag{3.17}$$

稳定。采取与定理 3.1 相似的方法，得$(\boldsymbol{I}_N \otimes \boldsymbol{A} + c\boldsymbol{\Delta} \otimes \boldsymbol{BK})$是 Hurwitz，因此利用

式(3.17)可得

$$\begin{aligned} x &= \boldsymbol{e}^{(\boldsymbol{I}_N \otimes \boldsymbol{A} + c\boldsymbol{L} \otimes \boldsymbol{B}\boldsymbol{K})} x_0 \\ &= (\boldsymbol{U} \otimes \boldsymbol{I}) e^{(\boldsymbol{I}_N \otimes \boldsymbol{A} + c\boldsymbol{L} \otimes \boldsymbol{B}\boldsymbol{K})} (\boldsymbol{U}^{\mathrm{T}} \otimes \boldsymbol{I}) x_0 \\ &= (\boldsymbol{U} \otimes \boldsymbol{I}) \begin{pmatrix} \boldsymbol{e}^{At} & 0 \\ 0 & \boldsymbol{e}^{(\boldsymbol{I}_N \otimes \boldsymbol{A} + c\bar{\boldsymbol{\Lambda}} \otimes \boldsymbol{B}\boldsymbol{K})} \end{pmatrix} (\boldsymbol{U}^{\mathrm{T}} \otimes \boldsymbol{I}) x_0 \end{aligned} \tag{3.18}$$

且有

$$\begin{aligned} x &\rightarrow (\boldsymbol{1} \otimes \boldsymbol{I}) \boldsymbol{e}^{\boldsymbol{I}_N \otimes \boldsymbol{A}} (\boldsymbol{r}^{\mathrm{T}} \otimes \boldsymbol{I}) x_0 \\ &= (\boldsymbol{1}\boldsymbol{r}^{\mathrm{T}} \otimes \boldsymbol{I}) \boldsymbol{e}^{\boldsymbol{I}_N \otimes \boldsymbol{A}} x_0 \end{aligned} \tag{3.19}$$

即当 $t \rightarrow \infty$ 时，有

$$x(t) \rightarrow \boldsymbol{r}^{\mathrm{T}} \otimes \boldsymbol{e}^{\boldsymbol{I}_N \otimes \boldsymbol{A}} x(0) \tag{3.20}$$

3.2.3　切换拓扑下的一致性问题

本节考虑网络拓扑结构是切换的情况下，多智能体系统的一致性问题。对带领导的多智能体系统设计如下的分布式控制器

$$u_i(t) = c\boldsymbol{K} \sum_{j \in N_i(t)} a_{ij}(t)(x_i(t) - x_j(t)) + c\boldsymbol{K} d_i(t)(x_i(t) - x_0(t)) \tag{3.21}$$

其中，$a_{ij}(t)$和 $d_i(t)$是时变的，则对应的 Laplace 矩阵 $\boldsymbol{L}_\sigma(t)$和度矩阵 $\boldsymbol{D}_{\sigma(t)}$ 均为时变矩阵，且有 $\boldsymbol{H}_{\sigma(t)} = \boldsymbol{L}_{\sigma(t)} + \boldsymbol{D}_{\sigma(t)}$。采取类似的方法得到如下的误差系统

$$\dot{\varepsilon}(t) = (\boldsymbol{I}_N \otimes \boldsymbol{A})\varepsilon(t) + c[\boldsymbol{H}_{\sigma(t)} \otimes (\boldsymbol{B}\boldsymbol{K})]\varepsilon(t) \tag{3.22}$$

则多智能体系统(3.1)～(3.2)的一致性问题转化为闭环系统(3.22)的稳定性问题。

图 $\bar{G}$ 为带领导的多智能体系统的拓扑结构图。图 $\bar{G}$ 包含 N 个跟随者(标号为 v_i，$i=1, 2, \cdots, N$)和一个领导(标号为 v_0)。所有的拓扑结构图 $\bar{G}$ 用集合 $M''=\{\bar{G}_1, \bar{G}_2, \cdots, \bar{G}_M\}$ 来刻画。而 $\boldsymbol{L}_{\sigma(t)}$ 为拓扑结构图 $\bar{G}$ 的 Laplacian 矩阵，$\boldsymbol{D}_{\sigma(t)}$ 为一个 $N \times N$ 对角矩阵。在 t 时刻，它的第 i 个对角元上的元素为 $d_i(t)$。下面，将探讨切换拓扑结构下，带领导的多智能体系统的一致性问题。与前一节的有向拓扑结构图不同，假定拓扑结构图为一类特殊有向图。为了便于描述，假定所有拓扑结构图的集合为一个有限集并定义 v_0 是拓扑结构图 $\bar{G}$ 的全局可达点且 $\boldsymbol{H}^{\mathrm{T}}(\bar{G}) + \boldsymbol{H}(\bar{G})$ 是正定的。假设所有拓扑结构图的集合为 Γ：

注释 3.1：不难发现 Γ 是非空的，它至少包括一类根节点 v_0 是全局可达的有向平衡图[75]。

假定拓扑结构图满足如下假设：

假定 3.3：所有的拓扑结构图 $\bar{G}_{\sigma(t)}$ 属于 $M'' \cap \Gamma$。

因此，定义

$$\tilde{\lambda} \triangleq \min_{\bar{G}\in M''\cap\Gamma}\{\lambda_{\min}(\boldsymbol{H}^{\mathrm{T}}(\bar{G})+\boldsymbol{H}(\bar{G}))\} \tag{3.23}$$

$$\vec{\lambda} \triangleq \max_{\bar{G}\in M''\cap\Gamma}\{\lambda_{\max}(\boldsymbol{H}^{\mathrm{T}}(\bar{G})+\boldsymbol{H}(\bar{G}))\} \tag{3.24}$$

下面给出结论

定理 3.3：考虑一类多智能体系统(3.1)～(3.2)，假设假定条件 3.2 和 3.3 同时满足，利用算法 3.1 构造一致性协议(3.21)，耦合增益 $c \geqslant \frac{1}{\tilde{\lambda}}$，则在任意初始条件下，所有智能体都能跟踪领导的运动轨迹。

证明：令 $\sigma(t)=p$。构造如下的 Lyapunov 方程

$$\boldsymbol{V}=\boldsymbol{\varepsilon}^{\mathrm{T}}(\boldsymbol{I}_N \otimes \boldsymbol{P})\boldsymbol{\varepsilon} \tag{3.25}$$

其中，$\boldsymbol{P}$ 为 Riccati 方程(3.6)的解，则对 Lyapunov 方程(3.25)求导可得

$$\begin{aligned}\dot{\boldsymbol{V}}=&\boldsymbol{\varepsilon}^{\mathrm{T}}[\boldsymbol{I}_N \otimes (\boldsymbol{A}^{\mathrm{T}}\boldsymbol{P}+\boldsymbol{P}\boldsymbol{A})+c(\boldsymbol{H}_p^{\mathrm{T}}+\boldsymbol{H}_p)\otimes \boldsymbol{P}\boldsymbol{B}\boldsymbol{K})]\boldsymbol{\varepsilon} \leqslant\\ &\boldsymbol{\varepsilon}^{\mathrm{T}}[\boldsymbol{I}_N \otimes (\boldsymbol{A}^{\mathrm{T}}\boldsymbol{P}+\boldsymbol{P}\boldsymbol{A}-\boldsymbol{P}\boldsymbol{B}\boldsymbol{B}^{\mathrm{T}}\boldsymbol{P})]\boldsymbol{\varepsilon} \leqslant\\ &-\boldsymbol{\varepsilon}^{\mathrm{T}}(\boldsymbol{I}_N \otimes \boldsymbol{I})\boldsymbol{\varepsilon}<0\end{aligned} \tag{3.26}$$

故结论成立。

若考虑只有 N 个个体组成的多智能体系统，每个智能体的动力学满足式(3.1)。为了实现一致，对每个智能体设计如下的分布式控制协议

$$u_i(t)=c\boldsymbol{K}\sum_{j\in N_i(t)} a_{ij}(t)(x_i(t)-x_j(t)) \tag{3.27}$$

则得到的误差方程为

$$\dot{\delta}(t)=(\boldsymbol{I}_N \otimes \boldsymbol{A})\delta(t)+c[\boldsymbol{L}_{\sigma(t)} \otimes (\boldsymbol{B}\boldsymbol{K})]\delta(t) \tag{3.28}$$

定义

$$\bar{\lambda} \triangleq \min_{\lambda_i(L^{\mathrm{T}}+L)\neq 0}\{\lambda_{\min}(\boldsymbol{L}^{\mathrm{T}}+\boldsymbol{L})\} \tag{3.29}$$

则可以得到如下结论。

定理 3.4: 对给定的多智能体系统(3.1),假设假定 3.2 成立,利用算法 3.1 构造一致性协议(3.27)的增益矩阵 $\boldsymbol{K}$,耦合参数 $c=\frac{1}{\lambda}$。那么对任意给定的初始状态,在该协议下所有智能体实现一致。且

$$x_i(t)\rightarrow\omega(t)\triangleq(\boldsymbol{r}^{\mathrm{T}}\otimes\boldsymbol{e}^{At})\begin{pmatrix}x_1(0)\\ \vdots\\ x_N(0)\end{pmatrix}\tag{3.30}$$

其中,$\boldsymbol{r}\in\mathbf{R}^N$ 为一非零特征向量,且满足 $\boldsymbol{r}^{\mathrm{T}}\boldsymbol{L}=0$ 以及 $\boldsymbol{r}^{\mathrm{T}}\mathbf{1}=\mathbf{1}$。

证明: 令 $\sigma(t)=p$。构造如下 Lyapunov 方程

$$\mathbf{V}=\boldsymbol{\delta}^{\mathrm{T}}(\boldsymbol{I}_N\otimes\boldsymbol{P})\boldsymbol{\delta}\tag{3.31}$$

其中,$\boldsymbol{P}$ 为 Riccati 方程(3.6)的解,则对 Lyapunov 方程(3.31)求导可得

$$\dot{\mathbf{V}}=\boldsymbol{\delta}^{\mathrm{T}}[\boldsymbol{I}_N\otimes(\boldsymbol{A}^{\mathrm{T}}\boldsymbol{P}+\boldsymbol{PA})+c(\boldsymbol{L}_p^{\mathrm{T}}+\boldsymbol{L}_p)\otimes(\boldsymbol{PBK})]\boldsymbol{\delta}\tag{3.32}$$

由于 $\boldsymbol{L}_p^{\mathrm{T}}+\boldsymbol{L}_p$ 是对称的,故一定存在正交矩阵 $\boldsymbol{U}_p=\left(\frac{1}{\sqrt{N}},\ Y_{1p}\right)$,$\boldsymbol{U}_p^{\mathrm{T}}=\begin{pmatrix}\boldsymbol{r}^{\mathrm{T}}\\ \boldsymbol{Y}_{2p}\end{pmatrix}$,其中 $\boldsymbol{Y}_{1p}\in\mathbf{R}^{N\times(N-1)}$,$\boldsymbol{Y}_{2p}\in\mathbf{R}^{(N-1)\times N}$,且满足 $\boldsymbol{U}_p^{\mathrm{T}}(\boldsymbol{L}_p+\boldsymbol{L}_p^{\mathrm{T}})\boldsymbol{U}_p=\bar{\boldsymbol{\Lambda}}_p=\begin{pmatrix}0&0\\0&\bar{\boldsymbol{\Lambda}}_p\end{pmatrix}$。其中,矩阵 $\bar{\boldsymbol{\Lambda}}_p$ 对角线上的元素为矩阵 $\boldsymbol{L}_p+\boldsymbol{L}_p^{\mathrm{T}}$ 的非零特征根。令 $\zeta\triangleq[\boldsymbol{\zeta}_1^{\mathrm{T}},\ \boldsymbol{\zeta}_2^{\mathrm{T}},\ \cdots,\ \boldsymbol{\zeta}_N^{\mathrm{T}}]^{\mathrm{T}}=(\boldsymbol{U}^{\mathrm{T}}\otimes\boldsymbol{I}_n)\boldsymbol{\zeta}$。则式(3.14)可改写成

$$\begin{aligned}\dot{\mathbf{V}}&=\boldsymbol{\delta}^{\mathrm{T}}[\boldsymbol{I}_N\otimes(\boldsymbol{A}^{\mathrm{T}}\boldsymbol{P}+\boldsymbol{PA})+c(\boldsymbol{L}_p^{\mathrm{T}}+\boldsymbol{L}_p)\otimes(\boldsymbol{PBK})]\boldsymbol{\delta}\\&=\boldsymbol{\zeta}^{\mathrm{T}}[\boldsymbol{I}_N\otimes(\boldsymbol{A}^{\mathrm{T}}\boldsymbol{P}+\boldsymbol{PA})+c\bar{\boldsymbol{\Lambda}}_p\otimes(\boldsymbol{PBK})]\boldsymbol{\zeta}<0\end{aligned}\tag{3.33}$$

下面的证明过程与定理 3.2 相似,故省略。

3.2.4　本章小结

本章分别探讨具有一般线性系统结构的多智能体系统在固定和切换拓扑结构下基于状态的一致性问题,分别探讨了带领导和无领导的多智能体系统的一致性问题,得到保证系统实现一致的充分条件。

第4章　基于观测器的多智能体系统的一致性

4.1　引言

在实际系统中，有时不能得到系统的全部状态信息。因此必须设计观测器来观测那些未知的变量。如文献[71]考虑一类多智能体系统。在该系统中，每个跟随者的动力学方程是一阶的，而领导是二阶的。由于领导的速度信息是未知的，故构造分布式观测器来观测领导的速度信息，从而得到系统实现一致的充分条件。虽然文献[72]同样是构造观测器来观测领导的速度，但与文献[71]的区别在于：文献[72]所考虑的跟随者和领导的动力学方程均是二阶的。文献[152]提出了低增益输出补偿器，文献[99]提出了降维观测器。然而上述文献均考虑的通信拓扑结构是时不变的。受上述文献的启发，我们关注一类具有一般线性系统结构的多智能体系统。假定通信拓扑结构是无向、切换的，而且每个智能体的状态信息是未知的，利用智能体的输出信息设计相应的观测器，利用 Riccati 方程、Riccati 不等式、Lyapunov 方法、Sylvester 方程得到实现一致的充分条件。

4.2　全维观测器

考虑一类由 N 个跟随者和一个领导组成的多智能体系统，每个跟随者 i 的动力学方程如下：

$$\begin{aligned} \dot{x}_i(t) &= \boldsymbol{A}x_i(t) + \boldsymbol{B}u_i(t) \\ y_i(t) &= \boldsymbol{C}x_i(t) \end{aligned}, \quad i=1, \cdots, N \tag{4.1}$$

其中，$x_i \in \mathbf{R}^n$ 是第 i 个智能体的状态，$u_i \in \mathbf{R}^m$ 是第 i 个智能体的控制输入，$y_i \in \mathbf{R}^p$ 是第 i 个智能体的测量输出。$\boldsymbol{A}$，$\boldsymbol{B}$，$\boldsymbol{C}$ 是已知的常矩阵。

领导 v_0 的动力学方程如下：

$$\begin{aligned}\dot{x}_0(t) &= \boldsymbol{A}x_0(t) + \boldsymbol{B}u_0(t)\\ y_0(t) &= \boldsymbol{C}x_0(t)\end{aligned} \tag{4.2}$$

其中，$x_0 \in \mathbf{R}^n$ 是领导的状态，$y_0 \in \mathbf{R}^p$ 是领导的测量输出，u_0 是领导的控制输入。本章假定 u_0 是已知量，即对所有跟随者来说，u_0 是一个公共信息。若对于任意的初始状态 $x_i(0)$ $(i=0, 1, 2, \cdots, N)$，均有 $\lim_{t\to\infty}(x_i(t)-x_0(t))=0$ $(i=1, 2, \cdots, N)$，则多智能体系统实现一致。本节的主要目的就是设计分布式控制协议 $u_i(t)$，使得闭环系统实现一致。在给出主要定理之前，先给出几个假设条件。

假定 4.1： 矩阵$(\boldsymbol{A}, \boldsymbol{B}, \boldsymbol{C})$是可稳定的和可观测的。

假定 4.2： 所有的拓扑结构图 $\bar{G}$ 是连通的。

假定 4.3： 所有的跟随者均不能得到邻居的状态信息，只能获得邻居的输出信息。

4.2.1　分布式的观测器观测领导状态

设计如下的一致性协议

$$u_i(t) = u_0(t) - \boldsymbol{K}(x_i(t) - \hat{x}_i(t)) \tag{4.3}$$

以及一类分布式观测器

$$\dot{\hat{x}}_i(t) = \boldsymbol{A}\hat{x}_i(t) - c\boldsymbol{G}z_i(t) + \boldsymbol{B}u_0(t) \qquad i=1, 2, \cdots, N \tag{4.4}$$

其中 $\hat{x}_i(t) \in \mathbf{R}^n$ 是重构状态，表示第 i 个智能体对领导状态的估计值，z_i 是第 i 个智能体与周围邻居输出的误差值。c 为耦合强度，$\boldsymbol{K} \in \mathbf{R}^{m\times n}$ 与 $\boldsymbol{G} \in \mathbf{R}^{n\times p}$ 是增益矩阵，我们要对其进行设计。相对输出误差 z_i 可表述成

$$z_i(t) = \sum_{j\in N_i(t)} a_{ij}(t)(\hat{y}_i(t) - \hat{y}_j(t)) + d_i(t)(\hat{y}_i(k) - y_0(k)) \tag{4.5}$$

其中 $\hat{y}_i(t) = \boldsymbol{C}\hat{x}_i(t) \in \mathbf{R}^p$。

注释 4.1： 由于每个跟随者只能获得邻居的输出信息，故需要通过动态补偿器构造控制协议。由于部分跟随者与领导没有信息交互，这些跟随者只能通过分布式方法从其他邻居中获得领导的信息，从而来估计领导的状态。实际上，这种估计方法(4.4)是一种动态补偿器，是估计领导状态的关键点。在一致性协议的设计中，每个跟随者不仅利用邻居的输出，而且还要利用邻居动态补偿器的输出。

设计如下的一致性协议

$$u_i(t) = u_0(t) - \boldsymbol{K}(x_i(t) - \hat{x}_i(t)) \tag{4.6}$$

以及一类分布式观测器

$$\dot{\hat{x}}_i = \boldsymbol{A}\hat{x}_i(t) - c\boldsymbol{G}z_i(t) + \boldsymbol{B}u_0(t) \qquad i=1,\ 2,\ \cdots,\ N \tag{4.7}$$

相对输出误差 z_i 可表述成

$$z_i(t) = \sum_{j\in N_i(t)} a_{ij}(t)(\hat{y}_i(t) - \hat{y}_j(t)) + d_i(t)(\hat{y}_i(t) - y_0(t)) \tag{4.8}$$

其中 $\hat{y}_i(t)=\boldsymbol{C}\hat{x}_i(x)\in\mathbf{R}^p$，令 $\varepsilon_i = x_i - x_0$，$e_i = \hat{x}_i - x_0$，则可将 ε_i 和 e_i 的动态方程表述成：

$$\begin{aligned}\dot{\varepsilon}_i(t) &= \dot{x}_i(t) - \dot{x}_0(t)\\ &= \boldsymbol{A}x_i(t) + \boldsymbol{B}u_i(t) - \boldsymbol{A}x_0(t) - \boldsymbol{B}u_0(t)\\ &= \boldsymbol{A}\varepsilon_i(t) + \boldsymbol{BK}(\hat{x}_i(t) - x_0(t) + x_0(t) - x_i(t))\\ &= (\boldsymbol{A} - \boldsymbol{BK})\varepsilon_i(t) + \boldsymbol{BK}e_i(t)\end{aligned} \tag{4.9}$$

$$\begin{aligned}\dot{e}_i(t) &= \dot{\hat{x}}_i(t) - x_0(t)\\ &= \boldsymbol{A}e_i(t) - c\boldsymbol{G}\sum_{j\in N_i(t)}[a_{ij}(t)\boldsymbol{C}(e_i(t) - e_j(t)) + d_i(t)\boldsymbol{C}e_i(t)]\end{aligned} \tag{4.10}$$

令 $\boldsymbol{\varepsilon}=[\boldsymbol{\varepsilon}_1^{\mathrm{T}},\ \boldsymbol{\varepsilon}_2^{\mathrm{T}},\ \cdots,\ \boldsymbol{\varepsilon}_N^{\mathrm{T}}]^{\mathrm{T}}$，$\boldsymbol{e}=[\boldsymbol{e}_1^{\mathrm{T}},\ \boldsymbol{e}_2^{\mathrm{T}},\ \cdots,\ \boldsymbol{e}_N^{\mathrm{T}}]^{\mathrm{T}}$。则由式(4.9)和式(4.10)可得

$$\dot{\boldsymbol{\varepsilon}}(t) = \boldsymbol{I}_N \otimes (\boldsymbol{A} - \boldsymbol{BK})\boldsymbol{\varepsilon}(t) + \boldsymbol{I}_N \otimes (\boldsymbol{BK})\boldsymbol{e}(t) \tag{4.11}$$

$$\dot{\boldsymbol{e}}(t) = (\boldsymbol{I}_N \otimes \boldsymbol{A} - \boldsymbol{H}_{\sigma(t)} \otimes (c\boldsymbol{GC}))\boldsymbol{e}(t) \tag{4.12}$$

由式(4.11)和式(4.12)，可将误差动态方程表述成：

$$\dot{\boldsymbol{\eta}}(t) = \boldsymbol{F}_{\sigma(t)}\boldsymbol{\eta}(t) \tag{4.13}$$

其中 $\boldsymbol{\eta}=[\boldsymbol{\varepsilon}^{\mathrm{T}},\ \boldsymbol{e}^{\mathrm{T}}]^{\mathrm{T}}$，

$$\boldsymbol{F}_{\sigma(t)} = \begin{pmatrix}\boldsymbol{I}_N \otimes (\boldsymbol{A} - \boldsymbol{BK}) & \boldsymbol{I}_N \otimes \boldsymbol{BK}\\ 0 & \boldsymbol{I}_N \otimes \boldsymbol{A} - \boldsymbol{H}_{\sigma(t)} \otimes (c\boldsymbol{GC})\end{pmatrix}$$

显然，如果 $\lim\limits_{t\to\infty}\eta(t)=0$，则多智能体系统(4.1)～(4.2)可以实现一致，即一致性问题转化为误差系统(4.13)的稳定性问题。下面提出一种算法，该算法有助于我们构造观测器(4.4)和控制器(4.3)中的控制参数。

算法 4.1：对于给定的矩阵($\boldsymbol{A}$，$\boldsymbol{B}$，$\boldsymbol{C}$)，若($\boldsymbol{A}$，$\boldsymbol{B}$)可稳定，($\boldsymbol{A}$，$\boldsymbol{C}$)可观测，则可按如下算法构造协议(4.3)和(4.4)中的增益矩阵 $\boldsymbol{K}$，$\boldsymbol{G}$。

(1) 求解下列 Riccati 等式。

$$\boldsymbol{AP} + \boldsymbol{PA}^{\mathrm{T}} - \boldsymbol{PC}^{\mathrm{T}}\boldsymbol{CP} + \boldsymbol{Q} = 0 \tag{4.14}$$

得到唯一的正定矩阵 $\boldsymbol{P}$，则设计如下的增益矩阵 $\boldsymbol{G}=\boldsymbol{P}\boldsymbol{C}^{\mathrm{T}}$

(2) 选择 $\boldsymbol{K}$ 矩阵，使得 $\boldsymbol{A}-\boldsymbol{B}\boldsymbol{K}$ 稳定。

下面给出的结论。

定理 4.1：对给定的多智能体系统(4.1)～(4.2)，假设假定条件 4.1 和 4.2 满足。利用算法 4.1 构造增益矩阵 $\boldsymbol{K}$，$\boldsymbol{G}$，并取 $c\geqslant\frac{1}{\tilde{\lambda}}$，其中 $\tilde{\lambda}$ 的定义同(3.23)，则利用协议(4.3)和(4.4)多智能体系统(4.1)～(4.2)能实现一致。

证明：令 $\sigma(t)=p$，$p\in\{1,2,\cdots,M\}$。存在一个正交矩阵 $\boldsymbol{U}_p$ 满足

$$\boldsymbol{U}_p(\boldsymbol{H}_p+\boldsymbol{H}_p^{\mathrm{T}})\boldsymbol{U}_p^{\mathrm{T}}=\tilde{\boldsymbol{\Lambda}}_p=\mathrm{diag}(\tilde{\lambda}_{1p},\tilde{\lambda}_{2p},\cdots,\tilde{\lambda}_{Np}) \tag{4.15}$$

其中，$\tilde{\lambda}_{ip}$ 是 $\boldsymbol{H}_p+\boldsymbol{H}_p^{\mathrm{T}}$ 的第 i 个特征值。根据算法 4.1 及 c 的取值范围，可知式(4.14)存在唯一的正定解 $\boldsymbol{P}$ 满足下列不等式

$$\begin{aligned}&\boldsymbol{P}\left(\boldsymbol{A}-\frac{1}{2}\tilde{\lambda}_{ip}c\boldsymbol{G}\boldsymbol{C}\right)^{\mathrm{T}}+\left(\boldsymbol{A}-\frac{1}{2}\tilde{\lambda}_{ip}c\boldsymbol{G}\boldsymbol{C}\right)\boldsymbol{P}\\&=-\boldsymbol{Q}_1+\boldsymbol{P}\boldsymbol{C}^{\mathrm{T}}\boldsymbol{C}\boldsymbol{P}-\tilde{\lambda}_{ip}\gamma\boldsymbol{P}\boldsymbol{C}^{\mathrm{T}}\boldsymbol{C}\boldsymbol{P}\leqslant-\boldsymbol{Q}_1\end{aligned} \tag{4.16}$$

即下列不等式成立

$$\begin{aligned}&(\boldsymbol{I}_N\otimes\boldsymbol{P})\left(\boldsymbol{I}_N\otimes\boldsymbol{A}-\frac{1}{2}\tilde{\boldsymbol{\Lambda}}_pc\boldsymbol{G}\boldsymbol{C}\right)^{\mathrm{T}}+(\boldsymbol{I}_N\otimes\boldsymbol{A}-\frac{1}{2}\tilde{\boldsymbol{\Lambda}}_pc\boldsymbol{G}\boldsymbol{C})(\boldsymbol{I}_N\otimes\boldsymbol{P})\leqslant\\&-(\boldsymbol{I}_N\otimes\boldsymbol{Q}_1)\end{aligned} \tag{4.17}$$

对式(4.17)分别左乘和右乘$(\boldsymbol{U}_p\otimes\boldsymbol{I})$，则可得不等式

$$\begin{aligned}&(\boldsymbol{I}_N\otimes\boldsymbol{P})\left[\boldsymbol{I}_N\otimes\boldsymbol{A}-\frac{1}{2}(\boldsymbol{H}_p^{\mathrm{T}}+\boldsymbol{H}_p)\otimes(c\boldsymbol{G}\boldsymbol{C})\right]^{\mathrm{T}}+\\&\left[\boldsymbol{I}_N\otimes\boldsymbol{A}-\frac{1}{2}(\boldsymbol{H}_p^{\mathrm{T}}+\boldsymbol{H}_p)\otimes(c\boldsymbol{G}\boldsymbol{C})\right](\boldsymbol{I}_N\otimes\boldsymbol{P})\leqslant\\&-(\boldsymbol{I}_N\otimes\boldsymbol{Q}_1)<0\end{aligned} \tag{4.18}$$

由于 $\boldsymbol{G}\boldsymbol{C}\boldsymbol{P}$ 是对称矩阵，因此下列不等式成立

$$\begin{aligned}&(\boldsymbol{I}_N\otimes\boldsymbol{P})[\boldsymbol{I}_N\otimes\boldsymbol{A}-\boldsymbol{H}_p\otimes(c\boldsymbol{G}\boldsymbol{C})]^{\mathrm{T}}+[\boldsymbol{I}_N\otimes\boldsymbol{A}-\boldsymbol{H}_p\otimes(c\boldsymbol{G}\boldsymbol{C})](\boldsymbol{I}_N\otimes\boldsymbol{P})\\&=(\boldsymbol{I}_N\otimes\boldsymbol{P})\left[\boldsymbol{I}_N\otimes\boldsymbol{A}-\frac{1}{2}(\boldsymbol{H}_p^{\mathrm{T}}+\boldsymbol{H}_p)\otimes(c\boldsymbol{G}\boldsymbol{C})\right]^{\mathrm{T}}+\\&\left[\boldsymbol{I}_N\otimes\boldsymbol{A}-\frac{1}{2}(\boldsymbol{H}_p^{\mathrm{T}}+\boldsymbol{H}_p)\otimes(c\boldsymbol{G}\boldsymbol{C})\right](\boldsymbol{I}_N\otimes\boldsymbol{P})\leqslant\end{aligned}$$

$$-(\boldsymbol{I}_N \otimes \boldsymbol{Q}_1) < 0 \tag{4.19}$$

令 $\boldsymbol{P}_1 = \boldsymbol{P}^{-1}$，$\boldsymbol{Q}_1 = \boldsymbol{P}_1\boldsymbol{Q}\boldsymbol{P}_1$，其中 $\boldsymbol{P}_1$，$\boldsymbol{Q}_1$ 均为正定矩阵。由式(4.19)不难得到下面不等式

$$(\boldsymbol{I}_N \otimes \boldsymbol{P}_1)[\boldsymbol{I}_N \otimes \boldsymbol{A} - \boldsymbol{H}_p \otimes (c\boldsymbol{G}\boldsymbol{C})] + [\boldsymbol{I}_N \otimes \boldsymbol{A} - \boldsymbol{H}_p \otimes (c\boldsymbol{G}\boldsymbol{C})]^{\mathrm{T}}(\boldsymbol{I}_N \otimes \boldsymbol{P}_1) \leqslant -(\boldsymbol{I}_N \otimes \boldsymbol{Q}_1) < 0 \tag{4.20}$$

根据算法 4.1，$\boldsymbol{A}-\boldsymbol{B}\boldsymbol{K}$ 是稳定的，则存在正定矩阵 $\boldsymbol{Q}_2$ 以及 $\boldsymbol{P}_2$ 满足下列 Lyapunov 等式

$$\boldsymbol{P}_2(\boldsymbol{A}-\boldsymbol{B}\boldsymbol{K}) + (\boldsymbol{A}-\boldsymbol{B}\boldsymbol{K})^{\mathrm{T}}\boldsymbol{P}_2 = -\boldsymbol{Q}_2 \tag{4.21}$$

并构造如下带参数的 Lyapunov 矩阵

$$\widetilde{\boldsymbol{P}} = \begin{pmatrix} \frac{1}{\omega}\boldsymbol{I}_N \otimes \boldsymbol{P}_1 & 0 \\ 0 & \boldsymbol{I}_N \otimes \bar{\boldsymbol{P}}_2 \end{pmatrix}$$

其中，ω 是给定的正参数。显然，$\widetilde{\boldsymbol{P}}$ 是正定矩阵。为误差系统(4.13)构造如下公共的 Lyapunov 函数

$$\boldsymbol{V}(\boldsymbol{\eta}(t)) = \boldsymbol{\eta}(t)^{\mathrm{T}}\widetilde{\boldsymbol{P}}\boldsymbol{\eta}(t) \tag{4.22}$$

沿着式(4.13)对 Lyapunov 函数(4.22)求导，可得

$$\dot{\boldsymbol{V}}_\eta = \boldsymbol{\eta}^{\mathrm{T}}(t)(\boldsymbol{F}_p^{\mathrm{T}}\widetilde{\boldsymbol{P}} + \boldsymbol{F}_p\widetilde{\boldsymbol{P}})\boldsymbol{\eta}(t) = -\boldsymbol{\eta}^{\mathrm{T}}(t)\widetilde{\boldsymbol{Q}}_p\boldsymbol{\eta}(t) \tag{4.23}$$

其中，

$$\widetilde{\boldsymbol{Q}}_p = \begin{pmatrix} \frac{1}{\omega}\boldsymbol{I}_N \otimes [\boldsymbol{P}_2(\boldsymbol{A}-\boldsymbol{B}\boldsymbol{K}) + (\boldsymbol{A}-\boldsymbol{B}\boldsymbol{K})^{\mathrm{T}}\boldsymbol{P}_2] & \frac{1}{\omega}\boldsymbol{I}_N \otimes (\boldsymbol{P}_2\boldsymbol{B}\boldsymbol{K}) \\ * & \boldsymbol{I}_N \otimes \boldsymbol{Q}_{2p} \end{pmatrix}$$

其中，

$$\boldsymbol{Q}_{2p} = (\boldsymbol{I}_N \otimes \boldsymbol{P}_1)(\boldsymbol{I}_N \otimes \boldsymbol{A} - \boldsymbol{H}_p \otimes c\boldsymbol{G}\boldsymbol{C}) + (\boldsymbol{I}_N \otimes \boldsymbol{A} - \boldsymbol{H}_p \otimes c\boldsymbol{G}\boldsymbol{C})^{\mathrm{T}}(\boldsymbol{I}_N \otimes \boldsymbol{P}_1)$$

根据式(4.18)和式(4.21)有

$$\widetilde{\boldsymbol{Q}}_p \leqslant \begin{pmatrix} -\frac{1}{\omega}(\boldsymbol{I}_N \otimes \boldsymbol{Q}_2) & \frac{1}{\omega}\boldsymbol{I}_N \otimes (\boldsymbol{P}_2\boldsymbol{B}\boldsymbol{K}) \\ * & -(\boldsymbol{I}_N \otimes \boldsymbol{Q}_1) \end{pmatrix}$$

选择足够大的 ω，使之满足 $\omega > \lambda_{\max}(\boldsymbol{Q}_1^{-1}(\boldsymbol{P}_2\boldsymbol{B}\boldsymbol{K})^{\mathrm{T}}\boldsymbol{Q}_2^{-1}(\boldsymbol{P}_2\boldsymbol{B}\boldsymbol{K}))$，即满足

$$\omega \boldsymbol{Q}_1 > (\boldsymbol{P}_2\boldsymbol{BK})^{\mathrm{T}}\boldsymbol{Q}_2^{-1}(\boldsymbol{P}_2\boldsymbol{BK})$$

利用引理 2.4,可知,当 ω 满足上述条件时,$\widetilde{\boldsymbol{Q}}$ 是正定的。又因为 Lyapunov 函数 $\boldsymbol{V}(\boldsymbol{\eta})$满足

$$\lambda_{\min}(\widetilde{\boldsymbol{P}})\|\boldsymbol{\eta}\|^2 \leqslant \boldsymbol{V}(\boldsymbol{\eta}) \leqslant \lambda_{\max}(\widetilde{\boldsymbol{P}})\|\boldsymbol{\eta}\|^2$$

因此,有 $\|\boldsymbol{\eta}\| \leqslant \sqrt{\dfrac{\boldsymbol{V}(\boldsymbol{\eta})}{\lambda_{\min}(\widetilde{\boldsymbol{P}})}}$。

另一方面有

$$\min\left(\frac{\boldsymbol{\eta}^{\mathrm{T}}\widetilde{\boldsymbol{Q}}\boldsymbol{\eta}}{\boldsymbol{\eta}^{\mathrm{T}}\widetilde{\boldsymbol{P}}\boldsymbol{\eta}}\right) \geqslant \frac{\lambda_{\min}(\widetilde{\boldsymbol{Q}})}{\lambda_{\max}(\widetilde{\boldsymbol{P}})}$$

令 $\beta = \dfrac{\lambda_{\min}\widetilde{\boldsymbol{Q}}_p}{\lambda_{\max}\widetilde{\boldsymbol{P}}}$。因此由式(4.23),可得$(\dot{\boldsymbol{V}}(\boldsymbol{\eta})) \leqslant -\beta\boldsymbol{V}(\boldsymbol{\eta})$或等价于$\boldsymbol{V}(\boldsymbol{\eta}) \leqslant \boldsymbol{V}(\boldsymbol{\eta}(0))\mathrm{e}^{-\beta t}$。因此,$\lim\limits_{t\to\infty}\boldsymbol{\eta}(t)=0$ 成立,即利用反馈协议(4.6)和状态观测器(4.7),多智能体系统方程(4.1)~(4.2)可以实现一致。证明完毕。

推论 4.1: 现在考虑一种特殊情况,假定由所有跟随者组成的图 G_p 是平衡图,则矩阵 $\boldsymbol{L}_p+\boldsymbol{L}_p^{\mathrm{T}}$ 为半正定的[62]。且当 G_p 是平衡图时,矩阵 $\boldsymbol{H}_p+\boldsymbol{H}_p^{\mathrm{T}}$也是半正定的,当且仅当 v_0 是全局可达点[75]。因此,Γ 是非空的,它至少包括一类连通图,在该图中所有跟随者之间的拓扑结构是平衡的,而领导是全局可达的。文献[71,126]中的无向图同样属于 Γ。因此,我们的结论可以直接应用于这些情况。

4.2.2 分布式观测器观测跟踪误差

在本节中,对每个个体 i 提出另一种分布式协议,该协议同样是由分布式观测器和反馈控制器组成。而该观测器是用来观测跟踪误差而不是用来观测领导状态。假设第 i 个智能体与邻居的相对输出误差可表述成:

$$\begin{aligned}\tilde{z}_i(t) = \sum_{j\in N_i(t)} a_{ij}(t)[(\tilde{y}_i(t)-\tilde{y}_j(t))-(y_i(t)-y_j(t))]+ \\ d_i(t)[\tilde{y}_i(t)-(y_i(t)-y_0(t))]\end{aligned} \tag{4.24}$$

其中,$\tilde{y}_i(t)=\boldsymbol{C}\tilde{x}_i(t)$。

对第 i 个智能体设计如下的分布式观测器:

$$\dot{\tilde{x}}_i = (\boldsymbol{A}-\boldsymbol{BK})\tilde{x}_i(t) - c\boldsymbol{G}\tilde{z}_i(t) \quad i=1,2,\cdots,N \tag{4.25}$$

其中,$\tilde{x}_i$ 是协议状态。而第 i 个智能体的状态反馈控制器如下:

$$u_i(k)=u_0(t)-\boldsymbol{K}\tilde{x}_i \quad i=1,\ 2,\ \cdots,\ N \tag{4.26}$$

采用上节的设计方法，设计耦合强度 c，增益矩阵 $\boldsymbol{G}$ 和反馈矩阵 $\boldsymbol{K}$。

令 $\tilde{e}_i=\tilde{x}_i-(x_i-x_0)$，$\tilde{\boldsymbol{e}}=(\tilde{\boldsymbol{e}}_1^{\mathrm{T}},\ \tilde{\boldsymbol{e}}_2^{\mathrm{T}},\ \cdots,\ \tilde{\boldsymbol{e}}_N^{\mathrm{T}})^{\mathrm{T}}$。

同理可得

$$\dot{\tilde{\boldsymbol{e}}}=[\boldsymbol{I}_N\otimes\boldsymbol{A}-\boldsymbol{H}_{\sigma(t)}\otimes(c\boldsymbol{GC})]\tilde{\boldsymbol{e}}(t) \tag{4.27}$$

同样的，对于 $e_i=x_i-x_0$，$\boldsymbol{e}=(\boldsymbol{e}_1^{\mathrm{T}},\ \boldsymbol{e}_2^{\mathrm{T}},\ \cdots,\ \boldsymbol{e}_N^{\mathrm{T}})^{\mathrm{T}}$，可得

$$\dot{\boldsymbol{e}}=[\boldsymbol{I}_N\otimes(\boldsymbol{A}-\boldsymbol{BK})]\boldsymbol{e}(t)-[\boldsymbol{I}_N\otimes(\boldsymbol{BK})]\tilde{\boldsymbol{e}}(t) \tag{4.28}$$

将式(4.27)和式(4.28)表述成堆向量的形式：

$$\dot{\boldsymbol{\xi}}(t)=\boldsymbol{E}_{\sigma(t)}\boldsymbol{\xi}(t) \tag{4.29}$$

其中，

$$\dot{\boldsymbol{\xi}}(t)=\begin{pmatrix} e \\ \tilde{e} \end{pmatrix},\ \boldsymbol{E}_{\sigma(t)}=\begin{pmatrix} \boldsymbol{I}_N\otimes(\boldsymbol{A}-\boldsymbol{BK}) & -\boldsymbol{I}_N\otimes(\boldsymbol{BK}) \\ 0 & \boldsymbol{I}_N\otimes\boldsymbol{A}-\boldsymbol{H}_{\sigma(t)}\otimes c\boldsymbol{GC} \end{pmatrix}$$

显然，如果 $\lim\limits_{t\to\infty}\xi(t)=0$，则多智能体系统可以实现一致，即一致性问题转换成系统(4.29)的稳定性问题。由于误差系统(4.29)的形式与系统(4.13)非常相似，可以直接得到如下结论。证明过程与定理 4.1 相似，故省略。

定理 4.2：对给定的多智能体系统(4.1)～(4.2)，假设假定条件 4.1 和 4.2 同时满足，利用算法 4.1 构造增益矩阵 $\boldsymbol{K}$，$\boldsymbol{G}$，并取 $c>\dfrac{1}{\tilde{\lambda}}$，其中 $\tilde{\lambda}$ 的定义同(3.23)，则利用观测器(4.25)和控制器(4.26)多智能体系统(4.1)～(4.2)能实现一致。

4.2.3　分布式观测器观测跟踪误差数值仿真

本节利用数值仿真例子来说明定理 4.1 的正确性与有效性。假定多智能体系统由 1 个领导和 6 个跟随者组成，其系统矩阵如下：

$$\boldsymbol{A}=\begin{pmatrix} -1 & -2 & -3 \\ -2 & -2 & 1 \\ -3 & 1 & 1 \end{pmatrix},\ \boldsymbol{B}=\begin{pmatrix} 1 & 0 \\ 1 & -1 \\ 2 & 1 \end{pmatrix},\ \boldsymbol{C}=\begin{pmatrix} 1 & 0 & -1 \\ 0 & 3 & -2 \end{pmatrix} \tag{4.30}$$

假定 $u_0=0$，并假定拓扑图在 $\overline{G}_i(i=1,\ 2,\ 3,\ 4)$ 这四个子图中任意切换：则图 4.1 所对应的 Laplacian 矩阵 $\boldsymbol{L}_i(i=1,\ 2,\ 3,\ 4)$ 分别为

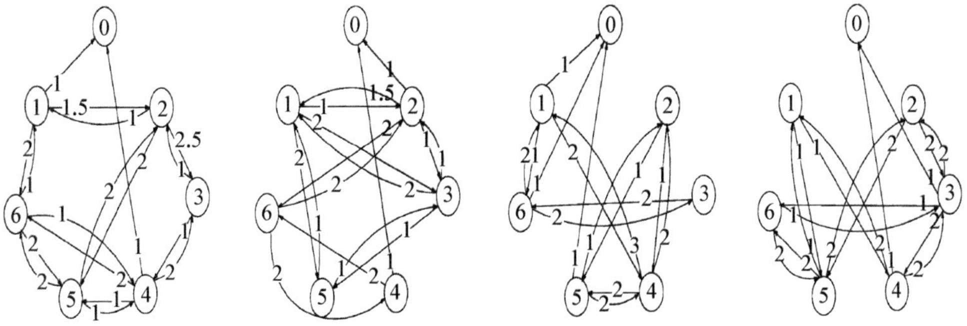

图 4.1　拓扑图

$$
\boldsymbol{L}_1=\begin{pmatrix}
3.5 & -1.5 & 0 & 0 & 0 & -2\\
-1 & 5.5 & -2.5 & 0 & -2 & 0\\
0 & -1 & 2 & -1 & 0 & 0\\
0 & 0 & -2 & 5 & -1 & -2\\
0 & -2 & 0 & -1 & 5 & -2\\
-1 & 0 & 0 & -1 & -2 & 4
\end{pmatrix},
$$

$$
\boldsymbol{L}_2=\begin{pmatrix}
5 & -1 & -2 & 0 & -2 & 0\\
-1.5 & 4.5 & -1 & 0 & 0 & -2\\
-2 & -1 & 4 & 0 & -1 & 0\\
0 & 0 & 0 & 2 & 0 & -2\\
-1 & 0 & -1 & 0 & 2 & 0\\
0 & -2 & 0 & -2 & 0 & 4
\end{pmatrix},
$$

$$
\boldsymbol{L}_3=\begin{pmatrix}
3 & 0 & 0 & -2 & 0 & -1\\
0 & 2 & 0 & -1 & -1 & 0\\
0 & 0 & 2 & 0 & 0 & -2\\
-2 & -1 & 0 & 5 & -2 & 0\\
0 & -1 & 0 & -2 & 3 & 0\\
-2 & 0 & -2 & 0 & 0 & 4
\end{pmatrix},
$$

$$
\boldsymbol{L}_4=\begin{pmatrix}
2 & 0 & 0 & -1 & -1 & 0\\
0 & 4 & -2 & 0 & -2 & 0\\
0 & -2 & 5 & -2 & 0 & -1\\
-2 & 0 & -2 & 4 & 0 & 0\\
-1 & -2 & 0 & 0 & 5 & -2\\
0 & 0 & -1 & 0 & -2 & 3
\end{pmatrix}。
$$

相应的度矩阵为

$$\boldsymbol{D}_1=\mathrm{diag}(1,\ 0,\ 0,\ 1,\ 0,\ 0),\ \boldsymbol{D}_2=\mathrm{diag}(0,\ 1,\ 0,\ 1,\ 0,\ 0)$$
$$\boldsymbol{D}_3=\mathrm{diag}(1,\ 0,\ 0,\ 0,\ 1,\ 1),\ \boldsymbol{D}_4=\mathrm{diag}(0,\ 0,\ 1,\ 1,\ 0,\ 0)$$

不难发现所有的 $\boldsymbol{H}_i=\boldsymbol{L}_i+\boldsymbol{D}_i$，$i=1,\ 2,\ 3,\ 4$ 为非对称矩阵,且满足 $\boldsymbol{H}_i+\boldsymbol{H}_i^{\mathrm{T}}>0$。由此可得 $\tilde{\lambda}=0.095$。取 $c=\dfrac{1}{\tilde{\lambda}}$。取 $\boldsymbol{Q}=\boldsymbol{I}$，此时通过求解 Riccati 方程(4.14)得到唯一的正定矩 $\boldsymbol{P}$。因此增益矩阵 $\boldsymbol{L}$ 为

$$\boldsymbol{L}=\boldsymbol{P}\boldsymbol{C}^{\mathrm{T}}=\begin{pmatrix}3.4019 & 0.7514\\ -2.0167 & -0.0430\\ -4.0747 & -1.3478\end{pmatrix}$$

选择反馈矩阵 $\boldsymbol{K}$,使得 $\boldsymbol{A}-\boldsymbol{B}\boldsymbol{K}$ 稳定。

$$\boldsymbol{K}=\begin{pmatrix}-1.6429 & 0.2143 & 1.2143\\ 0.2143 & -0.0714 & -1.0714\end{pmatrix}$$

随机选择初始状态,可得跟踪误差 $x_{ij}-x_{0j}$，$j=1,\ 2,\ 3$，由图 4.2 可知利用协

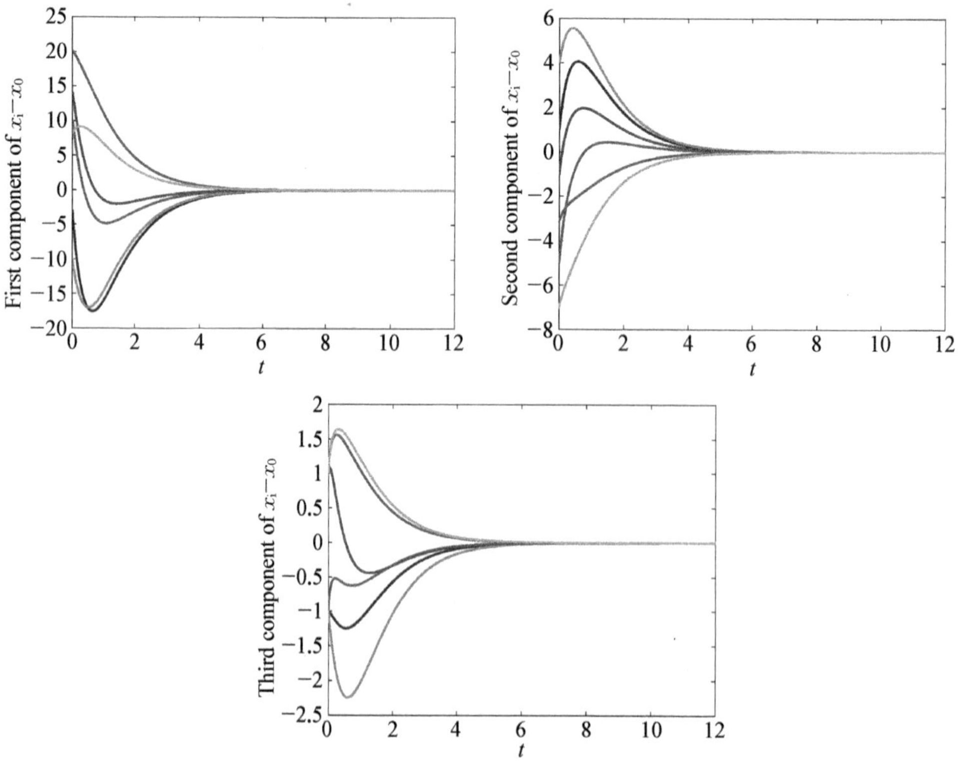

图 4.2　跟踪误差轨迹

议(4.3)和观测器(4.4)多智能体系统可实现一致。

由图 4.3 可知利用观测器(4.25)和控制器(4.26)多智能体系统可实现一致。

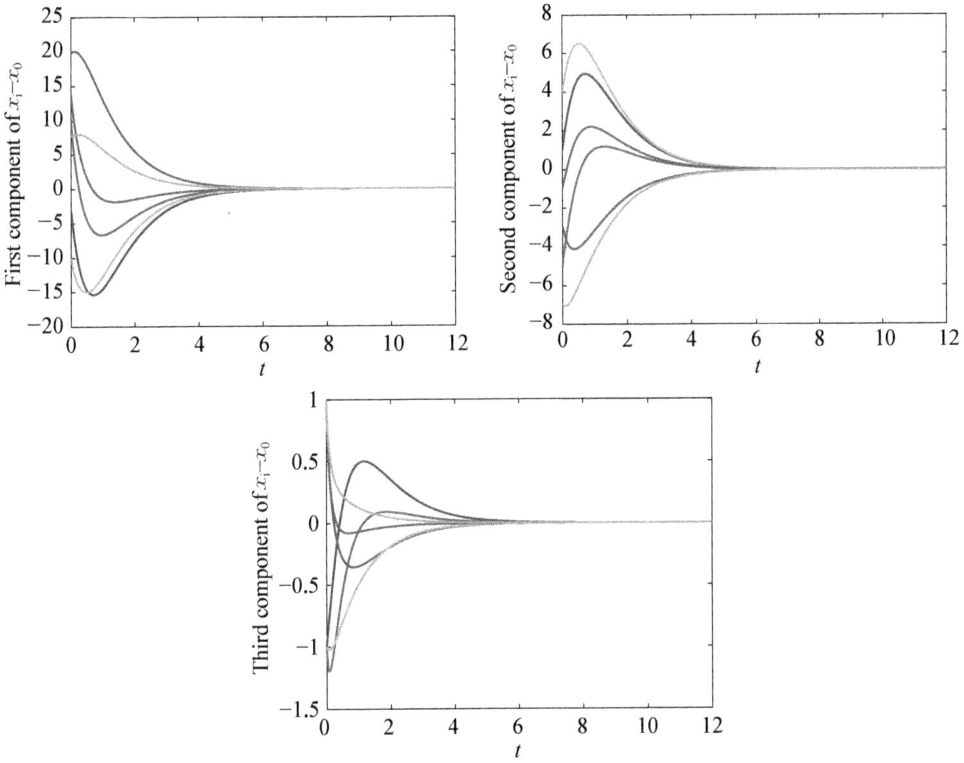

图 4.3　跟踪误差轨迹

4.2.4　局部观测器观测个体状态

下面提出另一种观测器，该观测器是用来直接观测第 i 个智能体自身状态的。对第 i 个智能体设计如下观测器

$$\dot{\hat{x}}_i(t) = \boldsymbol{A}\hat{x}_i(t) + \boldsymbol{B}u_i(t) + \boldsymbol{G}(\hat{y}_i(t) - y_i(t)) \tag{4.31}$$

其中，$\hat{x}_i \in \mathbf{R}^n$ 为协议状态，$\hat{y}_i = \boldsymbol{C}\hat{x}_i$。设计如下的分布式控制协议

$$u_i(t) = c\boldsymbol{K}\left[\sum_{j \in N_i(t)} a_{ij}(t)(\hat{x}_i(t) - \hat{x}_j(t)) + d_i(t)(\hat{x}_i(t) - x_0(t))\right] \tag{4.32}$$

其中，$\boldsymbol{K} \in \mathbf{R}^{m \times n}$ 和 $\boldsymbol{G} \in \mathbf{R}^{p \times n}$ 为增益矩阵，我们将对其进行设计。令 $e_i = x_i - x_0$，

$\hat{e}_i = \hat{x}_i - x_i$，则有 $\tilde{e}_i = \hat{x}_i - x_0$。 利用式(4.1)、式(4.2)、协议(4.32)及观测器(4.31)，可得跟踪误差 e_i 和估计误差 $\hat{e}_i(i=1, 2, \cdots, N)$ 可得

$$\begin{aligned}\dot{e}_i(t) &= \dot{x}_i(t) - \dot{x}_0(t)\\ &= \boldsymbol{A}x_i(t) + \boldsymbol{B}u_i(t) - \boldsymbol{A}x_0(t) - \boldsymbol{B}u_0(t)\\ &= \boldsymbol{A}e_i(t) + c\boldsymbol{BK}\left[\sum_{j\in N_i(t)} a_{ij}(\tilde{e}_i(t) - \tilde{e}_j(t)) + d_i\tilde{e}_i(t)\right]\end{aligned} \tag{4.33}$$

以及

$$\dot{\hat{e}}_i(t) = \dot{\hat{x}}_i(t) - \dot{x}_i(t) = (\boldsymbol{A} + \boldsymbol{GC})\hat{e}_i(t) \tag{4.34}$$

由于 $\tilde{e}_i = e_i + \hat{e}_i$，可得

$$\dot{\tilde{e}}_i(t) = \boldsymbol{A}\tilde{e}_i(t) + \boldsymbol{GC}\hat{e}_i(t) + c\boldsymbol{BK}\left[\sum_{j\in N_i} a_{ij}(\tilde{e}_i(t) - \tilde{e}_j(t)) + d_i\tilde{e}_i(t)\right] \tag{4.35}$$

令 $\tilde{\boldsymbol{e}} = [\tilde{\boldsymbol{e}}_1^{\mathrm{T}}, \tilde{\boldsymbol{e}}_2^{\mathrm{T}}, \cdots, \tilde{\boldsymbol{e}}_N^{\mathrm{T}}]^{\mathrm{T}}$, $\hat{\boldsymbol{e}} = [\hat{\boldsymbol{e}}_1^{\mathrm{T}}, \hat{\boldsymbol{e}}_2^{\mathrm{T}}, \cdots, \hat{\boldsymbol{e}}_N^{\mathrm{T}}]^{\mathrm{T}}$，则可得如下闭环系统

$$\begin{aligned}\dot{\tilde{\boldsymbol{e}}} &= [\boldsymbol{I}_N \otimes \boldsymbol{A} + (c\boldsymbol{H}_p \otimes (\boldsymbol{BK}))]\tilde{\boldsymbol{e}} + \boldsymbol{I}_N \otimes (\boldsymbol{GC})\hat{\boldsymbol{e}}\\ \dot{\hat{\boldsymbol{e}}} &= \boldsymbol{I}_N \otimes (\boldsymbol{A} + \boldsymbol{GC})\hat{\boldsymbol{e}}\end{aligned} \tag{4.36}$$

显然，如果有 $\lim_{t\to\infty}\hat{\boldsymbol{e}} = 0$ 和 $\lim_{t\to\infty}\tilde{\boldsymbol{e}} = 0$，则有 $\lim_{t\to\infty}\boldsymbol{e} = 0$，即对所有的 $i=1, 2, \cdots, N$，均有 $\lim_{t\to\infty}(x_i - x_0) = 0$。 即多智能体系统(4.1)～(4.2)可实现一致。因此，一致性问题转化成闭环系统(4.36)的稳定性问题。在给出结论之前，先提出如下算法。

算法 4.2：对于给定的矩阵($\boldsymbol{A}$, $\boldsymbol{B}$, $\boldsymbol{C}$)，若($\boldsymbol{A}$, $\boldsymbol{B}$)可稳定，($\boldsymbol{A}$, $\boldsymbol{C}$)可观测，则可按如下算法构造协议(4.32)和观测器(4.31)中的增益矩阵 $\boldsymbol{K}$, $\boldsymbol{G}$。

(1) $\boldsymbol{P}_1$ 为下列 Riccati 等式

$$\boldsymbol{A}^{\mathrm{T}}\boldsymbol{P} + \boldsymbol{PA} - \boldsymbol{PB}^{\mathrm{T}}\boldsymbol{BP} + \boldsymbol{Q}_1 = 0 \tag{4.37}$$

的唯一正定解。

(2) 增益矩阵 $\boldsymbol{K}$ 为：

$$\boldsymbol{K} = -\boldsymbol{B}^{\mathrm{T}}\boldsymbol{P}_1 \tag{4.38}$$

(3) $\boldsymbol{P}_2$ 为下列 Riccati 等式

$$\boldsymbol{PA}^{\mathrm{T}} + \boldsymbol{AP} - \boldsymbol{PC}^{\mathrm{T}}\boldsymbol{CP} + \boldsymbol{Q}_2 = 0 \tag{4.39}$$

的唯一正定解。

(4)

$$G=-\frac{1}{2}P_2^{-1}C^{\mathrm{T}} \tag{4.40}$$

下面给出结论。

定理 4.3：对给定的多智能体系统(4.1)～(4.2)，假设假定条件 4.1 和 4.2 同时满足，可按如下方法构造增益矩阵 G 和 K

$$K=-B^{\mathrm{T}}P_1 \tag{4.41}$$

$$G=-\frac{1}{2}P_2C^{\mathrm{T}} \tag{4.42}$$

耦合增益 $c\geqslant\frac{1}{\tilde{\lambda}}$，则利用协议(4.32)和观测器(4.31)多智能体系统可实现一致。

证明：令 $\boldsymbol{\eta}=[\tilde{e}^{\mathrm{T}},\ \hat{e}^{\mathrm{T}}]^{\mathrm{T}}$。考虑如下的 Lyapunov 函数

$$V(\boldsymbol{\eta}(t))=\tilde{e}^{\mathrm{T}}(H_p\otimes P_1)\tilde{e}+\omega\hat{e}^{\mathrm{T}}(I_N\otimes P_2^{-1})\hat{e} \tag{4.43}$$

其中 ω 为足够大的参数。对 Lyapunov 函数(4.43)沿系统(4.36)求导，并将 $K=-B^{\mathrm{T}}P_1$ 与 $G=-\frac{1}{2}P_2C^{\mathrm{T}}$ 代入其中，可得

$$\begin{aligned}\dot{V}(\eta)=&\ \tilde{e}^{\mathrm{T}}H_p\otimes[A^{\mathrm{T}}P_1+P_1A+c(H_p+H_p^{\mathrm{T}})P_1BK]\tilde{e}+\\&\tilde{e}^{\mathrm{T}}[H_p\otimes(P_1GC)]\hat{e}+\tilde{e}^{\mathrm{T}}[H_p\otimes(P_1GC)]^{\mathrm{T}}\hat{e}+\\&c\,\hat{e}^{\mathrm{T}}[I_N\otimes A^{\mathrm{T}}P_2^{-1}+P_2^{-1}A+P_2^{-1}GC+(P_2^{-1}GC)^{\mathrm{T}}]\hat{e}\leqslant\\&\tilde{e}^{\mathrm{T}}H_p\otimes[A^{\mathrm{T}}P_1+P_1A-P_1BB^{\mathrm{T}}P_1]\tilde{e}+\tilde{e}^{\mathrm{T}}[H_p\otimes(P_1GC)]\hat{e}+\\&\tilde{e}^{\mathrm{T}}[H_p\otimes(P_1GC)]^{\mathrm{T}}\hat{e}+\omega\,\hat{e}^{\mathrm{T}}[I_N\otimes(A^{\mathrm{T}}P_2^{-1}+P_2^{-1}A-C^{\mathrm{T}}C)]\hat{e}\end{aligned} \tag{4.44}$$

即

$$\dot{V}(\boldsymbol{\eta})\leqslant\boldsymbol{\eta}^{\mathrm{T}}\hat{\boldsymbol{\Omega}}\boldsymbol{\eta} \tag{4.45}$$

其中，

$$\hat{\Omega}=\begin{pmatrix}\hat{\Omega}_1 & H_p\otimes(P_1GC)\\ H_p^{\mathrm{T}}\otimes(P_1GC)^{\mathrm{T}} & \hat{\Omega}_2\end{pmatrix}$$

其中，

$$\begin{aligned}\hat{\Omega}_1&=H_p\otimes(P_1A+A^{\mathrm{T}}P_1-P_1BB^{\mathrm{T}}P_1)\\\hat{\Omega}_2&=\omega[I\otimes(P_2^{-1}A+A^{\mathrm{T}}P_2^{-1}-C^{\mathrm{T}}C)]\end{aligned}$$

由(4.37)及(4.39)可知，$\hat{\boldsymbol{\Omega}}_1 < -\boldsymbol{H}_p \otimes \boldsymbol{I}$ 以及 $\hat{\boldsymbol{\Omega}}_2 < -\omega \boldsymbol{I} \otimes \boldsymbol{P}_2^{-1}$。接下来的证明同定理 4.1,故省略。

4.2.5 局部观测器观测个体状态数值仿真

本节给出一些数值仿真用来验证定理 4.3 的有效性和所得理论结果的正确性。假设该多智能体系统是由 4 个智能体和一个领导组成的,即 $N=4$，假设每个智能体系统矩阵如下

$$\boldsymbol{A}=\begin{pmatrix} -2 & -0.03 & 1.9 \\ 5.3 & -2 & -5 \\ -5 & 1.9 & -3.5 \end{pmatrix},\ \boldsymbol{B}=\begin{pmatrix} 0.3 & 0.15 \\ 0.16 & 0.15 \\ 2.7 & 0.15 \end{pmatrix},\ \boldsymbol{C}=(1 \quad 1 \quad 1) \tag{4.46}$$

假定拓扑结构图在三个图 $G_i(i=1,\ 2,\ 3)$中任意切换,且与每个子图 G_i 相关的 $\boldsymbol{H}_i(i=1,\ 2,\ 3)$矩阵如下

$$\boldsymbol{H}_1=\begin{bmatrix} 3 & -1 & -1 & 0 \\ -1 & 2 & 0 & -1 \\ -1 & 0 & 2 & -1 \\ 0 & -1 & -1 & 2 \end{bmatrix},\ \boldsymbol{H}_2=\begin{bmatrix} 3 & -1 & -2 & 0 \\ -1.5 & 3.5 & -1 & 0 \\ -2 & -1 & 4 & -1 \\ 0 & 0 & 0 & 1 \end{bmatrix},$$

$$\boldsymbol{H}_3=\begin{bmatrix} 3 & -2 & 0 & -1 \\ -1 & 2 & -1 & 0 \\ -1 & -2 & 4 & 0 \\ 0 & 0 & -2 & 3 \end{bmatrix}$$

通过求解 Riccati 方程(4.37)和(4.39)得

$$\boldsymbol{K}=\begin{pmatrix} -0.2260 & -0.0113 & -0.3754 \\ -0.2024 & -0.0677 & -0.0075 \end{pmatrix},$$

$$\boldsymbol{G}=(-0.1560 \quad -0.4285 \quad -0.0113),$$

并取 $c=10>\frac{1}{\bar{\lambda}}$。

图 4.4 表明：观测器(4.31)和反馈控制器(4.32)可确保多智能体系统实现一致。

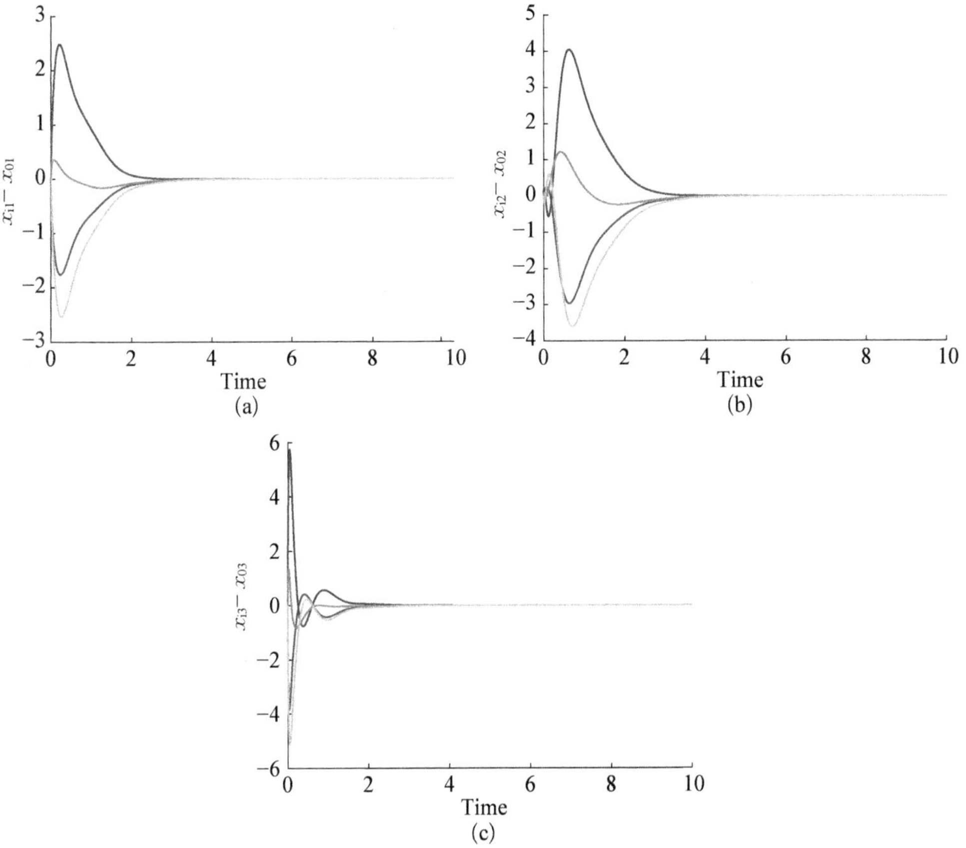

图 4.4　每个智能体与领导的跟踪误差轨迹

(a) $x_{i1}-x_{01}$　　(b) $x_{i2}-x_{02}$　　(c) $x_{i3}-x_{03}$

4.2.6　观测器观测个体状态

下面提出第 4 种观测器，该观测器是用来观测第 i 个智能体自身状态的。对第 i 个智能体设计如下观测器

$$\begin{aligned}\dot{v}_i(t)&=\boldsymbol{E}v_i(t)+\boldsymbol{G}y_i(t)+\boldsymbol{SB}u_i(t)\\ x_i(t)&=\boldsymbol{S}^{-1}v_i(t)\end{aligned}\tag{4.47}$$

以及设计分布式的一致性协议

$$u_i(t)=-c\boldsymbol{K}\sum_{j\in N_i(t)}a_{ij}(t)[(\hat{x}_i(t)-\hat{x}_j(t))+d_i(t)(\hat{x}_i(t)-x_0(t))]\tag{4.48}$$

其中，$v_i(t) \in \mathbf{R}^n$ 为协议状态，$\hat{x}(t)$ 是重构的变量，$\boldsymbol{E} \in \mathbf{R}^{n\times n}$，$\boldsymbol{G} \in \mathbf{R}^{n\times p}$，$\boldsymbol{S} \in \mathbf{R}^{n\times n}$，以及 $\boldsymbol{K} \in \mathbf{R}^{n\times m}$ 为增益矩阵。下面提出一种算法，该算法有助于构造观测器(4.47)和控制器(4.48)中的控制参数。

算法 4.3：对于给定的矩阵($\boldsymbol{A}$，$\boldsymbol{B}$，$\boldsymbol{C}$)，若($\boldsymbol{A}$，$\boldsymbol{B}$)可稳定，($\boldsymbol{A}$，$\boldsymbol{C}$)可观测，则可按如下算法构造协议(4.47)和(4.48)中的增益矩阵 $\boldsymbol{E}$，$\boldsymbol{G}$，$\boldsymbol{S}$，$\boldsymbol{K}$ 以及常数 c。

(1) 选择一个稳定矩阵 $\boldsymbol{E} \in \mathbf{R}^{n\times n}$，要求其所有特征根与矩阵 $\boldsymbol{A}$ 的特征根均不同。

(2) 随机选择矩阵 $\boldsymbol{G} \in \mathbf{R}^{n\times p}$，使得($\boldsymbol{E}$，$\boldsymbol{G}$)是可控的。

(3) 求解 Sylvester 方程。

$$\boldsymbol{SA} - \boldsymbol{ES} = \boldsymbol{GC} \tag{4.49}$$

得到唯一解 $\boldsymbol{S}$。如果解 $\boldsymbol{S}$ 是奇异矩阵，则重新选择 $\boldsymbol{G}$ 矩阵，重复上述步骤，直到 $\boldsymbol{S}$ 矩阵是非奇异矩阵为止。

(4) 求解 Riccati 方程。

$$\boldsymbol{A}^{\mathrm{T}}\boldsymbol{P} + \boldsymbol{PA} - \boldsymbol{PBB}^{\mathrm{T}}\boldsymbol{P} + \boldsymbol{I}_n = 0 \tag{4.50}$$

得到唯一的正定解 $\boldsymbol{P}_1$。则反馈矩阵 $\boldsymbol{K}$ 为

$$\boldsymbol{K} = \boldsymbol{B}^{\mathrm{T}}\boldsymbol{P}_1 \tag{4.51}$$

(5) 耦合强度 c 满足：

$$c \geqslant \frac{1}{\tilde{\lambda}} \tag{4.52}$$

其中，$\tilde{\lambda}$ 的定义同(3.23)。

注释 4.2：根据文献[21]的定理 8 以及对偶原理，我们可知：若矩阵 $\boldsymbol{A}$ 和矩阵 $\boldsymbol{E}$ 的特征根均不同，那么 $\boldsymbol{SA}-\boldsymbol{ES}=\boldsymbol{GC}$ 的唯一解 $\boldsymbol{S}$ 是非奇异的，当且仅当($\boldsymbol{A}$，$\boldsymbol{C}$)是可观的，($\boldsymbol{E}$，$\boldsymbol{G}$)是可控的。虽然($\boldsymbol{A}$，$\boldsymbol{C}$)的可观性和($\boldsymbol{E}$，$\boldsymbol{G}$)的可控性只是 $\boldsymbol{S}$ 是非奇异矩阵的必要条件，但从文献[21]可知，当取定 $\boldsymbol{E}$ 后，随机选取 $\boldsymbol{G}$ 使得($\boldsymbol{E}$，$\boldsymbol{G}$)可控，此时 $\boldsymbol{S}$ 为非奇异矩阵的概率为 1。根据文献[173]，又可知如果($\boldsymbol{A}$，$\boldsymbol{B}$)可稳定，则存在唯一的正定矩阵 $\boldsymbol{P}_1$ 满足 Riccati 方程(4.50)。

令 $\boldsymbol{e}_i(t) = \boldsymbol{v}_i(t) - \boldsymbol{Sx}_i(t)$，$\boldsymbol{e}(t) = [\boldsymbol{e}_1^{\mathrm{T}}(t), \boldsymbol{e}_2^{\mathrm{T}}(t), \cdots, \boldsymbol{e}_N^{\mathrm{T}}(t)]^{\mathrm{T}}$。由式(4.48)，(4.49)可得

$$\begin{aligned}\dot{\boldsymbol{e}}_i(t) &= \dot{\boldsymbol{v}}_i(t) - \boldsymbol{S}\dot{\boldsymbol{x}}_i(t)\\ &= \boldsymbol{Ev}_i(t) + \boldsymbol{Gy}_i(t) + \boldsymbol{SBu}_i(t) - \boldsymbol{SAx}_i(t) - \boldsymbol{SBu}_i(t)\\ &= \boldsymbol{Ee}_i(t) + (\boldsymbol{ES} + \boldsymbol{GC} - \boldsymbol{SA})\boldsymbol{x}_i(t)\end{aligned}$$

$$=\boldsymbol{E}\boldsymbol{e}_i(t) \tag{4.53}$$

令 $\boldsymbol{\varepsilon}_i(t)=\boldsymbol{x}_i(t)-\boldsymbol{x}_0(t)$，$\boldsymbol{\varepsilon}(t)=[\boldsymbol{\varepsilon}_1^{\mathrm{T}}(t),\ \boldsymbol{\varepsilon}_2^{\mathrm{T}}(t),\ \cdots,\ \boldsymbol{\varepsilon}_N^{\mathrm{T}}(t)]^{\mathrm{T}}$。由于

$$\boldsymbol{u}_i(t)=-c\boldsymbol{K}\sum_{j\in N_i(t)}a_{ij}(t)(\boldsymbol{x}_i-\boldsymbol{x}_j)-c\boldsymbol{K}\boldsymbol{S}^{-1}\sum_{j\in N_i(t)}a_{ij}(t)(\boldsymbol{e}_i-\boldsymbol{e}_j) \tag{4.54}$$

令 $\boldsymbol{\varsigma}_i(t)=\boldsymbol{v}_i(t)-\boldsymbol{S}\boldsymbol{x}_i(t)$，$\boldsymbol{\varsigma}(t)=[\boldsymbol{\varsigma}_1^{\mathrm{T}}(t),\ \boldsymbol{\varsigma}_2^{\mathrm{T}}(t),\ \cdots,\ \boldsymbol{\varsigma}_N^{\mathrm{T}}(t)]^{\mathrm{T}}$。利用式(4.1)、式(4.2)和观测器(4.47)，可得

$$\dot{\boldsymbol{\varsigma}}_i(t)=\boldsymbol{E}\,\boldsymbol{\varsigma}_i(t) \tag{4.55}$$

令 $\boldsymbol{\epsilon}_i(t)=\boldsymbol{x}_i(t)-\boldsymbol{x}_0(t)$，可得如下的误差系统

$$\dot{\boldsymbol{\epsilon}}_i(t)=\boldsymbol{A}\boldsymbol{\epsilon}_i(t)+\boldsymbol{B}\boldsymbol{u}_i(t) \tag{4.56}$$

令 $\boldsymbol{\epsilon}(t)=(\boldsymbol{\epsilon}_1^{\mathrm{T}}(t),\ \boldsymbol{\epsilon}_2^{\mathrm{T}}(t),\ \cdots,\ \boldsymbol{\epsilon}_N^{\mathrm{T}}(t))^{\mathrm{T}}$，$\boldsymbol{\xi}=(\boldsymbol{\epsilon}^{\mathrm{T}},\ \boldsymbol{\varsigma}^{\mathrm{T}})^{\mathrm{T}}$。由于

$$\begin{aligned}\boldsymbol{u}_i(t)=&-c\boldsymbol{K}\Big[\sum_{j\in N_i(t)}a_{ij}(t)(\boldsymbol{\varsigma}_i-\boldsymbol{\varsigma}_j)+\boldsymbol{d}_i(t)\,\boldsymbol{\varsigma}_i\Big]-\\&c\boldsymbol{K}\boldsymbol{S}^{-1}\Big[\sum_{j\in N_i(t)}a_{ij}(t)(\boldsymbol{\varsigma}_i-\boldsymbol{\varsigma}_j)+d_i(t)\,\boldsymbol{\varsigma}_i\Big]\end{aligned} \tag{4.57}$$

可得

$$\dot{\boldsymbol{\xi}}=\hat{\boldsymbol{E}}_{\sigma(t)}\boldsymbol{\xi} \tag{4.58}$$

其中，

$$\hat{\boldsymbol{E}}_{\sigma(t)}=\begin{pmatrix}\boldsymbol{I}_N\otimes\boldsymbol{A}-c\boldsymbol{H}_{\sigma(t)}\otimes(\boldsymbol{B}\boldsymbol{K}) & -c\boldsymbol{H}_{\sigma(t)}\otimes(\boldsymbol{B}\boldsymbol{K}\boldsymbol{S}^{-1})\\ 0 & \boldsymbol{I}_N\otimes\boldsymbol{E}\end{pmatrix}$$

因此带领导的多智能体系统(4.1)～(4.2)的一致性问题可转化成误差系统(4.58)的稳定性问题。同样的可得如下定理。

定理 4.4：考虑一类多智能体系统(4.1)～(4.2)，假设假定条件 4.1 满足，利用算法 4.3 构造协议(4.47)和(4.48)，并取 $c\geqslant\dfrac{1}{\tilde{\lambda}}$。利用协议(4.48)和观测器(4.47)，在任意初始条件下，所有智能体都能跟踪领导的运动轨迹。

证明：令 $\sigma(t)=p$。由式(4.54)和式(4.51)，可得

$$\begin{aligned}&[\boldsymbol{I}_N\otimes\boldsymbol{A}-c\boldsymbol{H}_p\otimes(\boldsymbol{B}\boldsymbol{K})]^{\mathrm{T}}(\boldsymbol{I}_N\otimes\boldsymbol{P}_1)+(\boldsymbol{I}_N\otimes\boldsymbol{P}_1)[\boldsymbol{I}_N\otimes\boldsymbol{A}-c\boldsymbol{H}_p\otimes(\boldsymbol{B}\boldsymbol{K})]\\=&\boldsymbol{I}_N\otimes(\boldsymbol{A}^{\mathrm{T}}\boldsymbol{P}_1+\boldsymbol{P}_1\boldsymbol{A})-c(\boldsymbol{H}_p^{\mathrm{T}}+\boldsymbol{H}_p)\otimes(\boldsymbol{P}_1\boldsymbol{B}\boldsymbol{B}^{\mathrm{T}}\boldsymbol{P}_1)\leqslant\\&\boldsymbol{I}_N\otimes(\boldsymbol{A}^{\mathrm{T}}\boldsymbol{P}_1+\boldsymbol{P}_1\boldsymbol{A}-\boldsymbol{P}_1\boldsymbol{B}\boldsymbol{B}^{\mathrm{T}}\boldsymbol{P}_1)=-\boldsymbol{I}_N\otimes\boldsymbol{I}_n\end{aligned} \tag{4.59}$$

构造带参数的 Lyapunov 函数

$$\boldsymbol{V}(\boldsymbol{\xi}(t))=\boldsymbol{\xi}^{\mathrm{T}}(t)(\boldsymbol{I}_N\otimes\hat{\boldsymbol{P}})\boldsymbol{\xi}(t) \tag{4.60}$$

其中，

$$\hat{\boldsymbol{P}}=\begin{pmatrix}\frac{1}{\omega}\boldsymbol{I}_N\otimes\boldsymbol{P}_1 & 0\\ 0 & \boldsymbol{I}_N\otimes\boldsymbol{P}_2\end{pmatrix}$$

沿轨迹(4.58)对 Lyapunov 函数(4.60)求导，可得

$$\dot{\boldsymbol{V}}(\boldsymbol{\xi}(t))=\boldsymbol{\xi}^{\mathrm{T}}(t)(\hat{\boldsymbol{E}}_p^{\mathrm{T}}\hat{\boldsymbol{P}}+\hat{\boldsymbol{P}}\hat{\boldsymbol{E}}_p)\boldsymbol{\xi}(t)=\boldsymbol{\xi}^{\mathrm{T}}(t)\hat{\boldsymbol{Q}}_{2p}\boldsymbol{\xi}(t) \tag{4.61}$$

其中，

$$\hat{\boldsymbol{Q}}_{2p}=\begin{bmatrix}\frac{1}{\omega}\hat{\boldsymbol{Q}}_{3p} & -\frac{1}{\omega}c\boldsymbol{H}_p\otimes(\boldsymbol{P}_1\boldsymbol{BKS}^{-1})\\ -\frac{1}{\omega}c\boldsymbol{H}_p^{\mathrm{T}}\otimes(\boldsymbol{P}_1\boldsymbol{BKS}^{-1})^{\mathrm{T}} & -\boldsymbol{I}_N\otimes\boldsymbol{I}_n\end{bmatrix}$$

$$\begin{aligned}\hat{\boldsymbol{Q}}_{3p}=&(\boldsymbol{I}_N\otimes\boldsymbol{A}-c\boldsymbol{H}_p\otimes(\boldsymbol{BK}))^{\mathrm{T}}(\boldsymbol{I}\otimes\boldsymbol{P}_1)+\\&(\boldsymbol{I}_N\otimes\boldsymbol{P}_1)(\boldsymbol{I}_N\otimes\boldsymbol{A}-c\boldsymbol{H}_p\otimes(\boldsymbol{BK}))\end{aligned}$$

根据 Schur 补引理 2.4，可知

$$\begin{bmatrix}-\frac{1}{2\omega}\boldsymbol{I}_N\otimes\boldsymbol{I}_n & -\frac{1}{\omega}c\boldsymbol{H}_p\otimes(\boldsymbol{P}_1\boldsymbol{BKS}^{-1})\\ -\frac{1}{\omega}c\boldsymbol{H}_p\otimes(\boldsymbol{P}_1\boldsymbol{BKS}^{-1})^{\mathrm{T}} & -\frac{1}{2}\boldsymbol{I}_{N-1}\otimes\boldsymbol{I}_n\end{bmatrix}\leqslant 0$$

因此有

$$\begin{aligned}\hat{\boldsymbol{Q}}_p\leqslant&\begin{bmatrix}-\frac{1}{\omega}\boldsymbol{I}_N\otimes\boldsymbol{I}_n & -\frac{1}{\omega}c\boldsymbol{H}_p\otimes(\boldsymbol{P}_1\boldsymbol{BKS}^{-1})\\ -\frac{1}{\omega}c\boldsymbol{H}_p\otimes(\boldsymbol{P}_1\boldsymbol{BKS}^{-1})^{\mathrm{T}} & -\boldsymbol{I}_N\otimes\boldsymbol{I}_n\end{bmatrix}\\=&\begin{bmatrix}-\frac{1}{2\omega}\boldsymbol{I}_N\otimes\boldsymbol{I}_n & \\ & -\frac{1}{2}\boldsymbol{I}_N\otimes\boldsymbol{I}_n\end{bmatrix}+\\&\begin{bmatrix}-\frac{1}{2\omega}\boldsymbol{I}_N\otimes\boldsymbol{I}_n & -\frac{1}{\omega}c\boldsymbol{H}_p\otimes(\boldsymbol{P}_1\boldsymbol{BKS}^{-1})\\ -\frac{1}{\omega}c\boldsymbol{H}_p\otimes(\boldsymbol{P}_1\boldsymbol{BKS}^{-1})^{\mathrm{T}} & -\frac{1}{2}\boldsymbol{I}_N\otimes\boldsymbol{I}_n\end{bmatrix}\leqslant\end{aligned}$$

$$\begin{pmatrix} -\dfrac{1}{2\omega}\boldsymbol{I}_N \otimes \boldsymbol{I}_n & \\ & -\dfrac{1}{2}\boldsymbol{I}_N \otimes \boldsymbol{I}_n \end{pmatrix} \triangleq -\hat{\boldsymbol{Q}} < 0$$

选取正定参数 ω 满足

$$\omega \geqslant 4c^2\vec{\lambda} \parallel \boldsymbol{P}_1\boldsymbol{BKS}^{-1} \parallel^2$$

可得

$$\hat{\boldsymbol{Q}}_{2p} \leqslant \begin{pmatrix} -\dfrac{1}{2\omega}\boldsymbol{I}_N \otimes \boldsymbol{I}_n & 0 \\ 0 & -\dfrac{1}{2}\boldsymbol{I}_N \otimes \boldsymbol{I}_n \end{pmatrix} \triangleq -\widetilde{\boldsymbol{Q}}$$

因此可得

$$\dot{\boldsymbol{V}}(\boldsymbol{\xi}) \leqslant -\boldsymbol{\xi}^{\mathrm{T}}\widetilde{\boldsymbol{Q}}\boldsymbol{\xi} \leqslant -\frac{\lambda_{\min}(\widetilde{\boldsymbol{Q}})}{\lambda_{\max}(\hat{\boldsymbol{P}})}\boldsymbol{V}(\boldsymbol{\xi}) \tag{4.62}$$

证明完毕。

4.2.7　观测器观测个体状态数值仿真

本节给出一些数值仿真例子来验证定理 4.4 的有效性和所得理论结果的正确性。假设该多智能体系统是由 4 个智能体和一个领导组成，即 $N=4$，假设每个智能体的系统矩阵如下

$$\begin{aligned} &\boldsymbol{A}=\begin{pmatrix} 0.5 & 0 & 0 \\ 1 & -2 & 6 \\ 1 & 0 & -0.5 \end{pmatrix},\ \boldsymbol{B}=\begin{pmatrix} 0.3 & 0.15 \\ 0.16 & 0.15 \\ 2.7 & 0.15 \end{pmatrix},\ \boldsymbol{C}=(1 \quad 0.1 \quad 1) \\ &\boldsymbol{E}=\begin{pmatrix} -3 & 1 & 0 \\ 1 & -2 & 1 \\ 0 & 0 & -5 \end{pmatrix},\ \boldsymbol{G}=\begin{pmatrix} 1 \\ 1 \\ 1 \end{pmatrix} \end{aligned} \tag{4.63}$$

假定拓扑结构图在三个图 $G_i\,(i=1,\ 2,\ 3)$ 中任意切换，且每个子图 G_i 的 Laplacian 矩阵 $\boldsymbol{L}_i\,(i=1,\ 2,\ 3)$ 如下

$$\boldsymbol{L}_1=\begin{pmatrix}3 & -1 & -1 & -1\\ -1 & 1 & 0 & 0\\ -1 & 0 & 1 & 0\\ -1 & 0 & 0 & 1\end{pmatrix},\ \boldsymbol{L}_2=\begin{pmatrix}1 & -1 & 0 & 0\\ -1 & 2 & -1 & 0\\ 0 & -1 & 2 & -1\\ 0 & 0 & -1 & 1\end{pmatrix},$$

$$\boldsymbol{L}_3=\begin{pmatrix}3 & -1 & -1 & -1\\ -1 & 1 & 0 & 0\\ -1 & 0 & 2 & -1\\ -1 & 0 & -1 & 2\end{pmatrix}$$

度矩阵为

$$\boldsymbol{D}_1=\mathrm{diag}(1,\ 0,\ 0,\ 0),\ \boldsymbol{D}_2=\mathrm{diag}(0,\ 1,\ 0,\ 0),\ \boldsymbol{D}_3=\mathrm{diag}(0,\ 0,\ 1,\ 0),$$

取 $c=10>\dfrac{1}{\bar{\lambda}}$，

图 4.5 表明反馈控制器(4.51)和观测器(4.47)可确保多智能体系统实现一致。

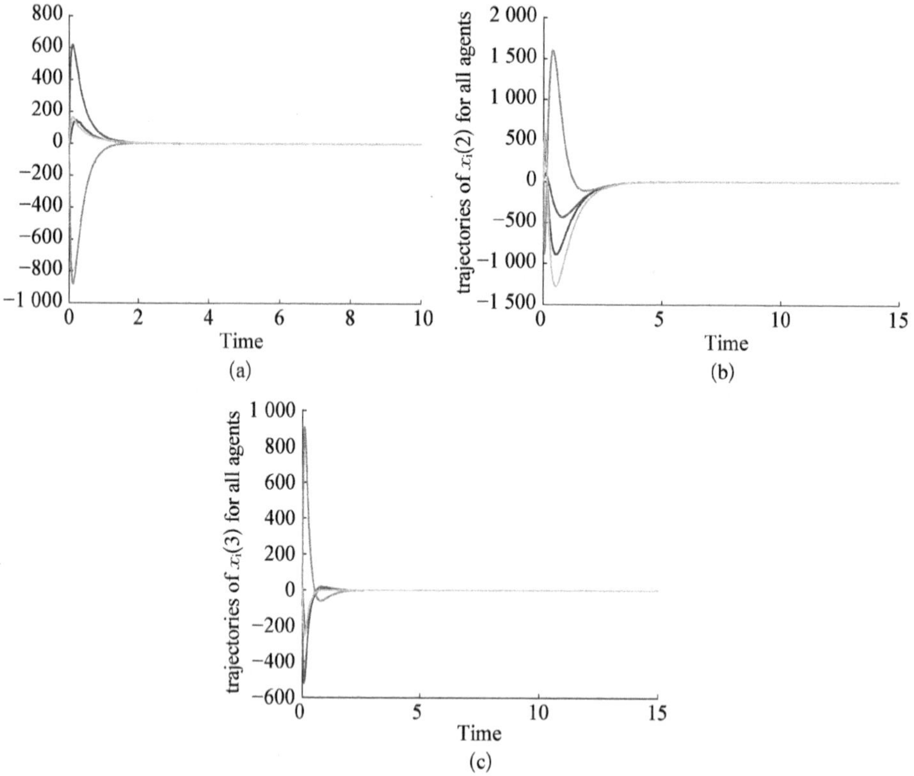

图 4.5　每个智能体与领导的跟踪误差轨迹

(a) $x_{i1}-x_{01}$　　(b) $x_{i2}-x_{02}$　　(c) $x_{i3}-x_{03}$

4.3 降维观测器

4.3.1 降维观测器 1

本节将讨论切换拓扑下高维线性动态耦合多智能体系统的一致性问题，并提出一种分布式降维观测器协议来解决一致性问题。假定每个跟随者和领导的动力学方程分别为式(4.1)和式(4.2)。

对第 i 个智能体设计一个基于降维观测器的分布式控制协议：

$$\begin{aligned}\dot{\boldsymbol{v}}_i(t) &= \boldsymbol{F}\boldsymbol{v}_i(t)+\boldsymbol{G}\boldsymbol{y}_i(t)+\boldsymbol{T}\boldsymbol{B}\boldsymbol{u}_i(t)\\ \boldsymbol{u}_i(t) &= c\boldsymbol{K}\boldsymbol{Q}_1\Big[\sum_{j\in N_i}a_{ij}(t)(\boldsymbol{y}_i(t)-\boldsymbol{y}_j(t))+\boldsymbol{d}_i(t)(\boldsymbol{y}_i-\boldsymbol{y}_0)\Big]+\\ &\quad c\boldsymbol{K}\boldsymbol{Q}_2\Big[\sum_{j\in N_i(t)}a_{ij}(t)(\boldsymbol{v}_i(t)-\boldsymbol{v}_j(t))+\boldsymbol{d}_i(t)(\boldsymbol{v}_i-\boldsymbol{T}\boldsymbol{x}_0)\Big]\end{aligned} \tag{4.64}$$

其中，c 是耦合强度，$\boldsymbol{v}_i(t)\in\mathbf{R}^{n-q}$ 是观测器的状态，$\boldsymbol{F}\in\mathbf{R}^{(n-q)\times(n-1)}$，$\boldsymbol{G}\in\mathbf{R}^{(n-q)\times q}$，$\boldsymbol{T}\in\mathbf{R}^{(n-q)\times n}$，$\boldsymbol{Q}_1\in\mathbf{R}^{n\times q}$ 和 $\boldsymbol{Q}_2\in\mathbf{R}^{n\times(n-q)}$ 是要设计的参数矩阵。

下面给出一个算法来构造增益矩阵。

算法 4.4： 对于给定的矩阵($\boldsymbol{A}$, $\boldsymbol{B}$, $\boldsymbol{C}$)，若($\boldsymbol{A}$, $\boldsymbol{B}$)可稳定，($\boldsymbol{A}$, $\boldsymbol{C}$)可观测，矩阵 $\boldsymbol{C}$ 行满秩：秩($\boldsymbol{C}$)$=q$。则可按如下算法构造协议(4.64)中的增益矩阵。

(1) 任意选择矩阵 $\boldsymbol{F}\in\mathbf{R}^{(n-q)\times(n-q)}$ 和 $\boldsymbol{G}\in\mathbf{R}^{(n-q)\times q}$，要求 $\boldsymbol{F}$ 的所有特征根与矩阵 $\boldsymbol{A}$ 的特征根均不同，且满足($\boldsymbol{F}$, $\boldsymbol{G}$)是可控的。

(2) 求解 Sylvester 方程

$$\boldsymbol{T}\boldsymbol{A}-\boldsymbol{F}\boldsymbol{T}=\boldsymbol{G}\boldsymbol{C} \tag{4.65}$$

得到唯一解 $\boldsymbol{S}$。满足 $\begin{pmatrix}\boldsymbol{C}\\ \boldsymbol{T}\end{pmatrix}$ 是非奇异的。若 $\begin{pmatrix}\boldsymbol{C}\\ \boldsymbol{T}\end{pmatrix}$ 是奇异的，则返回第一步，重新选择 $\boldsymbol{G}$ 矩阵，重复上述步骤，直到 $\begin{pmatrix}\boldsymbol{C}\\ \boldsymbol{T}\end{pmatrix}$ 是非奇异为止。矩阵 $\boldsymbol{Q}_1\in\mathbf{R}^{n\times q}$ 和 $\boldsymbol{Q}_2\in\mathbf{R}^{n\times(n-q)}$ 由公式$[\boldsymbol{Q}_1\ \boldsymbol{Q}_2]=\begin{pmatrix}\boldsymbol{C}\\ \boldsymbol{T}\end{pmatrix}^{-1}$ 得到。

(3) 求解 Riccati 方程。

$$\boldsymbol{A}^{\mathrm{T}}\boldsymbol{P}+\boldsymbol{P}\boldsymbol{A}-\boldsymbol{P}\boldsymbol{B}\boldsymbol{B}^{\mathrm{T}}\boldsymbol{P}+\boldsymbol{I}_n=0 \tag{4.66}$$

得到唯一的正定解 $\boldsymbol{P}$。则反馈矩阵 $\boldsymbol{K}$ 为

$$\boldsymbol{K}=-\boldsymbol{B}^{\mathrm{T}}\boldsymbol{P} \tag{4.67}$$

(4) 耦合强度 c 满足：

$$c \geqslant \frac{1}{\tilde{\lambda}} \tag{4.68}$$

令 $\boldsymbol{\varepsilon}_i=\boldsymbol{x}_i-\boldsymbol{x}_0$，$\boldsymbol{e}_i(t)=\boldsymbol{v}_i(t)-\boldsymbol{T}\boldsymbol{x}_0(t)$，$\boldsymbol{e}(t)=[\boldsymbol{e}_1^{\mathrm{T}}(t),\ \boldsymbol{e}_2^{\mathrm{T}}(t),\ \cdots,\ \boldsymbol{e}_N^{\mathrm{T}}(t)]^{\mathrm{T}}$。由式(4.1),式(4.2)以及式(4.65)可得

$$\begin{aligned}\dot{\boldsymbol{\varepsilon}}_i(t)=&\boldsymbol{A}\boldsymbol{\varepsilon}_i+c\boldsymbol{B}\boldsymbol{K}\boldsymbol{Q}_1\boldsymbol{C}\Big[\sum_{j\in N_i(t)}\boldsymbol{a}_{ij}(t)(\boldsymbol{\varepsilon}_i-\boldsymbol{\varepsilon}_j)+\boldsymbol{d}_i(t)\boldsymbol{\varepsilon}_i\Big]+\\&c\boldsymbol{K}\boldsymbol{Q}_2\Big[\sum_{j\in N_i(t)}\boldsymbol{a}_{ij}(t)(\boldsymbol{e}_i(t)-\boldsymbol{e}_j(t))+\boldsymbol{d}_i(t)\boldsymbol{e}_i\Big]\end{aligned} \tag{4.69}$$

$$\begin{aligned}\dot{\boldsymbol{e}}_i(t)=&\dot{\boldsymbol{v}}_i(t)-\boldsymbol{T}\dot{\boldsymbol{x}}_0(t)\\=&\boldsymbol{F}\boldsymbol{v}_i(t)+\boldsymbol{G}\boldsymbol{y}_i(t)+c\boldsymbol{T}\boldsymbol{B}\boldsymbol{K}\boldsymbol{Q}_1\boldsymbol{C}\Big[\sum_{j\in N_i(t)}\boldsymbol{a}_{ij}(t)(\boldsymbol{x}_i-\boldsymbol{x}_j)+\boldsymbol{d}_i(\boldsymbol{x}_i-\boldsymbol{x}_0)\Big]+\\&c\boldsymbol{T}\boldsymbol{B}\boldsymbol{K}\boldsymbol{Q}_2\Big[\sum_{j\in N_i(t)}\boldsymbol{a}_{ij}(t)(\boldsymbol{v}_i-\boldsymbol{v}_j)+\boldsymbol{d}_i(t)(\boldsymbol{v}_i-\boldsymbol{T}\boldsymbol{x}_0)\Big]-\boldsymbol{T}\boldsymbol{A}\boldsymbol{x}_0\end{aligned} \tag{4.70}$$

利用式(4.65)和式(4.70)可得

$$\begin{aligned}\dot{\boldsymbol{e}}_i(t)=&\boldsymbol{F}\boldsymbol{e}_i(t)+\boldsymbol{G}\boldsymbol{C}\boldsymbol{\varepsilon}_i(t)+c\boldsymbol{T}\boldsymbol{B}\boldsymbol{K}\boldsymbol{Q}_1\boldsymbol{C}\Big[\sum_{j\in N_i(t)}\boldsymbol{a}_{ij}(t)(\boldsymbol{\varepsilon}_i-\boldsymbol{\varepsilon}_j)+\boldsymbol{d}_i(t)\boldsymbol{\varepsilon}_i\Big]+\\&c\boldsymbol{T}\boldsymbol{B}\boldsymbol{K}\boldsymbol{Q}_2\Big[\sum_{j\in N_i(t)}\boldsymbol{a}_{ij}(t)(\boldsymbol{e}_i-\boldsymbol{e}_j)+\boldsymbol{d}_i(t)\boldsymbol{e}_i\Big]\end{aligned} \tag{4.71}$$

令 $\boldsymbol{\varepsilon}(t)=[\boldsymbol{\varepsilon}_1^{\mathrm{T}}(t),\ \boldsymbol{\varepsilon}_2^{\mathrm{T}}(t),\ \cdots,\ \boldsymbol{\varepsilon}_N^{\mathrm{T}}(t)]^{\mathrm{T}}$，$\boldsymbol{e}(t)=[\boldsymbol{e}_1^{\mathrm{T}}(t),\ \boldsymbol{e}_2^{\mathrm{T}}(t),\ \cdots,\ \boldsymbol{e}_N^{\mathrm{T}}(t)]^{\mathrm{T}}$ 以及 $\eta=(\boldsymbol{\varepsilon}^{\mathrm{T}},\ \boldsymbol{e}^{\mathrm{T}})^{\mathrm{T}}$，可得如下误差方程

$$\dot{\boldsymbol{\eta}}=\boldsymbol{F}_{\sigma(t)}\boldsymbol{\eta} \tag{4.72}$$

其中，

$$\boldsymbol{F}_{\sigma(t)}=\begin{pmatrix}\boldsymbol{I}_N\otimes\boldsymbol{A}+(c\boldsymbol{H}_{\sigma(t)})\otimes(\boldsymbol{B}\boldsymbol{K}\boldsymbol{Q}_1\boldsymbol{C}) & (c\boldsymbol{H}_{\sigma(t)})\otimes(\boldsymbol{B}\boldsymbol{K}\boldsymbol{Q}_2)\\ \boldsymbol{I}_N\otimes(\boldsymbol{G}\boldsymbol{C})+c\boldsymbol{H}_{\sigma(t)}\otimes(\boldsymbol{T}\boldsymbol{B}\boldsymbol{K}\boldsymbol{Q}_1\boldsymbol{C}) & \boldsymbol{I}_N\otimes\boldsymbol{F}+c\boldsymbol{H}_{\sigma(t)}\otimes(\boldsymbol{T}\boldsymbol{B}\boldsymbol{K}\boldsymbol{Q}_2)\end{pmatrix}$$

令 $\tilde{\boldsymbol{\eta}}=\begin{pmatrix}\boldsymbol{I}_N\otimes\boldsymbol{I}_n & 0\\ -\boldsymbol{I}_N\otimes\boldsymbol{T} & \boldsymbol{I}_N\otimes\boldsymbol{I}_{n-q}\end{pmatrix}\boldsymbol{\eta}$，则系统(4.72)等价于下面的误差系统

$$\dot{\boldsymbol{\eta}}=\tilde{\boldsymbol{F}}_{\sigma(t)}\boldsymbol{\eta} \tag{4.73}$$

其中，

$$\tilde{\boldsymbol{F}}_{\sigma(t)}=\begin{pmatrix}\boldsymbol{I}_N\otimes\boldsymbol{A}+(c\boldsymbol{H}_{\sigma(t)})\otimes(\boldsymbol{B}\boldsymbol{K}) & (c\boldsymbol{H}_{\sigma(t)})\otimes(\boldsymbol{B}\boldsymbol{K}\boldsymbol{Q}_2)\\ 0 & \boldsymbol{I}_N\otimes\boldsymbol{F}\end{pmatrix}$$

则多智能体系统(4.1)～(4.2)的一致性问题就转化成误差系统(4.73)的稳定性问题。

注释 4.3：根据文献[21]的定理 8 知，若矩阵 $\boldsymbol{A}$ 和矩阵 $\boldsymbol{F}$ 的特征根均不同，那么 $\begin{pmatrix}\boldsymbol{C}\\ \boldsymbol{T}\end{pmatrix}$ 是非奇异的充要条件为($\boldsymbol{A}$, $\boldsymbol{C}$)是可观的，($\boldsymbol{F}$, $\boldsymbol{G}$)是可控的。根据文献[173]，又可知如果($\boldsymbol{A}$, $\boldsymbol{B}$)可稳定，则存在唯一的正定矩阵 $\boldsymbol{P}$ 满足 Ricatti 方程(4.66)。

下面给出结论。

定理 4.5：对于给定的多智能体系统(4.1)～(4.2)，若有向拓扑图 G 是连通的，则由协议(4.64)设计的分布式控制协议能使多智能体系统实现一致。

证明：令 $\sigma(t)=p$, $p\in\{1, 2, \cdots, M\}$。存在一个正交矩阵 $\boldsymbol{U}_p$ 满足

$$\boldsymbol{U}_p(\boldsymbol{H}_p+\boldsymbol{H}_p^{\mathrm{T}})\boldsymbol{U}_p^{\mathrm{T}}=\widetilde{\boldsymbol{\Lambda}}_p=\mathrm{diag}(\widetilde{\boldsymbol{\lambda}}_{1p}, \widetilde{\boldsymbol{\lambda}}_{2p}, \cdots, \widetilde{\boldsymbol{\lambda}}_{Np}) \tag{4.74}$$

其中，$\widetilde{\lambda}_{ip}$ 是 $\boldsymbol{H}_p+\boldsymbol{H}_p^{\mathrm{T}}$ 的第 i 个特征值。由条件(4.68)可知，式(4.66)的唯一正定矩阵 $\boldsymbol{P}$ 满足

$$\boldsymbol{P}\left(\boldsymbol{A}+\frac{1}{2}\widetilde{\boldsymbol{\lambda}}_{ip}c\boldsymbol{BK}\right)+\left(\boldsymbol{A}+\frac{1}{2}\widetilde{\boldsymbol{\lambda}}_{ip}c\boldsymbol{BK}\right)^{\mathrm{T}}\boldsymbol{P}=-\boldsymbol{Q}+\boldsymbol{PBB}^{\mathrm{T}}\boldsymbol{P}-\boldsymbol{\lambda}_{ip}c\boldsymbol{PBB}^{\mathrm{T}}\boldsymbol{P}\leqslant-\boldsymbol{Q} \tag{4.75}$$

由此可得如下不等式

$$\begin{aligned}&(\boldsymbol{I}_N\otimes\boldsymbol{P})\left(\boldsymbol{I}_N\otimes\boldsymbol{A}+\frac{1}{2}\boldsymbol{\Lambda}_p\otimes c\boldsymbol{BK}\right)+\\&\left(\boldsymbol{I}_N\otimes\boldsymbol{A}+\frac{1}{2}\boldsymbol{\Lambda}_pc\boldsymbol{BK}\right)^{\mathrm{T}}(\boldsymbol{I}_N\otimes\boldsymbol{P})=-\boldsymbol{I}_N\otimes\boldsymbol{Q}\leqslant 0\end{aligned} \tag{4.76}$$

对不等式(4.76)左乘 $\boldsymbol{U}_p\otimes\boldsymbol{I}$，右乘其转置，可得

$$\begin{aligned}&(\boldsymbol{I}_N\otimes\boldsymbol{P})\left[\boldsymbol{I}_N\otimes\boldsymbol{A}+\frac{1}{2}(\boldsymbol{H}_p+\boldsymbol{H}_p^{\mathrm{T}})\otimes(c\boldsymbol{BK})\right]+\\&\left[\boldsymbol{I}_N\otimes\boldsymbol{A}+\frac{1}{2}(\boldsymbol{H}_p+\boldsymbol{H}_p^{\mathrm{T}})\otimes(c\boldsymbol{BK})\right]^{\mathrm{T}}(\boldsymbol{I}_N\otimes\boldsymbol{P})=-\boldsymbol{I}_N\otimes\boldsymbol{Q}\leqslant 0\end{aligned} \tag{4.77}$$

由于 $\boldsymbol{PBK}$ 是对称矩阵，可知下列不等式成立

$$\begin{aligned}&(\boldsymbol{I}_N\otimes\boldsymbol{P})[\boldsymbol{I}_N\otimes\boldsymbol{A}+\boldsymbol{H}_p\otimes(c\boldsymbol{BK})]+[\boldsymbol{I}_N\otimes\boldsymbol{A}+\boldsymbol{H}_p\otimes(c\boldsymbol{BK})]^{\mathrm{T}}(\boldsymbol{I}_N\otimes\boldsymbol{P})\\&=(\boldsymbol{I}_N\otimes\boldsymbol{P})\left[\boldsymbol{I}_N\otimes\boldsymbol{A}+\frac{1}{2}(\boldsymbol{H}_p+\boldsymbol{H}_p^{\mathrm{T}})\otimes(c\boldsymbol{BK})\right]+\end{aligned}$$

$$\left[\boldsymbol{I}_N \otimes \boldsymbol{A} + \frac{1}{2}(\boldsymbol{H}_p + \boldsymbol{H}_p^{\mathrm{T}}) \otimes (c\boldsymbol{BK})\right]^{\mathrm{T}} (\boldsymbol{I}_N \otimes \boldsymbol{P}) = -\boldsymbol{I}_N \otimes \boldsymbol{Q} \leqslant 0 \tag{4.78}$$

另一方面，由于矩阵 $\boldsymbol{F}$ 是稳定的，可以选择合适的正定矩阵 $\boldsymbol{P}_2$ 和 $\boldsymbol{Q}_2$ 满足下列的 Lyapunov 方程

$$\boldsymbol{F}^{\mathrm{T}}\boldsymbol{P}_2 + \boldsymbol{P}_2\boldsymbol{F} = -\boldsymbol{Q}_2 < 0 \tag{4.79}$$

等价地有

$$[\boldsymbol{I} \otimes \boldsymbol{F}]^{\mathrm{T}}(\boldsymbol{I}_N \otimes \boldsymbol{P}_2) + (\boldsymbol{I}_N \otimes \boldsymbol{P}_2)[\boldsymbol{I}_N \otimes \boldsymbol{F}] = -(\boldsymbol{I}_N \otimes \boldsymbol{Q}_2) < 0 \tag{4.80}$$

其他证明过程同定理(4.4)，故省略。

4.3.2　降维观测器 1 数值仿真

本节给出数值仿真例子用来验证定理 4.5 的有效性和所得理论结果的正确性。假设该多智能体系统是由 4 个智能体和一个领导组成。并假定拓扑图(见图 4.6)在三个子图 $\bar{G}_\sigma(i=1, 2, 3)$ 中任意切换。

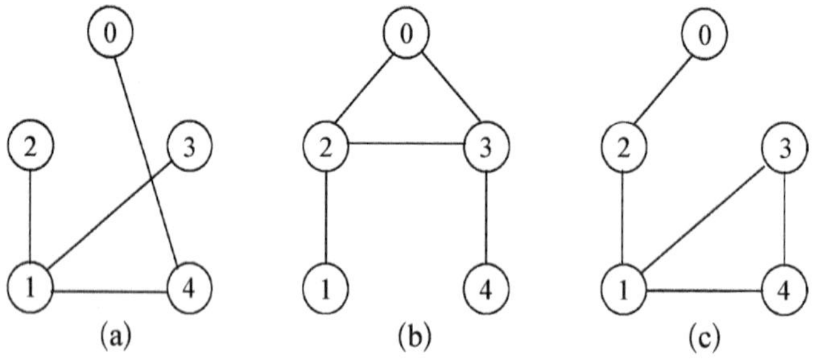

图 4.6　拓扑图

(a) G_1　(b) G_2　(c) G_3

其系统矩阵为

$$\boldsymbol{A} = \begin{pmatrix} -2.1622 & 1.1469 & 0.6921 \\ -2.0497 & 0.9585 & 0.8159 \\ -1.9817 & 1.1558 & 0.5047 \end{pmatrix}, \boldsymbol{B} = \begin{pmatrix} 0 \\ 0 \\ 1 \end{pmatrix}, \boldsymbol{C} = \begin{pmatrix} 1 & 0 & 0 \\ 0 & 1 & 0 \end{pmatrix}$$

矩阵 $\boldsymbol{F}$, $\boldsymbol{G}$ 的取值分别如下：$\boldsymbol{F}=-0.8$, $\boldsymbol{G}=[0.9 \quad 0.1]$，通过求解 Sylvester 方程(4.65)，可得 $\boldsymbol{T}=[9.1676 \quad -4.6282 \quad -1.9688]$。该值可使 $\begin{bmatrix}\boldsymbol{C}\\ \boldsymbol{T}\end{bmatrix}$ 为非奇

异矩阵,并可得 $\boldsymbol{Q}_1=\begin{bmatrix}1.0000 & 0\\ 0 & 1.0000\\ 4.6564 & -2.3508\end{bmatrix}$,以及 $\boldsymbol{Q}_2=\begin{bmatrix}0\\ 0\\ -0.5079\end{bmatrix}$。

正定矩阵 $\boldsymbol{Q}$ 取值为:$\boldsymbol{Q}=4\boldsymbol{I}$,求解 Riccati 方程(4.66)得 $\boldsymbol{K}=[3.1532\quad -3.2555\quad -2.7856]$。令 $c=1.86$,该值满足条件(4.68)。

由跟踪轨迹 $x_{i(j)}-x_{0(j)}$, $j=1, 2, 3$ 可知利用协议(4.64),多智能体系统可实现一致,如图 4.7 所示。

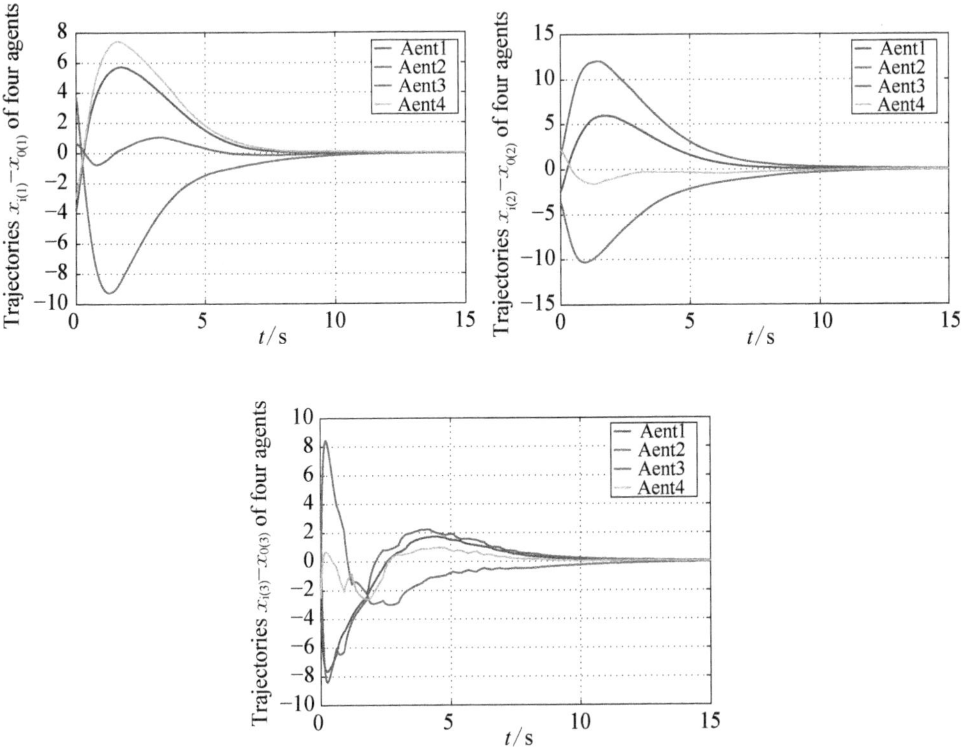

图 4.7 跟踪误差轨迹 $x_{i(j)}(t)-x_{0(j)}(j=1, 2, 3)$

4.3.3 降维观测器 2

本节考虑另一种降维观测器,利用该观测器和分布式协议解决多智能体系统一致性问题。提出如下的基于分布式降维观测器的一致性协议,它包括一个局部的估计法则和一个分布式反馈控制律。对第 i 个智能体设计如下的局部估计法则:

$$\dot{\bar{z}}_i=(\boldsymbol{TA}-\boldsymbol{GCA})\boldsymbol{M}_2\bar{\boldsymbol{z}}_i+[(\boldsymbol{TA}-\boldsymbol{GCA})\boldsymbol{M}_2\boldsymbol{G}+(\boldsymbol{TA}-\boldsymbol{GCA})\boldsymbol{M}_1]\boldsymbol{y}_i+(\boldsymbol{T}-\boldsymbol{GC})\boldsymbol{Bu}_i \tag{4.81}$$
$$\bar{\boldsymbol{y}}_i=\bar{\boldsymbol{z}}_i+\boldsymbol{Gy}_i$$

其中，$\bar{\boldsymbol{z}}_i$ 表示多智能体系统的拓扑状态，$\bar{\boldsymbol{y}}_i$ 表示 $\boldsymbol{Tx}$ 的重构变量，$\boldsymbol{G}\in\mathbf{R}^{(n-q)\times q}$，$\boldsymbol{T}\in\mathbf{R}^{(n-q)\times n}$，$\boldsymbol{M}_1\in\mathbf{R}^{(n-q)}$，$\boldsymbol{M}_2\in\mathbf{R}^{n\times(n-q)}$ 是待定的增益矩阵。智能体 i 的分布式反馈控制规律如下：

$$u_i=-c\boldsymbol{KM}_1\Big[\sum_{j\in N_i(t)}\boldsymbol{a}_{ij}(t)(\boldsymbol{y}_i-\boldsymbol{y}_j)+\boldsymbol{d}_i(t)(\boldsymbol{y}_i-\boldsymbol{y}_0)\Big]-c\boldsymbol{KM}_2\Big[\sum_{j\in N_i(t)}\boldsymbol{a}_{ij}(t)(\bar{\boldsymbol{y}}_i-\bar{\boldsymbol{y}}_j)+\boldsymbol{d}_i(t)(\bar{\boldsymbol{y}}_i-\boldsymbol{T}x_0)\Big] \tag{4.82}$$

关键目标是设计合适的 c，$\boldsymbol{G}$，$\boldsymbol{T}$，$\boldsymbol{K}$，$\boldsymbol{M}_1$，$\boldsymbol{M}_2$ 使得系统达到一致。为此设计出下面的算法来构造状态估计规则(4.81)和(4.82)中的增益矩阵 $\boldsymbol{K}$ 和 $\boldsymbol{G}$，$\boldsymbol{T}$，$\boldsymbol{M}_1$，$\boldsymbol{M}_2$。

算法 4.5：($\boldsymbol{A}$，$\boldsymbol{B}$)是稳定的，并且($\boldsymbol{A}$，$\boldsymbol{C}$)是可测的，增益矩阵 $\boldsymbol{K}$，$\boldsymbol{G}$，$\boldsymbol{T}$，$\boldsymbol{M}_1$ 和 $\boldsymbol{M}_2$ 可以按如下方法设计：假定

(1) 选取 $\boldsymbol{T}$ 使得 $\begin{pmatrix}\boldsymbol{C}\\ \boldsymbol{T}\end{pmatrix}$ 是非奇异的，由 $[\boldsymbol{M}_1,\ \boldsymbol{M}_2]=\begin{pmatrix}\boldsymbol{C}\\ \boldsymbol{T}\end{pmatrix}^{-1}$ 得出矩阵 $\boldsymbol{M}_1\in\mathbf{R}^{(n-q)}$，$\boldsymbol{M}_2\in\mathbf{R}^{n\times(n-q)}$。

(2) 对任意给定的一个正定矩阵 $\boldsymbol{Q}$，解 Riccati 方程：

$$\boldsymbol{PA}+\boldsymbol{A}^{\mathrm{T}}\boldsymbol{P}-\boldsymbol{PBB}^{\mathrm{T}}\boldsymbol{P}+\boldsymbol{Q}=0 \tag{4.83}$$

得到唯一正定解 $\boldsymbol{P}$，那么增益矩阵 $\boldsymbol{K}$ 可取为 $\boldsymbol{K}=\boldsymbol{B}^{\mathrm{T}}\boldsymbol{P}$。

(3) 选取 $\boldsymbol{G}$ 使得 $\boldsymbol{TAM}_2-\boldsymbol{GCAM}_2$ 是稳定的。

记 $\boldsymbol{r}_i=\boldsymbol{Tx}_i-\bar{\boldsymbol{y}}_i$，$\boldsymbol{r}=[\boldsymbol{r}_1^{\mathrm{T}},\ \boldsymbol{r}_2^{\mathrm{T}},\ \cdots,\ \boldsymbol{r}_N^{\mathrm{T}}]$，那么有：

$$\begin{aligned}\dot{\boldsymbol{r}}_i&=\boldsymbol{T}\dot{\boldsymbol{x}}_i-(\dot{\bar{\boldsymbol{z}}}_i+\boldsymbol{G}\dot{\boldsymbol{y}}_i)\\&=\boldsymbol{TAx}_i+\boldsymbol{TBu}_i-(\boldsymbol{TA}-\boldsymbol{GCA})\boldsymbol{M}_2\bar{\boldsymbol{z}}_i+[(\boldsymbol{TA}-\boldsymbol{GCA})\boldsymbol{M}_2\boldsymbol{G}+\\&\quad(\boldsymbol{TA}-\boldsymbol{GCA})\boldsymbol{M}_1]\boldsymbol{y}_i-(\boldsymbol{T}-\boldsymbol{GC})\boldsymbol{Bu}_i-\boldsymbol{GCAx}_i-\boldsymbol{GCBu}_i\\&=(\boldsymbol{TAM}_2-\boldsymbol{GCAM}_2)\boldsymbol{r}_i\end{aligned} \tag{4.84}$$

或等价地，

$$\dot{\boldsymbol{r}}=[\boldsymbol{I}\otimes(\boldsymbol{TAM}_2-\boldsymbol{GCAM}_2)]\boldsymbol{r} \tag{4.85}$$

令 $\boldsymbol{l}_i=\boldsymbol{x}_i-\boldsymbol{x}_0$，$\boldsymbol{l}=[l_1,\ l_2,\ \cdots,\ l_N]$，则有

$$\dot{\boldsymbol{l}}_i=\boldsymbol{Ax}_i+\boldsymbol{Bu}_i-\boldsymbol{Ax}_0$$

$$
\begin{aligned}
&= \boldsymbol{A}\boldsymbol{l}_i - c\boldsymbol{BKM}_1\Big[\sum_{j\in N_i(t)} \boldsymbol{a}_{ij}(t)(\boldsymbol{y}_i - \boldsymbol{y}_j) + \boldsymbol{d}_i(t)(\boldsymbol{y}_i - \boldsymbol{y}_0)\Big] - \\
&\quad c\boldsymbol{BKM}_2\Big[\sum_{j\in N_i(t)} \boldsymbol{a}_{ij}(t)(\bar{\boldsymbol{y}}_i - \bar{\boldsymbol{y}}_j) + \boldsymbol{d}_i(t)(\bar{\boldsymbol{y}}_i - \boldsymbol{Tx}_0)\Big] \\
&= \boldsymbol{A}\boldsymbol{l}_i - c\boldsymbol{BK}\Big[\sum_{j\in N_i(t)} \boldsymbol{a}_{ij}(t)(\boldsymbol{x}_i - \boldsymbol{x}_j) + \boldsymbol{d}_i(t)(\boldsymbol{x}_i - \boldsymbol{x}_0)\Big] + \\
&\quad c\boldsymbol{BKM}_2\Big[\sum_{j\in N_i(t)} \boldsymbol{a}_{ij}(t)(\boldsymbol{Tx}_i - \bar{\boldsymbol{y}}_i) - (\boldsymbol{Tx}_j - \bar{\boldsymbol{y}}_j) + \boldsymbol{d}_i(t)(\boldsymbol{Tx}_i - \bar{\boldsymbol{y}}_i)\Big]
\end{aligned}
\tag{4.86}
$$

因此

$$
\dot{\boldsymbol{l}} = [\boldsymbol{I}_N \otimes \boldsymbol{A} - c\boldsymbol{H}_{\sigma(t)} \otimes (\boldsymbol{BK})]\boldsymbol{l} + [c\boldsymbol{H}_{\sigma(t)} \otimes (\boldsymbol{BKM}_2)]\boldsymbol{r} \tag{4.87}
$$

令 $\boldsymbol{\eta} = [\boldsymbol{l}^{\mathrm{T}}, \boldsymbol{r}^{\mathrm{T}}]^{\mathrm{T}}$，可得闭环系统的动态方程为

$$
\dot{\boldsymbol{\eta}} = \begin{pmatrix} \boldsymbol{I}_N \otimes \boldsymbol{A} - c\boldsymbol{H}_{\sigma(t)} \otimes (\boldsymbol{BK}) & c\boldsymbol{H}_{\sigma(t)} \otimes (\boldsymbol{BKM}_2) \\ 0 & \boldsymbol{I}_N \otimes (\boldsymbol{TAM}_2 - \boldsymbol{GCAM}_2) \end{pmatrix} \eta \tag{4.88}
$$

下面给出结论。

定理 4.6：对于给定的多智能体系统(4.1)～(4.2)，若有向拓扑图 G 是连通的，取耦合强度 c 满足

$$
c \geqslant \frac{1}{2\tilde{\lambda}} \tag{4.89}
$$

那么，由算法 4.5 所构造的分布式协议(4.81)和(4.82)能够解决一致性问题。

证明：令 $\sigma(t) = p,\ p \in \{1, 2, \cdots, M\}$。存在一个正交矩阵 $\boldsymbol{U}_p$ 满足

$$
\boldsymbol{U}_p(\boldsymbol{H}_p + \boldsymbol{H}_p^{\mathrm{T}})\boldsymbol{U}_p^{\mathrm{T}} = \tilde{\boldsymbol{\Lambda}}_p = \mathrm{diag}(\tilde{\lambda}_{1p}, \tilde{\lambda}_{2p}, \cdots, \tilde{\lambda}_{Np}) \tag{4.90}
$$

其中 $\tilde{\lambda}_{ip}$ 是 $\boldsymbol{H}_p + \boldsymbol{H}_p^{\mathrm{T}}$ 的第 i 个特征值。采取与上节相似的方法，可得如下不等式

$$
\begin{aligned}
&(\boldsymbol{I}_N \otimes \boldsymbol{P})[\boldsymbol{I}_N \otimes \boldsymbol{A} + \boldsymbol{H}_p \otimes (c\boldsymbol{BK})] + [\boldsymbol{I}_N \otimes \boldsymbol{A} + \boldsymbol{H}_p \otimes (c\boldsymbol{BK})]^{\mathrm{T}}(\boldsymbol{I}_N \otimes \boldsymbol{P}) \\
&= (\boldsymbol{I}_N \otimes \boldsymbol{P})\left[\boldsymbol{I}_N \otimes \boldsymbol{A} + \frac{1}{2}(\boldsymbol{H}_p + \boldsymbol{H}_p^{\mathrm{T}}) \otimes (c\boldsymbol{BK})\right] + \\
&\quad \left[\boldsymbol{I}_N \otimes \boldsymbol{A} + \frac{1}{2}(\boldsymbol{H}_p + \boldsymbol{H}_p^{\mathrm{T}}) \otimes (c\boldsymbol{BK})\right]^{\mathrm{T}}(\boldsymbol{I}_N \otimes \boldsymbol{P}) \\
&= -\boldsymbol{I}_N \otimes \boldsymbol{Q} \leqslant 0
\end{aligned}
\tag{4.91}
$$

另一方面，由于矩阵 $\boldsymbol{TAM}_2 - \boldsymbol{GCAM}_2$ 是稳定的，可以选择合适的正定矩阵 $\boldsymbol{P}_2$ 和 $\boldsymbol{Q}_2$ 满足下列的 Lyapunov 方程

$$(\boldsymbol{TAM}_2-\boldsymbol{GCAM})^{\mathrm{T}}\boldsymbol{P}_2+\boldsymbol{P}_2(\boldsymbol{TAM}_2-\boldsymbol{GCAM})=-\boldsymbol{Q}_2<0 \tag{4.92}$$

等价地有

$$[\boldsymbol{I}\otimes(\boldsymbol{TAM}_2-\boldsymbol{GCAM})]^{\mathrm{T}}(\boldsymbol{I}_N\otimes\boldsymbol{P}_2)+(\boldsymbol{I}_N\otimes\boldsymbol{P}_2)[\boldsymbol{I}_N\otimes(\boldsymbol{TAM}_2-\boldsymbol{GCAM})]$$
$$=-(\boldsymbol{I}_N\otimes\boldsymbol{Q}_2)<0 \tag{4.93}$$

其他证明过程与前面相似故省略。

4.3.4　降维观测器 2 数值仿真

本节给出数值仿真用来验证定理 4.6 的有效性和所得理论结果的正确性。假设该多智能体系统是由 4 个智能体和一个领导组成，其系统矩阵为

$$\boldsymbol{A}=\begin{bmatrix}-1&0&-1\\0&1&-1\\1&4&-1\end{bmatrix},\ \boldsymbol{B}=\begin{bmatrix}1&0\\1&1\\1&1\end{bmatrix},\ \boldsymbol{C}=\begin{bmatrix}1&0&0\\0&1&0\end{bmatrix}.$$

假定拓扑图在三个子图 $\bar{G}_\sigma(i=1,2,3)$ 中任意切换。三个子图 $\bar{G}_i(i=1,2,3)$（见图 4.8）所对应的 Laplacian 矩阵分别为

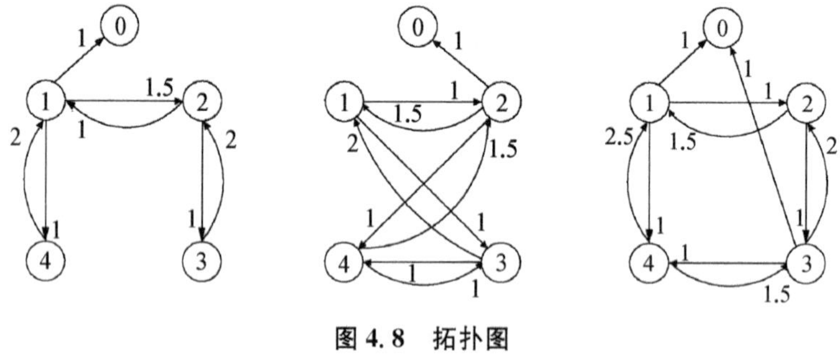

图 4.8　拓扑图

$$\boldsymbol{L}_1=\begin{bmatrix}2.5&-1.5&0&-1\\-1&2&-1&0\\0&-2&2&0\\-2&0&0&2\end{bmatrix},\ \boldsymbol{L}_2=\begin{bmatrix}2&-1&-1&0\\-1.5&2.5&-1&0\\-2&0&3&-1\\0&-1.5&-1&2.5\end{bmatrix},$$

$$\boldsymbol{L}_3=\begin{bmatrix}2&-1&0&-1\\-1.5&2.5&-1&0\\0&-2&3&-1\\-2.5&0&-1.5&4\end{bmatrix}。$$

而度矩阵分别为

$$\boldsymbol{D}_1=[1 \quad 0 \quad 0 \quad 0],\ \boldsymbol{D}_2=[0 \quad 1 \quad 0 \quad 0],\ \boldsymbol{D}_3=[1 \quad 0 \quad 1 \quad 0]。$$

应用前面方法，增益矩阵设计如下：

$$\boldsymbol{K}=\begin{bmatrix} 0.3309 & 0.9812 & 0.3799 \\ -0.1702 & 1.2218 & 0.3096 \end{bmatrix},\ \boldsymbol{G}=[0.0701 \quad 0.0382]。$$

各个个体状态轨迹如图 4.9 所示，由图可知所有跟随者均能跟随领导的轨迹。

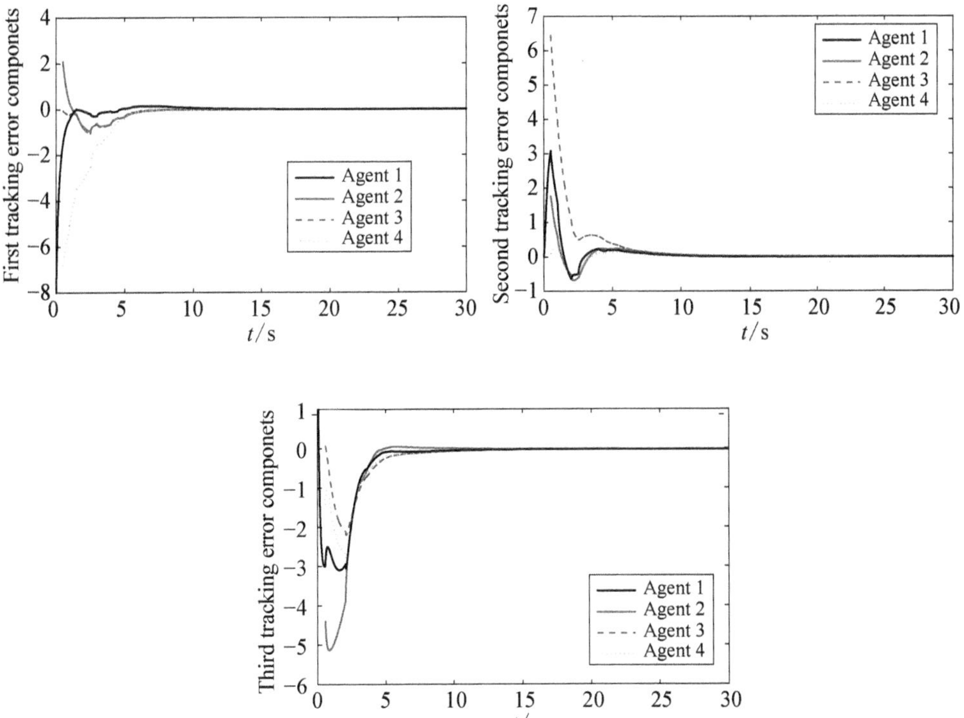

图 4.9　跟踪轨迹 $x_{i(j)}(t)-x_{0(j)}(j=1, 2, 3)$

4.4　本章小结

本章介绍了具有一般线性系统结构的连续多智能体系统基于输出的一致性，

构造了 4 种全维观测器框架和两种降维观测器的框架，通过求解 Riccati 方程和 Sylvester 方程，可得协议中的各个参数。通过数值仿真例子说明了提出的方法的有效性和正确性，相关的论文见文献[53,54,212]。

第5章 基于间歇性观测器的一致性研究

5.1 引言

近年来,多智能体系统的一致性问题成为研究的热点。其目的是通过设计一致性协议使得所有智能体的状态趋于一致。然而大多数的文献考虑的控制协议是连续的,即控制是时时存在的。但是在实际问题中控制并不是始终存在的,因为那样将是一种不合理的假设,同样也不经济。为了减少控制成本,脉冲控制被采纳并广泛应用于各个领域。脉冲控制的特点是在系统某个特定时刻加入控制量来改变系统的状态,这种控制方式在复杂网络中应用较多。与连续控制规律相比,脉冲控制可以减少网络的数据传输量,提高网络安全性和抗攻击能力。因而脉冲控制方法在复杂网络的同步中得到广泛应用。但是脉冲控制也有其缺陷。脉冲控制只是在某些孤立点施加控制,如果要控制施加一段时间,如风能发电系统发电时要持续一段时间,就不能用脉冲控制模型来解释。因此有些学者尝试利用间歇性控制策略来处理复杂网络的同步问题。

在现代智能社会,间歇性控制策略越来越受到人们的关注,已成为国际上科学研究及工程应用的前沿和热点之一。其特征是:在一段时间内,控制存在,然后在一段时间内控制消失,以此类推。它既包含控制始终存在的情况(控制消失时间为0),也包含脉冲控制(控制存在时间退化为孤立的点)。因此,该策略可以看成是介于控制始终存在和脉冲控制两种状态下的中间策略,是一种新的控制策略。与连续控制相比,间歇性控制更加经济、有效,因此关于它的研究具有很重要的意义。自从 2000 年 Zochowski 首次将间歇性控制引入到系统控制中来[222],间歇性控制广泛地应用于神经网络[48,210],混沌系统[198,221]以及复杂网络[12-14,112,180]。文献[210]利用间歇性控制解决了两个耦合混沌网络的同步问题。文献[49]研究了带混合时变时滞、随机噪声干扰的 Cohen-Gossberg 神经网络的指数同步问题。在文献[112]中,作者通过给网络添加一些间歇性的控制器,从而实现网络的簇同步。而文献[87]在假定控制周期和控制时间是固定和已知的情况下,研究了一类非线性系统在间歇性控制下的指数稳定问题，并利用成本函数设计了次优间歇性控制器。

受上述文献启发，我们研究切换拓扑结构下具有一般线性系统结构的多智能体系统的一致性问题。我们设计了一类分布式间歇性观测器来解决一致性问题，并提出算法来对协议中的增益参数和增益矩阵进行设计。在本章中，虽然考虑的是无向的切换拓扑结构，但结果对拓扑结构是有向平衡图同样是成立的。

本章结构如下：5.2 节问题描述；5.3 节和 5.4 节分别讨论不带领导和带领导情况下的基于间歇性观测器的一致性问题；5.5 节讨论一种特例：基于状态的一致性问题；5.6 节数值仿真；5.7 节本章小结。

5.2　问题描述

5.2.1　图论知识

本章考虑一类切换无向图。其中 $\lambda_2(L)$ 为拓扑结构图 G 的代数连通数。当拓扑结构图 G 连通时，有 $\lambda_2(L)>0$。

引理 5.1[106]：若 $\boldsymbol{L}_c=[\boldsymbol{L}_{c_{ij}}]$ 是一个对称矩阵，并且有

$$\boldsymbol{L}_{c_{ij}}=\begin{cases}\dfrac{N-1}{N},\ i=j\\[2mm]-\dfrac{1}{N},\ i\neq j\end{cases}\tag{5.1}$$

那么下面结论成立：

(1) 1 是 $\boldsymbol{L}_c$ 的 $N-1$ 重特征根，0 是单根。向量 $\mathbf{1}_N^{\mathrm{T}}$ 和 $\mathbf{1}_N$ 分别是 $\boldsymbol{L}_c$ 零特征根所对应的左右特征向量。

(2) 存在着一个最后一列为 $\dfrac{1}{\sqrt{N}}\mathbf{1}$ 正交矩阵 $\boldsymbol{U}\in\mathbf{R}^{N\times N}$，满足

$$\boldsymbol{U}^{\mathrm{T}}\boldsymbol{L}_c\boldsymbol{U}=\begin{pmatrix}\boldsymbol{I}_{N-1} & 0\\ 0 & 0\end{pmatrix}$$

并且，若 $\boldsymbol{L}\in\mathbf{R}^{N\times N}$ 是任意无向图的 Laplacian 矩阵，则有

$$\boldsymbol{U}^{\mathrm{T}}\boldsymbol{L}\boldsymbol{U}=\begin{pmatrix}\boldsymbol{L}_1 & 0\\ 0 & 0\end{pmatrix}$$

其中，$L_1 \in \mathbf{R}^{(N-1)\times(N-1)}$，当图连通时，$L_1 \in \mathbf{R}^{(N-1)\times(N-1)}$ 是正定的。

5.2.2 模型建立

本章中，考虑一类由 N 个智能体组成的多智能体系统。第 i 个智能体的动力学方程如下：

$$\begin{aligned} \dot{x}_i(t) &= \boldsymbol{A}x_i(t) + \boldsymbol{B}u_i(t) \\ y_i(t) &= \boldsymbol{C}x_i(t) \end{aligned}, \quad i = 1, \cdots, N \tag{5.2}$$

其中，$x_i \in \mathbf{R}^n$ 是第 i 个智能体的状态，$\boldsymbol{u}_i \in \mathbf{R}^m$ 是它的控制输入，$y_i \in \mathbf{R}^p$ 是第 i 个智能体的测量输出。$\boldsymbol{A}$, $\boldsymbol{B}$, $\boldsymbol{C}$ 是已知的常矩阵。假定系统矩阵满足下面条件。

假定 5.1：$(\boldsymbol{A}, \boldsymbol{B})$可稳定，$(\boldsymbol{A}, \boldsymbol{C})$可观测。

如果对所有的 $i, j = 1, 2, \cdots, N$，均有 $\lim\limits_{t\to\infty}(x_i(t) - x_j(t)) = 0$，则称多智能体系统实现一致。

5.3 间歇性观测器观测个体状态

在本节中，假定拓扑结构图是无向的，对第 i 个智能体设计观测器

$$\begin{aligned} \dot{v}_i(t) &= \boldsymbol{E}v_i(t) + \boldsymbol{G}\boldsymbol{y}_i(t) + \boldsymbol{SB}u_i(t) \\ \hat{x}_i(t) &= \boldsymbol{S}^{-1}v_i(t) \end{aligned} \tag{5.3}$$

以及设计间歇性的一致性协议

$$u_i(t) = \begin{cases} -c\boldsymbol{K}\hat{z}_i(t), & t \in [kT, kT + h) \\ 0, & t \in [kT + h, (k+1)T) \end{cases} \tag{5.4}$$

其中，$v_i(t) \in \mathbf{R}^n$ 为协议状态，$\hat{x}(t)$ 是重构的变量，$\boldsymbol{E} \in \mathbf{R}^{n\times n}$，$\boldsymbol{G} \in \mathbf{R}^{n\times p}$，$\boldsymbol{S} \in \mathbf{R}^{n\times n}$ 以及$\boldsymbol{K} \in \mathbf{R}^{n\times m}$ 为增益矩阵。$T > 0$ 为控制周期，$0 < h < T$ 是控制时间。其中 $\hat{z}_i(t)$ 表述成

$$\hat{z}_i(t) = \sum_{j \in N_i(t)} a_{ij}(t)(\hat{x}_i(t) - \hat{x}_j(t)) \tag{5.5}$$

其中，权值 $a_{ij}(t)$，$(i, j = 1, 2, \cdots, N)$ 选择如下：

$$a_{ij}(t) = \begin{cases} \alpha_{ij}，若第\ i\ 个智能体与第\ j\ 个智能体连通 \\ 0，否则 \end{cases} \tag{5.6}$$

其中，$\alpha_{ij}>0\ (i, j=1, \cdots, N)$ 为第 i 个智能体与第 j 个智能体连接的权值。

假定拓扑结构图在有限个无向图中切换，且所有可能的拓扑结构图用集合 M' 表示，其中 $\Gamma=\{G_1, G_2, \cdots, G_M\}$，其下标的集合为 $p=\{1, 2, \cdots, M\}$。切换信号 σ：$[0, \infty)\rightarrow P$ 是一个分段常整值函数，在每个 t 时刻，所对应的拓扑结构图为 $G_{\sigma(t)}$。当 G_i 为无向、连通时，令

$$\bar{\lambda}=\min_{i\in P}\{\lambda_2(L_i)\} \tag{5.7}$$

$$\hat{\lambda}=\max_{i\in P}\{\lambda_N(L_i)\} \tag{5.8}$$

设 $0=t_1, t_2, t_3, \cdots$是所考虑的多智能体系统的拓扑结构图的切换时间点。本节的目的是设计一致性协议(5.4)，从而使系统实现一致。

下面提出一种算法，该算法有助于构造观测器(5.3)和控制器(5.4)中的控制参数。

算法 5.1：对于给定的矩阵$(\boldsymbol{A}, \boldsymbol{B}, \boldsymbol{C})$，若$(\boldsymbol{A}, \boldsymbol{B})$可稳定，$(\boldsymbol{A}, \boldsymbol{C})$可观测，则可按如下算法构造协议(5.3)和(5.4)中的增益矩阵 $\boldsymbol{E}$, $\boldsymbol{G}$, $\boldsymbol{S}$, $\boldsymbol{K}$ 以及常数 c。

(1) 选择一个稳定矩阵 $\boldsymbol{E}\in\mathbf{R}^{n\times n}$，要求其所有特征根与矩阵 $\boldsymbol{A}$ 的特征根均不同。

(2) 随机选择矩阵 $\boldsymbol{G}\in\mathbf{R}^{n\times p}$，使得$(\boldsymbol{E}, \boldsymbol{G})$是可控的。

(3) 求解 Sylvester 方程。

$$\boldsymbol{SA}-\boldsymbol{ES}=\boldsymbol{GC} \tag{5.9}$$

得到唯一解 $\boldsymbol{S}$。如果解 $\boldsymbol{S}$ 是奇异矩阵，则重新选择 $\boldsymbol{G}$ 矩阵，重复上述步骤，直到 $\boldsymbol{S}$ 矩阵是非奇异矩阵为止。

(4) 求解 Riccati 方程。

$$\boldsymbol{A}^{\mathrm{T}}\boldsymbol{P}+\boldsymbol{PA}-\boldsymbol{PBB}^{\mathrm{T}}\boldsymbol{P}+\boldsymbol{I}_n=0 \tag{5.10}$$

得到唯一的正定解 $\boldsymbol{P}_1$。则反馈矩阵 $\boldsymbol{K}$ 为

$$\boldsymbol{K}=\boldsymbol{B}^{\mathrm{T}}\boldsymbol{P}_1 \tag{5.11}$$

(5) 耦合强度 c 满足：

$$c\geqslant\frac{1}{2\bar{\lambda}} \tag{5.12}$$

令 $e_i(t)=v_i(t)-\boldsymbol{S}\boldsymbol{x}_i(t)$, $e(t)=[e_1^{\mathrm{T}}(t), e_2^{\mathrm{T}}(t), \cdots, e_N^{\mathrm{T}}(t)]^{\mathrm{T}}$。由式(5.3)，式(5.9)可得

$$\dot{e}_i(t)=\dot{v}_i(t)-\boldsymbol{S}\dot{x}_i(t)$$

$$
\begin{aligned}
&= \boldsymbol{E}v_i(t) + \boldsymbol{G}y_i(t) + \boldsymbol{SB}u_i(t) - \boldsymbol{SA}x_i(t) - \boldsymbol{SB}u_i(t) \\
&= \boldsymbol{E}e_i(t) + (\boldsymbol{ES} + \boldsymbol{GC} - \boldsymbol{SA})x_i(t) \\
&= \boldsymbol{E}e_i(t)
\end{aligned} \tag{5.13}
$$

令 $\bar{x}(t) = \frac{1}{N}\sum_{j=1}^{N} x_j(t)$，$\varepsilon_i(t) = x_i(t) - \bar{x}(t)$，$x(t) = [x_1^{\mathrm{T}}(t),\ x_2^{\mathrm{T}}(t),\ \cdots,\ x_N^{\mathrm{T}}(t)]^{\mathrm{T}}$，$\varepsilon(t) = [\varepsilon_1^{\mathrm{T}}(t),\ \varepsilon_2^{\mathrm{T}}(t),\ \cdots,\ \varepsilon_N^{\mathrm{T}}(t)]^{\mathrm{T}}$，得到

$$
\varepsilon(t) = x(t) - \boldsymbol{1} \otimes \bar{x}(t) = (\boldsymbol{L}_c \otimes \boldsymbol{I}_n)x(t) \tag{5.14}
$$

由于

$$
u_i(t) = \begin{cases} -c\boldsymbol{K}\sum\limits_{j\in N_i(t)} a_{ij}(t)(x_i - x_j) - & \\ c\boldsymbol{KS}^{-1}\sum\limits_{j\in N_i(t)} a_{ij}(t)(e_i - e_j), & t \in [kT,\ kT + h) \\ 0, & t \in [kT + h,\ (k+1)T) \end{cases} \tag{5.15}
$$

以及 $\boldsymbol{L}_c \boldsymbol{1}_N = 0_N$，$\boldsymbol{L}_{\sigma(t)} \boldsymbol{1}_N = 0_N$，可得

$$
\begin{aligned}
\dot{\varepsilon}(t) &= (\boldsymbol{L}_c \otimes \boldsymbol{I}_n)\dot{x}(t) \\
&= (\boldsymbol{L}_c \otimes \boldsymbol{I}_n)[(\boldsymbol{I}_N \otimes \boldsymbol{A} - c\boldsymbol{L}_{\sigma(t)} \otimes (\boldsymbol{BK}))x(t) - (c\boldsymbol{L}_{\sigma(t)} \otimes \boldsymbol{BKS}^{-1})e(t)] \\
&= (\boldsymbol{L}_c \otimes \boldsymbol{A} - c\boldsymbol{L}_c\boldsymbol{L}_{\sigma(t)} \otimes (\boldsymbol{BK}))\varepsilon(t) - (c\boldsymbol{L}_c\boldsymbol{L}_{\sigma(t)} \otimes \boldsymbol{BKS}^{-1})e(t) + \\
&\quad (\boldsymbol{L}_c \otimes \boldsymbol{A} - c(\boldsymbol{L}_c\boldsymbol{L}_{\sigma(t)}) \otimes (\boldsymbol{BK}))(\boldsymbol{1} \otimes \bar{x}) \\
&= (\boldsymbol{L}_c \otimes \boldsymbol{A} - c(\boldsymbol{L}_c\boldsymbol{L}_{\sigma(t)}) \otimes (\boldsymbol{BK}))\varepsilon(t) - (c\boldsymbol{L}_c\boldsymbol{L}_{\sigma(t)} \otimes \boldsymbol{BKS}^{-1})e(t)
\end{aligned} \tag{5.16}
$$

其中，$\boldsymbol{L}_{\sigma(t)}$ 是拓扑结构图 $G_{\sigma(t)}$ 的 Laplacian 矩阵。令 $\eta = (\boldsymbol{\varepsilon}^{\mathrm{T}},\ e^{\mathrm{T}})^{\mathrm{T}}$，可得

$$
\dot{\eta} = \begin{cases} \boldsymbol{F}_{\sigma(t)}\eta, & t \in [kT,\ kT + h) \\ \boldsymbol{F}\eta, & t \in [kT + h,\ (k+1)T) \end{cases} \tag{5.17}
$$

其中，

$$
\boldsymbol{F}_{\sigma(t)} = \begin{pmatrix} \boldsymbol{L}_c \otimes \boldsymbol{A} - c(\boldsymbol{L}_c\boldsymbol{L}_{\sigma(t)}) \otimes (\boldsymbol{BK}) & -c(\boldsymbol{L}_c\boldsymbol{L}_{\sigma(t)}) \otimes (\boldsymbol{BKS}^{-1}) \\ 0 & \boldsymbol{I}_N \otimes \boldsymbol{E} \end{pmatrix}
$$

$$
\boldsymbol{F} = \begin{pmatrix} \boldsymbol{L}_c \otimes \boldsymbol{A} & 0 \\ 0 & \boldsymbol{I}_N \otimes \boldsymbol{E} \end{pmatrix}
$$

下面给出结论。

定理 5.1：对于给定的多智能体系统(5.2)，假定在控制时间内，任意$[t_j,$

t_{j+1})时刻的拓扑结构图 $G_{\sigma(t)}$ 是无向连通的。若假定 5.1 满足,利用算法 5.1 构造间歇性控制器(5.3)和观测器(5.4)中的未知量。则一定存在一个参数 $0<\tau<1$,使得:当 $h>\tau T$ 满足时,利用间歇性观测器(5.3)和间歇性控制器(5.4)能使多智能体系统实现一致。

证明: 令 $\sigma(t)=p$。由定理 5.1 可知,一定存在一个正交矩阵 $\boldsymbol{U}=[\boldsymbol{U}_1,\boldsymbol{U}_2]\in\mathbf{R}^{N\times N}$,其中 $\boldsymbol{U}_2=\frac{1}{N}\mathbf{1}_N$ 使得下面等式成立。

$$\boldsymbol{U}^{\mathrm{T}}\boldsymbol{L}_c\boldsymbol{U}=\begin{pmatrix}\boldsymbol{I}_{N-1} & 0\\ 0 & 0\end{pmatrix}\triangleq\bar{\boldsymbol{L}}_c \tag{5.18}$$

对任意的 $p\in P$ 均有,

$$\boldsymbol{U}^{\mathrm{T}}\boldsymbol{L}_p\boldsymbol{U}=\begin{pmatrix}\boldsymbol{L}_{1p} & 0\\ 0 & 0\end{pmatrix}\triangleq\bar{\boldsymbol{L}}_p \tag{5.19}$$

当拓扑结构图是无向连通时,矩阵 $\boldsymbol{L}_{1p}\in\mathbf{R}^{(N-1)\times(N-1)}$ 是对称正定的。

令 $\hat{\varepsilon}(t)=(\boldsymbol{U}^{\mathrm{T}}\otimes\boldsymbol{I}_n)\varepsilon(t)$, $\hat{e}(t)=(\boldsymbol{U}^{\mathrm{T}}\otimes\boldsymbol{I}_n)e(t)$, $\hat{\eta}=(\hat{\varepsilon}^{\mathrm{T}},\ \hat{e}^{\mathrm{T}})^{\mathrm{T}}$。利用式(5.17),可得

$$\dot{\hat{\eta}}=\begin{cases}\hat{\boldsymbol{F}}_p\hat{\eta},\ t\in[kT,\ kT+h)\\ \hat{\boldsymbol{F}}\hat{\eta},\ t\in[kT+h,(k+1)T)\end{cases} \tag{5.20}$$

其中,

$$\boldsymbol{F}_p=\begin{pmatrix}\bar{\boldsymbol{L}}_c\otimes\boldsymbol{A}-c\bar{\boldsymbol{L}}_c\bar{\boldsymbol{L}}_p\otimes(\boldsymbol{BK}) & -c\bar{\boldsymbol{L}}_c\bar{\boldsymbol{L}}_p\otimes(\boldsymbol{BKS}^{-1})\\ 0 & \boldsymbol{I}_N\otimes\boldsymbol{E}\end{pmatrix},$$

$$\hat{\boldsymbol{F}}=\begin{pmatrix}\bar{\boldsymbol{L}}_c\otimes\boldsymbol{A} & 0\\ 0 & \boldsymbol{I}_N\otimes\boldsymbol{E}\end{pmatrix}。$$

由于对称矩阵 $\bar{\boldsymbol{L}}_c$ 和矩阵 $\bar{\boldsymbol{L}}_c\bar{\boldsymbol{L}}_p$ 的最后一行均为 0,则 $\hat{\varepsilon}$ 和 $\hat{e}$ 可表示成 $\hat{\varepsilon}=(\hat{\varepsilon}_1^{\mathrm{T}},\ \hat{\varepsilon}_2^{\mathrm{T}})^{\mathrm{T}}$, $\hat{e}=(\hat{e}_1^{\mathrm{T}},\ \hat{e}_2^{\mathrm{T}})^{\mathrm{T}}$。其中,$\hat{\boldsymbol{\varepsilon}}_2$ 和 $\hat{\boldsymbol{e}}_2$ 分别为它们的最后 n 个元素。因此式(5.20)可拆分成两个子系统:一个是

$$\dot{\hat{\eta}}_1=\begin{cases}\hat{\boldsymbol{W}}_p\hat{\eta}_1, & t\in[kT,\ kT+h)\\ \hat{\boldsymbol{W}}\hat{\eta}_1, & t\in[kT+h,\ (k+1)T)\end{cases} \tag{5.21}$$

其中,

$$\hat{\boldsymbol{W}}_p=\begin{pmatrix}\boldsymbol{I}_{N-1}\otimes\boldsymbol{A}-c\boldsymbol{L}_{1p}\otimes\boldsymbol{BK} & -c\boldsymbol{L}_{1p}\otimes\boldsymbol{BKS}^{-1}\\ 0 & \boldsymbol{I}_{N-1}\otimes\boldsymbol{E}\end{pmatrix},\ \hat{\boldsymbol{W}}=\begin{pmatrix}\boldsymbol{I}_{N-1}\otimes\boldsymbol{A} & 0\\ 0 & \boldsymbol{I}_{N-1}\otimes\boldsymbol{E}\end{pmatrix}$$

另一个子系统为

$$\dot{\hat{\eta}}_2=\begin{pmatrix}0 & 0\\ 0 & \boldsymbol{E}\end{pmatrix}\hat{\eta}_2 \tag{5.22}$$

其中，

$$\hat{\eta}_1=(\hat{\varepsilon}_1^{\mathrm{T}}\quad \hat{e}_1^{\mathrm{T}})^{\mathrm{T}},$$
$$\hat{\eta}_2=(\hat{\varepsilon}_2^{\mathrm{T}}\quad \hat{e}_2^{\mathrm{T}})^{\mathrm{T}}。$$

不难发现，当且仅当 $\varepsilon=0$ 时，多智能体系统能够实现一致。再者，又由

$$\hat{\varepsilon}_2=(\boldsymbol{U}_2^{\mathrm{T}}\otimes\boldsymbol{I}_n)\varepsilon=(\boldsymbol{U}_2^{\mathrm{T}}\otimes\boldsymbol{I}_n)(\boldsymbol{L}_c\otimes\boldsymbol{I}_n)x=0$$

从而可得 $\boldsymbol{\varepsilon}=0$ 与 $\hat{\boldsymbol{\varepsilon}}_1=0$ 是互相等价的。因此多智能体系统(5.2)的一致性问题就转化成切换系统(5.21)的稳定性问题。由式(5.10)，式(5.11)以及式(5.12)，可得

$$\begin{aligned}
&[\boldsymbol{I}_{N-1}\otimes\boldsymbol{A}-c\boldsymbol{L}_{1p}\otimes(\boldsymbol{BK})]^{\mathrm{T}}(\boldsymbol{I}_{N-1}\otimes\boldsymbol{P}_1)+(\boldsymbol{I}_{N-1}\otimes\boldsymbol{P}_1)\times\\
&[\boldsymbol{I}_{N-1}\otimes\boldsymbol{A}-c\boldsymbol{L}_{1p}\otimes(\boldsymbol{BK})]\\
=&\boldsymbol{I}_{N-1}\otimes(\boldsymbol{A}^{\mathrm{T}}\boldsymbol{P}_1+\boldsymbol{P}_1\boldsymbol{A})-c(\boldsymbol{L}_{1p}^{\mathrm{T}}+\boldsymbol{L}_{1p})\otimes\boldsymbol{P}_1\boldsymbol{BB}^{\mathrm{T}}\boldsymbol{P}_1\leqslant\\
&\boldsymbol{I}_{N-1}\otimes(\boldsymbol{A}^{\mathrm{T}}\boldsymbol{P}_1+\boldsymbol{P}_1\boldsymbol{A}-2c\bar{\lambda}\boldsymbol{P}_1\boldsymbol{BB}^{\mathrm{T}}\boldsymbol{P}_1)\leqslant\\
&\boldsymbol{I}_{N-1}\otimes(\boldsymbol{A}^{\mathrm{T}}\boldsymbol{P}_1+\boldsymbol{P}_1\boldsymbol{A}-\boldsymbol{P}_1\boldsymbol{BB}^{\mathrm{T}}\boldsymbol{P}_1)=-\boldsymbol{I}_{N-1}\otimes\boldsymbol{I}_n。
\end{aligned}\tag{5.23}$$

由于矩阵 $\boldsymbol{E}$ 是稳定的，则存在一个正定的矩阵 $\boldsymbol{P}_2$ 使得下式成立

$$\boldsymbol{E}^{\mathrm{T}}\boldsymbol{P}_2+\boldsymbol{P}_2\boldsymbol{E}=-\boldsymbol{I} \tag{5.24}$$

为了证明切换子系统(5.21)的稳定性，选取如下的带参数的 Lyapunov 函数

$$\boldsymbol{V}(\hat{\eta}_1(t))=\hat{\eta}_1^{\mathrm{T}}(t)\boldsymbol{P}\hat{\eta}_1(t) \tag{5.25}$$

其中，

$$\boldsymbol{P}=\begin{pmatrix}\dfrac{1}{\omega}\boldsymbol{I}_{N-1}\otimes\boldsymbol{P}_1 & 0\\ 0 & \boldsymbol{I}_{N-1}\otimes\boldsymbol{P}_2\end{pmatrix}$$

当 $kT\leqslant t<kT+h$，沿子系统(5.21)对 Lyapunov 函数(5.25)求导，有

$$\dot{\boldsymbol{V}}(\hat{\eta}_1(t))=\hat{\eta}_1^{\mathrm{T}}\hat{\boldsymbol{Q}}_p\hat{\eta}_1 \tag{5.26}$$

其中，

$$\hat{\boldsymbol{Q}}_p=\begin{pmatrix}\frac{1}{\omega}\hat{\boldsymbol{Q}}_{1p} & -\frac{1}{\omega}c\boldsymbol{L}_{1p}\otimes(\boldsymbol{P}_1\boldsymbol{BKS}^{-1})\\ -\frac{1}{\omega}c\boldsymbol{L}_{1p}\otimes(\boldsymbol{P}_1\boldsymbol{BKS}^{-1})^{\mathrm{T}} & -\boldsymbol{I}_{N-1}\otimes\boldsymbol{I}_n\end{pmatrix}$$

$$\begin{aligned}\hat{\boldsymbol{Q}}_{1p}=&(\boldsymbol{I}_{N-1}\otimes\boldsymbol{A}-c\boldsymbol{L}_{1p}\otimes(\boldsymbol{BK}))^{\mathrm{T}}(\boldsymbol{I}_{N-1}\otimes\boldsymbol{P}_1)+\\&(\boldsymbol{I}_{N-1}\otimes\boldsymbol{P}_1)(\boldsymbol{I}_{N-1}\otimes\boldsymbol{A}-c\boldsymbol{L}_{1p}\otimes(\boldsymbol{BK}))\end{aligned}$$

选取正定参数 ω 满足

$$\omega\geqslant 4c^2\hat{\lambda}^2\|\boldsymbol{P}_1\boldsymbol{BKS}^{-1}\|^2$$

根据 Schur 补引理 2.4，可知

$$\begin{pmatrix}-\frac{1}{2\omega}\boldsymbol{I}_{N-1}\otimes\boldsymbol{I}_n & -\frac{1}{\omega}c\boldsymbol{L}_{1p}\otimes(\boldsymbol{P}_1\boldsymbol{BKS}^{-1})\\ -\frac{1}{\omega}c\boldsymbol{L}_{1p}\otimes(\boldsymbol{P}_1\boldsymbol{BKS}^{-1})^{\mathrm{T}} & -\frac{1}{2}\boldsymbol{I}_{N-1}\otimes\boldsymbol{I}_n\end{pmatrix}\leqslant 0$$

因此有

$$\begin{aligned}\hat{\boldsymbol{Q}}_p\leqslant&\begin{pmatrix}-\frac{1}{\omega}\boldsymbol{I}_{N-1}\otimes\boldsymbol{I}_n & -\frac{1}{\omega}c\boldsymbol{L}_{1p}\otimes(\boldsymbol{P}_1\boldsymbol{BKS}^{-1})\\ -\frac{1}{\omega}c\boldsymbol{L}_{1p}\otimes(\boldsymbol{P}_1\boldsymbol{BKS}^{-1})^{\mathrm{T}} & -\boldsymbol{I}_{N-1}\otimes\boldsymbol{I}_n\end{pmatrix}\\=&\begin{pmatrix}-\frac{1}{2\omega}\boldsymbol{I}_{N-1}\otimes\boldsymbol{I}_n & \\ & -\frac{1}{2}\boldsymbol{I}_{N-1}\otimes\boldsymbol{I}_n\end{pmatrix}+\\&\begin{pmatrix}-\frac{1}{2\omega}\boldsymbol{I}_{N-1}\otimes\boldsymbol{I}_n & -\frac{1}{\omega}c\boldsymbol{L}_{1p}\otimes(\boldsymbol{P}_1\boldsymbol{BKS}^{-1})\\ -\frac{1}{\omega}c\boldsymbol{L}_{1p}\otimes(\boldsymbol{P}_1\boldsymbol{BKS}^{-1})^{\mathrm{T}} & -\frac{1}{2}\boldsymbol{I}_{N-1}\otimes\boldsymbol{I}_n\end{pmatrix}\leqslant\\&\begin{pmatrix}-\frac{1}{2\omega}\boldsymbol{I}_{N-1}\otimes\boldsymbol{I}_n & \\ & -\frac{1}{2}\boldsymbol{I}_{N-1}\otimes\boldsymbol{I}_n\end{pmatrix}\triangleq-\hat{\boldsymbol{Q}}<0\end{aligned}$$

由于 Lyapunov 函数 $\boldsymbol{V}(\hat{\eta}_1)$ 满足：

$$\lambda_{\min}(\boldsymbol{P})\|\hat{\eta}_1\|^2\leqslant\boldsymbol{V}(\hat{\eta}_1)\leqslant\lambda_{\max}(\boldsymbol{P})\|\hat{\eta}_1\|^2\tag{5.27}$$

因此有

$$\dot{\boldsymbol{V}}(\hat{\eta}_1)\leqslant -\hat{\boldsymbol{\eta}}_1^{\mathrm{T}}\hat{\boldsymbol{Q}}\hat{\eta}_1\leqslant -\frac{\lambda_{\min}(\hat{\boldsymbol{Q}})}{\lambda_{\max}(\boldsymbol{P})}\boldsymbol{V}(\hat{\eta}_1)\triangleq -\boldsymbol{g}_1\boldsymbol{V}(\hat{\eta}_1(t)) \tag{5.28}$$

当 $kT+h\leqslant t<(k+1)T$，Lyapunov 函数(5.25)沿轨迹(5.21)求导，得

$$\dot{\boldsymbol{V}}(\hat{\eta}_1)=\hat{\boldsymbol{\eta}}_1^{\mathrm{T}}\widetilde{\boldsymbol{Q}}\hat{\eta}_1 \tag{5.29}$$

其中，

$$\widetilde{\boldsymbol{Q}}=\begin{pmatrix}\dfrac{1}{\omega}\boldsymbol{I}_{N-1}\otimes(\boldsymbol{A}^{\mathrm{T}}\boldsymbol{P}_1+\boldsymbol{P}_1\boldsymbol{A}) & 0\\ 0 & \boldsymbol{I}_{N-1}\otimes(\boldsymbol{E}^{\mathrm{T}}\boldsymbol{P}_2+\boldsymbol{P}_2\boldsymbol{E})\end{pmatrix}$$

通常情况下，$\lambda_{\max}(\widetilde{\boldsymbol{Q}})>0$。若 $\lambda_{\max}(\widetilde{\boldsymbol{Q}})\leqslant 0$，则令 $g_2=0$。

当 $kT+h\leqslant t<(k+1)T$，有

$$\dot{\boldsymbol{V}}(\hat{\eta}_1)\leqslant g_2\boldsymbol{V}(\hat{\eta}_1) \tag{5.30}$$

假定 $\hat{\eta}_1(0)=\hat{\eta}_{1_0}$，由式(5.28)和式(5.30)，可得

(1) 当 $0\leqslant t<h$，$\boldsymbol{V}(\hat{\eta}_1(t))\leqslant \boldsymbol{V}(\hat{\eta}_{1_0})\exp(-g_1t)$，则 $\boldsymbol{V}(\hat{\eta}_1(h))\leqslant \boldsymbol{V}(\hat{\eta}_{1_0})\exp(-g_1h)$；

(2) 当 $h\leqslant t<T$，$\boldsymbol{V}(\hat{\eta}_1(t))\leqslant \boldsymbol{V}(\hat{\eta}_1(h))\exp(g_2(t-h))\leqslant \boldsymbol{V}(\hat{\eta}_{1_0})\exp(-g_1h+g_2(t-h))$，则 $\boldsymbol{V}(\hat{\eta}_1(T))\leqslant \boldsymbol{V}(\hat{\eta}_{1_0})\exp(-g_1h+g_2(T-h))$；

(3) 当 $T\leqslant t<T+h$，$\boldsymbol{V}(\hat{\eta}_1(t))\leqslant \boldsymbol{V}(\hat{\eta}_1(T))\exp(-g_1(t-T))\leqslant \boldsymbol{V}(\hat{\eta}_{1_0})\exp(-g_1h-g_1(t-T)+g_2(T-h))$，则 $\boldsymbol{V}(\hat{\eta}_1(T+h))\leqslant \boldsymbol{V}(\hat{\eta}_{1_0})\exp[-2g_1h+g_2(T-h)]$；

(4) 当 $T+h\leqslant t<2T$，$\boldsymbol{V}(\hat{\eta}_1(t))\leqslant \boldsymbol{V}(\hat{\eta}_1(T+h))\exp(g_2(t-T-h))\leqslant \boldsymbol{V}(\hat{\eta}_{1_0})\exp[-2g_1h+g_2(T-h)+g_2(t-T-h)]$，则 $\boldsymbol{V}(\hat{\eta}_1(2T))\leqslant \boldsymbol{V}(\hat{\eta}_{1_0})\exp[-2g_1h+2g_2(T-h)]$；

(5) 当 $kT\leqslant t<kT+h$，i. e.，$\dfrac{t-h}{T}<k\leqslant\dfrac{t}{T}$，

$$\begin{aligned}&\boldsymbol{V}(\hat{\eta}_1(t))\leqslant \boldsymbol{V}(\hat{\eta}_1(kT))\exp(-g_1(t-kT))\leqslant\\&\boldsymbol{V}(\hat{\eta}_{1_0})\exp[-kg_1h+kg_2(T-h)-g_1(t-kT)]\leqslant\\&\boldsymbol{V}(\hat{\eta}_{1_0})\exp[-kg_1h+kg_2(T-h)]\leqslant\\&\boldsymbol{V}(\hat{\eta}_{1_0})\exp\left[-\frac{hg_1-(T-h)g_2}{T}(t-h)\right]\exp\left(\frac{T-h}{T}g_2h\right)\leqslant\end{aligned}$$

$$\boldsymbol{V}(\hat{\eta}_{1_0})\exp\left[-\frac{hg_1-(T-h)g_2}{T}(t-h)\right]\exp(g_2(T-h)) \tag{5.31}$$

(6) 当 $kT+h\leqslant t<(k+1)T$, i. e. , $\dfrac{t-T}{T}<k\leqslant\dfrac{t-h}{T}$

$$\begin{aligned}&\boldsymbol{V}(\hat{\eta}_1(t))\leqslant\boldsymbol{V}(\hat{\eta}_1(kT+h))\exp(g_2(t-kT-h))\leqslant\\&\boldsymbol{V}(\hat{\eta}_{1_0})\exp[-(k+1)g_1h+(k+1)g_2(T-h)]\leqslant\\&\boldsymbol{V}(\hat{\eta}_{1_0})\exp\left[-\frac{hg_1-(T-h)g_2}{T}(t-h)\right]\exp[g_2(T-h)]\end{aligned} \tag{5.32}$$

因此对任意的 $t>0$,

$$\boldsymbol{V}(\hat{\eta}_1(t))\leqslant\boldsymbol{V}(\hat{\eta}_{1_0})\exp\left[-\frac{hg_1-(T-h)g_2}{T}(t-h)\right]\exp[g_2(T-h)] \tag{5.33}$$

当 $h>\dfrac{g_2}{g_1+g_2}T$,令 $\zeta\triangleq\dfrac{hg_1-(T-h)g_2}{2T}>0$,有

$$\|\hat{\eta}_1(t)\|\leqslant\sqrt{\frac{\lambda_{\max}(\boldsymbol{P})\exp[g_2(T-h)]}{\lambda_{\min}(\boldsymbol{P})}}\|\boldsymbol{\eta}_{1_0}\|\exp\{-\zeta(t-h)\}$$

即多智能体系统以 ζ 的收敛速度趋于一致。证明完毕。

注释 5.1: 参数 ζ 是控制系统指数收敛的估计速度,表面上它取决于控制参数 T 和 h,实际上是由控制增益 K 决定的。在实际应用中,希望得到一个较小的 τ。令 $\bar{\tau}$ 为 τ 的上界。显然,τ 的估计值应该满足 $1>\bar{\tau}\geqslant\tau$,即假如 $h>\bar{\tau}T$ 则利用设计的控制器,多智能体系统能够实现一致。从证明过程可得 $\tau\leqslant\dfrac{g_2}{g_1+g_2}$。由于 $\omega>4c^2\hat{\lambda}^2\|\boldsymbol{P}_1\boldsymbol{BKS}^{-1}\|$,$\hat{\boldsymbol{Q}}$ 是正定的矩阵,可得$\dfrac{g_2}{g_1+g_2}<1$。因此,$\dfrac{g_2}{g_1+g_2}$ 可看成是 τ 的一个有效上界。为了得到 τ 的更小的上界,考虑下面的优化问题

$$\theta=\min_{\omega>\omega_0}\frac{\lambda_{\max}(\widetilde{\boldsymbol{Q}}_0)\lambda_{\max}(\boldsymbol{P}_0)}{\lambda_{\min}(\hat{\boldsymbol{Q}}_0)\lambda_{\min}(\boldsymbol{P}_0)}$$

其中,

$$\boldsymbol{P}_0=\begin{pmatrix}\frac{1}{\omega}\boldsymbol{P}_1 & \\ & \boldsymbol{P}_2\end{pmatrix},\ \widetilde{\boldsymbol{Q}}_0=\begin{pmatrix}\frac{1}{\omega}(\boldsymbol{A}^{\mathrm{T}}\boldsymbol{P}_1+\boldsymbol{P}_1\boldsymbol{A}) & 0\\ 0 & (\boldsymbol{E}^{\mathrm{T}}\boldsymbol{P}_2+\boldsymbol{P}_2\boldsymbol{E})\end{pmatrix},$$

$$\hat{Q}_0 = \begin{pmatrix} -\frac{1}{\omega}\boldsymbol{I}_n & -\frac{1}{\omega}(\lambda_N \boldsymbol{P}_1 \boldsymbol{BKS}^{-1}) \\ -\frac{1}{\omega}(\lambda_N \boldsymbol{P}_1 \boldsymbol{BKS}^{-1})^{\mathrm{T}} & -\boldsymbol{I}_n \end{pmatrix}。$$

则 τ 的更小的上界为 $\dfrac{\theta}{1+\theta}$。虽然，上述的估计值是非常保守的，但对切换信号具有一定的鲁棒性。

注释 5.2： 显然，当 $h=T$，间歇性控制就变成通常的连续控制。只要定理 5.1 的条件满足，对于任意的初始状态，切换拓扑结构下的多智能体系统均能实现一致。当然，即使退化到连续控制，本章提出的一致性协议仍旧是一个新的控制协议，它不同于文献[97，207]提出的固定拓扑结构下的一致性协议，也不同于文献[53]提出的切换拓扑结构下的一致性协议。而当 $h=0$ 时，间歇性控制成为脉冲控制，利用 Dirac 函数和脉冲控制理论，同样能够解决一致性问题。

注释 5.3： 在本章中，简单地假定控制周期 T 和控制时间 h 都是固定不变的。对于每个周期 i，如果控制周期和控制时间是时变的，则用 T_i 和 h_i 分别表示第 i 个控制周期和该周期内的控制时间。根据前面的证明过程，不难得到：如果 T_i 均有界，以及 $h_i > \tau H_i$，则提出的间歇性控制协议仍能够解决一致性问题。而且，可以将整个控制时间分割成多个区间。当然在某些控制周期内可能是发散的，但只要整个控制时间大于 τT_i，就能实现一致。通常控制时间 h 越小需要的控制增益就越大。

注释 5.4： 本章虽然简单地假定拓扑结构图是无向的，但是结论都可以推广到一类有向平衡图。假设所有的拓扑结构图 G_p 是含有有向生成树的平衡图。则对于式(5.18)和式(5.19)中的正交矩阵 $\boldsymbol{U}$，同样有

$$\boldsymbol{U}^{\mathrm{T}}\boldsymbol{L}_p\boldsymbol{U} = \begin{pmatrix} \boldsymbol{L}_{1p} & 0 \\ 0 & 0 \end{pmatrix}$$

采取定理 5.1 中分析无向拓扑结构图的方法、步骤，得到与子系统(5.21)相似的误差系统。利用文献[51]中的结果，如果所有的拓扑结构图 G_p 是含有有向生成树的平衡图时，虽然拓扑结构图 G_p 的 Laplacian 矩阵 $\boldsymbol{L}_{1p}$ 不再是对称矩阵，但 $\boldsymbol{L}_{1p}+\boldsymbol{L}_{1p}^{\mathrm{T}}$ 是一个对称正定矩阵。则利用定理 5.1 的方法不难建立相似的条件来确保多智能体系统实现一致。

注释 5.5： 假定 $\boldsymbol{C}$ 是行满秩的，设 $\mathrm{Rank}(\boldsymbol{C})=p$，设计第 i 个智能体的降维观测器：

$$\dot{v}_i(t)=\boldsymbol{E}v_i(t)+\boldsymbol{G}y_i(t)+\boldsymbol{SB}u_i(t) \tag{5.34}$$

其中，$v_i(t)\in\mathbf{R}^{n-p}$ 是协议状态，$\boldsymbol{E}\in\mathbf{R}^{(n-p)\times(n-p)}$，$\boldsymbol{G}\in\mathbf{R}^{(n-p)\times p}$ 以及 $\boldsymbol{S}\in\mathbf{R}^{(n-p)\times n}$ 为指定的参数矩阵。而 $\hat{x}_i(t)=\boldsymbol{Q}_1y_i(t)+\boldsymbol{Q}_2v_i(t)$ 是 $x_i(t)$ 的重构状态，而第 i 个智能体的控制器仍旧采取协议(5.4)和式(5.5)的形式。参数矩阵 $\boldsymbol{E}$，$\boldsymbol{G}$，$\boldsymbol{S}$，$\boldsymbol{Q}_1$ 和 $\boldsymbol{Q}_2$ 的构造步骤如下：

(1) 选择一个与矩阵 $\boldsymbol{A}$ 特征值均不同的 Schur 矩阵 $\boldsymbol{E}$；

(2) 随机选取矩阵 $\boldsymbol{G}$ 使得($\boldsymbol{E}$，$\boldsymbol{G}$)可控；

(3) 求解 Sylvester 方程

$$\boldsymbol{SA}-\boldsymbol{ES}=\boldsymbol{GC} \tag{5.35}$$

得到唯一解 $\boldsymbol{S}$，使得 $\begin{bmatrix}\boldsymbol{C}\\ \boldsymbol{S}\end{bmatrix}$ 为非奇异的。如果 $\begin{bmatrix}\boldsymbol{C}\\ \boldsymbol{S}\end{bmatrix}$ 是奇异的，则继续回到第 2 步，重新选取 $\boldsymbol{G}$，直到 $\begin{bmatrix}\boldsymbol{C}\\ \boldsymbol{S}\end{bmatrix}$ 为非奇异为止。

(4) 利用 $[\boldsymbol{Q}_1\quad \boldsymbol{Q}_2]=\begin{bmatrix}\boldsymbol{C}\\ \boldsymbol{S}\end{bmatrix}^{-1}$ 计算 $\boldsymbol{Q}_1\in\mathbf{R}^{m\times q}$ 和 $\boldsymbol{Q}_2\in\mathbf{R}^{m\times(m-q)}$。

误差系统 $e_i(t)=v_i(t)-\boldsymbol{S}x_i(t)$ 的形式如式(5.13)。由于 $\hat{x}_i(t)=\boldsymbol{Q}_1y_i(t)+\boldsymbol{Q}_2v_i(t)$ 以及 $\boldsymbol{Q}_1\boldsymbol{C}+\boldsymbol{Q}_2\boldsymbol{S}=\boldsymbol{I}$，得

$$u_i(t)=\begin{cases}-c\boldsymbol{K}\sum\limits_{j\in N_i(t)}a_{ij}(t)(x_i-x_j)- & \\ c\boldsymbol{KQ}_2\sum\limits_{j\in N_i(t)}a_{ij}(t)(e_i-e_j), & t\in[kT,\ kT+h) \\ 0, & t\in[kT+h,(k+1)T)\end{cases} \tag{5.36}$$

同样的，可得如下的全局误差系统

$$\dot{\eta}=\begin{cases}\boldsymbol{F}_{\sigma(t)}\eta, & t\in[kT,\ kT+h) \\ \boldsymbol{F}\eta, & t\in[kT+h,(k+1)T)\end{cases} \tag{5.37}$$

其中，

$$\boldsymbol{F}_{\sigma(t)}=\begin{pmatrix}\boldsymbol{L}_c\otimes\boldsymbol{A}-c\boldsymbol{L}_c\boldsymbol{L}_{\sigma(t)}\otimes(\boldsymbol{BK}) & -c\boldsymbol{L}_c\boldsymbol{L}_{\sigma(t)}\otimes(\boldsymbol{BKQ}_2) \\ 0 & \boldsymbol{I}_N\otimes\boldsymbol{E}\end{pmatrix},$$

$$\boldsymbol{F}=\begin{pmatrix}\boldsymbol{L}_c\otimes\boldsymbol{A} & 0 \\ 0 & \boldsymbol{I}_N\otimes\boldsymbol{E}\end{pmatrix}。$$

从而不难建立与定理 5.1 相似的条件。

5.4　带领导的多智能体系统的一致性问题

在本节中，考虑有 N 个跟随者和一个领导组成的多智能体系统。每个跟随者的动力学方程如(5.2)，领导的动力学方程如下

$$\begin{aligned}\dot{x}_0(t) &= \boldsymbol{A}x_0(t)\\ y_0(t) &= \boldsymbol{C}x_0(t)\end{aligned} \tag{5.38}$$

其中，$\boldsymbol{x}_0$ 为领导的状态，$\boldsymbol{y}_0$ 为领导的测量输出。

如果对任意的初始状态 $x_i(0)$ $(i=0, 1, 2, \cdots, N)$，所有智能体的状态均满足 $\lim\limits_{t\to\infty}(x_i(t)-x_0(t))=0$ $(i=1, 2, \cdots, N)$，则称多智能体系统实现一致。本节的主要目的是设计分布式间歇性控制器 $u_i(t)$ 使得闭环系统实现一致，即利用 $u_i(t)$ 解决一致性问题。

为此提出另一类间歇性控制策略，它包含一类间歇性观测器(5.3)和一类间歇性反馈控制协议

$$u_i(t)=\begin{cases}-c\boldsymbol{K}\Big[\sum\limits_{j\in N_i(t)}a_{ij}(t)(\hat{x}_i(t)-\hat{x}_j(t))+ & \\ \qquad d_i(t)(\hat{x}_i(t)-x_0(t))\Big], & t\in[kT, kT+h)\\ 0, & t\in[kT+h, (k+1)T)\end{cases} \tag{5.39}$$

其中，$a_{ij}(t)$ 的选取方式如(5.6)，$d_i(t)$，$(i=1, 2, \cdots, N)$ 选取方式如下

$$d_i(t)=\begin{cases}\beta_i, \text{若第 } i \text{ 个智能体与领导相连通}\\ 0, \text{否则}\end{cases} \tag{5.40}$$

其中，$\beta_i>0$ $(i=1, \cdots, N)$ 为第 i 个智能体与领导的连接权值。可利用如下步骤构造协议(5.3)和(5.39)中的参数矩阵 $\boldsymbol{E}$，$\boldsymbol{G}$，$\boldsymbol{S}$，$\boldsymbol{K}$。

图 $\bar{G}$ 为带领导的多智能体系统的拓扑结构图。图 $\bar{G}$ 包含 N 个追随者(标号为 v_i，$i=1, 2, \cdots, N$)和一个领导(标号为 v_0)。所有的拓扑结构图 $\bar{G}$ 用集合 $M''=\{\bar{G}_1, \bar{G}_2, \cdots, \bar{G}_M\}$ 来刻画。而 $\boldsymbol{L}_{\sigma(t)}$ 为拓扑结构图 $\bar{G}$ 的 Laplacian 矩阵，$\boldsymbol{D}_{\sigma(t)}$ 为一个 $N\times N$ 的对角矩阵。在 t 时刻，它的第 i 个对角元上的元素为 $d_i(t)$。下面，将探讨切换拓扑结构下，带领导的多智能体系统的一致性问题。与前一节的无向拓扑结构图不同，假定拓扑结构图为一类有向图。为了便于描述，假定所有拓

扑结构图的集合为一个有限集。定义 v_0 是拓扑结构图 $\bar{G}$ 的全局可达点且 $\boldsymbol{H}^{\mathrm{T}}(\bar{G})+\boldsymbol{H}(\bar{G})$是正定的。假设所有拓扑结构图的集合为 Γ。

注释 5.6：不难发现 Γ 是非空的，它至少包括一类根节点 v_0 是全局可达的有向平衡图[75]。

假定拓扑结构图满足如下假设。

假定 5.2：在控制时间内，所有的拓扑结构图 $\bar{G}_{\sigma(t)}$ 属于 $M''\cap\Gamma$。

因此，定义

$$\tilde{\lambda}\triangleq\min_{\bar{G}\in M''\cap\Gamma}\{\lambda_{\min}(\boldsymbol{H}^{\mathrm{T}}(\bar{G})+\boldsymbol{H}(\bar{G}))\}\tag{5.41}$$

$$\vec{\lambda}\triangleq\max_{\bar{G}\in M''\cap\Gamma}\{\lambda_{\max}(\boldsymbol{H}^{\mathrm{T}}(\bar{G})+\boldsymbol{H}(\bar{G}))\}\tag{5.42}$$

令 $\boldsymbol{\varsigma}_i(t)=\boldsymbol{v}_i(t)-\boldsymbol{S}x_i(t)$，$\boldsymbol{\varsigma}(t)=[\boldsymbol{\varsigma}_1^{\mathrm{T}}(t),\ \boldsymbol{\varsigma}_2^{\mathrm{T}}(t),\ \cdots,\ \boldsymbol{\varsigma}_N^{\mathrm{T}}(t)]^{\mathrm{T}}$。利用式(5.2)和观测器(5.3)，可得

$$\dot{\boldsymbol{\varsigma}}_i(t)=\boldsymbol{E}\,\boldsymbol{\varsigma}_i(t)\tag{5.43}$$

令 $\boldsymbol{\epsilon}_i(t)=x_i(t)-x_0(t)$，可得如下的误差系统

$$\dot{\boldsymbol{\epsilon}}_i(t)=\boldsymbol{A}\boldsymbol{\epsilon}_i(t)+\boldsymbol{B}\boldsymbol{u}_i(t)\tag{5.44}$$

令 $\boldsymbol{\epsilon}(t)=(\boldsymbol{\epsilon}_1^{\mathrm{T}}(t),\ \boldsymbol{\epsilon}_2^{\mathrm{T}}(t),\ \cdots,\ \boldsymbol{\epsilon}_N^{\mathrm{T}}(t))^{\mathrm{T}}$，$\boldsymbol{\xi}=(\boldsymbol{\epsilon}^{\mathrm{T}},\ \boldsymbol{\varsigma}^{\mathrm{T}})^{\mathrm{T}}$。由于

$$\boldsymbol{u}_i(t)=\begin{cases}-c\boldsymbol{K}\Big[\sum\limits_{j\in N_i(t)}a_{ij}(t)(\boldsymbol{\varsigma}_i-\boldsymbol{\varsigma}_j)+d_i(t)\boldsymbol{\varsigma}_i\Big]- & \\ c\boldsymbol{K}\boldsymbol{S}^{-1}\Big[\sum\limits_{j\in N_i(t)}a_{ij}(t)(\boldsymbol{\varsigma}_i-\boldsymbol{\varsigma}_j)+d_i(t)\boldsymbol{\varsigma}_i\Big], & t\in[kT,\ kT+h)\\ 0, & t\in[kT+h,\ (k+1)T)\end{cases}\tag{5.45}$$

可得

$$\dot{\boldsymbol{\xi}}=\begin{cases}\hat{\boldsymbol{E}}_{\sigma(t)}\boldsymbol{\xi}, & t\in[kT,\ kT+h)\\ \hat{\boldsymbol{E}}\boldsymbol{\xi}, & t\in[kT+h,\ (k+1)T)\end{cases}\tag{5.46}$$

其中，

$$\hat{\boldsymbol{E}}_{\sigma(t)}=\begin{pmatrix}\boldsymbol{I}_N\otimes\boldsymbol{A}-c\boldsymbol{H}_{\sigma(t)}\otimes(\boldsymbol{B}\boldsymbol{K}) & -c\boldsymbol{H}_{\sigma(t)}\otimes(\boldsymbol{B}\boldsymbol{K}\boldsymbol{S}^{-1})\\ 0 & \boldsymbol{I}_N\otimes\boldsymbol{E}\end{pmatrix},$$

$$\hat{\boldsymbol{E}}=\begin{pmatrix}\boldsymbol{I}_N\otimes\boldsymbol{A} & 0\\ 0 & \boldsymbol{I}_N\otimes\boldsymbol{E}\end{pmatrix}$$

因此，带领导的多智能体系统(5.2)～(5.38)的一致性问题可转化成误差系统(5.46)的稳定性问题。同样的可得如下定理。

定理 5.2：考虑一类多智能体系统(5.2)～(5.38)，假设假定条件 5.1 满足，利用算法 5.1 构造间歇性协议(5.3)和(5.39)，并取 $c \geqslant \frac{1}{\tilde{\lambda}}$。则必定存在 $0 < \tau < 1$ 使得，当 $h > \tau T$ 时，利用间歇性协议(5.3)和(5.39)，在任意初始条件下，所有智能体都能跟踪领导的运动轨迹。

证明：令 $\sigma(t) = p$。由式(5.2)，式(5.38)和式(5.41)，可得

$$
\begin{aligned}
&[\boldsymbol{I}_N \otimes \boldsymbol{A} - c\boldsymbol{H}_p \otimes (\boldsymbol{BK})]^{\mathrm{T}}(\boldsymbol{I}_N \otimes \boldsymbol{P}_1) + \\
&(\boldsymbol{I}_N \otimes \boldsymbol{P}_1)[\boldsymbol{I}_N \otimes \boldsymbol{A} - c\boldsymbol{H}_p \otimes (\boldsymbol{BK})] \\
=&\boldsymbol{I}_N \otimes (\boldsymbol{A}^{\mathrm{T}}\boldsymbol{P}_1 + \boldsymbol{P}_1\boldsymbol{A}) - c(\boldsymbol{H}_p^{\mathrm{T}} + \boldsymbol{H}_p) \otimes (\boldsymbol{P}_1\boldsymbol{BB}^{\mathrm{T}}\boldsymbol{P}_1) \leqslant \\
&\boldsymbol{I}_N \otimes (\boldsymbol{A}^{\mathrm{T}}\boldsymbol{P}_1 + \boldsymbol{P}_1\boldsymbol{A} - \boldsymbol{P}_1\boldsymbol{BB}^{\mathrm{T}}\boldsymbol{P}_1) \\
=&-\boldsymbol{I}_N \otimes \boldsymbol{I}_n
\end{aligned}
\tag{5.47}
$$

构造带参数的 Lyapunov 函数

$$
\boldsymbol{V}(\boldsymbol{\xi}(t)) = \boldsymbol{\xi}^{\mathrm{T}}(t)(\boldsymbol{I}_N \otimes \hat{\boldsymbol{P}})\boldsymbol{\xi}(t) \tag{5.48}
$$

其中，

$$
\hat{\boldsymbol{P}} = \begin{pmatrix} \frac{1}{\omega}\boldsymbol{I}_N \otimes \boldsymbol{P}_1 & 0 \\ 0 & \boldsymbol{I}_N \otimes \boldsymbol{P}_2 \end{pmatrix}
$$

当 $kT \leqslant t < kT + h$，沿轨迹(5.46)对 Lyapunov 函数(5.48)求导，可得

$$
\dot{\boldsymbol{V}}(\boldsymbol{\xi}(t)) = \boldsymbol{\xi}^{\mathrm{T}}(t)(\hat{\boldsymbol{E}}_p^{\mathrm{T}}\hat{\boldsymbol{P}} + \hat{\boldsymbol{P}}\hat{\boldsymbol{E}}_p)\boldsymbol{\xi}(t) = \boldsymbol{\xi}^{\mathrm{T}}(t)\hat{\boldsymbol{Q}}_{2p}\boldsymbol{\xi}(t) \tag{5.49}
$$

其中，

$$
\hat{\boldsymbol{Q}}_{2p} = \begin{pmatrix} \frac{1}{\omega}\hat{\boldsymbol{Q}}_{3p} & -\frac{1}{\omega}c\boldsymbol{H}_p \otimes (\boldsymbol{P}_1\boldsymbol{BKS}^{-1}) \\ -\frac{1}{\omega}c\boldsymbol{H}_p^{\mathrm{T}} \otimes (\boldsymbol{P}_1\boldsymbol{BKS}^{-1})^{\mathrm{T}} & -\boldsymbol{I}_N \otimes \boldsymbol{I}_n \end{pmatrix},
$$

$$
\begin{aligned}
\hat{\boldsymbol{Q}}_{3p} = &(\boldsymbol{I}_N \otimes \boldsymbol{A} - c\boldsymbol{H}_p \otimes (\boldsymbol{BK}))^{\mathrm{T}}(\boldsymbol{I} \otimes \boldsymbol{P}_1) + \\
&(\boldsymbol{I}_N \otimes \boldsymbol{P}_1)(\boldsymbol{I}_N \otimes \boldsymbol{A} - c\boldsymbol{H}_p \otimes (\boldsymbol{BK}))
\end{aligned}
$$

类似地，选取正定参数 ω 满足

$$
\omega \geqslant 4c^2\tilde{\lambda} \| \boldsymbol{P}_1\boldsymbol{BKS}^{-1} \|^2
$$

可得

$$\hat{Q}_{2p} \leqslant \begin{bmatrix} -\frac{1}{2\omega}\boldsymbol{I}_N \otimes \boldsymbol{I}_n & 0 \\ 0 & -\frac{1}{2}\boldsymbol{I}_N \otimes \boldsymbol{I}_n \end{bmatrix} \triangleq -\tilde{\boldsymbol{Q}}$$

因此，可得

$$\dot{\boldsymbol{V}}(\xi) \leqslant -\boldsymbol{\xi}^{\mathrm{T}}\tilde{\boldsymbol{Q}}\boldsymbol{\xi} \leqslant -\frac{\lambda_{\min}(\tilde{\boldsymbol{Q}})}{\lambda_{\max}(\hat{\boldsymbol{P}})}\boldsymbol{V}(\xi) \triangleq -g_1\boldsymbol{V}(\xi) \tag{5.50}$$

同理，当 $t \in [kT+h,\ (k+1)T)$

$$\dot{\boldsymbol{V}}(\xi) \leqslant g_2\boldsymbol{V}(\xi) \tag{5.51}$$

其中 g_2 的选取方法如式(5.30)。其余证明过程与定理 5.1 的证明方法相似，故省略。

5.5 间歇性状态一致协议

本节中考虑一种特殊的情况，即相对状态信息已知的情况。同第 5.3 节一样，假定由 N 个智能体组成的多智能体系统。假定第 i 个智能体的相对状态误差如下：

$$z_i(t) = \sum_{j \in N_i(t)} a_{ij}(t)(x_i(t) - x_j(t)) \tag{5.52}$$

此时不再需要利用状态观测器来观测状态，只需要直接利用下面的间歇性控制协议即可

$$u_i(t) = \begin{cases} -c\boldsymbol{K}z_i(t), & t \in [kT,\ kT+h) \\ 0, & t \in [kT+h,\ (k+1)T) \end{cases} \tag{5.53}$$

令 $\boldsymbol{P}_\delta > 0$ 为下列 Riccati 等式的唯一正定解

$$\boldsymbol{A}^{\mathrm{T}}\boldsymbol{P} + \boldsymbol{P}\boldsymbol{A} - \boldsymbol{P}\boldsymbol{B}\boldsymbol{B}^{\mathrm{T}}\boldsymbol{P} + \delta\boldsymbol{I}_n = 0 \tag{5.54}$$

其中，δ 是一个正定的常数。式(5.53)中的反馈增益矩阵 $\boldsymbol{K}$ 为

$$\boldsymbol{K} = \boldsymbol{B}^{\mathrm{T}}\boldsymbol{P}_\delta \tag{5.55}$$

令 $\varepsilon_i(t)=x_i(t)-\frac{1}{N}\sum_{j=1}^{N}x_j(t)$，$\boldsymbol{\varepsilon}=[\boldsymbol{\varepsilon}_1^{\mathrm{T}},\ \boldsymbol{\varepsilon}_2^{\mathrm{T}},\ \cdots,\ \boldsymbol{\varepsilon}_N^{\mathrm{T}}]^{\mathrm{T}}$。

经代换，可得如下误差系统

$$\dot{\boldsymbol{\varepsilon}}(t)=\begin{cases}(\boldsymbol{L}_c\otimes\boldsymbol{A}-c\boldsymbol{L}_c\boldsymbol{L}_{\sigma(t)}\otimes\boldsymbol{BK})\boldsymbol{\varepsilon}(t), & t\in[kT,\ kT+h)\\ (\boldsymbol{L}_c\otimes\boldsymbol{A})\boldsymbol{\varepsilon}(t), & t\in[kT+h,\ (k+1)T)\end{cases} \tag{5.56}$$

下面给出结论。

定理5.3: 考虑一类多智能体系统(5.2)，假定在任意的$[t_j,\ t_{j+1})$时刻的拓扑结构图为$G_{\sigma(t)}$，并且假定该时刻的拓扑结构图在控制时间内是无向连通的。假设假定5.1满足。利用(5.10)选取反馈矩阵$\boldsymbol{K}$，而耦合强度c则满足$c\geqslant\frac{1}{2\bar{\lambda}}$。如果存在常数$g_1=\frac{\delta}{\lambda_{\max}(P_\delta)}$和$g_2=\frac{\|\boldsymbol{P}_\delta\|^2\|\boldsymbol{B}\|^2-\delta}{\lambda_{\min}(\boldsymbol{P}_\delta)}$使得

$$h>\frac{g_2}{g_1+g_2}T \tag{5.57}$$

则利用间歇性协议(5.53)，多智能体系统(5.2)可实现一致。

证明: 令$\sigma(t)=p$。同理可得

$$\dot{\boldsymbol{\varepsilon}}(t)=(\boldsymbol{L}_c\otimes\boldsymbol{A}-c\boldsymbol{L}_c\boldsymbol{L}_{\sigma(t)}\otimes\boldsymbol{BK})\boldsymbol{\varepsilon}(t) \tag{5.58}$$

经过正交变换$\tilde{\boldsymbol{\varepsilon}}(t)=(\boldsymbol{U}^{\mathrm{T}}\otimes\boldsymbol{I}_n)\boldsymbol{\varepsilon}(t)$，可得

$$\dot{\tilde{\boldsymbol{\varepsilon}}}(t)=\begin{pmatrix}\dot{\tilde{\boldsymbol{\varepsilon}}}_1\\ \dot{\tilde{\boldsymbol{\varepsilon}}}_2\end{pmatrix}=\begin{pmatrix}\boldsymbol{I}_{N-1}\otimes\boldsymbol{A}-c\boldsymbol{L}_{1p}\otimes\boldsymbol{BK} & 0\\ 0 & 0\end{pmatrix}\begin{pmatrix}\tilde{\boldsymbol{\varepsilon}}_1\\ \tilde{\boldsymbol{\varepsilon}}_2\end{pmatrix}$$

其中，$\tilde{\boldsymbol{\varepsilon}}_2$为$\tilde{\boldsymbol{\varepsilon}}$的第$n$列。

因为$\tilde{\boldsymbol{\varepsilon}}=\boldsymbol{0}$当且仅当$\boldsymbol{\varepsilon}=\boldsymbol{0}$。

另一方面，又有

$$\tilde{\boldsymbol{\varepsilon}}_2=(\boldsymbol{U}_2^{\mathrm{T}}\otimes\boldsymbol{I}_n)\boldsymbol{\varepsilon}=(\boldsymbol{U}_2^{\mathrm{T}}\otimes\boldsymbol{I}_n)(\boldsymbol{L}_c\otimes\boldsymbol{I}_n)\boldsymbol{x}=0$$

从上可知$\tilde{\boldsymbol{\varepsilon}}_1=\boldsymbol{0}$等价于$\boldsymbol{\varepsilon}=\boldsymbol{0}$。

同理证得:

$$\begin{aligned}&[\boldsymbol{I}_{N-1}\otimes\boldsymbol{A}-c\boldsymbol{L}_{1p}\otimes(\boldsymbol{BK})]^{\mathrm{T}}(\boldsymbol{I}_{N-1}\otimes\boldsymbol{P}_\delta)\\&+(\boldsymbol{I}_{N-1}\otimes\boldsymbol{P}_\delta)[\boldsymbol{I}_{N-1}\otimes\boldsymbol{A}-c\boldsymbol{L}_{1p}\otimes(\boldsymbol{BK})]\leqslant\\&-\delta\boldsymbol{I}_{N-1}\otimes\boldsymbol{I}_n\end{aligned} \tag{5.59}$$

构造 Lyapunov 函数

$$\boldsymbol{V}(t)=\widetilde{\boldsymbol{\varepsilon}}_1^{\mathrm{T}}(t)(\boldsymbol{I}_{N-1}\otimes\boldsymbol{P}_{\delta})\widetilde{\boldsymbol{\varepsilon}}_1(t) \tag{5.60}$$

采取相同的方法,可得:

当 $kT\leqslant t<kT+h$,有

$$\dot{\boldsymbol{V}}(\widetilde{\boldsymbol{\varepsilon}}_1(t))\leqslant-\frac{\delta}{\lambda_{\max}(\boldsymbol{P}_{\delta})}\boldsymbol{V}(\widetilde{\boldsymbol{\varepsilon}}_1(t))\triangleq-g_1\boldsymbol{V}(\widetilde{\boldsymbol{\varepsilon}}_1(t)) \tag{5.61}$$

再有,当 $kT+h\leqslant t<kT+T$,可得

$$\begin{aligned}\dot{\boldsymbol{V}}(\widetilde{\boldsymbol{\varepsilon}}_1(t))&=\widetilde{\boldsymbol{\varepsilon}}_1^{\mathrm{T}}(t)[\boldsymbol{I}_{N-1}\otimes(\boldsymbol{P}_{\delta}\boldsymbol{A}+\boldsymbol{A}^{\mathrm{T}}\boldsymbol{P}_{\delta})]\widetilde{\boldsymbol{\varepsilon}}_1(t)\\&=\widetilde{\boldsymbol{\varepsilon}}_1^{\mathrm{T}}(t)[\boldsymbol{I}_{N-1}\otimes(\boldsymbol{P}_{\delta}\boldsymbol{B}\boldsymbol{B}^{\mathrm{T}}\boldsymbol{P}_{\delta}-\delta\boldsymbol{I})]\widetilde{\boldsymbol{\varepsilon}}_1(t)\\&\leqslant\frac{\|\boldsymbol{P}_{\delta}\|^2\|\boldsymbol{B}\|^2-\delta}{\lambda_{\min}(\boldsymbol{P}_{\delta})}\boldsymbol{V}(\widetilde{\boldsymbol{\varepsilon}}_1(t))\triangleq g_2\boldsymbol{V}(\widetilde{\boldsymbol{\varepsilon}}_1(t))\end{aligned} \tag{5.62}$$

且若 $\|\boldsymbol{P}_{\delta}\|^2\|\boldsymbol{B}\|^2-\delta\leqslant0$,令 $g_2=0$。

所以条件(5.57)满足时,可得 $\lim\limits_{t\to\infty}\widetilde{\boldsymbol{\varepsilon}}_1(t)=\boldsymbol{0}$,且指数收敛的速度至少为 $\zeta\triangleq\dfrac{hg_1-(T-h)g_2}{2T}$,即多智能体系统(5.2)按照相同的速度趋于一致。

注释 5.7:在本节中,考虑是无领导的多智能体系统,并得到多智能体系统实现一致的充分条件。当然,如果该多智能体系统由一群相同的跟随者和一个领导组成,我们同样可以证明在间歇性控制协议下,多智能体系统能够实现一致,且相应的协议如下

$$u_i(t)=\begin{cases}-c\boldsymbol{K}\Big[\sum\limits_{j\in N_i(t)}a_{ij}(t)(x_i(t)-x_j(t))+ & \\ d_i(t)(x_i(t)-x_0(t))\Big], & t\in[kT,\ kT+h)\\ 0, & t\in[kT+h,(k+1)T)\end{cases}$$

5.6　数值仿真

本节给出一些数值仿真例子用来验证上面所给方法的有效性和所得到的理论结果的正确性。假设该多智能体系统是由 4 个智能体组成,即 $N=4$,每个智能体的动力学方程如(5.2),其系统矩阵如下

$$A=\begin{pmatrix}0.5 & 0 & 0\\ 1 & -2 & 6\\ 1 & 0 & -0.5\end{pmatrix},\ B=\begin{pmatrix}0.3 & 0.15\\ 0.16 & 0.15\\ 2.7 & 0.15\end{pmatrix},\ C=(1\quad 0.1\quad 1)$$

$$E=\begin{pmatrix}-3 & 1 & 0\\ 1 & -2 & 1\\ 0 & 0 & -5\end{pmatrix},\ G=\begin{pmatrix}1\\ 1\\ 1\end{pmatrix} \tag{5.63}$$

假定拓扑结构图在三个子图 $G_i(i=1,2,3)$ 中任意切换，切换结构如图 5.1 所示。

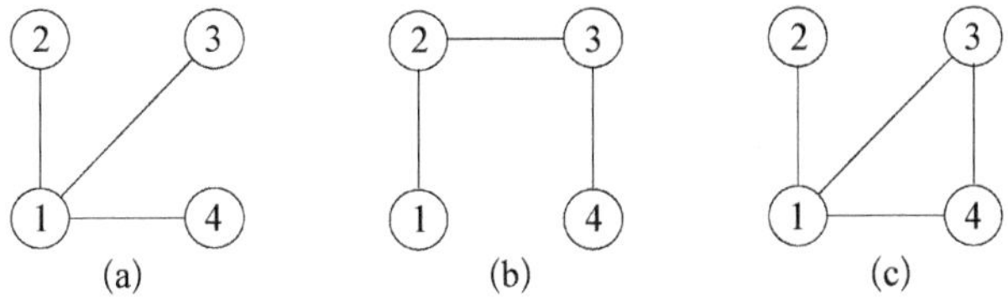

图 5.1　拓扑结构图

(a) G_1　(b) G_2　(c) G_3

则每个子图 G_i 的 Laplacian 矩阵 $L_i(i=1,2,3)$ 如下

$$L_1=\begin{pmatrix}3 & -1 & -1 & -1\\ -1 & 1 & 0 & 0\\ -1 & 0 & 1 & 0\\ -1 & 0 & 0 & 1\end{pmatrix},\ L_2=\begin{pmatrix}1 & -1 & 0 & 0\\ -1 & 2 & -1 & 0\\ 0 & -1 & 2 & -1\\ 0 & 0 & -1 & 1\end{pmatrix},$$

$$L_3=\begin{pmatrix}3 & -1 & -1 & -1\\ -1 & 1 & 0 & 0\\ -1 & 0 & 2 & -1\\ -1 & 0 & -1 & 2\end{pmatrix}$$

经过简单的计算，可得 $\bar{\lambda}=0.5858$。取 $c=10>\dfrac{1}{2\bar{\lambda}}$，

取 $h=0.1T$，并且随机选取初始状态。图 5.2 表明间歇性反馈控制器(5.4)和观测器(5.3)可确保多智能体系统实现一致。当取 $h=0.01T$ 时，由图 5.3 可以看出，如果控制时间过小，则间歇性控制器(5.4)和观测器(5.3)不能保证多智能体系统实现一致。采取相似方法，同样可以找到相似例子来说明定理 5.2 和定理 5.3 的正确性。

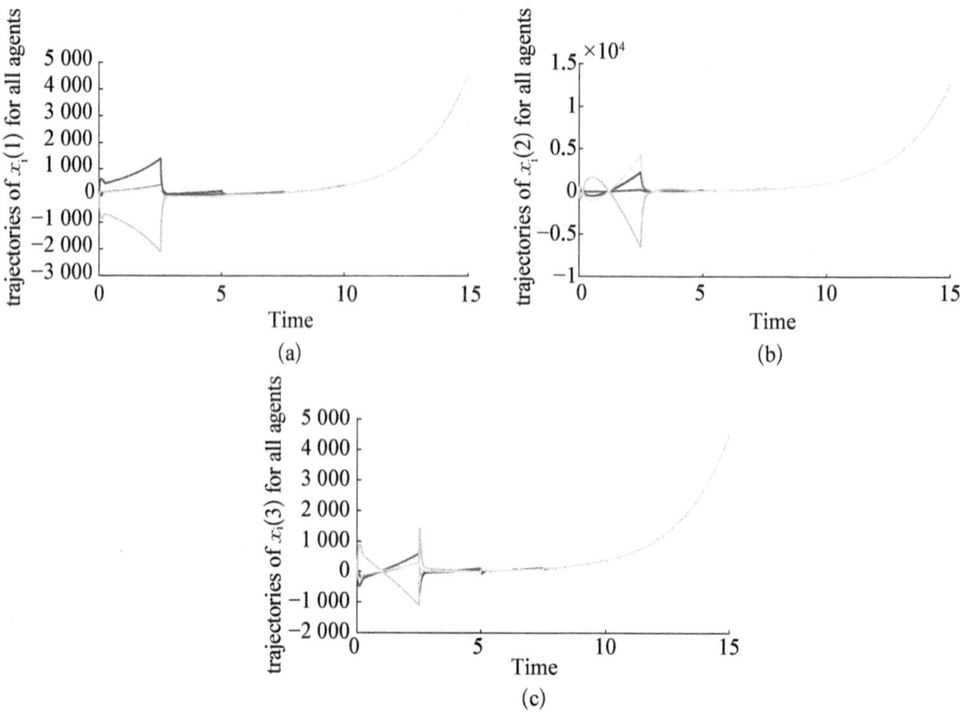

图 5.2　每个智能体的运动轨迹(h=0.1T)

(a) Trajectories $x_{(i)(1)}(t)$ (j=1, 2, 3, 4) of four agents　(b) Trajectories $x_{(i)(2)}(t)$ (j=1, 2, 3, 4) of four agents　(c) Trajectories $x_{(i)(3)}(t)$ (j=1, 2, 3, 4) of four agents

5.7　本章小结

本章中考虑具有一般线性系统结构的多智能体系统的一致性问题，与先前的工作[48,198,210,221,222]相比,假定每个智能体的状态是未知的,并设计了分布式的间歇性观测器观测智能体的状态。通过求解 Riccati 方程和 Sylvester 方程,可得到协议中各个参数。利用带参数的公共 Lyapunov 函数来分析切换拓扑结构下的一致性问题。在本章中,假定控制周期和控制时间是固定的,我们的结论表明了：多智能体系统能否实现一致性取决于控制时间和控制周期的比率的大小,相关的论文见文献[188]。

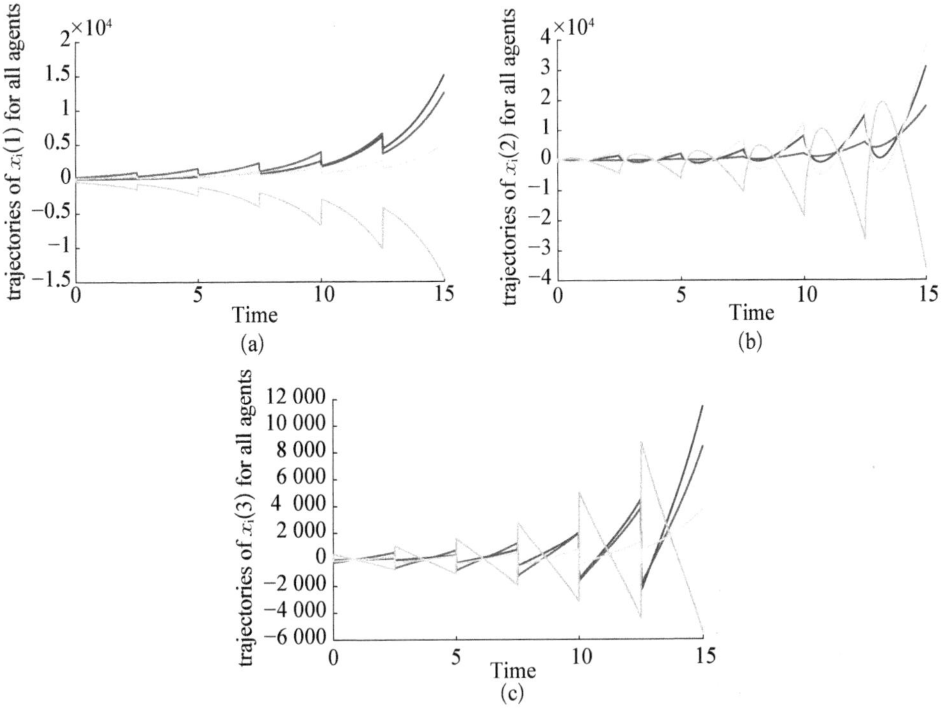

图 5.3 每个智能体的运动轨迹($h=0.01T$)

(a) Trajectories $x_{(i)(1)}(t)$ ($j=1$, 2, 3, 4) of four agents (b) Trajectories $x_{(i)(2)}(t)$ ($j=1$, 2, 3, 4) of four agents (c) Trajectories $x_{(i)(3)}(t)$ ($j=1$, 2, 3, 4) of four agents

第6章 基于切换拓扑结构的多智能体系统的有限时间一致性

6.1 引言

目前存在的控制技术大多数是关注于 Lyapunov 渐近稳定的，即要求控制时间是无限长的。然而在实际应用中，更加关注系统在一个给定时间间隔中的性质，如能否在有限时间内收敛到平衡状态。为此就涉及有限时间稳定(FTS)这一概念。文献[7]探讨了有限时间内收敛到 Lyapunov 稳定平衡点的问题。Hong 等人在文献[69,70]中探讨一类链式系统的有限时间稳定问题。而文献[125]则利用向量 Lyapunov 函数构造有限时间稳定的基本框架。文献[115]探讨一类转移概率部分已知的 Markov 跳变系统的有限时间滤波问题，而文献[116]则探讨的是一类未知 Markov 跳变系统的有限时间稳定问题。Amato[1-5]重新定义了有限时间稳定的概念，并将系统的有限时间稳定性问题转化为一组线性矩阵不等式(LMI)的可行性问题。近年来，有限时间稳定的概念已经推广到有限时间一致。如 Sun 研究了联合连通拓扑结构下，带领导的多智能体系统的有限时间一致问题[157]。文献[118]探讨了脉冲控制以及周期性间歇性控制下两类复杂网络的同步问题。而文献[214]则探讨有向拓扑结构下，单一领导和多领导的二阶多智能体系统的一致性问题。

Dorato 首先将有限时间稳定的概念引入到控制界[39]，随后他又做了大量的相关工作[1-5]。受其工作的启发，我们将有限时间稳定的概念推广到有限时间一致上来。但我们提出的有限时间一致不同于文献[118,157,214]中的有限时间一致的概念。与经典的 Lyapunov 一致问题相比，本章的有限时间一致是一个独立的概念，它主要关注一个有限的时间间隔内多智能体系统的一致性问题，更加关注系统的暂态过程。假定每个智能体具有一般线性系统动力学行为，智能体间信息交互的拓扑结构是切换的。假定每个智能体状态信息未知，利用分布式观测器来解决有限时间一致问题。通过求解 LMI，求得一致性协议中的增益矩阵。

本章结构如下：6.2 节给出有限时间一致的定义；6.3 节和 6.4 节分别探讨基于状态反馈和输出反馈的有限时间一致问题，并给出系统实现有限时间一致的充分条件；6.5 节为数值仿真；6.6 节为本章小结。

6.2　问题描述

6.2.1　图论知识

本章利用一类无向拓扑结构图来刻画智能体与领导之间的信息交互。拓扑结构图 $G=(V,\ \varepsilon)$ 是 N 个智能体之间的信息交互的拓扑图，而 $\bar{G}$ 则表示含领导的 $N+1$ 个智能体间信息交互的拓扑结构图。$\boldsymbol{A}=[a_{ij}]_{N\times N}$ 为图 G 的连接矩阵，相应地，定义拓扑结构图的 Laplacian 矩阵 $\boldsymbol{L}$ 为 $l_{ii}=\sum_{j=1,\ j\neq i}^{N} a_{ij}$，$l_{ij}=-a_{ij}$。假定所有的拓扑结构图在给定的图集合中切换，假定所有可能拓扑图的集合为 $\Gamma=\{\bar{G}_1,\ \bar{G}_2,\ \cdots,\ \bar{G}_{M_0}\}$。

6.2.2　模型建立

考虑一类由 N 个跟随者和一个领导组成的多智能体系统，第 i 个智能体的动力学方程如下：

$$\begin{aligned}\dot{x}_i(t)&=\boldsymbol{A}x_i(t)+\boldsymbol{B}u_i(t)\\ y_i(t)&=\boldsymbol{C}x_i(t)\end{aligned},\quad i=1,\ 2,\ \cdots,\ N \tag{6.1}$$

其中，$x_i\in\mathbf{R}^n$ 为第 i 个智能体的状态，$u_i\in\mathbf{R}^m$ 为第 i 个智能体的控制输入，而 $y_i\in\mathbf{R}^p$ 为它的测量输出。$\boldsymbol{A}$，$\boldsymbol{B}$，$\boldsymbol{C}$ 为已知的常数矩阵，且假定系统矩阵满足：

假定 6.1：$(\boldsymbol{A},\ \boldsymbol{B})$ 可稳定，$(\boldsymbol{A},\ \boldsymbol{C})$ 可观测。

领导动力学方程如下：

$$\begin{aligned}\dot{x}_0(t)&=\boldsymbol{A}x_0(t)+\boldsymbol{B}u_0(t)\\ y_0(t)&=\boldsymbol{C}x_0(t)\end{aligned} \tag{6.2}$$

其中，$x_0\in\mathbf{R}^n$ 是领导的状态，$y_0\in\mathbf{R}^p$ 为领导的测量输出，而领导控制输入 $\boldsymbol{u}_0(t)$ 是一个已知量，可以将其看成是一个已知的共同策略。这里假定 $\boldsymbol{u}_0(t)=0$。

本章目标是：找到反馈控制器，使得带领导的多智能体系统在有限的时间间隔$[0, T]$内实现一致。令 $x=(x_1^{\mathrm{T}}, x_2^{\mathrm{T}}, \cdots, x_N^{\mathrm{T}})^{\mathrm{T}}$。由于跟踪误差为 $x-\mathbf{1}x_0$，则可以通过下面的定义给出带领导的多智能体系统的有限时间一致的概念，它可以看成是将文献[39]中的有限时间的概念推广到多智能体系统中来。

定义 6.1：(带领导的有限时间一致)给定三个正定的标量 c_1，c_2，T，其中 $c_1<c_2$，以及正定矩阵 $\boldsymbol{R}$，如果有

$$\begin{aligned}&(x(0)-\mathbf{1}x_0(0))^{\mathrm{T}}(\boldsymbol{I}\otimes\boldsymbol{R})(x(0)-\mathbf{1}x_0(0))\leqslant c_1\Rightarrow\\&(x(t)-\mathbf{1}x_0(t))^{\mathrm{T}}(\boldsymbol{I}\otimes\boldsymbol{R})(x(t)-\mathbf{1}x_0(t))\leqslant c_2\quad\forall t\in[0, T]\end{aligned}\tag{6.3}$$

则称多智能体系统(6.1)～(6.2)对$(c_1, c_2, T, \boldsymbol{R})$是有限时间一致的。

注释 6.1：如果

$$x_0^{\mathrm{T}}\boldsymbol{R}x_0\leqslant c_1\Rightarrow x^{\mathrm{T}}(t)\boldsymbol{R}x(t)<c_2\quad\forall t\in[0, T]$$

则线性系统 $\dot{x}(t)=\boldsymbol{A}x(t)$，$x(0)=x_0$ 对$(c_1, c_2, T, \boldsymbol{R})$是有限时间稳定的。Lyapunov 渐近稳定和有限时间稳定是两个独立的概念：一个系统是有限时间稳定的但不一定是 Lyapunov 渐近稳定的；反之，一个 Lyapunov 渐近稳定系统，也不一定是有限时间稳定的，因为在暂态过程中，它的状态有可能超出了给定的界[39]。

6.3 基于状态的有限时间一致

本节利用分布式状态反馈协议来探讨有限时间一致问题。设第 i 个智能体的协议如下：

$$u_i(t)=-c\boldsymbol{K}\Big[\sum_{j\in N_i(t)}a_{ij}(t)(x_i(t)-x_j(t))+d_i(t)(x_i(t)-x_0(t))\Big]\tag{6.4}$$

其中，c 为正定的耦合强度，$a_{ij}(t)$，$(i, j=1, 2, \cdots, N)$，$d_i(t)$，$(i=1, 2, \cdots, N)$ 为连接权。

令 $x(t)=(x_1^{\mathrm{T}}(t), x_2^{\mathrm{T}}(t), \cdots, x_N^{\mathrm{T}}(t))^{\mathrm{T}}\in\mathbf{R}^{Nn}$，则整个系统的动力学方程为

$$\begin{aligned}\dot{x}(t)=&[\boldsymbol{I}_N\otimes\boldsymbol{A}-\boldsymbol{L}_{\sigma(t)}\otimes(c\boldsymbol{BK})]x(t)-\\&[\boldsymbol{D}_{\sigma(t)}\otimes(c\boldsymbol{BK})](x(t)-\mathbf{1}\otimes x_0(t))\end{aligned}\tag{6.5}$$

其中，$\boldsymbol{L}_{\sigma(t)}$为拓扑结构图 $G_{\sigma(t)}$ 的 Laplacian 矩阵，$\boldsymbol{D}_{\sigma(t)}$是一个 $N\times N$ 的度矩阵。令 $\boldsymbol{H}_{\sigma(t)}=\boldsymbol{L}_{\sigma(t)}+\boldsymbol{D}_{\sigma(t)}$。

可利用下面的算法构造反馈矩阵 $\boldsymbol{K}$ 和耦合强度 c。

算法 6.1: 令 $\boldsymbol{P}$ 为如下不等式的唯一正定解

$$\boldsymbol{P}\boldsymbol{A}^{\mathrm{T}}+\boldsymbol{A}\boldsymbol{P}-\boldsymbol{B}\boldsymbol{B}^{\mathrm{T}}-\alpha\boldsymbol{P}<0 \tag{6.6}$$

其中,α 为非负标量。按下面方法选取 $\boldsymbol{K}$

$$\boldsymbol{K}=\frac{1}{2}\boldsymbol{B}^{\mathrm{T}}\boldsymbol{P}^{-1} \tag{6.7}$$

耦合强度 c 的选取方法如下:

$$c\geqslant\frac{1}{\widetilde{\lambda}} \tag{6.8}$$

其中,$\widetilde{\lambda}$ 的定义同(3.23)。

注释 6.2: 如果($\boldsymbol{A}$, $\boldsymbol{B}$)是可稳定的,$\bar{\boldsymbol{Q}}$ 为正定的对称矩阵,则下面的 Riccati 方程存在唯一的正定解 $\boldsymbol{P}$[173]。

$$\boldsymbol{A}^{\mathrm{T}}\boldsymbol{P}+\boldsymbol{P}\boldsymbol{A}-\boldsymbol{P}\boldsymbol{B}\boldsymbol{B}^{\mathrm{T}}\boldsymbol{P}+\bar{\boldsymbol{Q}}=0 \tag{6.9}$$

由于($\boldsymbol{A}$, $\boldsymbol{B}$)是可稳定的,则 $\left(\boldsymbol{A}-\frac{1}{2}\alpha\boldsymbol{I},\ \boldsymbol{B}\right)$ 同样是可稳定的。因此对任意的正定矩阵 $\bar{\boldsymbol{Q}}$,下面的 Riccati 方程

$$\left(\boldsymbol{A}-\frac{1}{2}\alpha\boldsymbol{I}\right)^{\mathrm{T}}\bar{\boldsymbol{P}}+\bar{\boldsymbol{P}}\left(\boldsymbol{A}-\frac{1}{2}\alpha\boldsymbol{I}\right)-\bar{\boldsymbol{P}}\boldsymbol{B}\boldsymbol{B}^{\mathrm{T}}\bar{\boldsymbol{P}}+\bar{\boldsymbol{Q}}=0 \tag{6.10}$$

有唯一的正定解 $\bar{\boldsymbol{P}}$。令 $\boldsymbol{P}=\bar{\boldsymbol{P}}^{-1}>0$,满足式(6.6)。因此,LMI(6.6)可解性得以保证。

下面给出结论。

定理 6.1: 考虑一类多智能体系统(6.1)～(6.2),在任意$[t_j,\ t_{j+1})$时刻的拓扑结构图为 $\bar{G}_{\sigma(t)}$,且拓扑结构图 $\bar{G}_{\sigma(t)}$ 是连通的。利用算法 6.6 构造反馈增益矩阵 $\boldsymbol{K}$ 和耦合强度 c。如果正定矩阵 $\boldsymbol{Q}=\boldsymbol{R}^{\frac{1}{2}}\boldsymbol{P}^{-1}\boldsymbol{R}^{\frac{1}{2}}$ 满足下面条件

$$\operatorname{cond}(\boldsymbol{Q})<\frac{c_2}{c_1}e^{-\alpha T} \tag{6.11}$$

则利用一致性协议(6.4),多智能体系统(6.1)～(6.2)对(c_1, c_2, $\boldsymbol{T}$, $\boldsymbol{R}$)是有限时间一致的。

证明: 令跟踪误差向量为 $\varepsilon(t)=x(t)-\boldsymbol{1}\otimes x_0(t)$。由式(6.2),式(6.5)以及 $\boldsymbol{L}_{\sigma(t)}\boldsymbol{1}=0$,误差系统可表示成

$$\dot{\boldsymbol{\varepsilon}}(t)=(\boldsymbol{I}_N\otimes\boldsymbol{A}-c\boldsymbol{H}_{\sigma(t)}\otimes\boldsymbol{BK})\varepsilon(t) \tag{6.12}$$

则多智能体系统(6.1)～(6.2)的有限时间一致问题就转换成切换系统(6.12)的有限时间稳定问题。

$\boldsymbol{P}$ 为方程(6.6)的唯一正定解，且满足条件(6.11)，构造如下 Lyapunov 函数

$$\mathbf{V}(t)=\boldsymbol{\varepsilon}^{\mathrm{T}}(t)(\boldsymbol{I}_N\otimes\bar{\boldsymbol{P}})\boldsymbol{\varepsilon}(t) \tag{6.13}$$

其中 $\bar{\boldsymbol{P}}=\boldsymbol{P}^{-1}$。令 $\sigma(t)=p$，沿式(6.12)对 Lyapunov 函数(6.13)求导，可得

$$\begin{aligned}
\dot{\mathbf{V}}(t)&=\boldsymbol{\varepsilon}^{\mathrm{T}}(t)[\boldsymbol{I}_N\otimes(\boldsymbol{A}^{\mathrm{T}}\bar{\boldsymbol{P}}+\bar{\boldsymbol{P}}\boldsymbol{A})-c(\boldsymbol{H}_p^{\mathrm{T}}+\boldsymbol{H}_p)\otimes\bar{\boldsymbol{P}}\boldsymbol{BK}]\boldsymbol{\varepsilon}(t)\\
&=\boldsymbol{\varepsilon}^{\mathrm{T}}(t)\left[\boldsymbol{I}_N\otimes(\boldsymbol{A}^{\mathrm{T}}\bar{\boldsymbol{P}}+\bar{\boldsymbol{P}}\boldsymbol{A})-\frac{1}{2}c(\boldsymbol{H}_p^{\mathrm{T}}+\boldsymbol{H}_p)\otimes\bar{\boldsymbol{P}}\boldsymbol{BB}^{\mathrm{T}}\bar{\boldsymbol{P}}\right]\boldsymbol{\varepsilon}(t)\leqslant\\
&\quad\boldsymbol{\varepsilon}^{\mathrm{T}}(t)[\boldsymbol{I}_N\otimes(\boldsymbol{A}^{\mathrm{T}}\bar{\boldsymbol{P}}+\bar{\boldsymbol{P}}\boldsymbol{A}-\bar{\boldsymbol{P}}\boldsymbol{BB}^{\mathrm{T}}\bar{\boldsymbol{P}})]\boldsymbol{\varepsilon}(t)\\
&=\boldsymbol{\varepsilon}^{\mathrm{T}}(t)[\boldsymbol{I}_N\otimes\bar{\boldsymbol{P}}(\boldsymbol{PA}^{\mathrm{T}}+\boldsymbol{AP}-\boldsymbol{BB}^{\mathrm{T}})\bar{\boldsymbol{P}}]\boldsymbol{\varepsilon}(t)<\\
&\quad\boldsymbol{\varepsilon}^{\mathrm{T}}(t)(\boldsymbol{I}_N\otimes\alpha\bar{\boldsymbol{P}})\boldsymbol{\varepsilon}(t)\\
&=\alpha\mathbf{V}(t)
\end{aligned} \tag{6.14}$$

对不等式(6.14)求从 0 到 t 积分，得

$$\mathbf{V}(\boldsymbol{\varepsilon}(t))<\mathbf{V}(\boldsymbol{\varepsilon}(0))e^{\alpha t} \tag{6.15}$$

由于 $\bar{\boldsymbol{P}}=\boldsymbol{R}^{\frac{1}{2}}\boldsymbol{Q}\boldsymbol{R}^{\frac{1}{2}}$，可得下列不等式：

$$\mathbf{V}(\boldsymbol{\varepsilon}(t))\geqslant\lambda_{\min}(\boldsymbol{Q})\boldsymbol{\varepsilon}^{\mathrm{T}}(t)(\boldsymbol{I}_N\otimes\boldsymbol{R})\boldsymbol{\varepsilon}(t) \tag{6.16}$$

$$\mathbf{V}(\boldsymbol{\varepsilon}(0))e^{\alpha t}\leqslant\lambda_{\max}(\boldsymbol{Q})\boldsymbol{\varepsilon}^{\mathrm{T}}(0)(\boldsymbol{I}_N\otimes\boldsymbol{R})\boldsymbol{\varepsilon}(0)e^{\alpha t}\leqslant\lambda_{\max}(\boldsymbol{Q})c_1e^{\alpha t} \tag{6.17}$$

由式(6.15)～式(6.17)，可得

$$\boldsymbol{\varepsilon}^{\mathrm{T}}(t)(\boldsymbol{I}_N\otimes\boldsymbol{R})\boldsymbol{\varepsilon}(t)<\frac{\lambda_{\max}(\boldsymbol{Q})}{\lambda_{\min}(\boldsymbol{Q})}c_1e^{\alpha t}<\frac{c_2}{c_1}e^{-\alpha T}c_1e^{\alpha t}<c_2 \tag{6.18}$$

证明完毕。

注释 6.3：对任意 $\alpha\geqslant 0$，LMI(6.6)解必存在。设 $\Gamma(\alpha)$ 为含参数 $\alpha\geqslant 0$ 的不等式(6.6)的正定解集，不难发现对任意的 $0\leqslant\alpha_1<\alpha_2$ 均有 $\Gamma(\alpha_1)\subset\Gamma(\alpha_2)$。而且只要 $\dfrac{c_2}{c_1}$ 足够大，条件(6.11)必定成立。根据(6.11)，可以考虑如下优化问题

$$\min_{\alpha>0,\ \boldsymbol{P}\in\Gamma(\alpha)}\operatorname{cond}(\boldsymbol{R}^{\frac{1}{2}}\boldsymbol{P}^{-1}\boldsymbol{R}^{\frac{1}{2}})e^{\alpha T} \tag{6.19}$$

因此只要 $\dfrac{c_2}{c_1}$ 比(6.19)中的优化值大，就可以利用所设计的方法构造 $\boldsymbol{P}$ 和 α 使之满

足条件(6.11)。且利用所设计的一致性协议可解决对(c_1, c_2, $\boldsymbol{T}$, $\boldsymbol{R}$)的有限时间一致问题。而且,当 $\alpha=0$ 时,如果存在 $\boldsymbol{P}$ 同时满足(6.6)和(6.11),根据式(6.14)可得 $\dot{\boldsymbol{V}}(x)<0$,即带领导的多智能体系统(6.1)~(6.2)不仅是有限时间一致,而且是渐近一致。显然,如果不等式(6.6)存在一个正定解 $\boldsymbol{P}$ 满足不等式

$$\lambda_0 e^{\alpha T}\boldsymbol{R}^{-1}<\boldsymbol{P}<\lambda_0\frac{c_2}{c_1}\boldsymbol{R}^{-1}, \tag{6.20}$$

其中,λ_0 为正常数,则条件(6.11)必满足。而且一旦 α 值给定,可利用 LMIs(6.6)和(6.20)来设计一致性协议中的控制器,从而实现有限时间一致。而 LMI 的求解则可利用 MATLAB 中的 LMI 工具箱[10]。

6.4　基于状态观测器的有限时间一致

本节探讨基于状态观测器的有限时间一致问题。在一些实际系统中,有时不能获得系统的全部状态信息,此时需要设计观测器来观测系统未知的状态。假定 t 时刻,第 i 个智能体与邻居的相对输出误差可表述成

$$\xi_i(t)=\sum_{j\in N_i(t)}a_{ij}(t)(y_i(t)-y_j(t))+d_i(t)(y_i(t)-y_0(t)) \tag{6.21}$$

为了解决有限时间一致性问题,对第 i 个智能体设计 Luenberger 观测器,形如:

$$\begin{aligned}\dot{v}_i(t)=&\boldsymbol{A}v_i(t)+\boldsymbol{B}u_i(t)-c\boldsymbol{G}\Big[\sum_{j\in N_i(t)}a_{ij}(t)\boldsymbol{C}(v_i(t)-v_j(t))+\\&d_i(t)\boldsymbol{C}v_i(t)-\xi_i(t)\Big]\end{aligned} \tag{6.22}$$

其中,$v_i\in\mathbf{R}^n$ 为协议状态,c 为耦合强度,$\boldsymbol{G}\in\mathbf{R}^{n\times p}$ 为给定待设计的增益矩阵。另外,状态观测器初值总取 $\boldsymbol{v}_i(0)=0$。

反馈控制器为

$$u_i(t)=-\boldsymbol{K}v_i(t) \tag{6.23}$$

其中,$\boldsymbol{K}$ 为给定的反馈增益矩阵。假定条件(6.6)和(6.11)可解,按(6.7)的方法先设计 $\boldsymbol{K}$。

令 $\varepsilon_i(t)=x_i(t)-x_0(t)$, $e_i(t)=\varepsilon_i(t)-v_i(t)$, $\varepsilon(t)=[\varepsilon_1^{\mathrm{T}}(t),\cdots,\varepsilon_N^{\mathrm{T}}(t)]^{\mathrm{T}}$, $e(t)=[e_1^{\mathrm{T}}(t),\cdots,e_N^{\mathrm{T}}(t)]^{\mathrm{T}}$。则得

$$\dot{\varepsilon}(t)=\boldsymbol{I}_N\otimes(\boldsymbol{A}-\boldsymbol{BK})\varepsilon(t)+(\boldsymbol{I}_N\otimes\boldsymbol{BK})e(t) \tag{6.24}$$

$$\dot{e}(t)=(\boldsymbol{I}_N\otimes\boldsymbol{A}-c\boldsymbol{H}_{\sigma(t)}\otimes\boldsymbol{GC})e(t) \tag{6.25}$$

其中，$\varepsilon(0)=x(0)-\boldsymbol{1}\otimes x_0(0)$，$e(0)=x(0)-\boldsymbol{1}\otimes x_0(0)$。

因此系统的状态轨迹由闭环 $\boldsymbol{I}_N\otimes(\boldsymbol{A}-\boldsymbol{BK})$ 以及外在输入 $e(t)$所决定。本节的目标是设计(6.22)中的 $\boldsymbol{G}$，使得虽然存在估计误差 $e(t)$，但系统的有限时间一致的性质并不会失去。如果这样的控制增益 $\boldsymbol{G}$ 存在，则相应的观测器即为动态输出反馈控制器，它可以解决下面的问题。显然，如果这类控制器存在，则可利用状态反馈实现有限时间一致。因此，不失一般性，提出如下假设。

假定 6.2： 确保带领导的多智能体系统实现有限时间一致的状态反馈控制器 $\boldsymbol{K}$ 必存在，并已利用定理 6.1 提出的方法完成对 $\boldsymbol{K}$ 设计。

接着，试图来解决基于观测器的有限时间一致问题。

问题 6.1 （基于输出反馈的有限时间一致）给定增益矩阵 $\boldsymbol{K}$ 使得多智能体系统(6.1)～(6.2)对(c_1, c_2, $\boldsymbol{T}$, $\boldsymbol{R}$)是有限时间一致的，求解增益矩阵 $\boldsymbol{G}$ 使得系统(6.24)对(c_1, c_2, $\boldsymbol{W}_G$, $\boldsymbol{T}$, $\boldsymbol{R}$)有限时间一致的，其中集合 $\boldsymbol{W}_G$定义为

$$\begin{aligned}\boldsymbol{W}_G=\{&e(t)\mid\dot{e}(t)=(\boldsymbol{I}_N\otimes\boldsymbol{A}-c\boldsymbol{H}_{\sigma(t)}\otimes\boldsymbol{GC})e(t),\\&e(0)=\varepsilon(0),\ \varepsilon^{\mathrm{T}}(0)(\boldsymbol{I}_N\otimes\boldsymbol{R})\varepsilon(0)\leqslant c_1\}\end{aligned} \tag{6.26}$$

利用式(6.24)和式(6.25)，跟踪误差系统可表述成

$$\dot{\eta}(t)=\boldsymbol{F}_{\sigma(t)}\eta(t) \tag{6.27}$$

其中，$\eta=(\varepsilon^{\mathrm{T}},\ e^{\mathrm{T}})^{\mathrm{T}}$，

$$\boldsymbol{F}_{\sigma(t)}=\begin{pmatrix}\boldsymbol{I}_N\otimes(\boldsymbol{A}-\boldsymbol{BK}) & \boldsymbol{I}_N\otimes(\boldsymbol{BK})\\ 0 & \boldsymbol{I}_N\otimes\boldsymbol{A}-c\boldsymbol{H}_{\sigma(t)}\otimes(\boldsymbol{GC})\end{pmatrix}$$

显然，如果系统(6.27)为有限时间稳定的，则多智能体系统(6.1)～(6.2)为有限时间一致。因此，带领导的多智能体系统的有限时间一致问题就转化成误差动力系统(6.27)的有限时间稳定问题。

现给出如下结论。

定理 6.2： 考虑一类多智能体系统(6.1)～(6.2)，假定在任意的时间间隔$[t_j$, $t_{j+1})$内，其拓扑结构图 $\bar{G}_{\sigma(t)}$ 为连通的。如果当 $c\geqslant\dfrac{1}{\tilde{\lambda}}$，$\boldsymbol{P}_1=\boldsymbol{R}^{\frac{1}{2}}\boldsymbol{Q}_1\boldsymbol{R}^{\frac{1}{2}}$，$\boldsymbol{P}_2=\boldsymbol{R}^{\frac{1}{2}}\boldsymbol{Q}_2\boldsymbol{R}^{\frac{1}{2}}$ 时，存在一个非负标量 α，两个对称正定矩阵 $\boldsymbol{Q}_1$ 和 $\boldsymbol{Q}_2$，以及正定标量 λ_k，$k=1, 2, 3$，使得下列不等式组成立。

$$\begin{pmatrix} A^{T}P_1+P_1A-P_1BK-K^{T}B^{T}P_1-\alpha P_1 & P_1BK \\ (P_1BK)^{T} & A^{T}P_2+P_2A-C^{T}C-\alpha P_2 \end{pmatrix}<0 \tag{6.28}$$

$$\lambda_3 I<Q_1<\lambda_1 I \tag{6.29a}$$

$$0<Q_2<\lambda_2 I \tag{6.29b}$$

$$c_1(\lambda_1+\lambda_2)\leqslant c_2 e^{-\alpha T}\lambda_3 \tag{6.29c}$$

则问题 6.1 可解。此时增益矩阵为 $G=\frac{1}{2}P_2^{-1}C^{T}$ 的一致性协议(6.22)和(6.23)可使多智能体系统(6.1)～(6.2)对(c_1, c_2, T, R)是有限时间一致的。

证明: 令 $\sigma(t)=p$, $p\in\{1, 2, \cdots, M_0\}$。由于 H_p 是对称的，则存在一个正交矩阵 T_p 使得

$$T_p(H_p+H_p^{T})T_p^{T}=\tilde{\Lambda}_p=\mathrm{diag}(\tilde{\lambda}_{1p}, \tilde{\lambda}_{2p}, \cdots, \tilde{\lambda}_{Np})$$

其中，$\tilde{\lambda}_{ip}$ 为 $H_p+H_p^{T}$ 的第 i 个特征值。

构造如下的 Lyapunov 函数

$$V(\eta(t))=\eta^{T}(t)\tilde{P}\eta(t) \tag{6.30}$$

其中，

$$\tilde{P}=\begin{pmatrix} I_N\otimes P_1 & 0 \\ 0 & I_N\otimes P_2 \end{pmatrix}$$

假定除了切换瞬间外，$V(\eta(t))$均是连续可微的

$$\begin{aligned}&[I_N\otimes(A-BK)]^{T}(I_N\otimes P_1)+(I_N\otimes P_1)[I_N\otimes(A-BK)]\\&=I_N\otimes(A^{T}P_1+P_1A-P_1BK-K^{T}B^{T}P_1)\end{aligned} \tag{6.31}$$

由于 $P_2GC=\frac{1}{2}C^{T}C$，有

$$\begin{aligned}&(I_N\otimes A-cH_p\otimes(GC))^{T}(I_N\otimes P_2)+(I\otimes P_2)(I\otimes A-cH_p\otimes(GC))\\&=I_N\otimes(A^{T}P_2+P_2A)-\frac{1}{2}c(H_p^{T}+H_p)\otimes C^{T}C<\\&I_N\otimes(A^{T}P_2+P_2A-C^{T}C)\end{aligned} \tag{6.32}$$

类似于第 4 章的证明过程，沿轨迹(6.27)对 Lyapunov 函数(6.30)求导可得

$$\begin{aligned}\dot{\mathbf{V}}(\eta(t)) &= \eta^{\mathrm{T}}(t)(\boldsymbol{F}_p^{\mathrm{T}}\widetilde{\boldsymbol{P}} + \widetilde{\boldsymbol{P}}\boldsymbol{F}_p)\eta(t) \\ &= \widetilde{\eta}^{\mathrm{T}}(t)(\widetilde{\boldsymbol{F}}_p^{\mathrm{T}}\widetilde{\boldsymbol{P}} + \widetilde{\boldsymbol{P}}\widetilde{\boldsymbol{F}}_p)\widetilde{\eta}(t) \leqslant \\ &\quad \widetilde{\eta}^{\mathrm{T}}(t)\boldsymbol{Q}_p\widetilde{\eta}(t) \\ &= \sum_{i=1}^{N}\widetilde{\eta}_i^{\mathrm{T}}(t)\boldsymbol{Q}_{ip}\widetilde{\eta}_i(t)\end{aligned} \tag{6.33}$$

其中，

$$\boldsymbol{Q}_{ip} = \begin{pmatrix}\boldsymbol{A}^{\mathrm{T}}\boldsymbol{P}_1 + \boldsymbol{P}_1\boldsymbol{A} - \boldsymbol{P}_1\boldsymbol{BK} - \boldsymbol{K}^{\mathrm{T}}\boldsymbol{B}^{\mathrm{T}}\boldsymbol{P}_1 & \boldsymbol{P}_1\boldsymbol{BK} \\ (\boldsymbol{P}_1\boldsymbol{BK})^{\mathrm{T}} & \boldsymbol{A}^{\mathrm{T}}\boldsymbol{P}_2 + \boldsymbol{P}_2\boldsymbol{A} - \boldsymbol{C}^{\mathrm{T}}\boldsymbol{C}\end{pmatrix}$$

由式(6.28)，可得

$$\boldsymbol{Q}_{ip} < \begin{pmatrix}\alpha\boldsymbol{P}_1 & 0 \\ 0 & \alpha\boldsymbol{P}_2\end{pmatrix}$$

$$\dot{\mathbf{V}}(t) < \alpha\mathbf{V}(t) \tag{6.34}$$

对不等式(6.34)求从 0 到 t 的积分，可得

$$\mathbf{V}(\eta(t)) < \mathbf{V}(\eta(0))e^{\alpha t} \tag{6.35}$$

得到下列不等式组：

$$\begin{aligned}\mathbf{V}(\eta(t)) \geqslant \lambda_{\min}(\boldsymbol{Q}_1)\boldsymbol{\varepsilon}^{\mathrm{T}}(t)(\boldsymbol{I}_N \otimes \boldsymbol{R})\boldsymbol{\varepsilon}(t) + \lambda_{\min}(\boldsymbol{Q}_2)\boldsymbol{e}^{\mathrm{T}}(t)(\boldsymbol{I}_N \otimes \boldsymbol{R})\boldsymbol{e}(t) \geqslant \\ \lambda_{\min}(\boldsymbol{Q}_1)\boldsymbol{\varepsilon}^{\mathrm{T}}(t)(\boldsymbol{I}_N \otimes \boldsymbol{R})\boldsymbol{\varepsilon}(t)\end{aligned} \tag{6.36}$$

$$\begin{aligned}\mathbf{V}(\boldsymbol{\eta}(0))e^{\alpha t} &\leqslant (\lambda_{\max}(\boldsymbol{Q}_1)\boldsymbol{\varepsilon}^{\mathrm{T}}(0)(\boldsymbol{I}_N \otimes \boldsymbol{R})\boldsymbol{\varepsilon}(0) + \\ &\quad \lambda_{\max}(\boldsymbol{Q}_2)e^{\mathrm{T}}(0)(\boldsymbol{I}_N \otimes \boldsymbol{R})e(0))e^{\alpha t} \leqslant \\ &\quad (\lambda_{\max}(\boldsymbol{Q}_1) + \lambda_{\max}(\boldsymbol{Q}_2))c_1e^{\alpha T}\end{aligned} \tag{6.37}$$

利用式(6.35)、式(6.36)以及式(6.37)，得

$$\boldsymbol{\varepsilon}^{\mathrm{T}}(t)(\boldsymbol{I}_N \otimes \boldsymbol{R})\boldsymbol{\varepsilon}(t) < \frac{(\lambda_{\max}(\boldsymbol{Q}_1) + \lambda_{\max}(\boldsymbol{Q}_2))}{\lambda_{\min}(\boldsymbol{Q}_1)}c_1e^{\alpha T}$$

由于

$$\lambda_3 < \lambda_{\min}(\boldsymbol{Q}_1),\ \lambda_{\max}(\boldsymbol{Q}_1) < \lambda_1$$

$$0 < \lambda_{\min}(\boldsymbol{Q}_2),\ \lambda_{\max}(\boldsymbol{Q}_2) < \lambda_2$$

$$\lambda_1c_1 + \lambda_2c_1 \leqslant c_2e^{-\alpha T}\lambda_3$$

则必有

$$(\lambda_{\max}(\boldsymbol{Q}_1)+\lambda_{\max}(\boldsymbol{Q}_2))c_1 < c_2 e^{-\alpha T}\lambda_{\min}(\boldsymbol{Q}_1) \tag{6.38}$$

则对所有的 $t\in[0,\ T]$均有

$$\boldsymbol{\varepsilon}^{\mathrm{T}}(\boldsymbol{I}_N \otimes \boldsymbol{R})\boldsymbol{\varepsilon} < \frac{1}{\lambda_{\min}(\boldsymbol{Q}_1)} c_2 e^{-\alpha T}\lambda_{\min}(\boldsymbol{Q}_1)e^{\alpha T} = c_2$$

6.5 数值仿真

本节给出一些数值仿真例子用来验证上面所给方法的有效性和所得到的理论结果的正确性。假设多智能体系统由 4 个跟随者和一个领导组成，即 $N=4$。领导和跟随者的动力学方程分别为(6.2)和(6.1)，其系统矩阵如下

$$\boldsymbol{A}=\begin{pmatrix} -0.7 & -0.49 & 0.3 \\ 1 & 0 & 0.4 \\ 0.5 & 0 & -1.19 \end{pmatrix},\ \boldsymbol{B}=\begin{pmatrix} 1 & 0 \\ 0 & 0 \\ 0 & 1 \end{pmatrix},\ \boldsymbol{C}=\begin{pmatrix} 1 & 0.49 & 1.19 \\ 0 & 0.49 & 1 \end{pmatrix} \tag{6.39}$$

假定拓扑结构图在三个子图 $\bar{G}_i\ (i=1,\ 2,\ 3)$ 中任意切换，且所有的拓扑结构 $\bar{G}_i\ (i=1,\ 2,\ 3)$如图 6.1 所示。

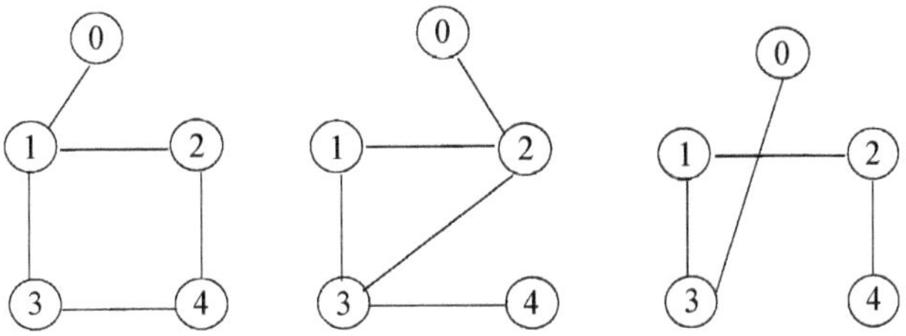

图 6.1　拓扑结构图

拓扑结构图 G_i 的 Laplacian 矩阵 $\boldsymbol{L}_i\ (i=1,\ 2,\ 3)$为

$$\boldsymbol{L}_1=\begin{bmatrix} 2 & -1 & -1 & 0 \\ -1 & 2 & 0 & -1 \\ -1 & 0 & 2 & -1 \\ 0 & -1 & -1 & 2 \end{bmatrix},\ \boldsymbol{L}_2=\begin{bmatrix} 2 & -1 & -1 & 0 \\ -1 & 2 & -1 & 0 \\ -1 & -1 & 3 & -1 \\ 0 & 0 & -1 & 1 \end{bmatrix},$$

$$\boldsymbol{L}_3=\begin{bmatrix} 2 & -1 & -1 & 0 \\ -1 & 2 & 0 & -1 \\ -1 & 0 & 1 & 0 \\ 0 & -1 & 0 & 1 \end{bmatrix}。$$

表示领导和跟随之间信息交互的对角矩阵为

$\boldsymbol{D}_1=\mathrm{diag}(1\quad 0\quad 0\quad 0)$，$\boldsymbol{D}_2=\mathrm{diag}(0\quad 1\quad 0\quad 0)$，$\boldsymbol{D}_3=\mathrm{diag}(0\quad 0\quad 1\quad 0)$。

经计算得 $\tilde{\lambda}=4.3429$，$\bar{\lambda}=0.1206$。

取 $c_1=1$，$c_2=3$，$\boldsymbol{R}=\boldsymbol{I}$，寻找一致性协议中的增益矩阵，使得多智能体系统(6.1)～(6.2)对(c_1，c_2，T，$\boldsymbol{R}$)是有限时间一致的。

(1) 取 $\alpha=0$，$T=3$，利用 LMI 工具箱，得

$$\boldsymbol{K}=\begin{pmatrix}3.9835 & 5.2242 & 1.0326\\ 1.0326 & 1.9331 & 1.4431\end{pmatrix}$$

增益矩阵

$$\boldsymbol{G}=\begin{pmatrix}0.0008 & -0.0002\\ -0.0002 & 0.0010\\ 0.0004 & 0.0000\end{pmatrix}$$

图 6.2 表明：此时，该多智能体系统是渐近一致的，但对(c_1，c_2，T，$\boldsymbol{R}$)却不是有限时间一致的。

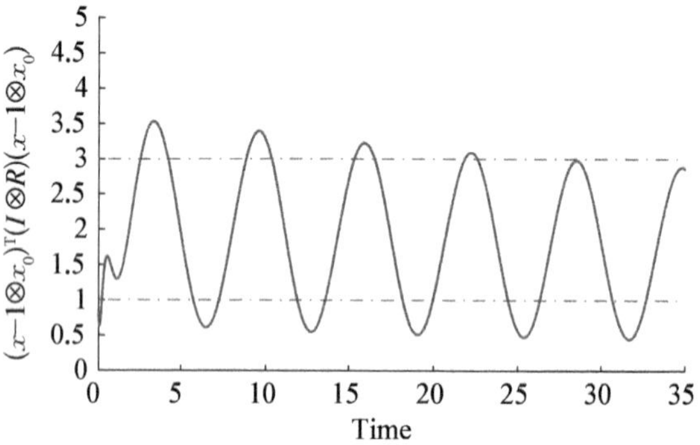

图 6.2　状态跟踪误差

(2) 取 $\alpha=0.3$，$T=3$。控制增益矩阵为

$$\boldsymbol{K}=\begin{pmatrix}2.5797 & 1.7563 & -0.2964\\ -0.2964 & 0.1658 & 1.6599\end{pmatrix},$$

$$\boldsymbol{G}=\begin{pmatrix}0.0018 & -0.0014\\ -0.0005 & 0.0031\\ 0.0025 & 0.0018\end{pmatrix}。$$

从图 6.3 的误差轨迹中可以看出：此时该多智能体系统是有限时间一致的，但不是渐近一致的。

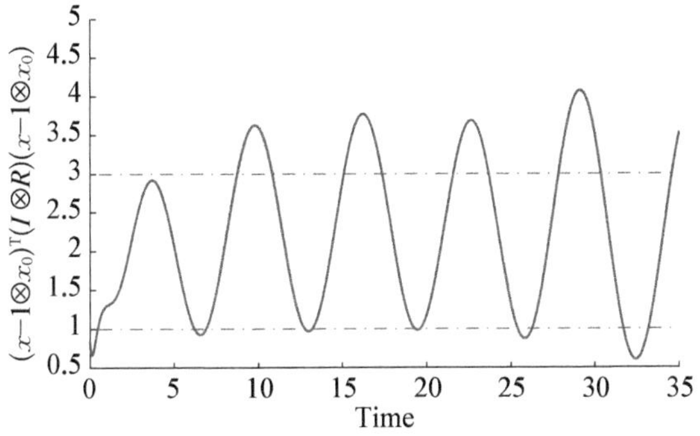

图 6.3　状态跟踪误差

（3）取 $\alpha=0$，此时控制增益取

$$\boldsymbol{K}=\begin{pmatrix}0.3341 & 0.1807 & 0.0365\\ 0.0365 & 0.0591 & 0.2353\end{pmatrix},$$

$$\boldsymbol{G}=\begin{pmatrix}0.2652 & -0.2133\\ -0.0446 & 0.5563\\ 0.4584 & 0.3170\end{pmatrix}$$

从图 6.4 可以看出：此时，该多智能体系统不仅是对$(c_1, c_2, T, \boldsymbol{R})$是有限时间一致的，而且也是渐近一致的。

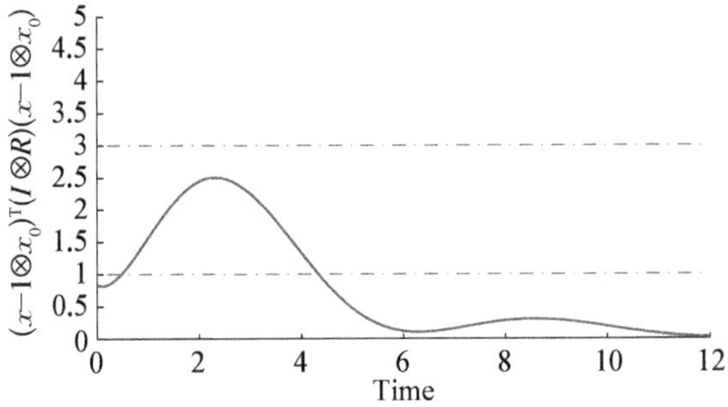

图 6.4　状态跟踪误差

从上述例子可知，当 $a=0$，多智能体系统可实现渐近一致，但此时有可能不是有限时间一致的。只有在 $a=0$ 时，而且条件(6.6)和(6.11)同时满足时，多智能体系统不仅能实现渐近一致而且此时还是有限时间一致。

6.6 本章小结

本章讨论了多智能体系统的有限时间一致问题。受有限时间稳定这一概念的启发,提出了有限时间一致这一概念。分别就基于状态反馈和基于输出反馈提出两类分布式一致性协议,并给出多智能体系统实现有限时间一致的充分条件,该充分条件可转化为求解一组线性矩阵不等式。并利用数值仿真实例来说明所给方法的有效性和所得到的理论结果的正确性。当然,一致性协议和观测器构造的方法可能不止本章所提到的这一种,但我们提出的方法同样适用于其他形式的一致性协议与观测器,相关的论文见文献[189]。

第7章 领导控制输入的非线性多智能体系统的自适应一致性

7.1 引言

目前，多智能体系统一致性研究取得的大多结果都是假定领导的控制输入为零的前提下获得的。即使有些结论是建立在领导控制输入是非零的前提下，但却要求所有跟随者均知道领导的控制输入。然而在实际工程应用中，有时为了达到某种控制目标，必须对领导施加控制，因而领导控制输入为零这一假设并不合理。当然，假定所有跟随者均知道领导的控制输入值也是一个不合理的假设，特别是网络规模较大的时候。

在实际中，非线性系统无处不在。近年来，非线性的多智能体系统得到深入研究。如 Yu 研究了有向切换拓扑结构下，二阶非线性多智能体系统的一致性问题[200]。文献[155]利用牵引控制探讨了二阶非线性多智能体系统的一致性问题。文献[201]研究了二阶非线性多智能体系统的自适应增益的设计方法。利用不连续的状态反馈协议，Zhao 等对 Lipschitz 型的多智能体系统的一致性问题进行研究[216]。利用自适应控制方法，文献[110]研究了异构非线性二阶多智能体系统的一致性问题。

然而上述的二阶非线性多智能体系统的结论都是建立在智能体的速度是可测的前提上。在实际中，这种假设一般很难实现。因为实际中速度的测量值有时是不精确的，或者由于一些外在条件的限制，智能体的速度是不可测的。因此，如果仅用位置信息来设计一致性协议就非常有意义了。为了实现这一目的，通常情况下是构造观测器来估计速度变量，如文献[71，72，90，119]。而对高阶系统中的未知变量，同样可以利用观测器来进行估计。文献[207]给出了具有一般线性系统结构的多智能体系统的观测器的构造框架，而文献[99]提出了降维观测器。通过上述文献，我们发现，作者通常是利用拓扑结构图所对应的 Laplacian 矩阵的最小非零特征根的实部来构造一致性协议中的耦合参数。然而，Laplacian 矩阵的特征根属于全局信息，它要求每个智能体必须知道整个网络结构并计算它。而且即使整个拓扑结构是已知的，如果是大尺度网络，计算拓扑结构图的特征根也不是一件易事。因此，严格来说，上述参考文献所设计的一致性协议并不属于完全分布式的协议。为了弥补该缺陷，文献[110,201]利用分布式自适应方法来设计协议中的耦合参数。

受上述工作启发，我们关注带领导的高阶非线性多智能体系统的一致性问题。要求所考虑的多智能体系统满足下面的约束条件：① 多智能体系统为非线性系统；② 智能体只能获得邻居的输出信息。在上述约束条件给定的前提下，我们首先构造当地的状态观测器来估计每个跟随者的状态。此时要求网络拓扑结构图是无向连通的。为实现完全的分布式控制，我们提出分布式的自适应协议，应用该自适应法则来设计时变的耦合强度。

本章结构如下：7.2 节问题描述；7.3 节基于分布式观测器的自适应一致性协议；7.4 节考虑一类无领导的一致性问题；7.5 节数值仿真，7.6 节本章小结。

7.2　问题描述

考虑由 N 个跟随者（标记分别为 1, 2, …, N）和一个领导（标记为 0）组成的多智能体系统，其中每个跟随者的动力学方程如下：

$$\begin{aligned} \dot{x}_i(t) &= \boldsymbol{A}x_i(t) + \boldsymbol{B}u_i(t) + \boldsymbol{D}f(x_i) \\ y_i(t) &= \boldsymbol{C}x_i(t),\ i = 1,\ 2,\ \cdots,\ N \end{aligned} \tag{7.1}$$

其中，$x_i \in \mathbf{R}^n$ 为第 i 个智能体的状态信息，$u_i \in \mathbf{R}^m$ 是其控制输入，而 $f(\cdot)$ 为一致连续可微的向量函数。而领导的动力学方程如下：

$$\begin{aligned} \dot{x}_0(t) &= \boldsymbol{A}x_0(t) + \boldsymbol{B}u_0(t) + \boldsymbol{D}f(x_0) \\ y_0(t) &= \boldsymbol{C}x_0(t) \end{aligned} \tag{7.2}$$

其中，$x_0 \in \mathbf{R}^n$ 为领导的状态信息，$u_0 \in \mathbf{R}^m$ 为有界的参考输入，且假定任何跟随者均不知 u_0 的值。假定领导不能获得跟随者的任何信息，而每个跟随者可得到邻居的输出信息。在本章，假定智能体与领导之间的信息交互拓扑结构图是无向的。

首先引入下面的假定条件。

假定 7.1：$(\boldsymbol{A},\ \boldsymbol{B},\ \boldsymbol{C})$ 为可控可观。

假定 7.2：未知的参考输入 u_0 可参数化为

$$u_0(t)=\boldsymbol{\phi}_0^{\mathrm{T}}(t)\boldsymbol{\theta}_0 \tag{7.3}$$

其中，$\boldsymbol{\phi}_0^{\mathrm{T}}(t)\in\mathbf{R}^{m\times q}$ 为已知的基函数，$\boldsymbol{\theta}_0\in\mathbf{R}^q$ 为未知的常参数向量。

注释 7.1： 尽管跟随者不能获得领导的参考输入值，但是未知的参考信号可以线性化为：$u_0=\boldsymbol{\phi}_0^{\mathrm{T}}\boldsymbol{\theta}_0$，其中 $\boldsymbol{\phi}_0^{\mathrm{T}}$ 为已知的基函数向量，而 θ_0 为被估计的参数向量。由于基函数向量已知，这就意味着参考输入是部分已知的，故可以通过估计常参数向量来实现一致。

非线性函数 $f(\cdot)$假定满足如下条件

假定 7.3[200]**：**

$$\| f(x)-f(y)\| \leqslant l\| x-y\| \tag{7.4}$$

其中，l 为 Lipschitz 常数。

注释 7.2： 本章假定非线性动力学满足 Lipschitz 条件(7.4)，即所谓矢量场的 QUAD 条件[201]。正如文献[118,201]所指出的，假定 7.3 的条件非常温和，很多系统都满足该条件。而当 $f(t,x)$的 Jacobian 矩阵是连续有界时，即使它不是全局 Lipschitz 的，至少也是局部 Lipschitz 的，故满足假定 7.3。而所有的线性以及分段线性连续函数均满足该条件。而且，如果 $\alpha f_i/\alpha x_j(i,j=1,2,\cdots,n)$ 是一致有界的，则该条件也满足文献[201]。Lipschitz 型的二阶非线性系统已得到了广泛的研究，参见文献[118,155,200,201]。如果 $f\equiv 0$，则系统退化成一般的线性系统，故可用分析线性系统的方法来进行分析。

如果对所有的初始状态均有 $\lim\limits_{t\to\infty}(x_i(t)-x_0(t))=0,\ i=1,2,\cdots,N$，则多智能体系统可实现一致，即所有的跟随者均能跟随领导的轨迹。本章的目的是利用输出信息设计一致性协议 $u_i(t)$，使得闭环系统实现一致。

7.3　基于观测器的分布式一致协议

本章假定任何一个跟随者都只能得到自身和邻居的输出信息。由于任何一个跟随者均不能测得自身状态信息，故构造观测器来观测自身状态。假设第 i 个跟随者的状态 x_i 的估计值是 $\hat{x}_i$，则第 i $(i=1,2,\cdots,N)$个智能体的分布式控制协议包含一个分布式反馈控制协议和一个分布式状态观测器。其中分布式状态观测器为

$$\dot{\hat{x}}_i(t)=\boldsymbol{A}\hat{x}_i(t)+\boldsymbol{B}u_i(t)+\boldsymbol{G}(\hat{y}_i(t)-y_i(t))+\boldsymbol{D}f(\hat{x}_i(t)) \tag{7.5}$$

其中，$\hat{x}_i(t)\in\mathbf{R}^n$ 为协议状态用来观测第 i 个跟随者的状态，$\hat{y}_i=\boldsymbol{C}\hat{x}_i$，而

$\boldsymbol{G} \in \mathbf{R}^{p \times n}$ 为要设计的常增益矩阵。

由于每个跟随者均不知道 $\boldsymbol{\theta}_0$ 的值，为了设计分布式控制器，每个跟随者 i 必须对未知的参数向量 $\boldsymbol{\theta}_0$ 进行估计，假设第 i 个跟随者对 $\boldsymbol{\theta}_0$ 的估计值为 $\boldsymbol{\theta}_i$，则第 i 个跟随者对 u_0 的估计值为 $\hat{u}_i$，于是可得分布式控制器(7.6)。

$$\hat{u}_i(t)=\boldsymbol{\phi}_0^{\mathrm{T}}(t)\boldsymbol{\theta}_i \tag{7.6}$$

于是可得如下的分布式控制器：

$$u_i(t)=\hat{u}_i(t)+\boldsymbol{c}_i(t)\boldsymbol{K}\hat{\varepsilon}_i(t) \tag{7.7}$$

其中，$\hat{\boldsymbol{\varepsilon}}_i$ 为估计误差，可表示成

$$\hat{\varepsilon}_i(t)=\sum_{j\in N_i} w_{ij}(\hat{x}_i(t)-\hat{x}_j(t))+\boldsymbol{g}_i(\hat{x}_i(t)-x_0(t)) \tag{7.8}$$

其中，$\boldsymbol{K} \in \mathbf{R}^{m \times n}$ 为要设计的常增益矩阵，$c_i(t)>0$ 为正定的耦合增益。按如下方法选择其中 $w_{ij}(i,\ j=1,\ 2,\ \cdots,\ N)$ 和 g_i

$$w_{ij}=\begin{cases}\alpha_{ij},\ \text{第 } i \text{ 个跟随者和第 } j \text{ 个跟随者连通}\\ 0,\ \text{否则}\end{cases} \tag{7.9}$$

$$g_i=\begin{cases}\beta_i,\ \text{第 } i \text{ 个跟随者和领导连通}\\ 0,\ \text{否则}\end{cases} \tag{7.10}$$

其中，$\alpha_{ij}>0\ (i,\ j=1,\ \cdots,\ N)$ 为第 i 个跟随者和第 j 个跟随者的连接权值，$\beta_i>0\ (i=1,\ \cdots,\ N)$ 为第 i 个跟随者和领导连接权值。自适应参数具有如下的自适应演化律

$$\begin{aligned}\dot{\boldsymbol{c}}_i&=\boldsymbol{\xi}_i\Big[\sum_{j\in N_i} w_{ij}\boldsymbol{K}(\hat{x}_i-\hat{x}_j)+g_i\boldsymbol{K}(\hat{x}_i-x_0)\Big]^{\mathrm{T}}\times\\&\quad\Big[\sum_{j\in N_i} w_{ij}\boldsymbol{K}(\hat{x}_i-\hat{x}_j)+g_i\boldsymbol{K}(\hat{x}_i-x_0)\Big]\\\dot{\boldsymbol{\theta}}_i&=\boldsymbol{\tau}_i\boldsymbol{\phi}_0\boldsymbol{K}\Big[\sum_{j\in N_i} w_{ij}(\hat{x}_i-\hat{x}_j)+g_i(\hat{x}_i-x_0)\Big]\end{aligned} \tag{7.11}$$

其中，$\boldsymbol{\xi}_i$ 和 $\boldsymbol{\tau}_i$，$i=1,\ 2,\ \cdots,\ N$ 为正定常数。

则对第 i 个跟随者设计如下的分布式自适应协议

$$\begin{aligned}\dot{\hat{x}}_i(t)&=\boldsymbol{A}\hat{x}_i(t)+\boldsymbol{B}u_i(t)+\boldsymbol{G}(\boldsymbol{C}\hat{x}_i(t)-y_i(t))+\boldsymbol{D}f(\hat{x}_i(t)),\\\dot{c}_i(t)&=\xi_i\Big[\sum_{j\in N_i} w_{ij}\boldsymbol{K}(\hat{x}_i-\hat{x}_j)+g_i\boldsymbol{K}(\hat{x}_i-x_0)\Big]^{\mathrm{T}}\times\\&\quad\Big[\sum_{j\in N_i} w_{ij}\boldsymbol{K}(\hat{x}_i-\hat{x}_j)+g_i\boldsymbol{K}(\hat{x}_i-x_0)\Big],\end{aligned}$$

$$\dot{\theta}_i(t)=\boldsymbol{\tau}_i\boldsymbol{\phi}_0\Big[\sum_{j\in N_i}w_{ij}\boldsymbol{K}(\hat{x}_i-\hat{x}_j)+g_i\boldsymbol{K}(\hat{x}_i-x_0)\Big],$$
$$u_i(t)=\boldsymbol{\phi}_0^{\mathrm{T}}(t)\theta_i(t)+c_i(t)\boldsymbol{K}\Big[\sum_{j\in N_i}w_{ij}(\hat{x}_i(t)-\hat{x}_j(t))+g_i(\hat{x}_i(t)-x_0(t))\Big] \tag{7.12}$$

本章的目标是设计合适的增益矩阵 $\boldsymbol{K}$ 和 $\boldsymbol{G}$,使得带领导的多智能体系统实现一致。下面给出本章的结论。

定理 7.1: 考虑一类多智能体系统(7.1)~(7.2),假定它的拓扑结构图 $\bar{G}$ 是无向连通的。假设假定条件 7.1 和 7.3 同时满足,按如下方式构造增益矩阵 $\boldsymbol{G}$ 和 $\boldsymbol{K}$

$$\boldsymbol{K}=-\frac{1}{2}\boldsymbol{B}^{\mathrm{T}}\boldsymbol{P}_1^{-1} \tag{7.13}$$

$$\boldsymbol{G}=-\frac{1}{2}\boldsymbol{P}_2^{-1}\boldsymbol{C}^{\mathrm{T}} \tag{7.14}$$

其中,$\boldsymbol{P}_1>0$ 和 $\boldsymbol{P}_2>0$ 分别满足

$$\boldsymbol{P}_1\boldsymbol{A}^{\mathrm{T}}+\boldsymbol{A}\boldsymbol{P}_1-\boldsymbol{B}\boldsymbol{B}^{\mathrm{T}}+\frac{1}{\mu}\boldsymbol{D}\boldsymbol{D}^{\mathrm{T}}+(1+\mu l^2)\boldsymbol{P}_1^2<0 \tag{7.15}$$

$$\boldsymbol{A}^{\mathrm{T}}\boldsymbol{P}_2+\boldsymbol{P}_2\boldsymbol{A}-\boldsymbol{C}^{\mathrm{T}}\boldsymbol{C}+\mu l^2\boldsymbol{I}+\boldsymbol{P}_2\left(\frac{1}{\mu}\boldsymbol{D}^{\mathrm{T}}\boldsymbol{D}+\boldsymbol{I}\right)\boldsymbol{P}_2<0 \tag{7.16}$$

其中,$\mu>0$,则多智能体系统在自适应协议(7.12)下可实现一致。

证明: 令 $e_i=x_i-x_0$,$\hat{e}_i=\hat{x}_i-x_i$,以及 $\tilde{e}_i=\hat{x}_i-x_0$。由式(7.1)、式(7.2)、式(7.7)以及式(7.5)可得如下误差动态方程:

$$\begin{aligned}\dot{e}_i(t)&=\dot{x}_i(t)-\dot{x}_0(t)\\&=\boldsymbol{A}x_i(t)+\boldsymbol{B}u_i(t)-\boldsymbol{A}x_0(t)-\boldsymbol{B}u_0(t)+\boldsymbol{D}f(x_i(t))-\boldsymbol{D}f(x_0(t))\\&=\boldsymbol{A}e_i(t)+\boldsymbol{B}\boldsymbol{\phi}_0^{\mathrm{T}}(t)(\boldsymbol{\theta}_i-\boldsymbol{\theta}_0)+\boldsymbol{D}f(x_i(t))-\boldsymbol{D}f(x_0(t))+\\&\quad c_i(t)\boldsymbol{B}\boldsymbol{K}\Big[\sum_{j\in N_i}w_{ij}(\tilde{e}_i(t)-\tilde{e}_j(t))+g_i\tilde{e}_i(t)\Big]\end{aligned} \tag{7.17}$$

$$\dot{\hat{e}}_i(t)=\dot{\hat{x}}_i(t)-\dot{x}_i(t)=(\boldsymbol{A}+\boldsymbol{G}\boldsymbol{C})\hat{e}_i(t)+\boldsymbol{D}f(\hat{x}_i(t))-\boldsymbol{D}f(x_i(t)) \tag{7.18}$$

令 $\tilde{e}_i=\hat{e}_i+e_i$,可得

$$\begin{aligned}\dot{\tilde{e}}_i(t)=&\boldsymbol{A}\tilde{e}_i(t)+\boldsymbol{B}\boldsymbol{\phi}_0^{\mathrm{T}}(t)(\theta_i-\theta_0)+\boldsymbol{G}\boldsymbol{C}\hat{e}_i(t)+\\&c_i(t)\boldsymbol{B}\boldsymbol{K}\Big[\sum_{j\in N_i}w_{ij}(\tilde{e}_i(t)-\tilde{e}_j(t))+g_i\tilde{e}_i(t)\Big]+\end{aligned}$$

$$\boldsymbol{D}f(\hat{x}_i(t)) - \boldsymbol{D}f(x_0(t)) \tag{7.19}$$

为了便于叙述，令 $\boldsymbol{C}(t)=\mathrm{diag}(\boldsymbol{c}_1(t), \boldsymbol{c}_2(t), \cdots, \boldsymbol{c}_N(t))$，$\boldsymbol{\theta}=[\boldsymbol{\theta}_1^{\mathrm{T}}, \boldsymbol{\theta}_2^{\mathrm{T}}, \cdots, \boldsymbol{\theta}_N^{\mathrm{T}}]$，$\tilde{e}=[\tilde{e}_1^{\mathrm{T}}, \tilde{e}_2^{\mathrm{T}}, \cdots, \tilde{e}_N^{\mathrm{T}}]^{\mathrm{T}}$，$\hat{e}=[\hat{e}_1^{\mathrm{T}}, \hat{e}_2^{\mathrm{T}}, \cdots, \hat{e}_N^{\mathrm{T}}]^{\mathrm{T}}$，$\boldsymbol{F}(x)=[\boldsymbol{f}^{\mathrm{T}}(x_1), \boldsymbol{f}^{\mathrm{T}}(x_2), \cdots, \boldsymbol{f}^{\mathrm{T}}(x_N)]^{\mathrm{T}}$，以及 $\boldsymbol{F}(\hat{\boldsymbol{x}})=[\boldsymbol{f}^{\mathrm{T}}(\hat{x}_1), \boldsymbol{f}^{\mathrm{T}}(\hat{x}_2), \cdots, \boldsymbol{f}^{\mathrm{T}}(\hat{x}_N)]^{\mathrm{T}}$。则可得如下的闭环动态误差方程

$$\begin{aligned}\dot{\tilde{e}} = &[\boldsymbol{I}_N \otimes \boldsymbol{A} + (\boldsymbol{C}(t)\boldsymbol{H}) \otimes (\boldsymbol{BK})]\tilde{\boldsymbol{e}} + \boldsymbol{I}_N \otimes (\boldsymbol{GC})\hat{\boldsymbol{e}} + \\ &[\boldsymbol{I}_N \otimes (\boldsymbol{B}\boldsymbol{\phi}_0^{\mathrm{T}})](\boldsymbol{\theta} - \mathbf{1} \otimes \boldsymbol{\theta}_0) + \\ &(\boldsymbol{I}_N \otimes \boldsymbol{D})(\boldsymbol{F}(\hat{x}) - 1 \otimes \boldsymbol{f}(x_0)) \\ \dot{\hat{e}} = &\boldsymbol{I}_N \otimes (\boldsymbol{A} + \boldsymbol{GC})\hat{e} + (\boldsymbol{I}_N \otimes \boldsymbol{D})(\boldsymbol{F}(\hat{x}) - \boldsymbol{F}(x))\end{aligned} \tag{7.20}$$

显然，如果 $\lim\limits_{t\to\infty} \hat{\boldsymbol{e}}=0$，$\lim\limits_{t\to\infty} \tilde{\boldsymbol{e}}=0$，有 $\lim\limits_{t\to\infty} \boldsymbol{e}=0$，即对所有的 $i=1, 2, \cdots, N$ 均有 $\lim\limits_{t\to\infty}(x_i - x_0)=0$。因此，多智能体系统的一致性问题就转化成误差系统(7.20)的稳定性问题。

为了证明误差系统(7.20)的稳定性，构造带参数的 Lyapunov 函数

$$\begin{aligned}\boldsymbol{V}(\boldsymbol{\eta}(t)) = &\tilde{\boldsymbol{e}}^{\mathrm{T}}(\boldsymbol{H} \otimes \boldsymbol{P}_1^{-1})\tilde{\boldsymbol{e}} + \omega\hat{\boldsymbol{e}}^{\mathrm{T}}(\boldsymbol{I}_N \otimes \boldsymbol{P}_2)\hat{\boldsymbol{e}} + 2\sum_{i=1}^{N} \frac{(\boldsymbol{c}_i(t) - \boldsymbol{c}_0)^2}{\boldsymbol{\xi}_i} + \\ &2\sum_{i=1}^{N} \frac{(\boldsymbol{\theta}_i - \boldsymbol{\theta}_0)^{\mathrm{T}}(\boldsymbol{\theta}_i - \boldsymbol{\theta}_0)}{\boldsymbol{\tau}_i}\end{aligned} \tag{7.21}$$

其中，$\omega > 0$ 是一个足够大的正常数。沿(7.20)对带参数的 Lyapunov 函数(7.21)求导得

$$\begin{aligned}\dot{\boldsymbol{V}}(\eta) = &2\,\tilde{\boldsymbol{e}}^{\mathrm{T}}(\boldsymbol{H} \otimes \boldsymbol{P}_1^{-1})\,\dot{\tilde{e}} + 2\omega\,\hat{\boldsymbol{e}}^{\mathrm{T}}(\boldsymbol{I}_N \otimes \boldsymbol{P}_2)\dot{\hat{e}} + \\ &4\sum_{i=1}^{N} \frac{\dot{\boldsymbol{c}}_i(t)(\boldsymbol{c}_i(t) - \boldsymbol{c}_0)}{\boldsymbol{\xi}_i} + 4\sum_{i=1}^{N} \frac{(\boldsymbol{\theta}_i - \boldsymbol{\theta}_0)^{\mathrm{T}}\,\dot{\boldsymbol{\theta}}_i}{\boldsymbol{\tau}_i} \\ = &2\,\tilde{\boldsymbol{e}}^{\mathrm{T}}(\boldsymbol{H} \otimes \boldsymbol{P}_1^{-1})[\boldsymbol{I}_N \otimes \boldsymbol{A} + (\boldsymbol{C}(t)\boldsymbol{H}) \otimes (\boldsymbol{BK})]\,\tilde{\boldsymbol{e}} + \\ &2\,\tilde{\boldsymbol{e}}^{\mathrm{T}}[\boldsymbol{H} \otimes (\boldsymbol{P}_1^{-1}\boldsymbol{GC})]\,\hat{\boldsymbol{e}} + 2\,\tilde{\boldsymbol{e}}^{\mathrm{T}}[\boldsymbol{H} \otimes (\boldsymbol{P}_1^{-1}\boldsymbol{B}\boldsymbol{\phi}_0^{\mathrm{T}})](\boldsymbol{\theta} - \mathbf{1} \otimes \boldsymbol{\theta}_0) + \\ &2\,\tilde{\boldsymbol{e}}^{\mathrm{T}}(\boldsymbol{H} \otimes \boldsymbol{P}_1^{-1}\boldsymbol{D})(\boldsymbol{F}(\hat{\boldsymbol{x}}) - \mathbf{1} \otimes \boldsymbol{f}(\boldsymbol{x}_0)) + \\ &2\omega\,\hat{\boldsymbol{e}}^{\mathrm{T}}[\boldsymbol{I}_N \otimes (\boldsymbol{P}_2\boldsymbol{D})](\boldsymbol{F}(\hat{\boldsymbol{x}}) - \boldsymbol{F}(\boldsymbol{x})) + \\ &2\omega\,\hat{\boldsymbol{e}}^{\mathrm{T}}[\boldsymbol{I}_N \otimes (\boldsymbol{P}_2\boldsymbol{A} + \boldsymbol{P}_2\boldsymbol{GC})]\,\hat{\boldsymbol{e}} + \\ &4\,\tilde{\boldsymbol{e}}^{\mathrm{T}}(\boldsymbol{H}(\boldsymbol{C}(t) - c_0\boldsymbol{I})\boldsymbol{H} \otimes \boldsymbol{K}^{\mathrm{T}}\boldsymbol{K})\,\tilde{\boldsymbol{e}} + \\ &4(\boldsymbol{\theta} - \mathbf{1} \otimes \boldsymbol{\theta}_0)^{\mathrm{T}}[\boldsymbol{H} \otimes (\boldsymbol{\phi}_0\boldsymbol{K})]\,\tilde{e}\end{aligned} \tag{7.22}$$

将 $\boldsymbol{K}=-1/2\boldsymbol{B}^{\mathrm{T}}\boldsymbol{P}_1^{-1}$，$\boldsymbol{G}=-1/2\boldsymbol{P}_2^{-1}\boldsymbol{C}^{\mathrm{T}}$ 代入式(7.22)，可得

$$\begin{aligned}\dot{V}(\eta) = {} & \tilde{\boldsymbol{e}}^{\mathrm{T}}[\boldsymbol{H} \otimes (\boldsymbol{A}^{\mathrm{T}}\boldsymbol{P}_1^{-1} + \boldsymbol{P}_1^{-1}\boldsymbol{A}) - c_0\boldsymbol{H}^2 \otimes \boldsymbol{P}_1^{-1}\boldsymbol{B}\boldsymbol{B}^{\mathrm{T}}\boldsymbol{P}_1^{-1}]\tilde{\boldsymbol{e}} + \\ & 2\tilde{\boldsymbol{e}}^{\mathrm{T}}(\boldsymbol{H} \otimes \boldsymbol{P}_1^{-1}\boldsymbol{D})(\boldsymbol{F}(\hat{\boldsymbol{x}}) - \boldsymbol{1} \otimes \boldsymbol{f}(\boldsymbol{x}_0)) + \\ & \hat{\boldsymbol{e}}^{\mathrm{T}}\omega[\boldsymbol{I}_N \otimes (\boldsymbol{A}^{\mathrm{T}}\boldsymbol{P}_2 + \boldsymbol{P}_2\boldsymbol{A} - \boldsymbol{C}^{\mathrm{T}}\boldsymbol{C})]\hat{\boldsymbol{e}} + \\ & 2\omega\hat{\boldsymbol{e}}^{\mathrm{T}}(\boldsymbol{I}_N \otimes \boldsymbol{P}_2\boldsymbol{D})(\boldsymbol{F}(\hat{\boldsymbol{x}}) - \boldsymbol{F}(x)) + 2\tilde{\boldsymbol{e}}^{\mathrm{T}}(\boldsymbol{H} \otimes (\boldsymbol{P}_1^{-1}\boldsymbol{G}\boldsymbol{C}))\hat{\boldsymbol{e}}\end{aligned} \tag{7.23}$$

由于 $\boldsymbol{H}$ 是对称的正定矩阵，则存在一个正交矩阵 $\boldsymbol{U}$，使得 $\boldsymbol{U}\boldsymbol{H}\boldsymbol{U}^{\mathrm{T}}$ 为一个对角矩阵，即 $\boldsymbol{U}\boldsymbol{H}\boldsymbol{U}^{\mathrm{T}} = \boldsymbol{\Lambda} = \mathrm{diag}\{\lambda_1, \lambda_2, \cdots, \lambda_N\}$，其中 λ_i 是 $\boldsymbol{H}$ 的第 i 个特征根。

令 $\check{\boldsymbol{e}} = (\boldsymbol{U} \otimes \boldsymbol{I})\tilde{\boldsymbol{e}}$，由 Lipschitz 条件(7.4)得

$$\begin{aligned} & 2\tilde{\boldsymbol{e}}^{\mathrm{T}}(\boldsymbol{H} \otimes \boldsymbol{P}_1^{-1}\boldsymbol{D})(\boldsymbol{F}(\hat{x}) - \boldsymbol{1} \otimes \boldsymbol{f}(x_0)) \\ = {} & 2\check{\boldsymbol{e}}^{\mathrm{T}}(\boldsymbol{\Lambda} \otimes \boldsymbol{P}_1^{-1}\boldsymbol{D})(\boldsymbol{U} \otimes \boldsymbol{I})(\boldsymbol{F}(\hat{x}) - \boldsymbol{1} \otimes \boldsymbol{f}(x_0)) \leqslant \\ & \frac{1}{\mu}\check{\boldsymbol{e}}^{\mathrm{T}}(\boldsymbol{\Lambda}\boldsymbol{\Lambda}^{-1}\boldsymbol{\Lambda} \otimes \boldsymbol{P}_1^{-1}\boldsymbol{D}\boldsymbol{D}^{\mathrm{T}}\boldsymbol{P}_1^{-1})\check{\boldsymbol{e}} + \\ & \mu[(\boldsymbol{U} \otimes \boldsymbol{I})(\boldsymbol{F}(\hat{x}) - \boldsymbol{1} \otimes \boldsymbol{f}(x_0))]^{\mathrm{T}}(\boldsymbol{\Lambda} \otimes \boldsymbol{I})[(\boldsymbol{U} \otimes \boldsymbol{I})(\boldsymbol{F}(\hat{x}) - \boldsymbol{1} \otimes \boldsymbol{f}(x_0))] \\ = {} & \frac{1}{\mu}\check{\boldsymbol{e}}^{\mathrm{T}}(\boldsymbol{\Lambda} \otimes \boldsymbol{P}_1^{-1}\boldsymbol{D}\boldsymbol{D}^{\mathrm{T}}\boldsymbol{P}_1^{-1})\check{\boldsymbol{e}} + \\ & \mu\sum_{i=1}^{N}\lambda_i[(\boldsymbol{U}_i \otimes \boldsymbol{I})(\boldsymbol{f}(\hat{x}_i) - \boldsymbol{f}(x_0))]^{\mathrm{T}}[(\boldsymbol{U}_i \otimes \boldsymbol{I})(\boldsymbol{f}(\hat{x}_i) - \boldsymbol{f}(x_0))] \\ = {} & \frac{1}{\mu}\check{\boldsymbol{e}}^{\mathrm{T}}(\boldsymbol{\Lambda} \otimes \boldsymbol{P}_1^{-1}\boldsymbol{D}\boldsymbol{D}^{\mathrm{T}}\boldsymbol{P}_1^{-1})\check{\boldsymbol{e}} + \\ & \mu\sum_{i=1}^{N}\lambda_i(\boldsymbol{f}(\hat{x}_i) - \boldsymbol{f}(x_0))^{\mathrm{T}}(\boldsymbol{U}_i^{\mathrm{T}}\boldsymbol{U}_i \otimes \boldsymbol{I})(\boldsymbol{f}(\hat{x}_i) - \boldsymbol{f}(x_0)) \\ = {} & \frac{1}{\mu}\check{\boldsymbol{e}}^{\mathrm{T}}(\boldsymbol{\Lambda} \otimes \boldsymbol{P}_1^{-1}\boldsymbol{D}\boldsymbol{D}^{\mathrm{T}}\boldsymbol{P}_1^{-1})\check{\boldsymbol{e}} + \\ & \mu\sum_{i=1}^{N}\lambda_i(\boldsymbol{f}(\hat{x}_i) - \boldsymbol{f}(x_0))^{\mathrm{T}}(\boldsymbol{1} \otimes \boldsymbol{I})(\boldsymbol{f}(\hat{x}_i) - \boldsymbol{f}(x_0)) \leqslant \\ & \frac{1}{\mu}\check{\boldsymbol{e}}^{\mathrm{T}}(\boldsymbol{\Lambda} \otimes \boldsymbol{P}_1^{-1}\boldsymbol{D}\boldsymbol{D}^{\mathrm{T}}\boldsymbol{P}_1^{-1})\check{\boldsymbol{e}} + \mu\sum_{i=1}^{N}\lambda_i l^2(\hat{x}_i - x_0)^{\mathrm{T}}(\boldsymbol{1} \otimes \boldsymbol{I})(\hat{x}_i - x_0) \\ = {} & \frac{1}{\mu}\check{\boldsymbol{e}}^{\mathrm{T}}(\boldsymbol{\Lambda} \otimes \boldsymbol{P}_1^{-1}\boldsymbol{D}\boldsymbol{D}^{\mathrm{T}}\boldsymbol{P}_1^{-1})\check{\boldsymbol{e}} + \mu\sum_{i=1}^{N}\lambda_i l^2(\hat{x}_i - x_0)^{\mathrm{T}}(\boldsymbol{U}_i^{\mathrm{T}}\boldsymbol{U}_i \otimes \boldsymbol{I})(\hat{x}_i - x_0) \\ = {} & \check{\boldsymbol{e}}^{\mathrm{T}}\left(\frac{1}{\mu}\boldsymbol{\Lambda} \otimes \boldsymbol{P}_1^{-1}\boldsymbol{D}\boldsymbol{D}^{\mathrm{T}}\boldsymbol{P}_1^{-1} + (\mu l^2) \times \boldsymbol{\Lambda} \otimes \boldsymbol{I}_n\right)\check{\boldsymbol{e}} \\ = {} & \tilde{\boldsymbol{e}}^{\mathrm{T}}\left(\boldsymbol{H} \otimes \left(\frac{1}{\mu}\boldsymbol{P}_1^{-1}\boldsymbol{D}\boldsymbol{D}^{\mathrm{T}}\boldsymbol{P}_1^{-1}\right) + \boldsymbol{H} \otimes (\mu l^2)\right)\tilde{\boldsymbol{e}}\end{aligned} \tag{7.24}$$

和

$$
\begin{aligned}
&2\hat{\boldsymbol{e}}^{\mathrm{T}}(\boldsymbol{I}_N \otimes \boldsymbol{P}_2\boldsymbol{D})(\boldsymbol{F}(\hat{x})-\boldsymbol{F}(x)) \leqslant \\
&\hat{\boldsymbol{e}}^{\mathrm{T}}\left(\frac{1}{\mu}\boldsymbol{I}_N \otimes (\boldsymbol{P}_2\boldsymbol{D}\boldsymbol{D}^{\mathrm{T}}\boldsymbol{P}_2)\right)\hat{e}+\mu(\boldsymbol{F}(\hat{x})-\boldsymbol{F}(x))^{\mathrm{T}}(\boldsymbol{F}(\hat{x})-\boldsymbol{F}(x)) \leqslant \\
&\hat{\boldsymbol{e}}^{\mathrm{T}}\left(\boldsymbol{I}_N \otimes \left(\frac{1}{\mu}\boldsymbol{P}_2\boldsymbol{D}\boldsymbol{D}^{\mathrm{T}}\boldsymbol{P}_2+(\mu l^2)\boldsymbol{I}\right)\right)\hat{e}
\end{aligned}
\tag{7.25}
$$

将式(7.24)和式(7.25)代入式(7.23)得

$$
\dot{\mathbf{V}}(t) \leqslant \boldsymbol{\eta}^{\mathrm{T}}\hat{\boldsymbol{\Omega}}\boldsymbol{\eta} \tag{7.26}
$$

其中，

$$
\hat{\boldsymbol{\Omega}}=\begin{pmatrix} \hat{\boldsymbol{\Omega}}_1 & \boldsymbol{H}\otimes(\boldsymbol{P}_1^{-1}\boldsymbol{G}\boldsymbol{C}) \\ \boldsymbol{H}\otimes(\boldsymbol{P}_1^{-1}\boldsymbol{G}\boldsymbol{C})^{\mathrm{T}} & \hat{\boldsymbol{\Omega}}_2 \end{pmatrix}
$$

其中，

$$
\begin{aligned}
\hat{\boldsymbol{\Omega}}_1 = {} & \boldsymbol{H}\otimes(\boldsymbol{P}_1^{-1}\boldsymbol{A}+\boldsymbol{A}^{\mathrm{T}}\boldsymbol{P}_1^{-1})-c_0\boldsymbol{H}^2\otimes\boldsymbol{P}_1^{-1}\boldsymbol{B}\boldsymbol{B}^{\mathrm{T}}\boldsymbol{P}_1^{-1}+ \\
& \boldsymbol{H}\otimes\left(\frac{1}{\mu}\boldsymbol{P}_1^{-1}\boldsymbol{D}\boldsymbol{D}^{\mathrm{T}}\boldsymbol{P}_1^{-1}+(\mu l^2)\boldsymbol{I}\right)
\end{aligned}
$$

$$
\hat{\boldsymbol{\Omega}}_2=\omega\left[\boldsymbol{I}\otimes(\boldsymbol{P}_2\boldsymbol{A}+\boldsymbol{A}^{\mathrm{T}}\boldsymbol{P}_2-\boldsymbol{C}^{\mathrm{T}}\boldsymbol{C}+\frac{1}{\mu}\boldsymbol{P}_2\boldsymbol{D}\boldsymbol{D}^{\mathrm{T}}\boldsymbol{P}_2+(\mu l^2)\boldsymbol{I})\right]
$$

由式(7.15)和式(7.16)，不难得到 $\hat{\boldsymbol{\Omega}}_1<-\boldsymbol{H}\otimes\boldsymbol{I}$ 及 $\hat{\boldsymbol{\Omega}}_2<-\omega\boldsymbol{I}\otimes\boldsymbol{P}_2^2$。由引理 2.4，不难得到，当

$$
\omega>\lambda_{\max}([\boldsymbol{H}\otimes(\boldsymbol{P}_1^{-1}\boldsymbol{G}\boldsymbol{C}\boldsymbol{P}_2^{-1})][\boldsymbol{H}\otimes(\boldsymbol{P}_1^{-1}\boldsymbol{G}\boldsymbol{C}\boldsymbol{P}_2^{-1})^{\mathrm{T}}])/\lambda_{\min}(\boldsymbol{H}) \tag{7.27}
$$

矩阵 $\hat{\boldsymbol{\Omega}}$ 为负定的。取足够大的 ω 使得(7.27)成立，可得 $\dot{\mathbf{V}}(t)\leqslant\boldsymbol{\eta}^{\mathrm{T}}\hat{\boldsymbol{\Omega}}\boldsymbol{\eta}\leqslant 0$。由于 $\mathbf{V}(t)$ 是正定并严格有界的，利用 LaSalle-Yoshizawa 定理[85]，有 $\lim\limits_{t\to\infty}\dot{\mathbf{V}}(t)=0$，即 $\lim\limits_{t\to\infty}\boldsymbol{\eta}^{\mathrm{T}}\hat{\boldsymbol{\Omega}}\boldsymbol{\eta}=0$。由于 $\hat{\boldsymbol{\Omega}}$ 为负定的，可得 $\lim\limits_{t\to\infty}\eta=0$，即 $\lim\limits_{t\to\infty}e=0$。因此可得到结论：多智能体系统实现一致。

注释 7.3：只要是非零的参考输入 $\boldsymbol{u}_0$ 是有界未知的，就可以设计另一种分布式协议使得多智能体系统实现一致。当 $\|u_0\|_\infty\leqslant\beta$，其中 β 为一正定常数，且跟随者不知道 β 的值，则可对第 i $(i=1,2,\cdots,N)$ 个跟随者提出另一种分布式协议，该协议包含一个分布式反馈控制器

$$
u_i=-c_iK\hat{\varepsilon}_i+\rho_i\,\mathrm{sgn}(K\hat{\varepsilon}_i) \tag{7.28}
$$

以及分布式观测器，观察器设计同(7.5)。而自适应增益如下：

$$
\begin{aligned}
\dot{c}_i(t) &= \xi_i\Big[\sum_{j\in N_i} w_{ij}K(\hat{x}_i-\hat{x}_j)+g_iK(\hat{x}_i-x_0)\Big]^{\mathrm{T}}\cdot \\
&\quad \Big[\sum_{j\in N_i} w_{ij}K(\hat{x}_i-\hat{x}_j)+g_iK(\hat{x}_i-x_0)\Big] \\
\dot{\rho}_i(t) &= \kappa_i\,\Big\|\Big[\sum_{j\in N_i} w_{ij}K(\hat{x}_i-\hat{x}_j)+g_iK(\hat{x}_i-x_0)\Big]\Big\|_1
\end{aligned}
\tag{7.29}
$$

其中 c_i，ρ_i 是第 i 个跟随者时变的耦合增益，ξ_i，κ_i，$i=1, 2, \cdots, N$ 分别为与其对应的正常数。类似地，可得如下结论：对于一类多智能体系统(7.1)～(7.2)，假定它的拓扑结构图 $\bar{G}$ 是无向连通的。假设假定条件 7.1 和 7.3 同时满足，按如下方式构造增益矩阵 $\boldsymbol{G}$ 和 $\boldsymbol{K}$，$\boldsymbol{K}=-1/2\boldsymbol{B}^{\mathrm{T}}\boldsymbol{P}_1^{-1}$ 以及 $\boldsymbol{G}=-1/2\boldsymbol{P}_2^{-1}\boldsymbol{C}^{\mathrm{T}}$，其中 $\boldsymbol{P}_1$ 和 $\boldsymbol{P}_2$ 分别为 Riccati 不等式(7.15)和(7.16)的解，则在控制协议(7.28)～(7.29)以及观测器(7.5)下，所有的跟随者能够跟随领导的轨迹。

注释 7.4： 定理 7.1 的设计方法至少有两个优点：① 增益矩阵 $\boldsymbol{K}$ 和 $\boldsymbol{G}$ 的设计与网络拓扑结构无关；② 自适应协议(7.12)是完全分布式的。然而，网络拓扑会影响收敛性。为实现一致，拓扑结构图 $\bar{G}$ 是无向连通的条件必须保证。在本章中，将 $f(\cdot)$引入到一致性协议中，这将限制结论应用的广泛性。近年来，张[211]利用动态输出补偿器解决一致性问题，该补偿器有一个非常大的优点就是不需要在协议中引入 $f(\cdot)$。与文献[211]相比，文献[211]考虑的是链式的高阶系统，而本章考虑的则是更加普遍的一般非线性系统。另一方面，文献[211]提出的设计方法依赖于网络的拓扑结构，而本章提出的协议则与网络拓扑无关，是完全分布式的。如何在 $f(\cdot)$未知情形下设计完全分布式的协议是一个值得探讨且非常有趣的问题。

注释 7.5： 只要参数 μ 足够大，且参数 μl^2 足够小，则不等式组(7.15)和(7.16)的可解性就能保证。其本质意味着非线性项 $f(x_i)$的影响不是特别大，跟踪误差主要是由矩阵 $\boldsymbol{H}$ 的特征根所决定。尤其，当多智能体的动力学退化成一般线性系统的形式，此时只需取 $l=0$ 以及 $\mu=\infty$ 即可。不难发现，此时条件(7.15)和(7.16)就退化成

$$
\boldsymbol{P}_1\boldsymbol{A}^{\mathrm{T}}+\boldsymbol{A}\boldsymbol{P}_1-\boldsymbol{B}\boldsymbol{B}^{\mathrm{T}}+\boldsymbol{P}_1\boldsymbol{P}_1<0 \tag{7.30}
$$

以及

$$
\boldsymbol{A}^{\mathrm{T}}\boldsymbol{P}_2+\boldsymbol{P}_2\boldsymbol{A}-\boldsymbol{C}^{\mathrm{T}}\boldsymbol{C}+\boldsymbol{P}_2\boldsymbol{P}_2<0 \tag{7.31}
$$

而不等式组(7.30)和(7.31)的可解性可由$(\boldsymbol{A}, \boldsymbol{B}, \boldsymbol{C})$可控性和客观性保证。当$(\boldsymbol{A}, \boldsymbol{B})$可稳定时，$(\boldsymbol{A}^{\mathrm{T}}, \boldsymbol{B}^{\mathrm{T}})$是可观的。显然有$(\boldsymbol{A}, \boldsymbol{I})$和$(\boldsymbol{A}^{\mathrm{T}}, \boldsymbol{I})$也一定是可稳

定的。不难发现，Riccati 不等式组(7.30)和(7.31)至少有一组正定解。因此，可直接得到如下结论。

7.3.1 特例：$f(x_i)=0$

在本节中，考虑 $f(x)=0$ 时的特例。非线性系统退化成一般的线性系统，每个跟随者的动力学如下：

$$\begin{aligned}\dot{\boldsymbol{x}}_i(t)&=\boldsymbol{A}\boldsymbol{x}_i(t)+\boldsymbol{B}\boldsymbol{u}_i(t)\\ \boldsymbol{y}_i(t)&=\boldsymbol{C}\boldsymbol{x}_i(t)\end{aligned},\ i=0,\ 1,\ 2,\ \cdots,\ N。\tag{7.32}$$

由引理 2.4，可得如下推论。

推论 7.1：考虑一类多智能体系统(7.32)，假定它的拓扑结构图 $\bar{G}$ 是无向连通的以及假定条件 7.1 满足。增益矩阵 $\boldsymbol{K}$ 和 $\boldsymbol{G}$ 按如下方式设计，$\boldsymbol{K}=-1/2\boldsymbol{B}^{\mathrm{T}}\boldsymbol{P}_1^{-1}$ 以及 $\boldsymbol{G}=-1/2\boldsymbol{P}_2^{-1}\boldsymbol{C}^{\mathrm{T}}$，其中 $\boldsymbol{P}_1$ 和 $\boldsymbol{P}_2$ 分别为 Riccati 不等式组(7.30)和(7.31)的一组解。则在所设计的一致性协议(7.7)和观测器(7.5)下，所有跟随者能够跟随领导的轨迹。

7.3.2 特例：$u_0(t)$已知

在前面这节中，假定领导的参考输入是未知的。然而，在现有的许多参考文献中，如文献[75,126,207]，跟随者往往知道领导的参考输入，或者领导的参考输入为零。而参考输入 $u_0(t)$已知，等价于参考输入 $u_0(t)=0$ 的情形。

当所有跟随者均可获得领导的参考输入 u_0时，则第 i 个跟随者的控制协议可改写成

$$\begin{aligned}\dot{\hat{x}}_i(t)&=\boldsymbol{A}\hat{x}_i(t)+\boldsymbol{B}u_i(t)+\boldsymbol{G}(\boldsymbol{C}\hat{x}_i(t)-y_i(t))+\boldsymbol{D}f(\hat{x}_i(t)),\\ \dot{c}_i(t)&=\boldsymbol{\xi}_i\Big[\sum_{j\in N_i}w_{ij}\boldsymbol{K}(\hat{x}_i-\hat{x}_j)+g_i\boldsymbol{K}(\hat{x}_i-x_0)\Big]^{\mathrm{T}}\times\\ &\quad\Big[\sum_{j\in N_i}w_{ij}\boldsymbol{K}(\hat{x}_i-\hat{x}_j)+g_i\boldsymbol{K}(\hat{x}_i-x_0)\Big],\\ u_i(t)&=u_0(t)+c_i(t)\boldsymbol{K}\sum_{j\in N_i}w_{ij}(\hat{x}_i(t)-\hat{x}_j(t))+\\ &\quad g_i(\hat{x}_i(t)-x_0(t))\end{aligned}\tag{7.33}$$

采取合适的变量代换，可得如下的误差系统

$$\begin{aligned}\dot{\tilde{e}} &= [\boldsymbol{I}_N \otimes \boldsymbol{A} + (\boldsymbol{C}(t)\boldsymbol{H}) \otimes (\boldsymbol{BK})]\tilde{e} + \boldsymbol{I}_N \otimes (\boldsymbol{GC})\hat{\boldsymbol{e}} + \\ &\quad (\boldsymbol{I}_N \otimes \boldsymbol{D})(\boldsymbol{F}(\hat{x}) - \mathbf{1} \otimes \boldsymbol{f}(x_0)), \\ \dot{\hat{\boldsymbol{e}}} &= \boldsymbol{I}_N \otimes (\boldsymbol{A} + \boldsymbol{GC})\,\hat{\boldsymbol{e}} + (\boldsymbol{I}_N \otimes \boldsymbol{D})(\boldsymbol{F}(\hat{x}) - \boldsymbol{F}(x))\end{aligned} \tag{7.34}$$

耦合参数满足自适应律(7.11)，直接得到如下结论，其证明过程同定理7.1的证明过程。

推论7.2：考虑一类多智能体系统(7.1)～(7.2)，假定它的拓扑结构图 $\bar{G}$ 是无向连通的。假设假定条件7.1和7.3同时满足。取 $\boldsymbol{K} = -1/2\boldsymbol{B}^{\mathrm{T}}\boldsymbol{P}_1^{-1}$，$\boldsymbol{G} = -1/2\boldsymbol{P}_2^{-1}\boldsymbol{C}^{\mathrm{T}}$，其中 $\boldsymbol{P}_1 > 0$，$\boldsymbol{P}_2 > 0$ 分别为不等式组(7.15)和(7.16)的一组解。则所有的跟随者在自适应协议(7.33)下可以跟随领导的轨迹。

7.4　无领导的跟踪问题

下面考虑无领导的多智能体系统的跟踪问题。假定多智能体系统由 N 个个体组成，每个个体的动力学方程如(7.2)。如果对所有的个体 i，$j=1, 2, \cdots, N$，都有 $\lim\limits_{t\to\infty}(x_i(t) - x_j(t)) = 0$，则多智能体系统(7.2)实现一致。在本节中，基于观测器的自适应协议修正为

$$\begin{aligned}\dot{\hat{x}}_i(t) &= \boldsymbol{A}\hat{x}_i(t) + \boldsymbol{B}u_i(t) + \boldsymbol{G}(\hat{y}_i(t) - y_i(t)) + \boldsymbol{D}f(\hat{x}_i(t)), \\ \dot{c}_i &= \xi_i\Big[\boldsymbol{K}\sum_{j\in N_i} w_{ij}(\hat{x}_i - \hat{x}_j)\Big]^{\mathrm{T}}\Big[\boldsymbol{K}\sum_{j\in N_i} w_{ij}(\hat{x}_i - \hat{x}_j)\Big], \\ u_i(t) &= c_i(t)\boldsymbol{K}\Big(\sum_{j\in N_i} w_{ij}\hat{x}_i(t) - \hat{x}_j(t)\Big)\end{aligned} \tag{7.35}$$

则可得到如下结论。

定理7.2：考虑一类多智能体系统(7.2)，假定它的拓扑结构图 $\bar{G}$ 是无向连通的。假设假定条件7.1和7.3同时满足。增益矩阵 $\boldsymbol{K} = -1/2\boldsymbol{B}^{\mathrm{T}}\boldsymbol{P}_1^{-1}$，$\boldsymbol{G} = -1/2\boldsymbol{P}_2^{-1}\boldsymbol{C}^{\mathrm{T}}$，其中 $\boldsymbol{P}_1 > 0$，$\boldsymbol{P}_2 > 0$ 分别为Riccati方程组(7.15)和(7.16)的一组解。则利用自适应协议(7.35)，多智能体系统(7.2)能够实现一致。

证明：令 $x_{\mathrm{ave}} = \dfrac{1}{N}\sum\limits_{i=1}^{N} x_i$，$\varepsilon_i = x_i - x_{\mathrm{ave}}$ 以及 $\boldsymbol{\varepsilon} = [\boldsymbol{\varepsilon}_1^{\mathrm{T}}, \cdots, \boldsymbol{\varepsilon}_N^{\mathrm{T}}]^{\mathrm{T}}$。则有 $x = \varepsilon - \mathbf{1} \otimes x_{\mathrm{ave}}$，$\boldsymbol{\varepsilon}(t) = (\boldsymbol{L}_c \otimes \boldsymbol{I}_n)\boldsymbol{x}(t)$，其中 $\boldsymbol{L}_c = \boldsymbol{I} - \dfrac{1}{N}\mathbf{1}\mathbf{1}^{\mathrm{T}}$。当且仅当 $\lim\limits_{t\to\infty}\boldsymbol{\varepsilon}(t) = 0$ 满足时，多智能体系统能够实现一致。由于 $\boldsymbol{L}_c\mathbf{1}_N = 0$，以及 $\boldsymbol{L}\mathbf{1}_N = 0$，由式(7.2)和观测器(7.5)，可得如下闭环系统

$$
\begin{aligned}
\dot{\boldsymbol{\varepsilon}} &= (\boldsymbol{L}_c \otimes \boldsymbol{A})x + [(\boldsymbol{L}_c\boldsymbol{C}(t)\boldsymbol{L}) \otimes (\boldsymbol{BK})](\boldsymbol{\varepsilon} + \hat{\boldsymbol{e}}) + (\boldsymbol{L}_c \otimes \boldsymbol{D})\boldsymbol{F}(x) \\
&= (\boldsymbol{L}_c \otimes \boldsymbol{A})(\boldsymbol{\varepsilon} + \mathbf{1} \otimes x_{\text{ave}}) + [(\boldsymbol{L}_c\boldsymbol{C}(t)\boldsymbol{L}) \otimes (\boldsymbol{BK})](\boldsymbol{\varepsilon} + \hat{\boldsymbol{e}}) + \\
&\quad (\boldsymbol{L}_c \otimes \boldsymbol{D})\boldsymbol{F}(x) \\
&= (\boldsymbol{L}_c \otimes \boldsymbol{A} + (\boldsymbol{L}_c\boldsymbol{C}(t)\boldsymbol{L}) \otimes (\boldsymbol{BK}))\boldsymbol{\varepsilon} + [(\boldsymbol{L}_c\boldsymbol{C}(t)\boldsymbol{L}) \otimes \\
&\quad (\boldsymbol{BK})]\hat{\boldsymbol{e}} + (\boldsymbol{L}_c \otimes \boldsymbol{D})\boldsymbol{F}(x) \\
\dot{\hat{\boldsymbol{e}}} &= \boldsymbol{I}_N \otimes (\boldsymbol{A} + \boldsymbol{GC})\hat{\boldsymbol{e}} + (\boldsymbol{I}_N \otimes \boldsymbol{D})(\boldsymbol{F}(\hat{\boldsymbol{x}}) - \boldsymbol{F}(x))
\end{aligned}
\tag{7.36}
$$

其中 $\boldsymbol{C}(t)$ 为满足自适应法则(7.35)的耦合增益。令 $\hat{\boldsymbol{\varepsilon}} = \boldsymbol{\varepsilon} + \hat{\boldsymbol{e}}$，可得如下的误差系统

$$
\begin{aligned}
\dot{\hat{\boldsymbol{\varepsilon}}} &= [\boldsymbol{L}_c \otimes \boldsymbol{A} + (\boldsymbol{L}_c\boldsymbol{C}(t)\boldsymbol{L}) \otimes (\boldsymbol{BK})]\,\hat{\boldsymbol{\varepsilon}} + [(\boldsymbol{I}_N \otimes \boldsymbol{A}) - (\boldsymbol{L}_c \otimes \boldsymbol{A}) + \\
&\qquad (\boldsymbol{I}_N \otimes \boldsymbol{GC})]\,\hat{\boldsymbol{e}} + (\boldsymbol{L}_c \otimes \boldsymbol{D})\boldsymbol{F}(x) + (\boldsymbol{I}_N \otimes \boldsymbol{D})(\boldsymbol{F}(\hat{x}) - \boldsymbol{F}(x)) \\
\dot{\hat{\boldsymbol{e}}} &= \boldsymbol{I}_N \otimes (\boldsymbol{A} + \boldsymbol{GC})\,\hat{\boldsymbol{e}} + (\boldsymbol{I}_N \otimes \boldsymbol{D})(\boldsymbol{F}(\hat{x}) - \boldsymbol{F}(x))
\end{aligned}
\tag{7.37}
$$

可得如下结果：

由于 $\boldsymbol{L}$ 是对称矩阵，且满足 $\boldsymbol{L}\mathbf{1}=0$，则存在正交矩阵 $\tilde{\boldsymbol{U}}=[\tilde{\boldsymbol{U}}_1, \tilde{\boldsymbol{U}}_2] \in \mathbf{R}^{N\times N}$，其中 $\tilde{\boldsymbol{U}}_2 = \dfrac{1}{\sqrt{N}}\mathbf{1}_N$，使得下列等式成立

$$
\tilde{\boldsymbol{U}}^{\mathrm{T}}\boldsymbol{L}\tilde{\boldsymbol{U}} = \begin{pmatrix} \tilde{\boldsymbol{\Lambda}} & 0 \\ 0 & 0 \end{pmatrix} \triangleq \tilde{\boldsymbol{L}} \tag{7.38}
$$

$\tilde{\boldsymbol{\Lambda}} = \mathrm{diag}\{\tilde{\lambda}_1, \tilde{\lambda}_2, \cdots, \tilde{\lambda}_{N-1}\}$，其中 $\tilde{\lambda}_i$ 为矩阵 $\tilde{\boldsymbol{L}}$ 的第 i 个非负特征根。直接可得下面结果

$$
\tilde{\boldsymbol{U}}^{\mathrm{T}}\boldsymbol{L}_c\tilde{\boldsymbol{U}} = \begin{pmatrix} \boldsymbol{I}_{N-1} & 0 \\ 0 & 0 \end{pmatrix} \triangleq \tilde{\boldsymbol{L}}_c \tag{7.39}
$$

令 $\eta(t) = [\hat{\boldsymbol{\varepsilon}}^{\mathrm{T}}, \hat{\boldsymbol{e}}^{\mathrm{T}}]^{\mathrm{T}}$，对误差系统(7.36)构造带参数的 Lyapunov 函数

$$
\mathbf{V}(\eta) = \hat{\boldsymbol{\varepsilon}}^{\mathrm{T}}(\boldsymbol{L} \otimes \boldsymbol{P}_1^{-1})\hat{\boldsymbol{\varepsilon}} + \omega\hat{\boldsymbol{e}}^{\mathrm{T}}(\boldsymbol{I}_N \otimes \boldsymbol{P}_2)\hat{\boldsymbol{e}} + 2\sum_{i=1}^{N} \frac{(c_i(t) - c_0)^2}{\xi_i} \tag{7.40}
$$

其中，c_0 和 ω 为足够大的正参数。

类似于式(7.23)，可得

$$
\begin{aligned}
\dot{\mathbf{V}}(\boldsymbol{\eta}) = \hat{\boldsymbol{\varepsilon}}^{\mathrm{T}}[&(\boldsymbol{L}\boldsymbol{L}_c) \otimes (\boldsymbol{A}^{\mathrm{T}}\boldsymbol{P}_1^{-1}) + \\
&(\boldsymbol{L}(-\boldsymbol{C}(t)\boldsymbol{L}_c + \boldsymbol{C}(t) - c_0\boldsymbol{I})\boldsymbol{L}) \otimes (\boldsymbol{P}_1^{-1}\boldsymbol{B}\boldsymbol{B}^{\mathrm{T}}\boldsymbol{P}_1^{-1})]\,\hat{\boldsymbol{\varepsilon}} + \\
&(\boldsymbol{L}_c\boldsymbol{L}) \otimes (\boldsymbol{P}_1^{-1}\boldsymbol{A}) + (\boldsymbol{I}_N \otimes \boldsymbol{I})(\boldsymbol{F}(\hat{x}) - \boldsymbol{F}(x)) +
\end{aligned}
$$

$$
\begin{aligned}
&2\,\hat{\boldsymbol{\varepsilon}}^{\mathrm{T}}(\boldsymbol{L}\otimes \boldsymbol{P}_1^{-1}\boldsymbol{D})(\boldsymbol{L}_c\otimes \boldsymbol{I}_N)\boldsymbol{F}(x)+\\
&\hat{\boldsymbol{\varepsilon}}^{\mathrm{T}}[\boldsymbol{L}\otimes(\boldsymbol{A}^{\mathrm{T}}\boldsymbol{P}_1^{-1}+\boldsymbol{P}_1^{-1}\boldsymbol{A})-(\boldsymbol{L}\boldsymbol{L}_c)\otimes(\boldsymbol{A}^{\mathrm{T}}\boldsymbol{P}_1^{-1})-\\
&(\boldsymbol{L}_c\boldsymbol{L})\otimes(\boldsymbol{P}_1^{-1}\boldsymbol{A})+2(\boldsymbol{L}\otimes\boldsymbol{P}_1^{-1}\boldsymbol{GC})]\,\hat{\boldsymbol{e}}+\\
&\hat{\boldsymbol{e}}^{\mathrm{T}}\omega[\boldsymbol{I}_N\otimes(\boldsymbol{A}^{\mathrm{T}}\boldsymbol{P}_2+\boldsymbol{P}_2\boldsymbol{A}-\boldsymbol{C}^{\mathrm{T}}\boldsymbol{C})]\,\hat{\boldsymbol{e}}+\\
&2\omega\,\hat{\boldsymbol{e}}^{\mathrm{T}}(\boldsymbol{I}_N\otimes\boldsymbol{P}_2\boldsymbol{D})(\boldsymbol{F}(\hat{x})-\boldsymbol{F}(x))
\end{aligned}
\tag{7.41}
$$

且有

$$
\begin{aligned}
&2\hat{\boldsymbol{\varepsilon}}^{\mathrm{T}}(\boldsymbol{L}\otimes\boldsymbol{P}_1^{-1}\boldsymbol{D})(\boldsymbol{L}_c\otimes\boldsymbol{I}_N)\boldsymbol{F}(x)\\
=&2\,\hat{\boldsymbol{\varepsilon}}^{\mathrm{T}}(\boldsymbol{L}\otimes\boldsymbol{P}_1^{-1}\boldsymbol{D})\left[\left(\boldsymbol{I}_N-\left(\frac{1}{N}\right)\mathbf{1}\mathbf{1}^{\mathrm{T}}\right)\otimes\boldsymbol{I}_n\right]\boldsymbol{F}(x)\\
=&2\,\hat{\boldsymbol{\varepsilon}}^{\mathrm{T}}(\boldsymbol{L}\otimes\boldsymbol{P}_1^{-1}\boldsymbol{D})\boldsymbol{F}(x)\\
=&2\,\hat{\boldsymbol{\varepsilon}}^{\mathrm{T}}(\boldsymbol{L}\otimes\boldsymbol{P}_1^{-1}\boldsymbol{D})[\boldsymbol{F}(x)-\mathbf{1}\otimes\boldsymbol{f}(\boldsymbol{x}_{\mathrm{ave}})]
\end{aligned}
\tag{7.42}
$$

因此由

$$
\begin{aligned}
&2\,\hat{\boldsymbol{\varepsilon}}^{\mathrm{T}}(\boldsymbol{L}\otimes\boldsymbol{P}_1^{-1}\boldsymbol{D})((\boldsymbol{L}_c\otimes\boldsymbol{I}_N)\boldsymbol{F}(x)+(\boldsymbol{I}_N\otimes\boldsymbol{I})(\boldsymbol{F}(\hat{x})-\boldsymbol{F}(x)))\\
=&2\,\hat{\boldsymbol{\varepsilon}}^{\mathrm{T}}(\boldsymbol{L}\otimes\boldsymbol{P}_1^{-1}\boldsymbol{D})[\boldsymbol{F}(x)-\mathbf{1}\otimes\boldsymbol{f}(\boldsymbol{x}_{\mathrm{ave}})]+\\
&2\,\hat{\boldsymbol{\varepsilon}}^{\mathrm{T}}(\boldsymbol{L}\otimes\boldsymbol{P}_1^{-1}\boldsymbol{D})(\boldsymbol{F}(\hat{x})-\boldsymbol{F}(x))\\
=&2\,\hat{\boldsymbol{\varepsilon}}^{\mathrm{T}}(\boldsymbol{L}\otimes\boldsymbol{P}_1^{-1}\boldsymbol{D})[\boldsymbol{F}(\hat{x})-\mathbf{1}\otimes\boldsymbol{f}(\boldsymbol{x}_{\mathrm{ave}})]
\end{aligned}
\tag{7.43}
$$

类似于式(7.24)和式(7.25)做法，可得

$$
\begin{aligned}
&2\hat{\boldsymbol{\varepsilon}}^{\mathrm{T}}(\boldsymbol{L}\otimes\boldsymbol{P}_1^{-1}\boldsymbol{D})(\boldsymbol{I}_N\otimes\boldsymbol{I}_n)[\boldsymbol{F}(\hat{x})-\mathbf{1}\otimes\boldsymbol{f}(\boldsymbol{x}_{\mathrm{ave}})]\leqslant\\
&\hat{\boldsymbol{\varepsilon}}^{\mathrm{T}}\left(\frac{1}{\mu}\boldsymbol{L}\otimes\boldsymbol{P}_1^{-1}\boldsymbol{D}\boldsymbol{D}^{\mathrm{T}}\boldsymbol{P}_1^{-1}+\mu l^2\boldsymbol{L}\otimes\boldsymbol{I}_n\right)\hat{\boldsymbol{\varepsilon}}
\end{aligned}
\tag{7.44}
$$

以及

$$
2\hat{\boldsymbol{e}}^{\mathrm{T}}(\boldsymbol{I}_N\otimes\boldsymbol{P}_2\boldsymbol{D})(\boldsymbol{F}(\hat{x})-\boldsymbol{F}(x))\leqslant\hat{\boldsymbol{e}}^{\mathrm{T}}\left(\boldsymbol{I}_N\otimes\left(\frac{1}{\mu}\boldsymbol{P}_2\boldsymbol{D}\boldsymbol{D}^{\mathrm{T}}\boldsymbol{P}_2+\mu l^2\boldsymbol{I}\right)\right)\hat{\boldsymbol{e}}
\tag{7.45}
$$

利用正交变换 $\tilde{\boldsymbol{\varepsilon}}=(\tilde{\boldsymbol{U}}\otimes\boldsymbol{I})\,\hat{\boldsymbol{\varepsilon}}$，可得

$$
\begin{aligned}
\dot{\boldsymbol{V}}(\boldsymbol{\eta})\leqslant\ &\tilde{\boldsymbol{\varepsilon}}^{\mathrm{T}}[\tilde{\boldsymbol{L}}\tilde{\boldsymbol{L}}_c\otimes(\boldsymbol{A}^{\mathrm{T}}\boldsymbol{P}_1^{-1}+\boldsymbol{P}_1^{-1}\boldsymbol{A})-c_0\,\tilde{\boldsymbol{L}}^2\otimes(\boldsymbol{P}_1^{-1}\boldsymbol{B}\boldsymbol{B}^{\mathrm{T}}\boldsymbol{P}_1^{-1})+\\
&\tilde{\boldsymbol{L}}(-\tilde{\boldsymbol{U}}^{\mathrm{T}}\boldsymbol{C}(t)\,\tilde{\boldsymbol{U}}\tilde{\boldsymbol{L}}_c+\tilde{\boldsymbol{U}}^{\mathrm{T}}\boldsymbol{C}(t)\,\tilde{\boldsymbol{U}})\otimes(\boldsymbol{P}_1^{-1}\boldsymbol{B}\boldsymbol{B}^{\mathrm{T}}\boldsymbol{P}_1^{-1})]\,\tilde{\boldsymbol{\varepsilon}}+\\
&2\,\tilde{\boldsymbol{\varepsilon}}^{\mathrm{T}}\left(\frac{1}{\mu}\tilde{\boldsymbol{L}}\otimes\boldsymbol{P}_1^{-1}\boldsymbol{D}\boldsymbol{D}^{\mathrm{T}}\boldsymbol{P}_1^{-1}+\mu l^2\,\tilde{\boldsymbol{L}}\otimes\boldsymbol{I}_n\right)\tilde{\boldsymbol{\varepsilon}}+\\
&\tilde{\boldsymbol{\varepsilon}}^{\mathrm{T}}[\tilde{\boldsymbol{L}}\otimes(\boldsymbol{P}_1^{-1}\boldsymbol{A}+\boldsymbol{A}^{\mathrm{T}}\boldsymbol{P}_1^{-1})-(\tilde{\boldsymbol{L}}_c\tilde{\boldsymbol{L}})\otimes(\boldsymbol{P}_1^{-1}\boldsymbol{A})-
\end{aligned}
$$

$$
\begin{aligned}
&(\widetilde{L}\widetilde{L}_c)\otimes(A^{\mathrm{T}}P_1^{-1})+2(\widetilde{L}\otimes P_1^{-1}GC)](\widetilde{U}^{\mathrm{T}}\otimes I)\hat{e}+\\
&(\widetilde{U}\otimes I\hat{e})^{\mathrm{T}}\omega[I_N\otimes(A^{\mathrm{T}}P_2+P_2A-C^{\mathrm{T}}C+\\
&\frac{1}{\mu}P_2DD^{\mathrm{T}}P_2+(\mu l^2)I)](\widetilde{U}^{\mathrm{T}}\otimes I)\hat{e}\\
=&\tilde{\varepsilon}^{\mathrm{T}}\Big[\widetilde{L}\widetilde{L}_c\otimes(A^{\mathrm{T}}P_1^{-1}+P_1^{-1}A)-c_0\widetilde{L}^2\otimes(P_1^{-1}BB^{\mathrm{T}}P_1^{-1})+\\
&2\tilde{\varepsilon}^{\mathrm{T}}\left(\frac{1}{\mu}\widetilde{L}\otimes P_1^{-1}DD^{\mathrm{T}}P_1^{-1}+\mu l^2\widetilde{L}\otimes I_n\right)\tilde{\varepsilon}+\\
&2\tilde{\varepsilon}^{\mathrm{T}}(\widetilde{L}\otimes P_1^{-1}GC)\Big](\widetilde{U}^{\mathrm{T}}\otimes I)\hat{e}+\\
&(\widetilde{U}\otimes I\hat{e})^{\mathrm{T}}\omega[I_N\otimes(A^{\mathrm{T}}P_2+P_2A-C^{\mathrm{T}}C+\\
&\frac{1}{\mu}P_2DD^{\mathrm{T}}P_2+(\mu l^2)I)](\widetilde{U}^{\mathrm{T}}\otimes I)\hat{e}
\end{aligned}\tag{7.46}
$$

由(7.16)，可得 $\lim\limits_{t\to\infty}\hat{e}=0$。令 $\tilde{\varepsilon}^1=(\widetilde{U}_1^{\mathrm{T}}\otimes I)\varepsilon$，$\tilde{\varepsilon}^2=(\widetilde{U}_2^{\mathrm{T}}\otimes I)\varepsilon$，则有 $\tilde{\varepsilon}^2=\frac{1}{\sqrt{N}}\sum_{i=1}^{N}(\hat{x}_i-x_{\mathrm{ave}})=\frac{1}{\sqrt{N}}\sum_{i=1}^{N}(\hat{x}_i-x_i+x_i-x_{\mathrm{ave}})=0$。由于 $\tilde{\eta}(t)=[\tilde{\varepsilon}^{1\mathrm{T}},(\widetilde{U}^{\mathrm{T}}\otimes I\hat{e})^{\mathrm{T}}]^{\mathrm{T}}$，以及式(7.46)可得

$$
\dot{V}(t)\leqslant\tilde{\eta}^{\mathrm{T}}\widetilde{\Omega}\tilde{\eta}\tag{7.47}
$$

其中，

$$
\widetilde{\Omega}=\begin{bmatrix}\widetilde{\Omega}_1 & [\widetilde{\Lambda},0]\otimes(P_1^{-1}GC)\\ [\widetilde{\Lambda},0]^{\mathrm{T}}\otimes(P_1^{-1}GC)^{\mathrm{T}} & \widetilde{\Omega}_2\end{bmatrix}
$$

且有

$$
\begin{aligned}
\hat{\Omega}_1=&\widetilde{\Lambda}\otimes(P_1^{-1}A+A^{\mathrm{T}}P_1^{-1})-c_0\widetilde{\Lambda}^2\otimes P_1^{-1}BB^{\mathrm{T}}P_1^{-1}+\\
&\widetilde{\Lambda}\otimes\left(\frac{1}{\mu}P_1^{-1}DD^{\mathrm{T}}P_1^{-1}+(\mu l^2)I\right)\\
\widetilde{\Omega}_2=&\omega\left[I\otimes\left(P_2A+A^{\mathrm{T}}P_2-C^{\mathrm{T}}C+\frac{1}{\mu}P_2DD^{\mathrm{T}}P_2+(\mu l^2)I\right)\right]。
\end{aligned}
$$

由式(7.15)和式(7.16)，容易得到 $\widetilde{\Omega}_1<-\bar{\Lambda}\otimes I$ 和 $\widetilde{\Omega}_2<-\omega I\otimes P_2^2$，只要 c_0 满足 $c_0\lambda_{\min}(\widetilde{\Lambda})\geqslant 1$。由引理 2.4，容易得

$$
\omega>\lambda_{\max}([\widetilde{\Lambda}\otimes(P_1^{-1}GCP_2^{-1})][\widetilde{\Lambda}\otimes(P_1^{-1}GCP_2^{-1})^{\mathrm{T}}])/\lambda_{\min}(\widetilde{\Lambda})\tag{7.48}
$$

即矩阵 $\widetilde{\Omega}$ 是负定的。因此，取足够大的 ω 使得式(7.48)成立，可得 $\dot{V}(t)\leqslant$

$\tilde{\boldsymbol{\eta}}^{\mathrm{T}}\hat{\boldsymbol{\Omega}}\tilde{\boldsymbol{\eta}} \leqslant 0$,证明完毕。

7.5 数值仿真

本节利用数值例子来说明所得结论的有效性。假定多智能体系统是由四个跟随者和一个领导所构成，即 $N=4$。非线性多智能体系统(7.1)～(7.2)的系统矩阵如下

$$\boldsymbol{A}=\begin{bmatrix}-2 & -0.03 & 1.9\\ 5.3 & -2 & -5\\ -5 & 1.9 & -3.5\end{bmatrix},\ \boldsymbol{B}=\begin{bmatrix}-4\\ 5\\ -0.16\end{bmatrix},$$
$$\boldsymbol{C}=[1\quad 1\quad 1],\ \boldsymbol{D}=\begin{bmatrix}1 & 0 & 0\\ 0 & 1 & 0\\ 0 & 0 & 1\end{bmatrix}\tag{7.49}$$

假定领导的未知输入 $u_0(t)$ 为：$u_0(t)=[\sin(t),\ \cos(t)]\theta_0$，可由(7.3)进行参数化，其中基函数为$[\sin(t),\ \cos(t)]$。选取 $\theta_0=[1/2,\ \sqrt{3}/2]^{\mathrm{T}}$，且假定 $f(x)=5\sin x$，满足 Lipschitz 条件(7.3)。取 $l=5$ 以及 $\mu=1$，通过求解不等式(7.15)和(7.16)，可得

$$\boldsymbol{P}_1=\begin{bmatrix}0.8834 & -1.1666 & 0.6379\\ -1.1666 & 3.6969 & -0.2308\\ 0.6379 & -0.2308 & 3.0038\end{bmatrix}$$

以及

$$\boldsymbol{P}_2=\begin{bmatrix}1.5625 & -0.1700 & 0.0238\\ -0.1700 & 0.4025 & 0.0682\\ 0.0238 & 0.0682 & 0.8760\end{bmatrix}$$

由式(7.13)和式(7.14)，可得增益矩阵中的 $\boldsymbol{K}$ 和 $\boldsymbol{G}$，

$$\boldsymbol{K}=(3.0002\quad 0.2335\quad -0.5925),\ \boldsymbol{G}=\begin{pmatrix}-0.4611\\ -1.3601\\ -0.4523\end{pmatrix}$$

拓扑图 $\bar{G}$ 的 $\boldsymbol{H}$ 矩阵如下

$$\boldsymbol{H}=\begin{pmatrix}3 & -1 & -1 & 0\\ -1 & 2 & 0 & -1\\ -1 & 0 & 2 & -1\\ 0 & -1 & -1 & 2\end{pmatrix}$$

选取自适应法则(7.12),参数 ξ_i 和 τ_i 取值均为 1,并随机取初始值。令 $x_{i(j)}$ 为 x_i 的第 j 个元素。由图 7.1 中 $x_{i(j)}$ 的轨迹可得在自适应协议(7.12)下所有的跟随者能够跟随领导的轨迹。且由图 7.1 的最后一幅图可以清楚地看出耦合增益最终收敛于某一有限值。

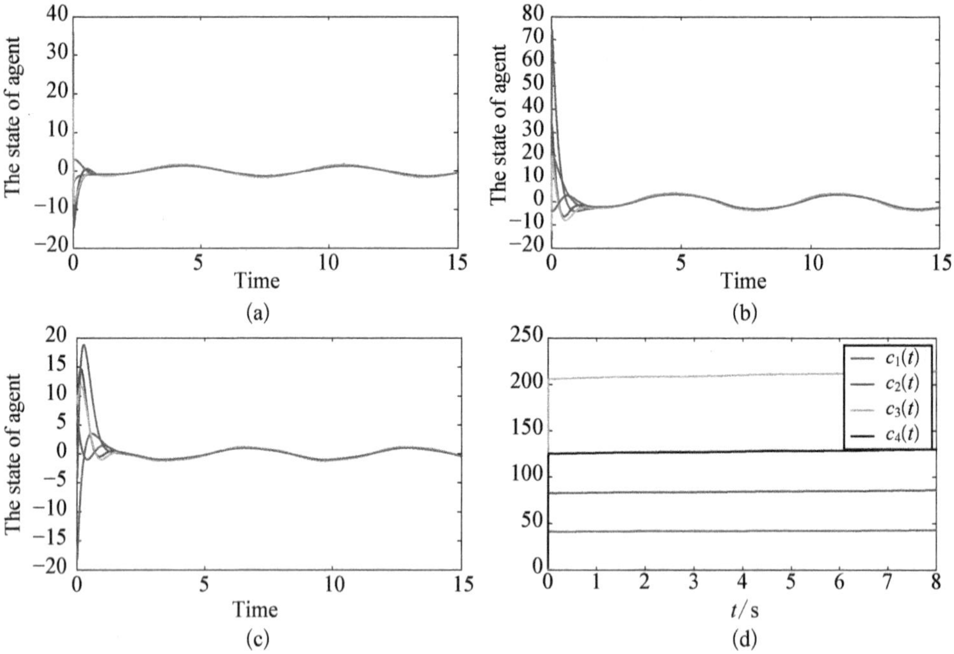

图 7.1　状态轨迹与耦合增益

(a) 第一状态分量　(b) 第二状态分量　(c) 第三状态分量　(d) 耦合增益

考虑到 $\bar{G}$ 为一类平衡图时,假定 $\boldsymbol{H}$ 矩阵满足下面条件

$$\boldsymbol{H}_1=\begin{pmatrix}0.6 & 0 & -0.5 & -0.1\\ 0 & 0.6 & -0.5 & 0\\ 0 & -0.2 & 0.4 & -0.2\\ 0 & 0 & 0 & 0.2\end{pmatrix}。$$

采取同一个自适应法则(7.12)。由图 7.2 中 $x_{i(j)}$ 的轨迹可得在自适应协议(7.12)

下所有跟随者不能跟随领导的轨迹。且由图 7.2 的最后一幅图可以清楚地看出耦合增益最终不能收敛于某一有限值。由此可以得到，当领导输入状态未知时，对拓扑图的要求要限定于一类无向图。

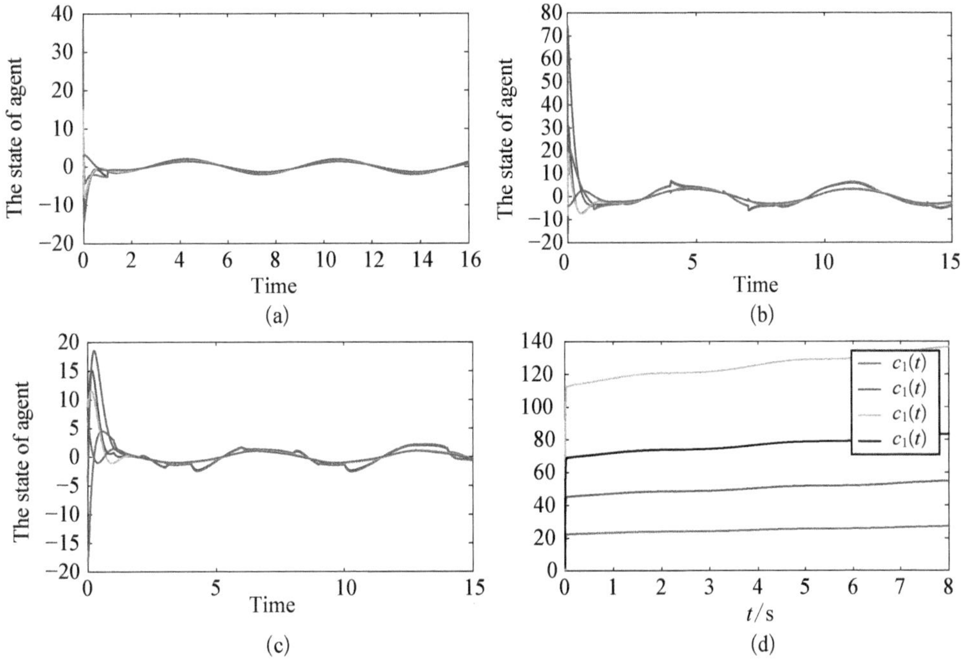

图 7.2　状态轨迹与耦合增益

(a) 第一状态分量　(b) 第二状态分量　(c) 第三状态分量　(d) 耦合增益

然而，当考虑一类特例时：即领导的控制输入 u_0 是已知的，此时对拓扑图的要求可以弱化到一类有向切换图。假定网络拓扑图在两个 $\bar{G}_i$ $(i=1, 2)$ 中任意切换。与图 $\bar{G}_i$ 相关的矩阵 $\boldsymbol{H}_i$，$i=1, 2$ 可表述成

$$\boldsymbol{H}_1=\begin{bmatrix}0.6 & 0 & -0.5 & -0.1\\ 0 & 0.6 & -0.5 & 0\\ 0 & -0.2 & 0.4 & -0.2\\ 0 & 0 & 0 & 0.2\end{bmatrix},\ \boldsymbol{H}_2=\begin{bmatrix}1.2 & -1 & -0.02 & 0\\ 0 & 0.1 & -0.1 & 0\\ 0 & 0 & 1 & -1\\ 0 & 0 & 0 & 0.2\end{bmatrix}$$

由图 7.3 的轨迹 $x_{i(j)}$ 不难发现当领导控制输入已知时，即使网络拓扑图是有向的，在自适应协议(7.33)下，所有个体仍能跟随领导的轨迹，其耦合增益收敛于某一固定值。

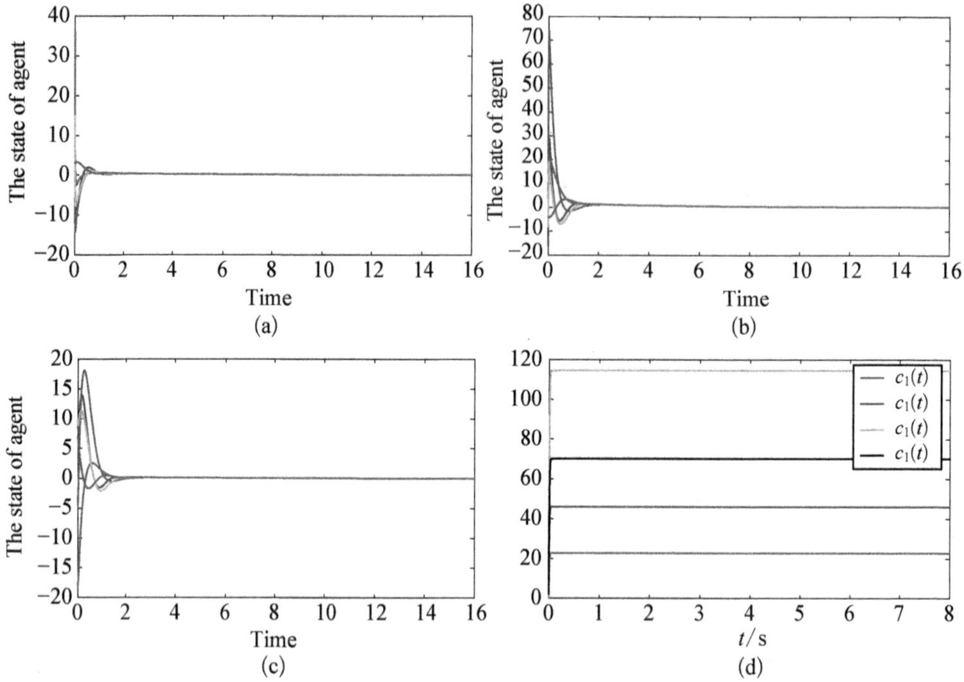

图 7.3 状态轨迹与耦合增益

(a) 第一状态分量 (b) 第二状态分量 (c) 第三状态分量 (d) 耦合增益

7.6 本章小结

本章考虑 Lipschitz 非线性系统的基于输出的一致性问题。假定领导的控制输入是未知的,我们提出了一类新的协议来解决一致性问题,并利用自适应协议来调整耦合增益,且该协议为完全分布式的。首先,讨论了带领导的跟踪问题,然后考虑没有领导的一致性问题。不难得到在合适条件下,利用自适应控制器和观测器所有个体能够实现一致,相关论文见文献[190]。

第8章　基于函数观测器的一致性问题

8.1　引言

受文献[77]的启发，本章考虑带领导的多智能体系统的一致性问题。假定每个智能体的状态信息是未知的，其输出信息是已知的。为了构造较低维数的观测器，构造了两类线性函数观测器来估计个体的状态并解决跟踪问题。利用分段 Lyapunov 函数和平均逗留时间的方法得到了充分条件。并得出如果平均逗留时间足够大以及所有的切换图都包含有向生成树，那么利用提出的协议可以解决一致性问题。与文献[77]相比，我们提出的观测器有以下两个优点：① 文献[77]的观测器设计方法是基于增广系统的，而我们提出的观测器设计方法是基于智能体动力学的。因此，我们所设计的观测器具有更低的维数。② 文献[77]基于网络拓扑结构来设计观测器，而我们只根据智能体系统矩阵设计观测器。这就意味着，当网络拓扑结构发生变化时，我们只需要调节耦合增益，而不需要重新设计协议。与现有的全维观测器和降维观测器相比，本章所设计的函数观测器具有更低的维数。

8.2　问题描述

8.2.1　图论知识

本章中利用有向的拓扑结构图来刻画智能体与领导之间的信息交互，$G=(V,\varepsilon)$表示 N 个智能体之间的信息交互的拓扑图，而 $\bar{G}$ 则表示含领导的 $N+1$ 个智能体间信息交互的拓扑图。$\boldsymbol{A}=[a_{ij}]_{N\times N}$ 为图 G 的连接矩阵，相应的，拓扑图的 Laplacian 矩阵 $\boldsymbol{L}$ 为 $l_{ii}=\sum\limits_{j=1,\, j\neq i}^{N}a_{ij}$，$l_{ij}=-a_{ij}$。$N_{\sigma}(T_1,\ T_2)$ 表示在时间间隔 $(T_1,\ T_2)$ 内的 $\sigma(t)$ 的切换次数。下面给出一个引理。

引理 8.1：假如$\bar{G}_i$，($\forall i \in \rho$)为任意的有向生成树，那么对任给定的常数ε，如果满足 $0 < \varepsilon < 2\min_{i\in\rho}\min\mathrm{Re}(\lambda(\boldsymbol{H}_i))$，则均存在对称矩阵 $\boldsymbol{P}_i$，有

$$\boldsymbol{P}_i\boldsymbol{H}_i + \boldsymbol{H}_i^{\mathrm{T}}\boldsymbol{P}_i - \boldsymbol{\varepsilon}\boldsymbol{P}_i \geqslant 0 \tag{8.1}$$

证明：由于 $\bar{G}$ 具有有向生成树，$\boldsymbol{H}_i$ 是正稳定的，因此 $\boldsymbol{H}_i - \dfrac{\boldsymbol{\varepsilon}}{2}$ 同样是正稳定的。根据 Lyapunov 定理，则存在 $\boldsymbol{P}_i > 0$ 使得不等式(8.1)成立。

8.2.2 模型建立

本章考虑由 N 个跟随者(标记分别为 1，2，…，N)和一个领导(标记为 0)组成的多智能体系统，其中每个智能体的动力学方程如下：

$$\begin{aligned} \dot{x}_i &= \boldsymbol{A}x_i + \boldsymbol{B}u_i, \\ y_i &= \boldsymbol{C}x_i,\ i = 1,\ 2,\ \cdots,\ N \end{aligned} \tag{8.2}$$

其中，$x_i \in \mathbf{R}^n$ 为第 i 个智能体的状态，$y_i \in \mathbf{R}^p$ 是它的输出，$u_i \in \mathbf{R}^m$ 是其控制输入。而领导的动力学如下：

$$\begin{aligned} \dot{x}_0 &= \boldsymbol{A}x_i, \\ y_0 &= \boldsymbol{C}x_0 \end{aligned} \tag{8.3}$$

其中，$x_0 \in \mathbf{R}^n$ 为领导状态，$y_0 \in \mathbf{R}^p$ 是它的输出，下面引入假定条件。

假定 8.1：($\boldsymbol{A}$，$\boldsymbol{B}$)可控，($\boldsymbol{A}$，$\boldsymbol{C}$)可观。

8.3 基于分布式函数观测器的一致协议

$\tilde{x}_i$ 为相对的状态误差，则有

$$\tilde{x}_i(t) = \sum_{j\in N_i(t)} a_{ij}(t)(x_i(t) - x_j(t)) + d_i(t)(x_i(t) - x_0(t)) \tag{8.4}$$

如果每个智能体的状态信息已知，则可以直接构造如下的分布式协议解决一致性问题

$$u_i = c\boldsymbol{K}\tilde{x}_i \tag{8.5}$$

其中，c 为耦合增益，$\boldsymbol{K}$ 为反馈增益矩阵。

由于每个智能体只能获得自身的输出信息，而不能直接获得自身的状态信息，

故不能直接利用协议(8.5)来解决一致性问题。利用相对输出信息,构建状态观测器,可对协议(8.5)进行重构。与文献[54,97,98,101,186,207]提出的全维、降维观测器相比,函数观测器的维数更低。本章的目的是利用函数观测器构造分布式协议 $\boldsymbol{u}_i(t)$,使得闭环系统实现一致。假定每个智能体只能获得邻居的输出信息,无法获得状态信息。令 $\tilde{y}_i$ 和 $\tilde{u}_i$ 分别为相对的输出误差和控制输入误差,其定义如下:

$$\tilde{y}_i(t)=\sum_{j\in N_i(t)}a_{ij}(t)(y_i(t)-y_j(t))+d_i(t)(y_i(t)-y_0(t)) \tag{8.6}$$

$$\tilde{u}_i(t)=\sum_{j\in N_i(t)}a_{ij}(t)(u_i(t)-u_j(t))+d_i(t)u_i(t) \tag{8.7}$$

设计如下的局部反馈控制器和分布式观测器

$$\begin{aligned} z_i&=\boldsymbol{F}_i z_i+\boldsymbol{G}_i\tilde{y}_i+\boldsymbol{H}_i\tilde{u}_i,\\ w_i&=\boldsymbol{M}_i z_i+\boldsymbol{N}_i\tilde{y}_i,\\ u_i&=-cw_i \end{aligned} \tag{8.8}$$

其中,$z_i\in\mathbf{R}^s$ 为协议状态,w_i 为 $\boldsymbol{K}\tilde{x}_i$ 的重构变量,$\boldsymbol{K}$, $\boldsymbol{F}_i$, $\boldsymbol{G}_i$, $\boldsymbol{H}_i$, $\boldsymbol{M}_i$ 以及 $\boldsymbol{N}_i$ 为增益矩阵,我们将对这些增益矩阵进行设计。第 i 个观测器具有以下性质。

引理 8.2: 对给定的多智能体系统(8.2)～(8.3),假如存在矩阵 $\boldsymbol{T}_i$,使得增益矩阵 $\boldsymbol{F}_i$, $\boldsymbol{G}_i$, $\boldsymbol{H}_i$, $\boldsymbol{M}_i$ 以及 $\boldsymbol{N}_i$ 满足下面条件

$$\begin{cases}\boldsymbol{T}_i\boldsymbol{A}-\boldsymbol{F}_i\boldsymbol{T}_i=\boldsymbol{G}_i\boldsymbol{C}\\ \boldsymbol{M}_i\boldsymbol{T}_i+\boldsymbol{N}_i\boldsymbol{C}=\boldsymbol{K}\\ \boldsymbol{H}_i=\boldsymbol{T}_i\boldsymbol{B}\\ \boldsymbol{F}_i \text{ is Hurwitz}\end{cases} \tag{8.9}$$

则观测器的状态渐近收敛于 $\boldsymbol{T}_i\tilde{x}_i$,观测器的输出渐近收敛于 $\boldsymbol{K}\tilde{x}_i$,即

$$\begin{cases}\lim\limits_{t\to\infty}(z_i-\boldsymbol{T}_i\tilde{x}_i)=0\\ \lim\limits_{t\to\infty}(w_i-\boldsymbol{K}\tilde{x}_i)=0,\ i=1,\ 2,\ \cdots,\ N\end{cases} \tag{8.10}$$

证明: 令 $\varepsilon_i=z_i-\boldsymbol{T}\tilde{x}_i$, $e_i=w_i-\boldsymbol{K}\tilde{x}_i=0$, 利用式(8.2)和式(8.9)得

$$\begin{aligned}\dot{\varepsilon}&=\boldsymbol{F}_i z_i+\boldsymbol{G}_i\tilde{y}_i+\boldsymbol{H}\tilde{u}_i-\boldsymbol{T}_i(\boldsymbol{A}\tilde{x}_i+\boldsymbol{B}\tilde{u}_i)\\ &=\boldsymbol{F}_i\varepsilon_i+(\boldsymbol{G}_i\boldsymbol{C}-\boldsymbol{T}_i\boldsymbol{A}+\boldsymbol{F}_i\boldsymbol{T}_i)x_i+(\boldsymbol{H}_i-\boldsymbol{T}_i\boldsymbol{B})\tilde{u}_i\\ &=\boldsymbol{F}_i\varepsilon_i\end{aligned} \tag{8.11}$$

由于 $\boldsymbol{F}_i$ 是 Hurwitz 矩阵,可得

$$\lim_{t\to\infty} \varepsilon_i = 0$$

由式(8.8)可得

$$\tilde{e}_i = \boldsymbol{M}_i z_i + \boldsymbol{N}_i \tilde{y}_i - (\boldsymbol{M}_i \boldsymbol{T}_i + \boldsymbol{N}_i \boldsymbol{C})\tilde{x}_i = \boldsymbol{M}_i \varepsilon_i \tag{8.12}$$

由此可得

$$\lim_{t\to\infty} \tilde{e}_i = \boldsymbol{M}_i \lim_{t\to\infty} \varepsilon_i = 0$$

下面给出结论。

定理 8.1：对多智能体系统(8.2)～(8.3)，假定它的拓扑结构图 $\bar{G}_{\sigma(t)}$ 在任何时间间隔$[t_j, t_{j+1})$内包含有向生成树，且 v_0 为其根节点。如果耦合强度 c 满足如下条件

$$c > \frac{1}{2\min_{i\in\rho}\{\min\mathrm{Re}(\lambda(\boldsymbol{H}_i))\}} \tag{8.13}$$

增益矩阵 $\boldsymbol{K}$ 为

$$\boldsymbol{K} = \boldsymbol{B}^{\mathrm{T}} \boldsymbol{P} \tag{8.14}$$

其中，$\boldsymbol{P}$ 为如下 Riccati 方程的唯一正定解

$$\boldsymbol{A}^{\mathrm{T}} \boldsymbol{P} + \boldsymbol{P}\boldsymbol{A} - \boldsymbol{P}\boldsymbol{B}\boldsymbol{B}^{\mathrm{T}} \boldsymbol{P} + \boldsymbol{Q} = 0 \tag{8.15}$$

其中，$\boldsymbol{Q}$ 为正定矩阵。协议(8.8)中的其他增益矩阵需满足条件(8.9)。如果存在正常数 τ_a^*，对于所有的切换时间间隔均满足 $\tau_a > \tau_a^*$，则利用协议(8.8)，多智能体系统能够实现一致。

证明：利用式(8.2)、式(8.3)、式(8.8)、式(8.9)和式(8.12)可得

$$\begin{aligned}
\dot{e}_i &= \dot{x}_i - \dot{x}_0 \\
&= \boldsymbol{A}x_i + \boldsymbol{B}u_i - \boldsymbol{A}x_0 \\
&= \boldsymbol{A}e_i - c\boldsymbol{B}w_i \\
&= \boldsymbol{A}e_i - c\boldsymbol{B}\boldsymbol{M}\varepsilon_i - c_i\boldsymbol{B}\boldsymbol{K}\tilde{x}_i \\
&= \boldsymbol{A}e_i - c\boldsymbol{B}\boldsymbol{M}\varepsilon_i - c_i\boldsymbol{B}\boldsymbol{K}\Big[\sum_{j\in N_i} a_{ij}(e_i(t) - e_j(t)) + d_i(t)e_i\Big]
\end{aligned} \tag{8.16}$$

令 $e = [e_1^{\mathrm{T}}, e_2^{\mathrm{T}}, \cdots, e_N^{\mathrm{T}}]^{\mathrm{T}}$，$\varepsilon = [\varepsilon_1^{\mathrm{T}}, \varepsilon_2^{\mathrm{T}}, \cdots, \varepsilon_N^{\mathrm{T}}]^{\mathrm{T}}$，则利用式(8.11)和式(8.16)可得如下的误差系统

$$\frac{\mathrm{d}}{\mathrm{d}t}\begin{bmatrix} e \\ \varepsilon \end{bmatrix} = \begin{bmatrix} \boldsymbol{I}_N \otimes \boldsymbol{A} - c\boldsymbol{H}_\sigma(t) \otimes (\boldsymbol{B}\boldsymbol{K}) & \mathrm{diag}\{-c\boldsymbol{B}\boldsymbol{M}_1, \cdots, -c\boldsymbol{B}\boldsymbol{M}_N\} \\ 0 & \mathrm{diag}\{\boldsymbol{F}_1, \cdots, \boldsymbol{F}_N\} \end{bmatrix} \begin{bmatrix} e \\ \varepsilon \end{bmatrix} \tag{8.17}$$

由于$(\boldsymbol{A}, \boldsymbol{B})$可稳定，$\boldsymbol{Q}>0$，则 Riccati 方程(8.15)有唯一的正定解 $\boldsymbol{P}$（见文献[173]）。

ε 取值满足 $\frac{1}{c}<\varepsilon<2\min_{i\in\rho}\{\min\mathrm{Re}(\lambda(H_i))$，由引理 8.1，可知存在$\boldsymbol{P}_i>0$，$i\in\rho$，可使不等式(8.1)成立。由式(8.1)、式(8.14)和式(8.15)可得

$$\begin{aligned}&(\boldsymbol{I}_N\otimes\boldsymbol{A}-\boldsymbol{H}_\sigma\otimes(c\boldsymbol{BK}))^{\mathrm{T}}(\boldsymbol{P}_\sigma\otimes\boldsymbol{P})+(\boldsymbol{P}_\sigma\otimes\boldsymbol{P})(\boldsymbol{I}_N\otimes\boldsymbol{A}-\boldsymbol{H}_\sigma\otimes(c\boldsymbol{BK}))\\&=\boldsymbol{P}_\sigma\otimes(\boldsymbol{A}^{\mathrm{T}}\boldsymbol{P}+\boldsymbol{PA})-c(\boldsymbol{H}_\sigma^{\mathrm{T}}\boldsymbol{P}_\sigma+\boldsymbol{P}_\sigma\boldsymbol{H}_\sigma)\otimes(\boldsymbol{PBB}^{\mathrm{T}}\boldsymbol{P})\leqslant\\&\quad\boldsymbol{P}_\sigma\otimes(\boldsymbol{A}^{\mathrm{T}}\boldsymbol{P}+\boldsymbol{PA})-(c\varepsilon\boldsymbol{P}_\sigma)\otimes(\boldsymbol{PBB}^{\mathrm{T}}\boldsymbol{P})\leqslant\\&\quad\boldsymbol{P}_\sigma\otimes(\boldsymbol{A}^{\mathrm{T}}\boldsymbol{P}+\boldsymbol{PA}-\boldsymbol{PBB}^{\mathrm{T}}\boldsymbol{P})\leqslant\\&\quad\boldsymbol{P}_\sigma\otimes\boldsymbol{Q}<0\end{aligned}\tag{8.18}$$

由于所有的 $\boldsymbol{F}_i(i=1, 2, \cdots, N)$ 均稳定，则存在$\hat{\boldsymbol{P}}_i>0$，满足$\boldsymbol{F}_i^{\mathrm{T}}\hat{\boldsymbol{P}}_i+\hat{\boldsymbol{P}}_i\boldsymbol{F}_i=-\boldsymbol{I}$。令$\hat{\boldsymbol{P}}=\mathrm{diag}\{\hat{\boldsymbol{P}}_1, \hat{\boldsymbol{P}}_2, \cdots, \hat{\boldsymbol{P}}_N\}$，则有 $\mathrm{diag}\{\boldsymbol{F}_1, \boldsymbol{F}_2, \cdots, \boldsymbol{F}_N\}^{\mathrm{T}}\hat{\boldsymbol{P}}+\hat{\boldsymbol{P}}\mathrm{diag}\{\boldsymbol{F}_1, \boldsymbol{F}_2, \cdots, \boldsymbol{F}_N\}=-\boldsymbol{I}$。令 $\boldsymbol{\eta}=[\boldsymbol{e}^{\mathrm{T}}, \boldsymbol{\varepsilon}^{\mathrm{T}}]^{\mathrm{T}}$，构造分段的带参数的 Lyapunov 函数

$$\mathbf{V}(t)=\boldsymbol{\eta}^{\mathrm{T}}\bar{\boldsymbol{P}}\boldsymbol{\eta}\tag{8.19}$$

$\bar{\boldsymbol{P}}_\sigma=\begin{bmatrix}\boldsymbol{P}_\sigma\otimes\boldsymbol{P} & 0\\ 0 & \omega\hat{\boldsymbol{P}}\end{bmatrix}>0$，其中 ω 为足够大的正数。在任意的时间间隔$[t_j, t_{j+1})$内，沿误差系统(8.17)对 Lyapunov 函数求导得

$$\dot{\mathbf{V}}(t)=\boldsymbol{\eta}^{\mathrm{T}}\begin{bmatrix}\boldsymbol{Q}_{1\sigma} & \boldsymbol{Q}_{2\sigma}\\ \boldsymbol{Q}_{2\sigma}^{\mathrm{T}} & \omega\boldsymbol{I}\end{bmatrix}\boldsymbol{\eta}\tag{8.20}$$

其中，

$$\begin{aligned}\boldsymbol{Q}_{1\sigma}&=[\boldsymbol{I}_N\otimes\boldsymbol{A}-\boldsymbol{H}_\sigma\otimes(c\boldsymbol{BK})]^{\mathrm{T}}(\boldsymbol{P}_\sigma\otimes\boldsymbol{P})+\\&\quad(\boldsymbol{P}_\sigma\otimes\boldsymbol{P})[\boldsymbol{I}_N\otimes\boldsymbol{A}-\boldsymbol{H}_\sigma\otimes(c\boldsymbol{BK})]\\\boldsymbol{Q}_{2\sigma}&=(\boldsymbol{P}_\sigma\otimes\boldsymbol{P})\mathrm{diag}\{-c\boldsymbol{BM}_1, \cdots, c\boldsymbol{BM}_2\}\end{aligned}$$

选择 ω 满足

$$\omega>4c^2\max_{p\in\rho}\{\lambda_{\max}(\boldsymbol{P}_p)\}\max_{1\leqslant i\leqslant N}\{\lambda_{\max}[(\boldsymbol{BM}_i)^{\mathrm{T}}\boldsymbol{PQ}^{-1}\boldsymbol{P}(\boldsymbol{BM}_i)]\}\tag{8.21}$$

可得

$$\omega\boldsymbol{I}-4\boldsymbol{Q}_{2\sigma}^{\mathrm{T}}(\boldsymbol{P}_\sigma^{-1}\otimes\boldsymbol{Q}^{-1})\boldsymbol{Q}_{2\sigma}>0\tag{8.22}$$

利用 Schur 补引理可得

$$\begin{bmatrix} -\frac{1}{2}(\boldsymbol{P}_\sigma \otimes \boldsymbol{Q}) & \boldsymbol{Q}_{2\sigma} \\ \boldsymbol{Q}_{2\sigma}^{\mathrm{T}} & -\frac{\omega}{2}\boldsymbol{I} \end{bmatrix} \leqslant 0$$

且

$$\begin{aligned} \begin{bmatrix} \boldsymbol{Q}_{1\sigma} & \boldsymbol{Q}_{2\sigma} \\ \boldsymbol{Q}_{2\sigma}^{\mathrm{T}} & \omega \boldsymbol{I} \end{bmatrix} &\leqslant \begin{bmatrix} -\boldsymbol{P}_\sigma \otimes \boldsymbol{Q} & \boldsymbol{Q}_{2\sigma} \\ \boldsymbol{Q}_{2\sigma}^{\mathrm{T}} & -\omega \boldsymbol{I} \end{bmatrix} \\ &= \begin{bmatrix} -\frac{1}{2}(\boldsymbol{P}_\sigma \otimes \boldsymbol{Q}) & 0 \\ 0 & -\frac{\omega}{2}\boldsymbol{I} \end{bmatrix} + \begin{bmatrix} -\frac{1}{2}(\boldsymbol{P}_\sigma \otimes \boldsymbol{Q}) & \boldsymbol{Q}_{2\sigma} \\ \boldsymbol{Q}_{2\sigma}^{\mathrm{T}} & -\frac{\omega}{2}\boldsymbol{I} \end{bmatrix} \leqslant \\ &\quad \begin{bmatrix} -\frac{1}{2}(\boldsymbol{P}_\sigma \otimes \boldsymbol{Q}) & 0 \\ 0 & -\frac{\omega}{2}\boldsymbol{I} \end{bmatrix} \triangleq -\boldsymbol{Q}_\sigma < 0 \end{aligned} \tag{8.23}$$

令 $\mathbf{V}_p = \boldsymbol{\eta}^{\mathrm{T}} \bar{\boldsymbol{P}}_\sigma \boldsymbol{\eta}$ $(p \in \rho)$，其中 ω 满足条件(8.21)。取 $\alpha_1 = \min_{i\in\rho}\lambda_{\min}(\bar{\boldsymbol{P}}_i)$，$\alpha_2 = \max_{i\in\rho}\lambda_{\max}(\bar{\boldsymbol{P}}_i)$，$\mu = \dfrac{\alpha_2}{\alpha_1} \geqslant 1$，$\zeta = \min_{i\in\rho} \dfrac{\lambda_{\min}(\bar{\boldsymbol{Q}}_i)}{2\lambda_{\max}(\bar{\boldsymbol{P}}_i)} > 0$。由 $\mathbf{V}_p$ 的定义以及(8.23)，不难发现 $\mathbf{V}_p$ 连续且指数递减，且有

$$\dot{\mathbf{V}}_p \leqslant -\boldsymbol{\eta}^{\mathrm{T}} \bar{\boldsymbol{Q}}_p \boldsymbol{\eta} \leqslant -\frac{\lambda_{\min}(\bar{\boldsymbol{Q}}_i)}{\lambda_{\max}(\bar{\boldsymbol{P}}_i)} \mathbf{V}_p \leqslant -2\zeta \mathbf{V}_p \tag{8.24}$$

$$\alpha_1 \|\boldsymbol{\eta}\|^2 \leqslant \mathbf{V}_p \leqslant \alpha_2 \|\boldsymbol{\eta}\|^2 \tag{8.25}$$

$$\mathbf{V}_p(\boldsymbol{\eta}) \leqslant \mu \mathbf{V}_q(\boldsymbol{\eta}),\ \forall \eta,\ p,\ q \in P \tag{8.26}$$

对任意的 $t \geqslant t_0$，令 $t_1, t_2, \cdots, t_{N\sigma}(t_0, t)$ 为切换时间间隔(t_0, t)的切换点。对任意的 $s \in [t_i, t_{i+1})$，由式(8.24)得

$$\mathbf{V}(s) = \mathrm{e}^{-2\zeta(s-t_i)} \mathbf{V}(t_i)$$

由式(8.26)知，在切换点 t_i 时，均有 $\mathbf{V}(t_i) \leqslant \mu \mathbf{V}(t_i^-)$，其中 $t_i^- = \lim\limits_{t<t_i,\ t\to t_i} t$。经推导可得

$$\mathbf{V}(t) = \mu^{N_\sigma(t_0,\ t)} \mathrm{e}^{-2\zeta(t-t_0)} \mathbf{V}(t_0)$$

并根据式(8.25)可得

$$\| \boldsymbol{\eta}(t) \| \leqslant \sqrt{\frac{\alpha_2}{\alpha_1}} \mathrm{e}^{-\zeta(t-t_0)+\frac{\ln\mu}{2}N_\sigma(t_0, t)} \| \boldsymbol{\eta}(0) \| \tag{8.27}$$

显然，当 $\mu=1$，对任意的 $N_\sigma(t_0, t)$，不等式(8.27)均成立，这就意味着系统(8.17)在任意的切换时刻是全局指数稳定的。当 $\mu>1$，τ_a^* 取值满足 $\tau_a^*=\dfrac{\ln\mu}{2\zeta}$。当 $\tau_a>\tau_a^*$，由式(8.1)可得

$$\| \boldsymbol{\eta}(t) \| \leqslant \theta \mathrm{e}^{-\beta(t-t_0)} \| \boldsymbol{\eta}(0) \| \tag{8.28}$$

其中 $\theta=\sqrt{\dfrac{\alpha_2}{\alpha_1}} \mathrm{e}^{\frac{\ln\mu}{2}N_0}$，$\beta=\zeta-\dfrac{\ln\mu}{2\tau_a}>0$。因此，系统(8.17)是指数稳定的。证明完毕。当拓扑图是固定，此时 $\mu=1$，显然系统(8.17)是全局指数稳定的。因此，可得到如下推论。

推论 8.1： 对多智能体系统式(8.2)～式(8.3)，假定它的拓扑结构图 $\bar{G}_{\sigma(t)}$ 是固定的，且包含有向生成树。耦合参数 c 取值如下

$$c \geqslant \frac{1}{2\min\mathrm{Re}(\lambda(\boldsymbol{H}))} \tag{8.29}$$

增益矩阵 $\boldsymbol{K}$ 的选取方法同(8.14)。协议(8.8)中的其他增益矩阵的构造方法满足条件(8.9)。则利用分布式协议(8.8)，所有智能体能跟随领导的轨迹。

下面，假定拓扑图在一类有向图中任意切换。为了便于叙述，假定该类有向图是全局可达点的有向生成树的集合，记为 Γ，且要求满足 $\boldsymbol{H}^{\mathrm{T}}(\bar{G})+\boldsymbol{H}(\bar{G})$ 是正定的，把第 i 个子图记为 $\bar{G}_i$，$i\in P_0=\{1, 2, \cdots, M_0\}$。其正定的矩阵为 $\boldsymbol{H}$，令 $\tilde{\lambda}=\min\limits_{i\in P_0}\{\lambda_{\min}(\boldsymbol{H}_i^{\mathrm{T}}+\boldsymbol{H}_i)\}$，有 $\tilde{\lambda}>0$。则可得如下推论。

推论 8.2： 对多智能体系统(8.2)～(8.3)，假定在任何时间间隔$[t_j, t_{j+1})$内，其拓扑图 $\bar{G}_{\sigma(t)}$ 均属于集合 Γ。耦合增益按如下方法取值。

$$c \geqslant \frac{1}{\tilde{\lambda}} \tag{8.30}$$

增益矩阵 $\boldsymbol{K}$ 的选取方法同式(8.14)。协议(8.8)中的其他增益矩阵的构造方法满足条件(8.9)。则利用分布式协议(8.8)，所有智能体能跟随领导的轨迹。

证明： 当 ϵ 的取值满足条件 $\dfrac{1}{c}<\epsilon<\tilde{\lambda}$ 时，由 $\tilde{\lambda}$ 的定义，对所有的 $i\in P_0$，如

下矩阵不等式均成立

$$\boldsymbol{H}_i\boldsymbol{I}+\boldsymbol{I}\boldsymbol{H}_i^{\mathrm{T}}-\epsilon\boldsymbol{I}\geqslant(\tilde{\lambda}-\epsilon)\boldsymbol{I}>0$$

此时，分段的带参数的 Lyapunov 函数(8.19)退化成公共的 Lyapunov 函数

$$\boldsymbol{V}(t)=\boldsymbol{\eta}^{\mathrm{T}}\begin{bmatrix}\boldsymbol{I}\otimes\boldsymbol{P} & 0\\ 0 & \omega\hat{\boldsymbol{P}}\end{bmatrix}\boldsymbol{\eta} \tag{8.31}$$

其中，$\omega>0$ 为一个充分大的正数。不难发现，此时 $\mu=1$。 因此根据定理 8.1，利用分布式协议(8.8)，所有智能体能跟随领导的轨迹。

注释 8.1： 当跟随者之间的网络拓扑图 G_i 是平衡图时，当且仅当 $\bar{G}_i$ 包含有向生成树，且 v_0 是根节点时，$\boldsymbol{H}_i^{\mathrm{T}}+\boldsymbol{H}_i$ 是正定的[75]。根据 Γ 的定义，不难发现 Γ 至少包含一类拓扑图 $\bar{G}$，在该类图中，跟随者之间的拓扑图 G 是无向的，且 v_0 是有向生成树的根节点。多数参考文献中所涉及的无向拓扑图均属于 Γ。因此可以直接应用我们的结论获得相应的结果。

8.4 基于局部函数观测器的一致性

在本节中，假定当某些跟随者与领导存在信息交互时，领导的状态信息可被这些跟随者获取。对第 i 个跟随者设计函数观测器，用来观测自身的状态。第 i 个跟随者的基于函数观测器的分布式一致性协议采取如下形式

$$\begin{aligned}\dot{z}_i&=\boldsymbol{F}_iz_i+\boldsymbol{G}_iy_i+\boldsymbol{H}_iu_i,\\ w_i&=\boldsymbol{M}_iz_i+\boldsymbol{N}_iy_i,\\ u_i&=-\Big(\sum_{j\in N_i}a_{ij}(w_i-w_j)+g_i(w_i-\boldsymbol{K}x_0)\Big)\end{aligned} \tag{8.32}$$

其中，z_i 为协议状态，w_i 为 $\boldsymbol{K}_ix_i$ 的重构变量，矩阵 $\boldsymbol{F}_i$，$\boldsymbol{G}_i$，$\boldsymbol{H}_i$，$\boldsymbol{M}_i$ 和 $\boldsymbol{N}_i$ 为函数观测器中的增益矩阵。

定理 8.2： 对多智能体系统(8.2)～(8.3)，假定它的拓扑结构图 $\bar{G}_{\sigma(t)}$ 在任何时间间隔$[t_j, t_{j+1})$内包含有向生成树，且 v_0 为其根节点。耦合参数 c 和增益矩阵$\boldsymbol{K}$分别满足式(8.13)和式(8.14)。(8.8)中的其他增益矩阵需满足条件(8.9)。如果存在正常数 τ_a^*，所有的切换时间间隔满足 $\tau_a>\tau_a^*$，则利用协议(8.32)，多智能体系统能够实现一致。

证明： 令 $\bar{\varepsilon}_i=z_i-\boldsymbol{T}_ix_i$。 利用式(8.2)和式(8.32)，可得

$$\dot{\bar{\varepsilon}}_i=\boldsymbol{F}_iz_i+\boldsymbol{G}_iy_i+\boldsymbol{H}_iu_i-\boldsymbol{T}_i(\boldsymbol{A}x_i+\boldsymbol{B}u_i)$$

$$
\begin{aligned}
&= \boldsymbol{F}_i \bar{\varepsilon}_i + (\boldsymbol{G}_i \boldsymbol{C} - \boldsymbol{T}_i \boldsymbol{A} + \boldsymbol{F}_i \boldsymbol{T}_i) x_i + (\boldsymbol{H}_i - \boldsymbol{T}_i \boldsymbol{B}) u_i \\
&= \boldsymbol{F}_i \bar{\varepsilon}_i
\end{aligned} \tag{8.33}
$$

由式(8.2),式(8.3),式(8.9)和式(8.32)得

$$
\begin{aligned}
\dot{e}_i &= \dot{x}_i - \dot{x}_0 = \boldsymbol{A} x_i + \boldsymbol{B} u_i - \boldsymbol{A} x_0 \\
&= \boldsymbol{A} e_i - c\boldsymbol{B} \Big(\sum_{j \in N_i} a_{ij} (w_i - w_j) + g_i (w_i - \boldsymbol{K} x_0) \Big) \\
&= \boldsymbol{A} e_i - c\boldsymbol{B}\boldsymbol{N}_i \Big[\sum_{j \in N_i} a_{ij} (y_i - y_j) + g_i (y_i - \boldsymbol{C} x_0) \Big] - \\
&\quad c\boldsymbol{B}\boldsymbol{M}_i \Big[\sum_{j \in N_i} a_{ij} (z_i - z_j) + g_i (z_i - \boldsymbol{T}_i x_0) \Big] \\
&= \boldsymbol{A} e_i - (c\boldsymbol{B}\boldsymbol{N}_i \boldsymbol{C} + c\boldsymbol{B}\boldsymbol{M}_i \boldsymbol{T}_i) \Big[\sum_{j \in N_i} a_{ij} (e_i - e_j) + g_i e_i \Big] - \\
&\quad c\boldsymbol{B}\boldsymbol{M}_i \Big[\sum_{j \in N_i} a_{ij} (\boldsymbol{\varepsilon}_i - \boldsymbol{\varepsilon}_j) + g_i \boldsymbol{\varepsilon}_i \Big] \\
&= \boldsymbol{A} e_i - c\boldsymbol{B}\boldsymbol{K} \Big[\sum_{j \in N_i} a_{ij} (e_i - e_j) + g_i e_i \Big] - \\
&\quad c\boldsymbol{B}\boldsymbol{M}_i \Big[\sum_{j \in N_i} a_{ij} (\bar{\varepsilon}_i - \bar{\varepsilon}_j) + g_i \bar{\varepsilon}_i \Big]
\end{aligned} \tag{8.34}
$$

令 $\bar{\varepsilon} = (\bar{\varepsilon}_1^{\mathrm{T}}, \bar{\varepsilon}_2^{\mathrm{T}}, \cdots, \bar{\varepsilon}_N^{\mathrm{T}})^{\mathrm{T}}$, 由式(8.33)以及式(8.34),闭环系统满足如下形式

$$
\frac{\mathrm{d}}{\mathrm{d}t} \begin{bmatrix} e \\ \bar{\varepsilon} \end{bmatrix} = \begin{bmatrix} \boldsymbol{I} \otimes \boldsymbol{A} - c\boldsymbol{H} \otimes (\boldsymbol{B}\boldsymbol{K}) & -c \begin{bmatrix} \boldsymbol{H}_{\sigma(t)}^{(1)} \otimes (\boldsymbol{B}\boldsymbol{M}_1) \\ \vdots \\ \boldsymbol{H}_{\sigma(t)}^{(N)} \otimes (\boldsymbol{B}\boldsymbol{M}_N) \end{bmatrix} \\ 0 & \mathrm{diag}\{\boldsymbol{F}_1, \cdots, \boldsymbol{F}_N\} \end{bmatrix} \begin{bmatrix} e \\ \bar{\varepsilon} \end{bmatrix} \tag{8.35}
$$

余下证明部分同定理 8.1 相似,故省略。

注释 8.2: 由式(8.33)可得 z_i 渐近收敛于 $\boldsymbol{T}x_i$, 并且可得 $\boldsymbol{w}_i - \boldsymbol{K}x_i = \boldsymbol{M}_i z_i + \boldsymbol{N}_i y_i - (\boldsymbol{M}_i \boldsymbol{T}_i + \boldsymbol{N}_i \boldsymbol{C}) x_i = \boldsymbol{M}_i \bar{\varepsilon}_i$, 即 w_i 渐近收敛于 $\boldsymbol{K}x_i$。同样,利用协议(8.32),可得类似于推论 8.1 和 8.2 的结论。与协议(8.8)相比,协议(8.32)要求当跟随者与领导有信息交互时,跟随者可获得领导的状态。

注释 8.3: 通常领导的动力学方程采取 $\dot{x}_0 = \boldsymbol{A}x_0 + \boldsymbol{B}u_0$ 的形式, 此时领导的控制输入 u_0 可被看成为一个公共的信息,而且每个跟随者都知道这个信息。本章中,假定 $u_0 \equiv \boldsymbol{0}$。当 u_0 为非零时,式(8.7)中第 i 个个体与邻居间的相对误差以及协议(8.8)中控制输入分别修正为 $\tilde{u}_i = \sum_{j \in N_i(t)} a_{ij}(t)(u_i - u_j) + g_i(t)(u_i - u_0)$ 和 $u_i = u_0 - cw_i$。而协议(8.32)中的控制输入 u_i 修正为 $u_i = u_0 - \big(\sum_{j \in N_i} a_{ij} (w_i -$

$w_j)+g_i(w_i-\boldsymbol{K}x_0)\big)$。而这两类观测器均能解决一致性问题。

注释 8.4：尽管本章考虑的是带领导的多智能体系统，此方法同样可应用于无领导的多智能体系统。假定该多智能体系统是由 N 个智能体组成，其动力学方程为(8.2)。而协议(8.8)和(8.32)分别修正为

$$\begin{aligned}\dot{z}_i&=\boldsymbol{F}_i z_i+\boldsymbol{G}_i\sum_{j\in N_i}a_{ij}(y_i-y_j)+\boldsymbol{H}_i\sum_{j\in N_i}a_{ij}(u_i-u_j),\\ w_i&=\boldsymbol{M}_i z_i+\boldsymbol{N}_i\sum_{j\in N_i}a_{ij}(y_i-y_j),\\ u_i&=-cw_i\end{aligned}\tag{8.36}$$

$$\begin{aligned}\dot{z}_i&=\boldsymbol{F}_i z_i+\boldsymbol{G}_i y_i+\boldsymbol{H}_i u_i,\\ w_i&=\boldsymbol{M}_i z_i+\boldsymbol{N}_i y_i,\\ u_i&=-\sum_{j\in N_i}a_{ij}(w_i-w_j)\end{aligned}\tag{8.37}$$

利用协议(8.36)和(8.37)，可得类似于定理 8.1 和 8.2 的结论。

注释 8.5：大多数参考文献在构造观测器的时候都是采取相同的观测器，即 $\boldsymbol{F}_1=\cdots=\boldsymbol{F}_n=\boldsymbol{F}$，$\boldsymbol{G}_1=\cdots=\boldsymbol{G}_n=\boldsymbol{G}$，$\boldsymbol{H}_1=\cdots=\boldsymbol{H}_n=\boldsymbol{H}$，$\boldsymbol{M}_1=\cdots=\boldsymbol{M}_n=\boldsymbol{M}$，$\boldsymbol{N}_1=\cdots=\boldsymbol{N}_n=\boldsymbol{N}$。其实每个跟随者根本不必采用相同的观测器。由定理 8.1 可知，每个跟随者可根据条件(8.9)并行设计各自的观测器。而(8.9)的可解性在函数观测器的设计中起关键作用。下面将增益矩阵简单地取为 $\boldsymbol{F}$，$\boldsymbol{G}$，$\boldsymbol{H}$，$\boldsymbol{M}$ 和 $\boldsymbol{N}$。当 s 太小时，条件(8.9)可能是无解的。当 $s=n$，由于$(\boldsymbol{A},\boldsymbol{C})$可观，就可较容易地选择矩阵 $\boldsymbol{G}$，使得 $\boldsymbol{F}=\boldsymbol{A}-\boldsymbol{GC}$ 是稳定的。此时其他矩阵按如下方法选取：$\boldsymbol{T}=\boldsymbol{I}$，$\boldsymbol{N}=\boldsymbol{0}$，$\boldsymbol{M}=\boldsymbol{K}$ 以及 $\boldsymbol{H}=\boldsymbol{TB}$。此时条件(8.9)一定是可解的。当 $s=n-q$，选取 $\boldsymbol{T}\in\mathbf{R}^{(n-q)\times n}$ 使得 $\begin{bmatrix}\boldsymbol{C}\\ \boldsymbol{T}\end{bmatrix}$ 为非奇异的。令 $\begin{bmatrix}\boldsymbol{C}\\ \boldsymbol{T}\end{bmatrix}^{-1}=[\boldsymbol{Q}_1,\ \boldsymbol{Q}_2]$，其中 $\boldsymbol{Q}_1\in\mathbf{R}^{n\times q}$ 以及 $\boldsymbol{Q}_2\in\mathbf{R}^{n\times(n-q)}$。因此，可得 $\boldsymbol{Q}_1\boldsymbol{C}+\boldsymbol{Q}_2\boldsymbol{T}_1=\boldsymbol{I}$。由于$(\boldsymbol{A},\boldsymbol{C})$ 可观，则$(\boldsymbol{T}_1\boldsymbol{AQ}_2,\ \boldsymbol{CAQ}_2)$ 是可观的。由于$(\boldsymbol{T}_1\boldsymbol{AQ}_2,\ \boldsymbol{CAQ}_2)$ 是可观的，选取矩阵 $\boldsymbol{G}_1$ 使得 $\boldsymbol{T}_1\boldsymbol{AQ}_2-\boldsymbol{G}_1\boldsymbol{CAQ}_2$ 是稳定的。取 $\boldsymbol{F}=\boldsymbol{T}_1\boldsymbol{AQ}_2-\boldsymbol{G}_1\boldsymbol{CAQ}_2$，$\boldsymbol{H}=(\boldsymbol{T}_1-\boldsymbol{G}_1\boldsymbol{C})\boldsymbol{B}$ 以及 $\boldsymbol{T}=\boldsymbol{T}_1-\boldsymbol{G}_1\boldsymbol{C}$。则有 $\boldsymbol{TA}-\boldsymbol{FT}=\boldsymbol{T}_1\boldsymbol{A}-\boldsymbol{G}_1\boldsymbol{CA}-\boldsymbol{T}_1\boldsymbol{AQ}_2\boldsymbol{T}_1+\boldsymbol{G}_1\boldsymbol{CAQ}_2\boldsymbol{T}_1-\boldsymbol{T}_1\boldsymbol{AQ}_2\boldsymbol{G}_1\boldsymbol{C}+\boldsymbol{G}_1\boldsymbol{CAQ}_2\boldsymbol{G}_1\boldsymbol{C}=\boldsymbol{T}_1\boldsymbol{AQ}_1\boldsymbol{C}+\boldsymbol{G}_1\boldsymbol{CAQ}_1\boldsymbol{C}-\boldsymbol{T}_1\boldsymbol{AQ}_2\boldsymbol{G}_1\boldsymbol{C}+\boldsymbol{G}_1\boldsymbol{CAQ}_2\boldsymbol{G}_1\boldsymbol{C}$，此时选取 $\boldsymbol{G}$ 满足下面条件 $\boldsymbol{G}=\boldsymbol{T}_1\boldsymbol{AQ}_1+\boldsymbol{G}_1\boldsymbol{CAQ}_1-\boldsymbol{T}_1\boldsymbol{AQ}_2\boldsymbol{G}_1+\boldsymbol{G}_1\boldsymbol{CAQ}_2\boldsymbol{G}_1$，并满足条件 $\boldsymbol{TA}-\boldsymbol{FT}=\boldsymbol{GC}$。显然，当 $\boldsymbol{M}=\boldsymbol{KQ}_2$ 以及 $\boldsymbol{N}=\boldsymbol{KQ}_1+\boldsymbol{KQ}_2\boldsymbol{G}_1$，有 $\boldsymbol{MT}+\boldsymbol{NC}=\boldsymbol{K}$。此时条件(8.9)同样可解。根据这些特解，可以构造降维观测器[54]。因此，一定存在着形如(8.8)的观测器。故一定存在着一致性协议，其维数与降维观测器的维数相同。对大多数系统，同样可

构造形如(8.8)的观测器，其维数低于降维观测器。

注释 8.6：当在控制协议中引入耦合参数，观测器的增益矩阵的设计只取决于系统矩阵，而与网络拓扑图无关。这就意味着当网络拓扑发生变化时，只需调整参数 c，而无须重新设计一致性协议。为了构造较低维数的一致性协议，考虑如下的优化问题

$$\min s$$
$$s.t.\begin{cases}\bar{\boldsymbol{P}}\text{ 是正定的，且满足 }\bar{\boldsymbol{P}}\boldsymbol{A}^{\mathrm{T}}+\boldsymbol{A}\bar{\boldsymbol{P}}<\boldsymbol{B}\boldsymbol{B}^{\mathrm{T}},\\ \boldsymbol{F}\in\mathbf{R}^{s}\text{ 是稳定阵，}\\ \boldsymbol{T}\boldsymbol{A}-\boldsymbol{F}\boldsymbol{T}=\boldsymbol{G}\boldsymbol{C},\\ \boldsymbol{M}\boldsymbol{T}+\boldsymbol{N}\boldsymbol{C}=\boldsymbol{B}\bar{\boldsymbol{P}}^{-1},\\ \boldsymbol{H}=\boldsymbol{T}\boldsymbol{B}\text{。}\end{cases}\tag{8.38}$$

此时，反馈矩阵为 $\boldsymbol{K}=\boldsymbol{B}\bar{\boldsymbol{P}}^{-1}$。

注释 8.7：由定理 8.1 和 8.2 的证明过程，不难看出基于协议(8.8)和(8.32)的多智能体系统(8.2)～(8.3)的衰减速度分别由误差系统(8.17)和(8.34)的衰减速度决定的。误差系统(8.17)和式(8.34)的衰减速度至少是 $\beta=\zeta-\dfrac{\ln\mu}{2\tau_a}>0$，其中，$\dfrac{\ln\mu}{2\tau_a}$ 代表切换的有效性。为了得到较大的衰减速度，选取协议(8.8)和(8.34)中的增益矩阵，得到足够大的 ζ。对线性系统 $\dot{x}=\boldsymbol{A}x$，如果它的所有特征根都位于 $\mathrm{Re}(s)<-\alpha$ 的左半平面，它的衰减速度至少为 α。不难看出，如果存在正定矩阵 $\boldsymbol{P}>0$ 满足 $\boldsymbol{A}^{\mathrm{T}}\boldsymbol{P}+\boldsymbol{P}\boldsymbol{A}+2\alpha\boldsymbol{P}<0$，则衰减速度将大于 α。由于$(\boldsymbol{A},\boldsymbol{B})$可稳定，可知$(\boldsymbol{A}+\alpha\boldsymbol{I},\boldsymbol{B})$同样是可稳定的。则下面的 Riccati 方程

$$(\boldsymbol{A}+\alpha\boldsymbol{I})^{\mathrm{T}}\boldsymbol{P}+\boldsymbol{P}(\boldsymbol{A}+\alpha\boldsymbol{I})-\boldsymbol{P}\boldsymbol{B}\boldsymbol{B}^{\mathrm{T}}\boldsymbol{P}+\boldsymbol{Q}<0\tag{8.39}$$

有一个唯一的正定矩阵 $\boldsymbol{P}$，利用该矩阵可构造增益矩阵 $\boldsymbol{K}$，$\boldsymbol{K}=\boldsymbol{B}^{\mathrm{T}}\boldsymbol{P}$。由方程(8.39)，可证明

$$\begin{aligned}&[\boldsymbol{I}\otimes\boldsymbol{A}-\boldsymbol{H}_{\sigma}\otimes(c\boldsymbol{B}\boldsymbol{K})]^{\mathrm{T}}(\boldsymbol{P}_{\sigma}\otimes\boldsymbol{P})+(\boldsymbol{P}_{\sigma}\otimes\boldsymbol{P})[\boldsymbol{I}\otimes\boldsymbol{A}-\boldsymbol{H}_{\sigma}\otimes(c\boldsymbol{B}\boldsymbol{K})]\leqslant\\&-(2\alpha\boldsymbol{P}_{\sigma}\otimes\boldsymbol{P}+\boldsymbol{P}_{\sigma}\otimes\boldsymbol{Q})\end{aligned}\tag{8.40}$$

这就意味着 $\boldsymbol{I}\otimes\boldsymbol{A}-\boldsymbol{H}_{\sigma}\otimes(c\boldsymbol{B}\boldsymbol{K})$ 的特征根都落在 $\mathrm{Re}(s)<-\alpha$ 的左半平面。当条件(8.9)满足，$\boldsymbol{F}_i$ 的所有特征根都落在 $x=-\alpha$ 的左半平面。此时衰减速度至少为 $\alpha-\dfrac{\ln\mu}{2\tau_a}$。而引理 8.1 和引理 8.2 中的衰减速度至少为 α。

8.5 数值仿真

本节通过实际例子来说明理论结果的有效性。考虑由一个领导和四个跟随者所组成的多智能体系统。跟随者和领导的动力学分别如方程(8.2)和方程(8.3)，其系统矩阵如下

$$\boldsymbol{A}=\begin{bmatrix}0 & -3 & 1 & -1\\4 & -5 & 2 & 0\\4 & 0 & -2 & 0\\1 & -1 & 1 & 2\end{bmatrix},\ \boldsymbol{B}=\begin{bmatrix}0\\1\\0\\-1\end{bmatrix},\ \boldsymbol{C}=\begin{bmatrix}-1 & 0 & 0 & 1\end{bmatrix}$$

系统矩阵 $\boldsymbol{A}$ 是不稳定矩阵。图 8.1 表示网络拓扑结构在这三幅图中任意切换。平均逗留时间 τ_a 的取值为 $\tau_a=1.6$。 假定拓扑结构在图 8.1 的这三幅图中任意切换，且切换周期为 1.6。为了便于叙述，拓扑图的权值假定均为 1，且所有跟随者采取如下的局部观测器。

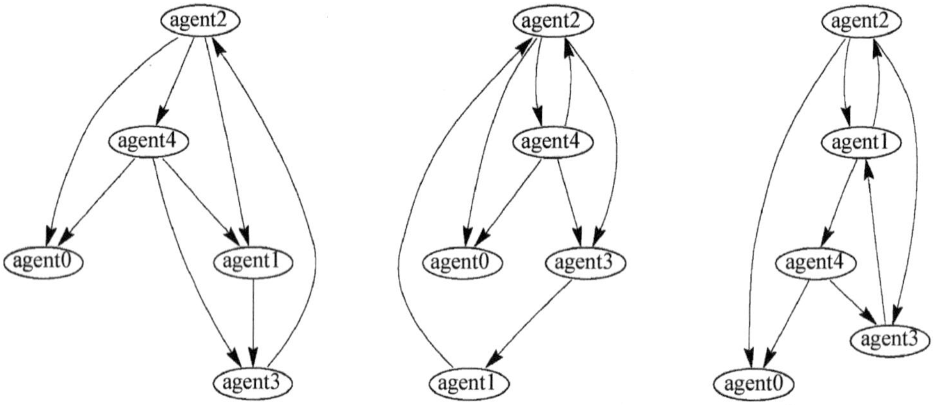

图 8.1 拓扑图

根据条件(8.13)选取 $c=4.15$。 正定对称矩阵 $\boldsymbol{Q}$ 为

$$\boldsymbol{Q}=\begin{bmatrix}20 & -30 & 27.5 & -2\\-30 & 12 & 2 & -4\\27.5 & 2 & -27 & -2\\-2 & -4 & -2 & -4\end{bmatrix}$$

通过求解 Riccati 方程(8.15)得到

$$P=\begin{bmatrix}-2 & -2 & 0 & 0\\ -2 & 2 & 0.5 & 0\\ 0 & 0.5 & -6 & 0.5\\ 0 & 0 & 0.5 & 2\end{bmatrix}$$

并可得

$$K=B^{\mathrm{T}}P=[-2\quad 2\quad 0\quad -2]$$

而且,下列的矩阵 T, F, G, M 以及 N 均满足条件(8.9)

$$T=\begin{bmatrix}-1 & 1 & 0 & -1\\ -0.1818 & -0.0909 & 0.3636 & -0.3636\end{bmatrix},\ F=\begin{bmatrix}-1 & 0\\ 1 & -4\end{bmatrix},$$

$$G=\begin{bmatrix}-2\\ -1\end{bmatrix},\ M=[2,\quad 0],\ N=[0]$$

所有智能体的观测器采取相同的增益矩阵。分别利用协议(8.8)和(8.37)解决一致性问题。假定 $e_i=x_i-x_0$ 为跟踪误差。而图 8.2 和图 8.3 分别表示利用协议(8.8)和(8.37)所得到的跟踪误差。由图可知,尽管矩阵 A 不稳定,但所构造的协议均能使多智能体系统实现一致,且所构造的函数观测器的维数为 2。而如果是采取全维或降维观测器的话,维数分别为 4 和 3,由此可得函数观测器具有更低的维数。

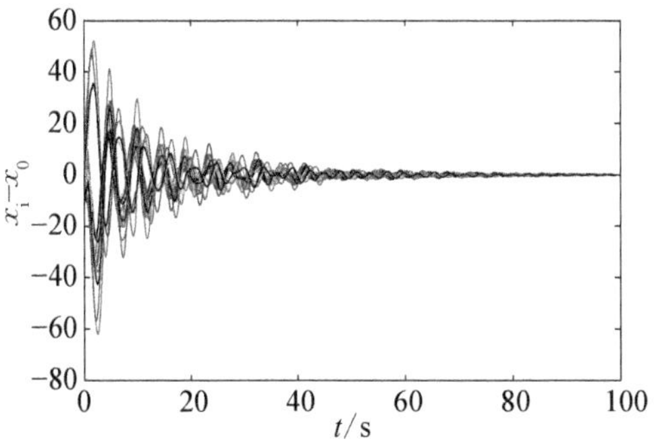

图 8.2　利用协议(8.8)所得跟踪误差

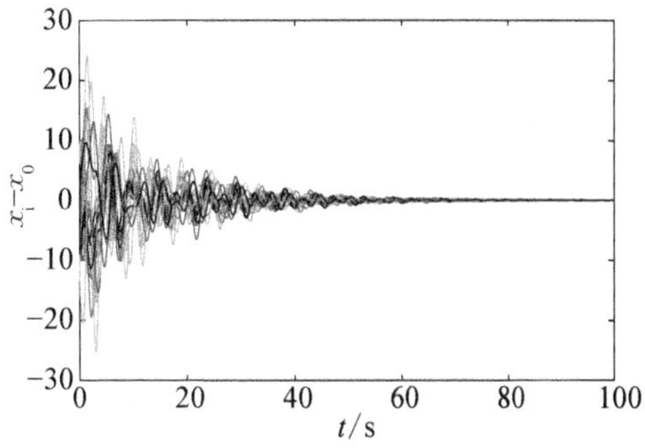

图 8.3　利用协议(8.37)所得跟踪误差

8.6　本章小结

本章,考虑带领导的多智能体系统的一致性问题,其网络拓扑图是有向连通的。利用函数观测器构造了一类一致性协议，利用该协议可以构造更低维数的反馈协议。利用分段的 Lyapunov 函数，并结合平均逗留时间的方法，解决了一致性问题。而且还可以将所构造的协议直接应用于拓扑结构是固定或切换的平衡图上来，相关论文见文献[56]。

第 9 章　基于采样位置信息的二阶多智能体系统的一致性

9.1　引言

在现实生活中，由于数字传感器和控制器的广泛采用，智能体与它邻居之间的信息交流可能是周期性的而不是连续的，因此，用来设计控制协议的采样数据只能够在离散采样时获得。近年来，基于采样信息的控制研究引起了不少学者的兴趣，同时也得到了很多有价值的研究成果。文献[20]通过直接把连续系统离散化，提出了一个基于采样数据的一致性协议。文献[24]分别在固定和马尔可夫切换拓扑下提出了基于采样观测器的一致性协议。但是上面所提两个文献的结论都是基于二阶离散多智能体系统建立的，而非原受控的连续多智能体系统。在文献[111]中，作者通过采样控制建立了一个解决二阶采样多智能体系统一致性问题的充要条件。而文献[202]，则提出了一个基于采样位置信息的分布式一致性协议，文献[203]中提出了一个基于采样位置和速度信息的分布式一致性协议。在文献[219]中，作者研究了采样位置和速度的二阶多智能体一致性的牵引控制。文献[172]则研究了非线性动态的采样控制。

受以上工作启发，本章在有向固定拓扑下探讨基于采样观测器的二阶多智能体系统的一致性问题，在设计一致性协议时同时考虑了观测器和采样控制，从而使问题变得更加有趣且适用范围更广。因此，本章的主要工作在于提出了两种不同的二阶多智能体采样观测器一致性协议，不同于文献[24]，本章的观测器是连续时间动态，且分析与设计都基于多智能体系统本身，而非离散化的系统。通过运用矩阵论和采样控制分析方法，建立了一些有关耦合参数、拉普拉斯矩阵的谱和采样周期的一致性充要条件。

本章的一些符号标记如下：$\mathbf{R}^{m\times n}$ 和 $\mathbf{C}^{m\times n}$ 分别代表了 $m\times n$ 的实数集矩阵和复数集矩阵。$\|\cdot\|$ 表示欧几里得范数，用 $\mathbf{A}^{\mathrm{T}}$ 来表示 $\mathbf{A}$ 的转置，$\boldsymbol{I}_n$ 和 $\mathbf{0}_n$ 分别表示 n 维的单位矩阵和零矩阵，$\mathbf{1}_n\in\mathbf{R}^n$ 是所有元素为 1 的列向量。$\mathrm{Re}(\boldsymbol{\mu})$ 和 $\mathrm{Im}(\boldsymbol{\mu})$

分别表示复数 $\boldsymbol{\mu}$ 的实部和虚部。$\boldsymbol{A}\otimes\boldsymbol{B}$ 表示矩阵 $\boldsymbol{A}$ 和 $\boldsymbol{B}$ 的 Kronecker 积。如果 $\boldsymbol{A}$ 矩阵的所有特征根都在单位圆内，则 $\boldsymbol{A}$ 是 Schur 稳定的。如果多项式 $\boldsymbol{A}$ 的所有根有负实部，则 $\boldsymbol{A}$ 是稳定的。

9.2 预备知识以及问题描述

本节中，考虑一个由 N 个智能体组成的 n 维二阶多智能体系统，其中智能体之间的交互关系可以由一个简单的有向加权图描述。一个连续的二阶多智能体系统的动力学模型如下：

$$\begin{aligned}\dot{r}_i(t)&=v_i(t),\\ \dot{v}_i(t)&=u_i(t),\ i=1,\ \cdots,\ N\end{aligned}\tag{9.1}$$

其中，$r_i(t)\in\mathbf{R}^n$ 和 $v_i(t)\in\mathbf{R}^n$ 分别为第 i 个智能体的位置和速度状态，$u_i(t)\in\mathbf{R}^n$ 是控制输入。

N 个智能体之间的交互关系可以通过一个简单的加权有向图表示，令 $\bar{G}=(V,\ \varepsilon,\ A)$ 表示一个 N 阶的有向加权图，其中 $V=\{v_1,\ v_2,\ \cdots,\ v_N\}$ 是一组节点，$\varepsilon\subseteq V\times V$ 表示边的集合。邻接矩阵 $A=[a_{ij}]_{N\times N}$ 表示拓扑图 $\bar{G}$ 的结构，其中 $a_{ii}=0$，如果 $(v_j,\ v_i)\in\varepsilon$，即个体 v_i 能够接收到 v_j 的信息，则 $a_{ij}>0$；否则 $a_{ij}=0$。$N_i=\{j\mid(v_i,\ v_j)\in\varepsilon\}$ 表示节点 v_i 的邻居集合。拉普拉斯矩阵 $\boldsymbol{L}=[L_{ij}]_{N\times N}$，其中，$L_{ii}=\sum_{j\neq i}a_{ij}$ 和 $L_{ij}=-a_{ij}$ 对于 $i\neq j$。如果 $\bar{G}$ 是有向图，则拉普拉斯矩阵 $\boldsymbol{L}$ 至少有一个 0 特征值且其他非零特征值有正实部。此外，矩阵 $\boldsymbol{L}$ 只有一个 0 特征值当且仅当有向图 $\bar{G}$ 包含一个有向生成树（见文献[143]）。为了方便，记 μ_i，$i=1,\ 2,\ \cdots,\ N-1$ 为拉普拉斯矩阵 $\boldsymbol{L}$ 所有非零特征根。本章的拓扑图 $\bar{G}$ 满足下面假设。

假定 9.1： 拓扑图 $\bar{G}$ 包含一个有向生成树。

如果对于任意初始条件使得 $\lim\limits_{t\to\infty}(r_i(t)-r_j(t))=0$ 和 $\lim\limits_{t\to\infty}(v_i(t)-v_j(t))=0$，$\forall\ i,\ j=1,\ 2,\ \cdots,\ N$ 成立，则多智能体系统达到一致。同时，如果闭环系统能够达到一致，则称协议 $u_i(t)$ 能够解决多智能体系统的一致性问题。

由于计算机控制的广泛应用，因此控制协议内应考虑采样数据。令 $t_k=k\boldsymbol{T}$，$k=0,\ 1,\ 2,\ \cdots$，为采样时间，其中 $T>0$ 是采样周期。在许多实际应用中，由于速度测量的不精确或者设备在空间、成本等方面的限制导致速度信息不能直接获得。在研究中，假定只有位置信息 $r_i(t_k)$ 能够用来设计智能体的控制器。

本章主要的工作是基于采样位置设计分布式控制协议 $u_i(t)$ 使得闭环反馈系统能够达到一致。

在建立主要结论之前，引入一些引理来进行下面的收敛性分析。

引理 9.1：(见文献[143])对于复系数二次多项式 $\boldsymbol{s}^2+a\boldsymbol{s}+b=0$，它的所有根落在单位圆内当且仅当 $(1+a+b)\lambda^2+2(1-b)\lambda+b-a+1=0$ 的所有根有负实部。

引理 9.2：(见文献[128])考虑如下复系数二次多项式

$$f(\boldsymbol{s})=\boldsymbol{s}^2+(\theta_1+\mathrm{i}\delta_1)\boldsymbol{s}+\theta_0+\mathrm{i}\delta_0 \tag{9.2}$$

其中，θ_1，θ_0，δ_1 和 δ_0 是实数。则 $f(\boldsymbol{s})$ 是稳定的，当且仅当条件 $\theta_1>0$ 和 $\theta_1\delta_1\delta_0+\theta_1^2\theta_0-\delta_0^2>0$ 成立。

引理 9.3：考虑一个如下形式的采样系统

$$\dot{x}(t)=\boldsymbol{A}_1x(t)+\boldsymbol{A}_2x(t_k),\ t\in[t_k,\ t_{k+1}) \tag{9.3}$$

则系统(9.3)是渐近稳定的当且仅当矩阵 $\mathrm{e}^{\boldsymbol{A}_1T}+\int_0^T\mathrm{e}^{\boldsymbol{A}_1t}\mathrm{d}t\boldsymbol{A}_2$ 是 Schur 稳定的。

证明：必要性：分别对系统(9.3)两边从 t_k 到 t 进行积分，可得到

$$x(t)=\mathrm{e}^{\boldsymbol{A}_1(t-t_k)}x(t_k)+\int_0^{t-t_k}\mathrm{e}^{\boldsymbol{A}_1s}\mathrm{d}s\boldsymbol{A}_2x(t_k),\ t\in[t_k,\ t_{k+1}) \tag{9.4}$$

因此可导出

$$x(t_{k+1})=\left(\mathrm{e}^{\boldsymbol{A}_1T}+\int_0^T\mathrm{e}^{\boldsymbol{A}_1t}\mathrm{d}t\boldsymbol{A}_2\right)x(t_k) \tag{9.5}$$

当系统(9.3)是渐近稳定的时候，可以知道 $\lim\limits_{t\to\infty}x(t)=0$。因此，可以得到 $\lim\limits_{k\to\infty}x(t_k)=0$，这意味着离散时间系统(9.5)是渐近稳定的，也就是说 $\mathrm{e}^{\boldsymbol{A}_1T}+\int_0^T\mathrm{e}^{\boldsymbol{A}_1t}\mathrm{d}t\boldsymbol{A}_2$ 是 Schur 稳定的。

充分性：当 $\mathrm{e}^{\boldsymbol{A}_1T}+\int_0^T\mathrm{e}^{\boldsymbol{A}_1t}\mathrm{d}t\boldsymbol{A}_2$ 是 Schur 稳定的，有 $\lim\limits_{k\to\infty}x(t_k)=0$。显然 $\left\|\mathrm{e}^{\boldsymbol{A}_1(t-t_k)}+\int_0^{t-t_k}\mathrm{e}^{\boldsymbol{A}_1s}\mathrm{d}s\boldsymbol{A}_2\right\|$，$t\in[t_k,\ t_{k+1})$ 是有界的。因此，根据式(9.4)有 $\lim\limits_{t\to\infty}x(t)=0$，系统(9.3)渐近稳定。

9.3 基于采样观测器的一致性分析

在这一节中，研究了在固定拓扑中二阶采样多智能体系统的一致性问题。并分别提出了基于全维和降维的采样观测器一致性协议使得多智能体系统能够达到一致。

9.3.1 基于全维采样观测器协议的设计及一致性分析

假设拓扑图 $\bar{G}$ 是有向图，考虑智能体 i 基于采样数据的全维观测器：

$$\begin{aligned}&\dot{\hat{r}}_i(t)=\hat{v}_i(t)-h_1(\hat{r}_i(t_k)-r_i(t_k)),\\&\dot{\hat{v}}_i(t)=u_i(t)-h_2(\hat{r}_i(t_k)-r_i(t_k)),\ t\in[t_k,\ t_{k+1})\end{aligned}\tag{9.6}$$

其中，$\hat{r}_i$ 和 $\hat{v}_i$ 分别为第 i 个智能体的位置 r_i 和速度 v_i 的估计变量，h_1, h_2 是需要被设计的控制参数。

应用零阶保持器方法，提出了如下分布式一致性协议

$$u_i(t)=k_1\sum_{j=1}^{N}a_{ij}(\hat{r}_j(t_k)-\hat{r}_i(t_k))+k_2\sum_{j=1}^{N}a_{ij}(\hat{v}_j(t_k)-\hat{v}_i(t_k)),\ t\in[t_k,\ t_{k+1})\tag{9.7}$$

其中，k_1, k_2 是适当的正因子。

下面给出了一个与耦合参数、采样周期和拉普拉斯矩阵谱有关的一致性条件。

定理 9.1： 假设有向图 $\bar{G}$ 包含有向生成树。则控制协议(9.7)能够解决系统的一致性问题当且仅当所有正常数 k_1, k_2, h_1, h_2 和 T 满足

$$\frac{k_2}{Tk_1}>\frac{1}{2},\ \frac{h_1}{Th_2}>\frac{1}{2},\ T<\frac{2}{h_1}\tag{9.8}$$

$$\left(1-\frac{2k_2}{Tk_1}\right)^2\left(\frac{2\mathrm{Re}(\boldsymbol{\mu}_i)}{T\|\boldsymbol{\mu}_i\|^2}-k_2\right)-\frac{8\mathrm{Im}(\boldsymbol{\mu}_i)^2}{T^3k_1\|\boldsymbol{\mu}_i\|^4}>0,\ i=2,\ \cdots,\ N\tag{9.9}$$

证明： 定义 $e_{ri}(t)=\hat{r}_j(t)-r_i(t)$ 和 $e_{vi}(t)=\hat{v}_j(t)-v_i(t)$。则根据式(9.1)和式(9.6)有

$$\begin{aligned}&\dot{e}_{ri}(t)=e_{vi}(t)-h_1e_{ri}(t_k),\\&\dot{e}_{vi}(t)=-h_2e_{ri}(t_k),\ t\in[t_k,\ t_{k+1})\end{aligned}\tag{9.10}$$

根据引理 9.3,不难发现位置和速度的估计误差渐近收敛到 0 当且仅当下面矩阵是 Schur 稳定的

$$\begin{aligned}\boldsymbol{F}_1 &\triangleq \exp\left\{\begin{bmatrix}0 & 1\\0 & 0\end{bmatrix}T\right\}+\int_0^T \exp\left\{\begin{bmatrix}0 & 1\\0 & 0\end{bmatrix}t\right\}\mathrm{d}t\begin{bmatrix}-h_1 & 0\\-h_2 & 0\end{bmatrix}\\&=\begin{bmatrix}1-h_1T-\dfrac{1}{2}h_2T^2 & T\\-h_2T & 1\end{bmatrix}\end{aligned}$$

再令 $\boldsymbol{\varphi}_i=[\boldsymbol{r}_i^{\mathrm{T}},\ \boldsymbol{v}_i^{\mathrm{T}},\ \boldsymbol{e}_{ri}^{\mathrm{T}},\ \boldsymbol{e}_{vi}^{\mathrm{T}}]^{\mathrm{T}}$。结合式(9.1),式(9.7)和式(9.10),则闭环系统的动态可以表示成:

$$\dot{\boldsymbol{\varphi}}_i(t)=\boldsymbol{A}\otimes\boldsymbol{I}_n\boldsymbol{\varphi}_i(t)+\boldsymbol{B}\otimes\boldsymbol{I}_n\boldsymbol{\varphi}_i(t_k)-\sum_{j=1}^{N}a_{ij}\boldsymbol{C}\otimes\boldsymbol{I}_n\boldsymbol{\varphi}_i(t_k),\ t\in[t_k,\ t_{k+1}) \tag{9.11}$$

其中,

$$\boldsymbol{A}=\begin{bmatrix}0&1&0&0\\0&0&0&0\\0&0&0&1\\0&0&0&0\end{bmatrix},\ \boldsymbol{B}=\begin{bmatrix}0&0&0&0\\0&0&0&0\\0&0&-h_1&0\\0&0&-h_2&0\end{bmatrix},\ \boldsymbol{C}=\begin{bmatrix}0&0&0&0\\k_1&k_2&k_1&k_2\\0&0&0&0\\0&0&0&0\end{bmatrix} \tag{9.12}$$

通过定义 $\boldsymbol{\varphi}=[\boldsymbol{\varphi}_1^{\mathrm{T}},\ \cdots,\ \boldsymbol{\varphi}_N^{\mathrm{T}}]^{\mathrm{T}}$,则上面闭环系统等价于下式

$$\dot{\boldsymbol{\varphi}}(t)=(\boldsymbol{I}_N\otimes\boldsymbol{A}\otimes\boldsymbol{I}_n)\boldsymbol{\varphi}(t)+(\boldsymbol{I}_N\otimes\boldsymbol{B}\otimes\boldsymbol{I}_n)\boldsymbol{\varphi}(t_k)-(\boldsymbol{L}\otimes\boldsymbol{C}\otimes\boldsymbol{I}_n)\boldsymbol{\varphi}(t_k) \tag{9.13}$$

当所有的系统(9.10)$i=1,\ 2,\ \cdots,\ N$ 是稳定的,不难发现多智能体系统(9.1)在控制协议(9.7)下达到一致当且仅当系统(9.13)达到一致。

如果图 G 是有向的且包含有向生成树,根据引理可知,拉普拉斯矩阵 $\boldsymbol{L}$ 有且只有一个零特征值。因此,有 $\boldsymbol{L}\boldsymbol{1}_N=\boldsymbol{0}_N$,而且存在非负向量 $\boldsymbol{p}\in\mathbf{R}^N$ 使得 $\boldsymbol{p}^{\mathrm{T}}\boldsymbol{L}=\boldsymbol{0}_{1\times N}$, $\boldsymbol{p}^{\mathrm{T}}\boldsymbol{1}_N=\boldsymbol{1}$。下面定义 $\boldsymbol{J}$ 为拉普拉斯矩阵 $\boldsymbol{L}$ 的约当型,可知存在非奇异矩阵 $\boldsymbol{T}\in\mathbf{R}^{N\times N}$, $\boldsymbol{Y}\in\mathbf{R}^{N\times(N-1)}$ 使得

$$\boldsymbol{T}=[\boldsymbol{1}_N\quad\boldsymbol{Y}],\ \boldsymbol{T}^{-1}\boldsymbol{L}\boldsymbol{T}=\boldsymbol{J}=\begin{bmatrix}0&0\\0&\bar{\boldsymbol{J}}\end{bmatrix} \tag{9.14}$$

其中,$\bar{\boldsymbol{J}}=\mathrm{diag}(J_1,\ J_2,\ \cdots,\ J_s)$,$\boldsymbol{J}_l$ 是关于$\boldsymbol{L}$ 的非零特征值μ_l 的约当块,几何重数

为 N_l, $l=1, 2, \cdots, s$,且有 $\sum_{l=1}^{s} N_l = N-1$。容易看出 $\boldsymbol{T}^{-1}=\begin{bmatrix}\boldsymbol{r}^{\mathrm{T}} \\ \boldsymbol{S}\end{bmatrix}$。由于 $\boldsymbol{T}^{-1}\boldsymbol{T}=\boldsymbol{I}$,因此 $\boldsymbol{r}^{\mathrm{T}}\boldsymbol{1}_N=\boldsymbol{1}$, $\boldsymbol{r}^{\mathrm{T}}\boldsymbol{Y}=\boldsymbol{0}$, $\boldsymbol{S1}=\boldsymbol{0}$ 和 $\boldsymbol{SY}=\boldsymbol{I}_N$。然后可以直接证明

$$\boldsymbol{T}^{-1}(\boldsymbol{I}_N-\boldsymbol{1}\boldsymbol{r}^{\mathrm{T}})\boldsymbol{T}=\boldsymbol{T}^{-1}\boldsymbol{T}-\boldsymbol{T}^{-1}\boldsymbol{1}\boldsymbol{r}^{\mathrm{T}}\boldsymbol{T}=\begin{bmatrix}0 & 0 \\ 0 & \boldsymbol{I}_{N-1}\end{bmatrix}$$

令 $\boldsymbol{\xi}(t)=(\boldsymbol{T}^{-1}\otimes\boldsymbol{I}_{4n})\boldsymbol{\varphi}(t)$,则系统(9.13)可以等价于下面形式:

$$\dot{\boldsymbol{\xi}}(t)=(\boldsymbol{I}_N\otimes\boldsymbol{A}\otimes\boldsymbol{I}_n)\boldsymbol{\xi}(t)+(\boldsymbol{I}_N\otimes\boldsymbol{B}\otimes\boldsymbol{I}_n)\boldsymbol{\xi}(t_k)-(\boldsymbol{J}\otimes\boldsymbol{C}\otimes\boldsymbol{I}_n)\boldsymbol{\xi}(t_k) \tag{9.15}$$

可以把上式分离成两个子系统:一个是

$$\dot{\boldsymbol{\xi}}^0(t)=\boldsymbol{A}\otimes\boldsymbol{I}_n\boldsymbol{\xi}^0(t)+\boldsymbol{B}\otimes\boldsymbol{I}_n\boldsymbol{\xi}^0(t_k) \tag{9.16}$$

另一个为

$$\begin{aligned}\dot{\boldsymbol{\xi}}^1(t)=&(\boldsymbol{I}_{N-1}\otimes\boldsymbol{A}\otimes\boldsymbol{I}_n)\boldsymbol{\xi}^1(t)+(\boldsymbol{I}_{N-1}\otimes\boldsymbol{B}\otimes\boldsymbol{I}_n)\boldsymbol{\xi}^1(t_k)-\\&(\bar{\boldsymbol{J}}\otimes\boldsymbol{C}\otimes\boldsymbol{I}_n)\boldsymbol{\xi}^1(t_k)\end{aligned} \tag{9.17}$$

其中,$\boldsymbol{\xi}=[\boldsymbol{\xi}^{0\mathrm{T}}, \boldsymbol{\xi}^{1\mathrm{T}}]^{\mathrm{T}}$。

$\boldsymbol{e}_{\varphi i}$ 表示

$$\boldsymbol{e}_{\varphi i}=\boldsymbol{\varphi}_i-\sum_{j=1}^{N}\boldsymbol{r}_j\boldsymbol{\varphi}_j,\ i=1, \cdots, N \tag{9.18}$$

显然,对所有 $\boldsymbol{e}_{\varphi i}=0\ (i=1, 2, \cdots, N)$ 当且仅当 $\varphi_i=\varphi_j(i, j=1, 2, \cdots, N)$,系统(9.13)达到一致。令

$$\boldsymbol{e}_{\varphi}=[\boldsymbol{e}_{\varphi 1}^{\mathrm{T}}, \boldsymbol{e}_{\varphi 2}^{\mathrm{T}}, \cdots, \boldsymbol{e}_{\varphi N}^{\mathrm{T}}]^{\mathrm{T}}$$

则有

$$\boldsymbol{e}_{\varphi}=((\boldsymbol{I}_N-\boldsymbol{1}\boldsymbol{r}^{\mathrm{T}})\otimes\boldsymbol{I}_n)\varphi$$

因此可以得到

$$(\boldsymbol{T}^{-1}\otimes\boldsymbol{I})\boldsymbol{e}_{\varphi}=(\boldsymbol{T}^{-1}\otimes\boldsymbol{I})((\boldsymbol{I}_N-\boldsymbol{1}\boldsymbol{r}^{\mathrm{T}})\otimes\boldsymbol{I})(\boldsymbol{T}\otimes\boldsymbol{I})\boldsymbol{\xi}=\begin{bmatrix}0 & 0 \\ 0 & \boldsymbol{I}_{N-1}\end{bmatrix}\otimes\boldsymbol{I}\boldsymbol{\xi}=\begin{bmatrix}0 \\ \boldsymbol{\xi}^1\end{bmatrix}$$

通过上面的分析,我们知道多智能体系统(9.13)能够达到一致当且仅当 $\lim_{t\to\infty}\dot{\boldsymbol{\xi}}^1(t)=0$,即系统(9.17)是稳定的。

根据引理 9.3,可以知道系统(9.17)是稳定的当且仅当矩阵

$$e^{I_{N-1}\otimes A\otimes I_n T}+\int_0^T e^{I_{N-1}\otimes A\otimes I_n t}\mathrm{d}t(I_{N-1}\otimes B\otimes I_n-\bar{J}\otimes C\otimes I_n)$$

是 Schur 稳定的。可以看出

$$e^{I_{N-1}\otimes A\otimes I_n T}+\int_0^T e^{I_{N-1}\otimes A\otimes I_n t}\mathrm{d}t(I_{N-1}\otimes B\otimes I_n-\bar{J}\otimes C\otimes I_n)$$

是块上三角矩阵,其中对角块矩阵为

$$e^{AT}+\int_0^T e^{At}\mathrm{d}t(B-\mu_i C),\ i=2,\ 3,\ \cdots,\ N$$

所以,控制协议(9.7)能够解决多智能体系统的一致性问题当且仅当矩阵

$$e^{AT}+\int_0^T e^{At}\mathrm{d}t(B-\mu_i C)$$

是 Schur 稳定的,也就是所有特征根在单位圆内。接下来,证明在条件(9.8)和(9.9)下

$$e^{AT}+\int_0^T e^{At}\mathrm{d}t(B-\mu_i C)$$

是 Schur 稳定的。

根据式(9.12),经过一个简单的计算有

$$e^{AT}=\begin{pmatrix}1&T&0&0\\0&1&0&0\\0&0&1&T\\0&0&0&1\end{pmatrix}。$$

同时可以得到下面矩阵

$$\begin{aligned}&e^{AT}+\int_0^T e^{At}\mathrm{d}t(B-\mu_i C)\\&=\begin{bmatrix}1-\frac{1}{2}k_1T^2\mu_i & T-\frac{1}{2}k_2T^2\mu_i & -\frac{1}{2}k_1T^2\mu_i & -\frac{1}{2}k_2T^2\mu_i\\ -k_1T\mu_i & 1-k_2T\mu_i & -k_1T\mu_i & -k_2T\mu_i\\ 0 & 0 & 1-h_1T-\frac{1}{2}h_2T^2 & T\\ 0 & 0 & -h_2T & 1\end{bmatrix}\end{aligned}\tag{9.19}$$

令

$$\boldsymbol{F}_{2i}=\begin{bmatrix}1-\frac{1}{2}k_1T^2\mu_i & T-\frac{1}{2}k_2T^2\mu_i\\ -k_1T\mu_i & 1-k_2T\mu_i\end{bmatrix} \tag{9.20}$$

如果矩阵 $\boldsymbol{F}_1$ 和 $\boldsymbol{F}_{2i}$ 是 Schur 稳定的，则

$$\mathrm{e}^{\boldsymbol{A}T}+\int_0^T \mathrm{e}^{\boldsymbol{A}t}\mathrm{d}t(\boldsymbol{B}-\mu_i\boldsymbol{C})$$

是 Schur 稳定的。因此，多智能体系统(9.1)在控制协议(9.7)下能够达到一致且位置和速度的估计误差渐近收敛到 0 当且仅当 $\boldsymbol{F}_1$ 和 $\boldsymbol{F}_{2i}$ 是 Schur 稳定的。

矩阵 $\boldsymbol{F}_{2i}$ 和 $\boldsymbol{F}_1$ 的特征方程 $|s\boldsymbol{I}-\boldsymbol{F}_{2i}|=0$ 和 $|s\boldsymbol{I}-\boldsymbol{F}_1|=0$ 分别有下列形式：

$$s^2+\left(\frac{1}{2}k_1T^2\mu_i+k_2T\mu_i-2\right)s+\frac{1}{2}k_1T^2\mu_i-k_2T\mu_i+1=0 \tag{9.21}$$

$$s^2+\left(h_1T+\frac{1}{2}h_2T^2-2\right)s-h_1T+\frac{1}{2}h_2T^2+1=0 \tag{9.22}$$

实际上，令 $s=\dfrac{\lambda+1}{\lambda-1}$，则方程(9.21)转换成下面式子

$$k_1T^2\mu_i\lambda^2+(2k_2T\mu_i-k_1T^2\mu_i)\lambda+4-2k_2T\mu_i=0 \tag{9.23}$$

根据引理 9.1，可知式(9.21)的根在单位圆内当且仅当式(9.23)的根在左半开平面内。因此，$\boldsymbol{F}_{2i}$ 是 Schur 稳定的当且仅当式(9.23)的所有根有负实部。

根据引理 9.2，式(9.23)是稳定的当且仅当

$$\frac{k_2}{Tk_1}>\frac{1}{2}\left(1-\frac{2k_2}{Tk_1}\right)^2\left(\frac{4\mathrm{Re}(\mu_i)}{T^2k_1\|\mu_i\|^2}-\frac{2k_2}{Tk_1}\right)-\frac{16\mathrm{Im}(\mu_i)^2}{T^4k_1^2\|\mu_i\|^4}>0 \tag{9.24}$$

利用相同的方法分析方程(9.22)，可以得到方程(9.22)的根在单位圆内当且仅当满足条件 $\dfrac{h_1}{Th_2}>\dfrac{1}{2}$ 和 $T<-\dfrac{2}{h_1}$。因此，二阶多智能体系统(9.1)在控制协议(9.7)下能够达到一致当且仅当式(9.8)和式(9.9)成立。证明完毕。

注释 9.1：根据方程(9.10)，位置和速度的估计误差渐近收敛到 0 当且仅当 $\boldsymbol{F}_1$ 是 Schur 稳定的，从上面可以看出当 $T<\min\left\{\dfrac{2h_1}{h_2},\dfrac{2}{h_1}\right\}$ 时，位置和速度的估计误差渐近收敛到 0 而当 $h_1=0$ 和 $h_2=0$ 时，$\boldsymbol{F}_1$ 不是 Schur 稳定的，此时应该选择大的 T 和小的 h_1，h_2，但是，小的 h_1 和 h_2 会降低收敛率。

当 $T\to 0$，则协议(9.7)退化成基于连续时间观测器的一致性协议

$$\begin{aligned}&\dot{\hat{r}}_i(t)=\hat{v}_i(t)-h_1(\hat{r}_i(t)-r_i(t)),\\&\dot{\hat{v}}_i(t)=u_i(t)-h_2(\hat{r}_i(t)-r_i(t)),\\&u_i(t)=k_1\sum_{j=1}^{N}a_{ij}(\hat{r}_j(t)-\hat{r}_i(t))+k_2\sum_{j=1}^{N}a_{ij}(\hat{v}_j(t)-\hat{v}_i(t))。\end{aligned}\tag{9.25}$$

同时根据已建立的条件式(9.8)和式(9.9)，容易得出基于连续时间观测器协议(9.25)的一致性条件如下。

推论 9.1： 假设有向图 $\bar{G}$ 包含有向生成树。则多智能体系统(9.1)在分布式连续时间观测器控制协议(9.25)下能够达到一致且位置和速度的估计误差渐近收敛到 0 当且仅当所有参数满足下面条件：

$$\frac{k_2^2}{k_1}>\max_{i=2,\cdots,N}\left\{\frac{\mathrm{Im}^2(\mu_i)}{\mathrm{Re}(\mu_i)\|\mu_i\|^2}\right\}\tag{9.26}$$

证明： 根据定理 9.1，当 $T\to 0$ 时，条件(9.8)必定满足。另一方面，条件(9.9)能够表达成如下形式

$$\left(T-\frac{2k_2}{k_1}\right)^2\left(\frac{4\mathrm{Re}(\mu_i)}{k_1\|\mu_i\|^2}-\frac{2k_2T}{k_1}\right)-\frac{16\mathrm{Im}(\mu_i)^2}{k_1^2\|\mu_i\|^4}>0\tag{9.27}$$

当 $T\to 0$ 时，式(9.27)退化成

$$\left(\frac{2k_2}{k_1}\right)^2\frac{4\mathrm{Re}(\mu_i)}{k_1\|\mu_i\|^2}-\frac{16\mathrm{Im}(\mu_i)^2}{k_1^2\|\mu_i\|^4}>0,$$

因此，可以获得一致性条件(9.26)。

条件(9.26)与文献[199]状态一致性协议

$$u_i(t)=k_1\sum_{j=1}^{N}a_{ij}(r_j(t)-r_i(t))+k_2\sum_{j=1}^{N}a_{ij}(v_j(t)-v_i(t)),$$

所建立的一致性条件相同。通过采用全维状态观测器(9.25)，则不需要额外的条件来达到一致性。接下来将要探究在条件(9.26)下 T 的上界。

为了方便，定义

$$f_i(s)=\left(T-\frac{2k_2}{k_1}\right)^2\left(\frac{4\mathrm{Re}(\mu_i)}{k_1\|\mu_i\|^2}-\frac{2k_2T}{k_1}\right)-\frac{16\mathrm{Im}(\mu_i)^2}{k_1^2\|\mu_i\|^4}。\tag{9.28}$$

显然容易看出 $f_i(s)$ $(i=2,\cdots,N)$至少有一个零点。令 s_i^* 为 $f_i(s)=0$ 的最小值，因此得到如下条件。

定理 9.2：假设有向图 G 包含有向生成树。则存在一个正常数 T^*，使得对于任意 $T<T^*$ 协议(9.7)能够解决一致性当且仅当条件(9.26)成立。此外，

$$T^*=\min\left(\frac{2k_2}{k_1},\ \frac{2h_1}{h_2},\ \frac{2}{h_2},\ s_i^*\right)\ (i=2,\ \cdots,\ N) \tag{9.29}$$

证明：必要性显然。接下来证明充分性。当条件(9.26)成立，不难看出(9.29)是符合定义的。显然，当 $T<T^*$ 时，条件(9.8)成立。另一方面，若 $T<T^*\leqslant s_i^*$，则 $f_i(T)>0$，这表明条件(9.9)成立。根据定理 9.1 可知，对于任意 $T<T^*$，一致性问题能够通过协议(9.7)得到解决。

下面考虑特殊情况，图 G 是无向连通的时候，通过定理 9.1 和 9.2 能够导出下面推论。

推论 9.2：假设图 $\bar{G}$ 是无向连通的。则二阶多智能体系统一致性问题能够解决，当且仅当 k_1，k_2，h_1，h_2 和 T 满足下列条件

$$T<\min\left(\frac{2k_2}{k_1},\ \frac{2h_1}{h_2},\ \frac{2}{h_2},\ \frac{2}{k_2\mu_i}\right)\ (i=2,\ \cdots,\ N) \tag{9.30}$$

证明：当拓扑图 $\bar{G}$ 无向连通的时候，通过定理可以知道拉普拉斯矩阵 $\boldsymbol{L}$ 是对称和正半定的。此外，可以知道 μ_i，$i=2,\ 3,\ \cdots,\ N$ 是正实数，也就意味着，$\mathrm{Im}(\mu_i)=0$ 和 $\mathrm{Re}(\mu_i)>0$。因此，推论 9.2 能够直接从定理 9.2 中得到。

注释 9.2：当条件(9.26)成立，可以得到 $f_i(s)>0$ 和 $f_i(+\infty)<0\ (i=1,\ 2,\ \cdots,\ N-1)$，其中 $f_i(s)\ (i=1,\ 2,\ \cdots,\ N-1)$ 至少有一个正零点。此外有

$$0<s^*<\min\left\{\frac{2k_2}{k_1},\ \frac{\mathrm{Re}(\mu_i)}{k_2\parallel\ |\mu_i\parallel\ |^2}\right\}。$$

因此方程(9.29)定义的 T^* 是正的。根据定理 9.2，当采样周期 T 充分小的时候，如果条件(9.26)成立，则一致性问题能够通过协议(9.7)解决。对于一个给定的采样周期 T，可以在无向联通拓扑下设计协议(9.7)中的增益参数。令 $\mu_{\max}$ 为矩阵 $\boldsymbol{L}$ 的最大特征值，则参数可以在区间 $0<k_2<\dfrac{2}{T_{\max}}$，$0<k_1<\dfrac{2k_2}{T}$，$0<h_1<\dfrac{2}{T}$，$0<h_2<\dfrac{h_1}{T}$ 中选择。

9.3.2　基于降维采样观测器协议的设计及一致性分析

在一些实际应用中，智能体能够连续接收它的位置信息，但是也可能与它的邻

居进行周期性的交流。在本节中，假设智能体能够获得它本身的位置信息，但是只有它的邻居能够获得采样信息，接下来提出了一个基于降维观测器的采样一致性协议。

考虑如下关于智能体 i 的降维观测器

$$\begin{aligned}\dot{z}_i(t) &= -gz_i(t) - g^2 r_i(t) + u_i(t),\\ \hat{v}_i(t) &= z_i(t) + gr_i(t),\ i = 1,\ \cdots,\ N,\ t \in [t_k,\ t_{k+1})\end{aligned} \tag{9.31}$$

其中，$z_i(t)$是协议状态，$\hat{v}_i(t)$为速度 $v_i(t)$的重构变量，$g>0$ 是需要被确定的耦合参数。

类似地，给出如下采样一致性协议

$$u_i(t) = k_1 \sum_{j=1}^{N} a_{ij}(r_j(t_k) - r_i(t_k)) + k_2 \sum_{j=1}^{N} a_{ij}(\hat{v}_j(t_k) - \hat{v}_i(t_k)),\ t \in [t_k,\ t_{k+1}) \tag{9.32}$$

其中，k_1，k_2 是需要被设计的正常数。

则一致性条件可以通过下面定理得到。

定理 9.3：假设有向图 $\bar{G}$ 包含有向生成树。则多智能体系统(9.1)在控制协议(9.32)下能够达到一致且速度估计误差渐近收敛到 0 当且仅当 k_1，k_2，g 和 T 满足下面条件

$$\frac{k_2}{Tk_1} > \frac{1}{2},\ T < \frac{2}{g} \tag{9.33}$$

$$\left(1 - \frac{2k_2}{Tk_1}\right)^2 \left(\frac{4\mathrm{Re}(\mu_i)}{Tk_1 \|\mu_i\|^2} - \frac{2k_2}{k_1}\right) - \frac{16\mathrm{Im}(\mu_i)^2}{T^3 k_1^2 \|\mu_i\|^4} > 0 \tag{9.34}$$

证明：令 $e_i(t) = \hat{v}_i(t) - v_i(t)$。对任意 $t \in [t_k,\ t_{k+1})$，根据观测器(9.31)，关于 $e_i(t)$的系统动态方程如下描述

$$\begin{aligned}\dot{e}_i(t) &= \dot{\hat{v}}_i(t) - \dot{v}_i(t)\\ &= -gz_i(t) - g^2 r_i(t_k) + u_i(t) + gv_i(t) - u_i(t)\\ &= -g(z_i(t) + gr_i(t_k) - v_i(t))\\ &= -ge_i(t)\end{aligned} \tag{9.35}$$

这意味着速度的估计误差要渐近收敛到 0。

通过上面 $e_i(t)$的定义和协议(9.32)，系统(9.1)的闭环动态可以写成

$$\dot{r}_i(t) = v_i(t),$$

$$\dot{v}_i(t)=k_1\sum_{j=1}^{N}a_{ij}(r_j(t_k)-r_i(t_k))+k_2\sum_{j=1}^{N}a_{ij}(e_j(t_k)-e_i(t_k))+ k_2\sum_{j=1}^{N}a_{ij}(v_j(t_k)-v_i(t_k)),\ t\in[t_k,\ t_{k+1}) \tag{9.36}$$

再令 $\varepsilon=[r^{\mathrm{T}},\ v^{\mathrm{T}},\ e^{\mathrm{T}}]^{\mathrm{T}}$。根据式(9.35)和式(9.36)，闭环动态能够写成

$$\dot{\varepsilon}(t)=(\boldsymbol{I}_N\otimes\bar{\boldsymbol{A}}\otimes\boldsymbol{I}_n)\varepsilon(t)-(\boldsymbol{L}\otimes\bar{\boldsymbol{B}}\otimes\boldsymbol{I}_n)\varepsilon(t_k) \tag{9.37}$$

其中，

$$\bar{\boldsymbol{A}}=\begin{bmatrix}0&1&0\\0&0&0\\0&0&-g\end{bmatrix},\ \bar{\boldsymbol{B}}=\begin{bmatrix}0&0&0\\l_1&l_2&l_2\\0&0&0\end{bmatrix}$$

类似于上一节全维观测器的分析方法，不难看出多智能体系统(9.37)达到一致当且仅当下面系统是稳定的

$$\dot{\eta}^1(t)=(\boldsymbol{I}_{N-1}\otimes\bar{\boldsymbol{A}}\otimes\boldsymbol{I}_n)\eta^1(t)-(\bar{\boldsymbol{J}}\otimes\bar{\boldsymbol{B}}\otimes\boldsymbol{I}_n)\eta^1(t_k),\ t\in[t_k,\ t_{k+1}) \tag{9.38}$$

其中，$\bar{\boldsymbol{J}}$ 与式(9.17)是一样的。

根据引理 9.3，系统(9.38)是渐近稳定的当且仅当矩阵

$$e^{\bar{\boldsymbol{A}}T}-\int_0^T e^{\bar{\boldsymbol{A}}t}\mathrm{d}t\mu_i\bar{\boldsymbol{B}},\ i=1,\ 2,\ \cdots,\ N-1$$

是 Schur 稳定的。

$$e^{\bar{\boldsymbol{A}}T}-\int_0^T e^{\bar{\boldsymbol{A}}t}\mathrm{d}t\mu_i\bar{\boldsymbol{B}}=\begin{bmatrix}1-\frac{1}{2}\mu_ik_1T^2 & T-\frac{1}{2}\mu_ik_2T^2 & -\frac{1}{2}\mu_ik_2T^2\\ -\mu_ik_1T & 1-\mu_ik_2T & -\mu_ik_2T\\ 0 & 0 & 1-gT\end{bmatrix}。$$

类似地，上面的矩阵是 Schur 稳定的当且仅当

$$\boldsymbol{F}_{2i}=\begin{bmatrix}1-\frac{1}{2}\mu_ik_1T^2 & T-\frac{1}{2}\mu_ik_2T^2\\ -\mu_ik_1T & 1-\mu_ik_2T\end{bmatrix}$$

和 $1-gT$ 是 Schur 稳定的。根据定理 9.1，知道 $\boldsymbol{F}_{2i}$ 是 Schur 稳定的，当且仅当下面条件成立

$$\frac{k_2}{Tk_1} > \frac{1}{2},$$

$$\left(1 - \frac{2k_2}{Tk_1}\right)^2 \left(\frac{4\mathrm{Re}(\mu_i)}{Tk_1 \|\mu_i\|^2} - \frac{2k_2}{k_1}\right) - \frac{16\mathrm{Im}(\mu_i)^2}{T^3 k_1^2 \|\mu_i\|^4} > 0。$$

此外，由于 $|1 - gT| < 1$，$T < \dfrac{2}{g}$ 很容易得出。因此，二阶多智能体系统(9.1)在控制协议(9.32)能够达到一致当且仅当满足条件(9.33)和(9.34)。证明完毕。

类似的，下面的结果可以采用定理 9.2 的步骤得到，证明过程就此省略。

推论 9.3： 假设有向图 $\bar{G}$ 包含有向生成树。则存在一个正常数 T^* 使得 $T < T^*$，一致性问题能够通过协议(9.32)得以解决且位置和速度的估计误差渐近收敛到 0 当且仅当条件(9.26)成立。此外，

$$\bar{T}^* = \min\left(\frac{2k_2}{k_1},\ \frac{2}{g},\ s_i^*\right)\ (i = 1,\ 2,\ \cdots,\ N-1) \tag{9.39}$$

其中，s_i^* 与定理 9.2 一样。

注释 9.3： 同理，当 $T \to 0$，协议(9.32)退化成连续时间观测器一致性协议

$$\begin{aligned}
&\dot{z}_i(t) = -gz_i(t) - g^2 r_i(t) + u_i(t),\\
&\hat{v}_i(t) = z_i(t) + gr_i(t),\\
&u_i(t) = k_1 \sum_{j=1}^{N} a_{ij}(\hat{r}_j(t) - \hat{r}_i(t)) + k_2 \sum_{j=1}^{N} a_{ij}(\hat{v}_j(t) - \hat{v}_i(t))
\end{aligned} \tag{9.40}$$

根据条件式(9.8)和式(9.9)，很容易得出基于连续时间观测器一致性协议(9.40)的一致性条件如下

$$\frac{k_2^2}{k_1} > \max_{i=2,\ \cdots,\ N}\left\{\frac{\mathrm{Im}^2(\mu_i)}{\mathrm{Re}(\mu_i)\|\mu_i\|^2}\right\} \tag{9.41}$$

9.3.3 带时滞的一致性协议

在一些实际应用中，存在一些输入延迟可能破坏系统的性能。当在协议(9.6)和(9.7)中考虑时滞情况时，则一致性协议有如下形式

$$\begin{aligned}
&\dot{\hat{r}}_i(t) = \hat{v}_i(t) - h_1(\hat{r}_i(t_k - \tau) - r_i(t_k - \tau)),\\
&\dot{\hat{v}}_i(t) = u_i(t) - h_2(\hat{r}_i(t_k - \tau) - r_i(t_k - \tau)),
\end{aligned}$$

$$u_i(t)=k_1\sum_{j=1}^{N}a_{ij}(\hat{r}_j(t_k-\tau)-\hat{r}_i(t_k-\tau))+$$
$$k_2\sum_{j=1}^{N}a_{ij}(\hat{v}_j(t_k-\tau)-\hat{v}_i(t_k-\tau)),\ t\in[t_k,\ t_{k+1})\tag{9.42}$$

接下来,通过一致性协议(9.42)解决一致性问题。符号定义同定理9.1。通过相似的分析过程,多智能体系统(9.13)能够达到一致,如果如下的系统是稳定的

$$\dot{\xi}^1(t)=(\boldsymbol{I}_{N-1}\otimes\boldsymbol{A}\otimes\boldsymbol{I}_n)\xi^1(t)+(\boldsymbol{I}_{N-1}\otimes\boldsymbol{B}\otimes\boldsymbol{I}_n)\xi^1(t_k-\tau)-$$
$$(\bar{\boldsymbol{J}}\otimes\boldsymbol{C}\otimes\boldsymbol{I}_n)\xi^1(t_k-\tau)\tag{9.43}$$

因此可以得到

$$\xi^1(t)=\mathrm{e}^{(\boldsymbol{I}_{N-1}\otimes\boldsymbol{A}\otimes\boldsymbol{I}_n)(t-t_k)}\xi^1(t_k)+\int_0^{t-t_k}\mathrm{e}^{(\boldsymbol{I}_{N-1}\otimes\boldsymbol{A}\otimes\boldsymbol{I}_n)s}\mathrm{d}s(\boldsymbol{I}_{N-1}\otimes\boldsymbol{B}-$$
$$\bar{\boldsymbol{J}}\otimes\boldsymbol{C})\otimes\boldsymbol{I}_n\xi^1(t_k-\tau),\ t\in[t_k,\ t_{k+1})\tag{9.44}$$

其中 $\boldsymbol{A}$, $\boldsymbol{B}$, $\boldsymbol{C}$ 在式(9.12)中已给出,假设 $\tau<T$,根据式(9.44)有

$$\begin{aligned}\xi^1(t_{k+1})&=\mathrm{e}^{(\boldsymbol{I}_{N-1}\otimes\boldsymbol{A}\otimes\boldsymbol{I}_n)T}\xi^1(t_k)+\\&\quad\int_0^{T}\mathrm{e}^{(\boldsymbol{I}_{N-1}\otimes\boldsymbol{A}\otimes\boldsymbol{I}_n)s}\mathrm{d}s(\boldsymbol{I}_{N-1}\otimes\boldsymbol{B}-\bar{\boldsymbol{J}}\otimes\boldsymbol{C})\otimes\boldsymbol{I}_n\xi^1(t_k-\tau),\\ \xi^1(t_{k+1}-\tau)&=\mathrm{e}^{(\boldsymbol{I}_{N-1}\otimes\boldsymbol{A}\otimes\boldsymbol{I}_n)(T-\tau)}\xi^1(t_k)+\\&\quad\int_0^{(T-\tau)}\mathrm{e}^{(\boldsymbol{I}_{N-1}\otimes\boldsymbol{A}\otimes\boldsymbol{I}_n)s}\mathrm{d}s(\boldsymbol{I}_{N-1}\otimes\boldsymbol{B}-\bar{\boldsymbol{J}}\otimes\boldsymbol{C})\otimes\boldsymbol{I}_n\xi^1(t_k-\tau)。\end{aligned}\tag{9.45}$$

不难看出系统(9.45)是Schur稳定的,如果下面矩阵是Schur稳定的。

$$\boldsymbol{G}_i\triangleq\begin{bmatrix}\mathrm{e}^{AT} & \int_0^{T}\mathrm{e}^{As}\mathrm{d}s(\boldsymbol{B}-\mu_i\boldsymbol{C})\\ \mathrm{e}^{A(T-\tau)} & \int_0^{T-\tau}\mathrm{e}^{As}\mathrm{d}s(\boldsymbol{B}-\mu_i\boldsymbol{C})\end{bmatrix},\ i=1,\ 2,\ \cdots,\ N-1$$

记为

$$\bar{\boldsymbol{F}}_1\triangleq\begin{bmatrix}1 & T & -h_1T & -\frac{1}{2}h_2T^2\\ 0 & 1 & -h_2T & 0\\ 1 & T-\tau & -h_1(T-\tau) & -\frac{1}{2}h_2(t-\tau)^2\\ 0 & 1 & -h_2(T-\tau) & 0\end{bmatrix}$$

$$\bar{\boldsymbol{F}}_{2i} \triangleq \begin{bmatrix} 1 & T & -\frac{1}{2}k_1 T^2 \mu_i & -\frac{1}{2}k_2 T^2 \mu_i \\ 0 & 1 & -k_1 T\mu_i & -k_2 T\mu_i \\ 1 & T-\tau & -\frac{1}{2}k_1 (T-\tau)^2 \mu_i & -\frac{1}{2}k_2 (T-\tau)^2 \mu_i \\ 0 & 1 & -k_1 (T-\tau)\mu_i & -k_2 (T-\tau)\mu_i \end{bmatrix}$$

通过一个简单的计算，我们知道 $\boldsymbol{G}_i$ 是 Schur 稳定的，当且仅当 $\bar{\boldsymbol{F}}_1$ 和 $\bar{\boldsymbol{F}}_{2i}(i=1, 2, \cdots, N-1)$ 是 Schur 稳定的，与引理 9.3 类似，我们知道系统(9.45)是 Schur 稳定的，则 $\lim\limits_{t\to\infty}\xi^1(t)=0$，因此直接获得下面结果。

定理 9.4： 假设有向图 $\bar{G}$ 包含有向生成树且 $T<\tau$。则多智能体系统(9.1)在控制协议(9.42)下能够达到一致且速度估计误差渐近收敛到 0 当且仅当矩阵 $\bar{\boldsymbol{F}}_1$ 和 $\bar{\boldsymbol{F}}_{2i}(i=1, 2, \cdots, N-1)$ 是 Schur 稳定的。

注释 9.4： 与定理 9.1 类似，我们可以利用特征多项式的方法讨论 $\bar{\boldsymbol{F}}_1$ 和 $\bar{\boldsymbol{F}}_{2i}$ 的 Schur 稳定性。$\bar{\boldsymbol{F}}_{2i}$ 的特征多项式是四阶的复系数多项式，一致性条件会非常复杂。因此，在这里就不再解决这个问题。对于降维观测器的情况，可以得到和定理 9.4 类似的结果。

9.4 数值仿真

本节给出了一个简单的仿真例子来验证本章的主要结果。考虑一个由 $N=6$ 个智能体组成的二阶多智能体系统。为了方便，令 $n=1$，它的拓扑结构如图 9.1 所示，因此可得到拉普拉斯矩阵 $\boldsymbol{L}$

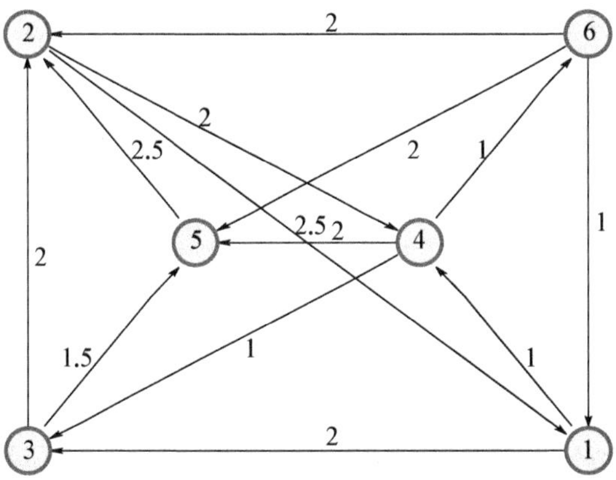

图 9.1 通信拓扑图

$$L=\begin{bmatrix}3&0&-2&-1&0&0\\-2.5&4.5&0&-2&0&0\\0&-2&3.5&0&-1.5&0\\0&0&-1&4&-2&-1\\0&-2.5&0&0&2.5&0\\-1&-2&0&0&-2&5\end{bmatrix}。$$

显然,图 G 包含有向生成树。经过简单计算,$\boldsymbol{L}$ 的特征根为

$\mu_1=0$, $\mu_2=4.7178$, $\mu_{3,4}=4.7190\pm2.5214\mathrm{i}$, $\mu_{5,6}=4.1721\pm0.2678\mathrm{i}$。

首先考虑全维观测器的情况,给定初始的位置和速度

$$r_0^T=[26, -36, 41, 67, -16, -37]^T,$$
$$v_0^T=[35, -13, 20, 45, -33, 27]^T$$

接着给定观测器的初始位置和速度分别为

$$\hat{r}_0^T=[-16, 50, -47, -26, 60, -39]^T$$

$$\hat{v}_0^T=[-8, 19, -21, -18, 29, 21]^T$$

接下来选择适当的耦合参数 k_1, k_2, h_1, h_2。令 $k_1=1.1$, $k_2=0.8$, $h_1=0.6$, $h_2=0.9$,则根据定理 9.2 的条件,经过计算可以得到 $T^*=0.3539$ s。显然可以证明 $T=0.2\ \mathrm{s}<T^*$ 满足条件(9.8)和(9.9)。经过数值仿真,可以得到位置、速度、位置和速度的估计误差轨迹如图 9.2 所示,可以看出来在协议(9.7)下二阶多智能体系统能够达到一致且估计误差收敛到 0。而当 $T=1.4$ s 时,显然已经不满足定理 9.1 中的条件,它的误差轨迹如图 9.3 所示,多智能体系统不能够达到一致。因此仿真结果与理论结果保持一致。

对于降维观测器的情况,令初始条件为

$$r_0^T=[20, -25, 27, 17, 40, -33]^T,$$

$$v_0^T=[5, 16, 8, 6, -9, 19]^T,$$

$$\hat{v}_0^T=[-6, 11, 7, -16, -7, 15]^T。$$

下面选取适当的参数 $l_1=1.4$, $l_2=0.9$, $g=4$,通过推论 9.3 可以得到 $\bar{T}^*=0.3141$ s,取值 $T=0.26\ \mathrm{s}<\bar{T}^*$ 时,可以很容易验证它满足条件(9.33)和(9.34)。仿真结果如图 9.4 所示,多智能体系统能够达到一致且估计误差收敛到 0。

本章中,只考虑了固定拓扑的情况。显然,当交互拓扑在一个有限的有向拓扑

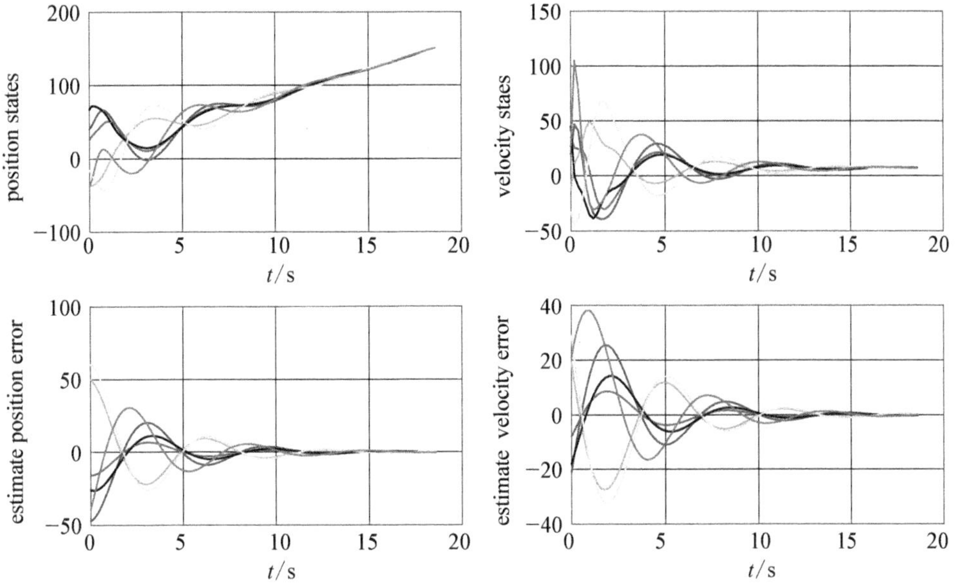

图 9.2　基于连续系统全维观测器的状态轨迹 $k_1 = 1.1$, $k_2 = 0.8$, $h_1 = 0.6$, $h_2 = 0.9$; $T = 0.2$ s

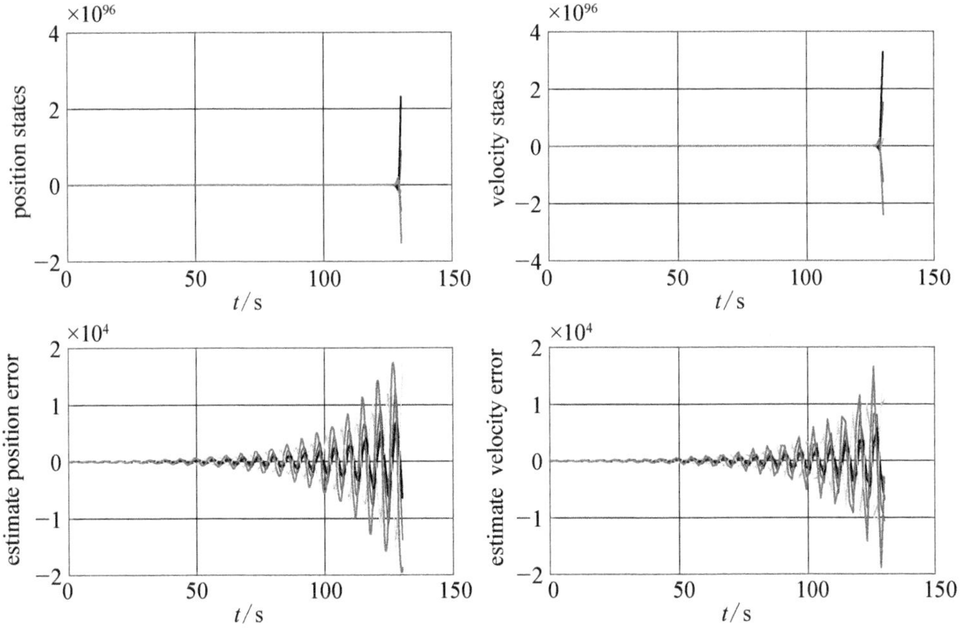

图 9.3　基于连续系统全维观测器的状态轨迹 $k_1 = 1.1$, $k_2 = 0.8$, $h_1 = 0.6$, $h_2 = 0.9$, $T = 1.4$ s

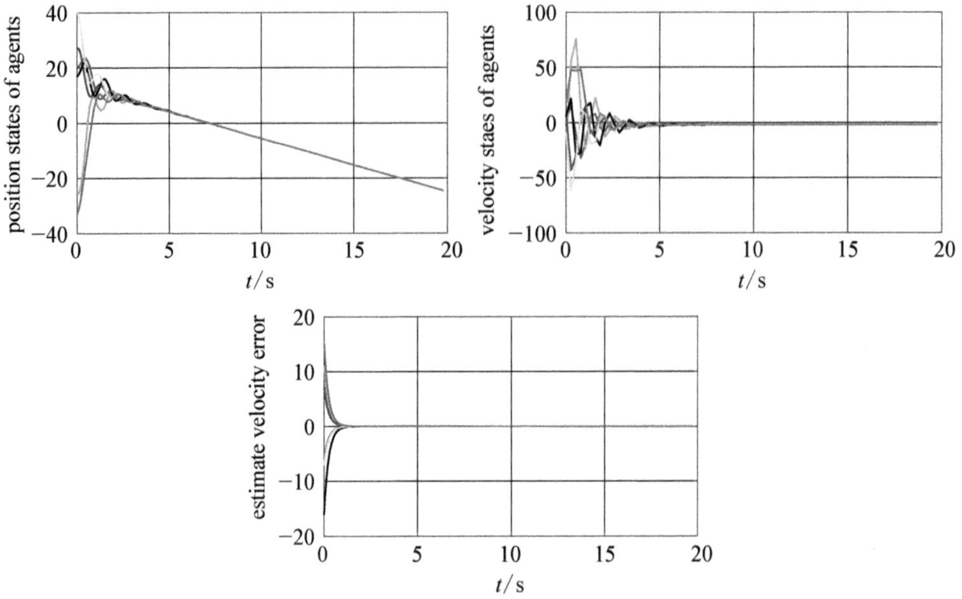

图 9.4　基于连续系统绛维观测器的状态轨迹 $l_1=1.4$，$l_2=0.9$，$g=4$. $T=0.26$ s

集中任意切换时，多智能体系统在提出的协议中可能不会达到一致。但是，当切换拓扑有充分大的逗留时间时，由仿真结果可以看出在所提的协议下多智能体系统仍然能够达到一致。本章建立的一致性条件在平均逗留时间情况下可能会弱化，用平均逗留时间方法讨论一致性的问题可以参考文献[54,56]。

9.5　本章小结

本章考虑了连续时间二阶多智能体采样系统在固定有向拓扑下的一致性问题，首先在连续时间系统下设计了全维和降维观测器来估计系统未知的速度和位置信息，同时提出了基于这两种观测器的一致性协议；其次，根据离散化的系统设计了一个降维的观测器来估计未知的速度，类似地给出了它的一致性协议。通过利用观测器的分离性原理，利用矩阵和采样控制理论对相关闭环系统进行分析和计算，得出了与耦合参数、拉普拉斯矩阵的谱以及采样周期的一致性充要条件，相关论文见文献[168]。

第10章 基于观测器协议的广义多智能体系统的分布式容许性一致问题

10.1 引言

广义系统又被称为奇异状态空间系统，更为一般的系统，或者隐式系统，尤其适合对一些工程系统建模，比如电路系统、机器人系统、机械系统等。严格意义上讲，广义系统比普通动力学系统更具有一般性。事实上，它是由微分代数方程组构成。对于实际的物理系统，当耦合的变量之间还有代数约束条件时，或者协同变量中同时含有变化较快以及变化缓慢的因子时，最好的选择就是用广义系统来描述并建模。在实际应用中，最常见的广义系统模型就是电路系统，带有约束的动力学系统，机器人系统——三连杆平面机械手[43]。除此之外，广义多智能体系统被广泛应用于地震预测装置、大口径曲面天线或者望远镜以及水上漂浮设备等[174,178]。通常情况下，广义系统的状态响应中不仅含有普通系统的指数解，还含有脉冲解和静态解。因此关于广义系统的研究要比一般系统更复杂，也面临更多挑战。文献[192]提出了一种基于LMI(线性矩阵不等式)迭代算法的针对连续时间广义系统的 H_2 观测器。而文献[138]得到了针对广义系统基于LMI的PD观测器设计的充要条件。在文献[35]中，作者讨论了广义系统的状态观测器以及基于观测器的控制器设计问题，并得到了龙伯格观测器存在的充要条件。文献[220]中，作者还讨论了针对一类离散时间广义系统带有随机时滞基于网络的控制问题。文献[195]则研究了一套关于容许性一致协议可实现一致的充要条件。文献[196]通过分布式动态输出反馈方案解决了广义多智能体一致性问题。文献[176]对高阶线性时变的广义集群系统容许性一致问题进行了分析并给出了控制器设计方案，而文献[177]考虑了带有时滞的情况。文献[40]和[41]分别利用状态和输出反馈控制解决了广义集群系统的包围问题。

受以上工作启发，本章研究多智能体系统在固定的有向拓扑图结构下的一致性问题，而每个智能体的动力学模型假设为广义线性系统。从得到的一致性条件来看，本章设计的观测器使得分离原理仍能够适用。本章主要内容如下：① 提出了两种基于观测器的一致性协议用以解决广义多智能体一致问题。而现存的大部分文献多是采用状态反馈控制律来解决协同控制问题，这就默认了个体的状态信息是可知的。本章假设智能体的状态信息不能直接获得，先是设计了局部以及合作的两种状态观测器分别用来估计智能体的状态和相对状态差异。接着，根据不同结构的观测器和控制器相结合提出了两种一致性协议。② 本章所设计的观测器是基于正常系统而不是广义系统，这便于工程上的物理实现。在最近发表的文献[196]中，作者设计了基于广义系统结构的全维观测器，并采用输出反馈得到了一致性条件。与其相比，本章的观测器更具有物理意义，且可以有更低的维数。③ 本章给出的是基于观测器协议的统一框架，它包括了全维和降维观测器的一致性协议。作为特例，本章的结论可以直接应用于一般线性多智能体系统。相关文献[97,207]基于全维（全阶）的局部观测器协议，以及文献[54,99,212]所提的基于降维（降阶）局部观测器协议都可以统一在本章设计的协议框架内。④ 本章还提供了构建一致性协议的相关算法。本章所得到的一致性条件主要是建立在解一个广义的 Riccati 方程的基础上。最后还给出了全维以及降维观测器特例的具体算法。

本章的一些符号标记如下：对于任意的 $s \in C$，$\mathrm{Re}(s)$代表它的正实部。$\det(\boldsymbol{A})$代表矩阵 $\boldsymbol{A}$ 的行列式。$\deg(f(x))$代表多项式 $f(x)$的度。$\sigma(\boldsymbol{E},\boldsymbol{A})$代表矩阵对$(\boldsymbol{E},\boldsymbol{A})$的广义特征值。把 $\boldsymbol{E}^{\perp}$记作一个行满秩矩阵并且满足 $\boldsymbol{E}^{\perp}\boldsymbol{E}=0$ 和 $\boldsymbol{E}^{\perp}\boldsymbol{E}^{\perp T}>0$。

10.2 预备知识以及问题描述

10.2.1 广义系统

这一节主要介绍广义系统的一些基本概念和已知结论。考虑如下广义系统

$$\begin{aligned}\boldsymbol{E}\dot{\boldsymbol{x}}(t)&=\boldsymbol{A}\boldsymbol{x}(t)+\boldsymbol{B}\boldsymbol{u}(t),\\ \boldsymbol{y}(t)&=\boldsymbol{C}\boldsymbol{x}(t)。\end{aligned}\tag{10.1}$$

其中，$\boldsymbol{x}(t)\in\mathbf{R}^{m}$ 代表智能体的状态，$\boldsymbol{u}(t)\in\mathbf{R}^{p}$ 是控制输入，而 $\boldsymbol{y}(t)\in\mathbf{R}^{q}$ 是测量输出。$\boldsymbol{E}\in\mathbf{R}^{m\times m}$，$\boldsymbol{A}\in\mathbf{R}^{m\times m}$，$\boldsymbol{B}\in\mathbf{R}^{m\times p}$ 和$\boldsymbol{C}\in\mathbf{R}^{q\times m}$ 都是常数矩阵。通常情况下，$\boldsymbol{E}$ 不是一个满秩矩阵，也就是奇异矩阵。

定义 10.1：假设 $\boldsymbol{E},\boldsymbol{A}\in\mathbf{R}^{m\times m}$。

(1) 若 $\det(s\boldsymbol{E}-\boldsymbol{A})$不恒等于零，则矩阵对$(\boldsymbol{E}, \boldsymbol{A})$是正则的。

(2) 若矩阵对$(\boldsymbol{E}, \boldsymbol{A})$是正则的并且满足 $\deg(\det(s\boldsymbol{E}-\boldsymbol{A}))=\mathrm{rank}(\boldsymbol{E})$，则认为它是无脉冲的。

(3) 若矩阵对$(\boldsymbol{E}, \boldsymbol{A})$的所有有限广义特征值都落在复平面的左半部分，则是稳定的。

(4) 若矩阵对$(\boldsymbol{E}, \boldsymbol{A})$是无脉冲并且稳定的，则是可容许的。

以下结论将会在稳定性分析中用到，相关概念可以参考文献[43]。

引理 10.1：对于正则的广义系统(10.1)，有以下结论成立：

(1) $(\boldsymbol{E}, \boldsymbol{A}, \boldsymbol{B})$是 R -可控的当且仅当 $\mathrm{Rank}[s\boldsymbol{E}-\boldsymbol{A}\boldsymbol{B}]=m$ 成立，对任意的有限数 $s \in \boldsymbol{C}$。

(2) $(\boldsymbol{E}, \boldsymbol{A}, \boldsymbol{C})$是 R -可观测的当且仅当 $\mathrm{Rank}\begin{bmatrix} s\boldsymbol{E}-\boldsymbol{A} \\ \boldsymbol{C} \end{bmatrix}=m$ 成立，对于任意的有限数 $s \in \boldsymbol{C}$。

引理 10.2：假设$(\boldsymbol{E}, \boldsymbol{A})$是正则的，

(1) 如果存在 $\boldsymbol{X}=\boldsymbol{X}^{\mathrm{T}} \geqslant 0$ 并且 $\boldsymbol{Y}=\boldsymbol{Y}^{\mathrm{T}}>0$ 使得

$$\boldsymbol{E}^{\mathrm{T}}\boldsymbol{X}\boldsymbol{A}+\boldsymbol{A}^{\mathrm{T}}\boldsymbol{X}\boldsymbol{E}=-\boldsymbol{E}^{\mathrm{T}}\boldsymbol{Y}\boldsymbol{E} \tag{10.2}$$

则$(\boldsymbol{E}, \boldsymbol{A})$是容许的。

(2) 如果$(\boldsymbol{E}, \boldsymbol{A})$是容许的，则存在 $\boldsymbol{X}=\boldsymbol{X}^{\mathrm{T}}>0$ 和 $\boldsymbol{Y}=\boldsymbol{Y}^{\mathrm{T}}>0$ 满足利亚普诺夫方程(10.2)。

引理 10.3：假设$(\boldsymbol{E}, \boldsymbol{A})$是正则且无脉冲的，而$(\boldsymbol{E}, \boldsymbol{A}, \boldsymbol{B})$是 R -可控的。则对任意给定的正定矩阵 $\boldsymbol{Q}$ 和 $\boldsymbol{R}$，存在一个正定矩阵 $\boldsymbol{P}$ 满足如下的广义 Riccati 方程

$$\boldsymbol{E}^{\mathrm{T}}\boldsymbol{P}\boldsymbol{A}+\boldsymbol{A}^{\mathrm{T}}\boldsymbol{P}\boldsymbol{E}-\boldsymbol{E}^{\mathrm{T}}\boldsymbol{P}\boldsymbol{B}\boldsymbol{R}^{-1}\boldsymbol{B}^{\mathrm{T}}\boldsymbol{P}\boldsymbol{E}+\boldsymbol{E}^{\mathrm{T}}\boldsymbol{Q}\boldsymbol{E}=0 \tag{10.3}$$

10.2.2 问题描述

考虑一个由 N 个结构相同的智能体组成的多智能体系统，将每个智能体标记为 1, 2, …, N。每个智能体的动力学方程模型为广义系统

$$\begin{aligned} \boldsymbol{E}\dot{x}_i(t) &= \boldsymbol{A}x_i(t)+\boldsymbol{B}u_i(t) \\ y_i(t) &= \boldsymbol{C}x_i(t) \end{aligned} \tag{10.4}$$

其中，$x_i(t) \in \mathbf{R}^m$ 是状态变量，$y_i(t) \in \mathbf{R}^q$ 是测量输出，$u_i(t) \in \mathbf{R}^p$ 是控制输入。$\boldsymbol{E}, \boldsymbol{A}, \boldsymbol{B}, \boldsymbol{C}$ 是具有适当维数的实数矩阵，$\boldsymbol{E}$ 是奇异矩阵。

如果每个智能体在任意的初始状态 $x_i(0)$ $(i=1, \cdots, N)$下都能满足如下条

件，则称多智能体系统实现状态一致。

$$\lim_{t\to\infty}(x_i(t)-x_j(t))=0,\ \forall i,\ j=1,\ 2,\ \cdots,\ N$$

由于 $\boldsymbol{E}$ 是奇异矩阵，广义系统的状态初始值便不能任意选取，必须满足系统的代数约束条件[43]。假设所取的初始值都能满足代数约束条件。对于广义系统而言，容许性是非常重要的概念。从工程实践的角度来讲，容许性是做其他目标控制的前提。因此，对于广义系统而言，设计一个控制输入使得闭环系统满足容许性就显得尤为重要。本章的主要目的就是只利用相对测量输出信息设计一个分布式一致协议 u_i 以解决广义系统的容许性一致问题。

为了便于设计分布式一致协议，引入通信拓扑结构。广义多智能体系统的信息通信拓扑结构可以用一个带有权重的有向图 $\bar{G}=\{V,\ \epsilon,\ W\}$ 来表示。

10.3 基于观测器的分布式一致协议

在许多实际应用中，由于量测技术水平的限制或者经济代价过高，往往会导致智能体的状态信息不能直接获得。本节假设每个智能体只能获得邻居的相对输出信息。为了实现控制目标，每个智能体都采用一个观测器来估计自身的状态信息。观测器的结构特征有两种，一种是只利用自身的测量输出信息，也就是当地观测器；另一种是不仅利用自身测量信息，还要利用邻居的测量信息，称之为分布式观测器。类似地，控制器的设计也具有这两种方案。根据观测器与控制器所利用测量信息的不同，本节将会给出两种不同结构特征的一致协议。

10.3.1 基于当地观测器的一致协议

下面给出一个基于当地观测器的分布式一致协议

$$\begin{aligned}
\dot{z}_i(t)&=\boldsymbol{A}_o z_i(t)+\boldsymbol{G}\begin{bmatrix}-\boldsymbol{E}^{\perp}\boldsymbol{B}u_i(t)\\ y_i(t)\end{bmatrix}+\boldsymbol{TB}u_i(t)\\
\hat{x}_i(t)&=\boldsymbol{F}_o z_i(t)+\boldsymbol{F}\begin{bmatrix}-\boldsymbol{E}^{\perp}\boldsymbol{B}u_i(t)\\ y_i(t)\end{bmatrix}\\
u_i(t)&=c\boldsymbol{K}\sum_{j\in N_i}w_{ij}(\hat{x}_i-\hat{x}_j)
\end{aligned}\tag{10.5}$$

其中，$z_i(t)\in\mathbf{R}^r$ 是协议中间变量的状态，$\hat{x}_i(t)\in\mathbf{R}^m$ 是用来估计智能体 i 状态

$x_i(t)$ 的重构变量，$c>0$ 是耦合强度，而 $\boldsymbol{A}_o\in\mathbf{R}^{r\times r}$，$\boldsymbol{G}\in\mathbf{R}^{r\times(m-l+q)}$，$\boldsymbol{T}\in\mathbf{R}^{r\times m}$，$\boldsymbol{F}_o\in\mathbf{R}^{m\times r}$，$\boldsymbol{F}\in\mathbf{R}^{m\times(m-l+q)}$ 和 $\boldsymbol{K}\in\mathbf{R}^{p\times m}$ 是需要设计的参数矩阵。

注释 10.1： 通常情况下 $\boldsymbol{E}$ 都是奇异矩阵。当 $\mathrm{rank}(\boldsymbol{E})=l<n$ 时，总会存在非奇异矩阵 $\boldsymbol{M}$ 和 $\boldsymbol{N}$ 使得 $\boldsymbol{MEN}=\begin{bmatrix} I_l & 0\\ 0 & 0_{m-l}\end{bmatrix}$（参见文献[74]）。于是，$\boldsymbol{E}^{\perp}$ 可以取为 $\boldsymbol{E}^{\perp}=[0\ \boldsymbol{S}]\boldsymbol{M}\in\mathbf{R}^{(m-l)\times m}$。其中，$\boldsymbol{S}$ 是任意的$(n-l)\times(n-1)$ 非奇异参数矩阵，则可以知道 $\boldsymbol{E}^{\perp}$可以被适当选取并且不唯一。当矩阵 $\boldsymbol{E}$ 非奇异时，$\boldsymbol{E}^{\perp}$则不存在。

定理 10.1： 对于广义多智能体系统(10.4)，假设其通信拓扑图 G 含有一个有向生成树，矩阵对$(\boldsymbol{E},\boldsymbol{A})$是正则且无脉冲的，$(\boldsymbol{E},\boldsymbol{A},\boldsymbol{B})$是 R -可控的，$(\boldsymbol{E},\boldsymbol{A},\boldsymbol{C})$是 R -可观测的。若存在矩阵 $\boldsymbol{A}_o$，$\boldsymbol{G}$，$\boldsymbol{T}$，$\boldsymbol{F}_o$，$\boldsymbol{F}$ 和参数 c 能满足以下条件，则协议(10.5)可以使得广义系统实现一致

$$\boldsymbol{A}_o\ \text{是 Hurwitz 稳定矩阵} \tag{10.6}$$

$$\boldsymbol{A}_o\boldsymbol{TE}-\boldsymbol{TA}+\boldsymbol{G}\begin{bmatrix}\boldsymbol{E}^{\perp}\boldsymbol{A}\\ \boldsymbol{C}\end{bmatrix}=0 \tag{10.7}$$

$$\boldsymbol{F}_o\boldsymbol{TE}+\boldsymbol{F}\begin{bmatrix}\boldsymbol{E}^{\perp}\boldsymbol{A}\\ \boldsymbol{C}\end{bmatrix}=\boldsymbol{I}_m \tag{10.8}$$

$$\boldsymbol{K}=-\frac{1}{2}\boldsymbol{R}^{-1}\boldsymbol{B}^{\mathrm{T}}\boldsymbol{PE}\text{，其中 }\boldsymbol{P}\text{ 是方程(10.3) 的正定解} \tag{10.9}$$

$$c\geqslant\frac{1}{\min\limits_{\lambda_i(L)\neq 0}\mathrm{Re}(\lambda_i(\boldsymbol{L}))} \tag{10.10}$$

证明： 令 $\eta_i=z_i-\boldsymbol{TE}x_i$，$e_i=\hat{x}_i-x_i$。根据式(10.4)，式(10.5)和式(10.7)，可以得到 η_i 动态误差为

$$\begin{aligned}\dot{\eta}_i&=\dot{z}_i-\boldsymbol{TE}\dot{x}_i\\&=\boldsymbol{A}_o z_i+\boldsymbol{G}\begin{bmatrix}-\boldsymbol{E}^{\perp}\boldsymbol{B}u_i(t)\\ y_i(t)\end{bmatrix}+\boldsymbol{TB}u_i-\boldsymbol{T}(\boldsymbol{A}x_i+\boldsymbol{B}u_i)\\&=\boldsymbol{A}_o(z_i-\boldsymbol{TE}x_i)+\left(\boldsymbol{A}_o\boldsymbol{TE}-\boldsymbol{TA}+\boldsymbol{G}\begin{bmatrix}\boldsymbol{E}^{\perp}\boldsymbol{A}\\ \boldsymbol{C}\end{bmatrix}\right)x_i\\&=\boldsymbol{A}_o\eta_i\text{。}\end{aligned} \tag{10.11}$$

再根据式(10.4)，式(10.5)和式(10.8)可以得到

$$e_i=\hat{x}_i-x_i$$

$$
\begin{aligned}
&=\boldsymbol{F}_o z_i+\boldsymbol{F}\begin{bmatrix}-\boldsymbol{E}^{\perp}\boldsymbol{B}u_i(t)\\ y_i(t)\end{bmatrix}-\left(\boldsymbol{F}_o\boldsymbol{TE}+\boldsymbol{F}\begin{bmatrix}\boldsymbol{E}^{\perp}\boldsymbol{A}\\ \boldsymbol{C}\end{bmatrix}\right)x_i\\
&=\boldsymbol{F}_o(z_i-\boldsymbol{TE}x_i)+\boldsymbol{F}\begin{bmatrix}-\boldsymbol{E}^{\perp}(\boldsymbol{B}u_i+\boldsymbol{A}x_i)\\ y_i-\boldsymbol{C}x_i\end{bmatrix}\\
&=\boldsymbol{F}_o(z_i-\boldsymbol{TE}x_i)+\boldsymbol{F}\begin{bmatrix}-\boldsymbol{E}^{\perp}\boldsymbol{E}\dot{x}_i\\ y_i-\boldsymbol{C}x_i\end{bmatrix}\\
&=\boldsymbol{F}_o\eta_i
\end{aligned}\tag{10.12}
$$

于是闭环系统可以表示为

$$
\begin{aligned}
\boldsymbol{E}\dot{x}_i&=\boldsymbol{A}x_i+\boldsymbol{B}u_i\\
&=\boldsymbol{A}x_i+c\boldsymbol{BK}\sum_{j\in N_i}a_{ij}(\hat{x}_i-\hat{x}_j)\\
&=\boldsymbol{A}x_i+c\boldsymbol{BK}\sum_{j\in N_i}a_{ij}(e_i-e_j)+c\boldsymbol{BK}\sum_{j\in N_i}a_{ij}(x_i-x_j)\\
&=\boldsymbol{A}x_i+c\boldsymbol{BKF}_o\sum_{j\in N_i}a_{ij}(\eta_i-\eta_j)+c\boldsymbol{BK}\sum_{j\in N_i}a_{ij}(x_i-x_j)
\end{aligned}\tag{10.13}
$$

再令 $x=(x_1^{\mathrm{T}},\cdots,x_n^{\mathrm{T}})^{\mathrm{T}}$，$\eta=(\eta_1^{\mathrm{T}},\cdots,\eta_n^{\mathrm{T}})^{\mathrm{T}}$。将式(10.11)和式(10.13)进行变量代换，则闭环系统可以等价表示为

$$
\begin{bmatrix}\boldsymbol{I}_n\otimes\boldsymbol{E}&0\\0&\boldsymbol{I}_n\otimes\boldsymbol{I}_r\end{bmatrix}\frac{\mathrm{d}}{\mathrm{d}t}\begin{bmatrix}x\\ \eta\end{bmatrix}=\begin{bmatrix}\boldsymbol{I}_n\otimes\boldsymbol{A}+c\boldsymbol{L}\otimes(\boldsymbol{BK})&c\boldsymbol{L}\otimes(\boldsymbol{BKF}_o)\\0&\boldsymbol{I}_n\otimes\boldsymbol{A}_o\end{bmatrix}\begin{bmatrix}x\\ \eta\end{bmatrix}\tag{10.14}
$$

因为通信拓扑图 $\bar{G}$ 含有一个有向生成树，所以 0 是 $\boldsymbol{L}$ 的单特征值。令 $\boldsymbol{r}^{\mathrm{T}}=(r_1,r_2,\cdots,r_n)$ 为 $\boldsymbol{L}$ 的左零特征向量并且满足 $\boldsymbol{r}^{\mathrm{T}}\boldsymbol{1}=1$。借助约当分解理论，则一定存在一个变换矩阵 $\boldsymbol{S}$ 满足形式 $\boldsymbol{S}=[\boldsymbol{1},S_1]$ 和 $\boldsymbol{S}^{-1}=\begin{bmatrix}\boldsymbol{r}^{\mathrm{T}}\\ \boldsymbol{Q}_1\end{bmatrix}$ 使得 $\boldsymbol{S}^{-1}\boldsymbol{LS}=\boldsymbol{J}=\begin{bmatrix}0&0\\0&\boldsymbol{\Lambda}\end{bmatrix}$，其中 $\boldsymbol{\Lambda}$ 是一个约当块对角矩阵，且是上三角的。$\boldsymbol{\Lambda}$ 的对角元是矩阵 $\boldsymbol{L}$ 的非零特征值 $\lambda_i(i=2,3,\cdots,n)$。做变量代换 $\tilde{x}=(\boldsymbol{S}^{-1}\otimes\boldsymbol{I}_m)x$ 和 $\tilde{\eta}=(\boldsymbol{S}^{-1}\otimes\boldsymbol{I}_r)\boldsymbol{\eta}$ 并代入到式(10.14)，则可以得到下面的等价系统

$$
\begin{bmatrix}\boldsymbol{I}_n\otimes\boldsymbol{E}&0\\0&\boldsymbol{I}_n\otimes\boldsymbol{I}_r\end{bmatrix}\frac{\mathrm{d}}{\mathrm{d}t}\begin{bmatrix}\bar{x}\\ \bar{\eta}\end{bmatrix}=\begin{bmatrix}\boldsymbol{I}_n\otimes\boldsymbol{A}+c\boldsymbol{J}\otimes(\boldsymbol{BK})&c\boldsymbol{J}\otimes(\boldsymbol{BKF}_o)\\0&\boldsymbol{I}_n\otimes\boldsymbol{A}_o\end{bmatrix}\begin{bmatrix}\bar{x}\\ \bar{\eta}\end{bmatrix}\tag{10.15}
$$

可将上面系统等价分解为两个子系统，分别为

$$E\dot{\bar{x}}^0 = A\bar{x}^0 \tag{10.16}$$

和

$$\begin{bmatrix} I_{n-1} \otimes E & 0 \\ 0 & I_n \otimes I_r \end{bmatrix} \frac{\mathrm{d}}{\mathrm{d}t} \begin{bmatrix} \bar{x}^1 \\ \bar{\eta} \end{bmatrix} = \begin{bmatrix} I_{n-1} \otimes A + c\Lambda \otimes (BK) & c\Lambda \otimes (BKF_o) \\ 0 & I_n \otimes A_o \end{bmatrix} \begin{bmatrix} \bar{\boldsymbol{x}}^1 \\ \bar{\boldsymbol{\eta}} \end{bmatrix} \tag{10.17}$$

其中，$\bar{x} = [\bar{x}^{0\mathrm{T}},\ \bar{x}^{1\mathrm{T}}]^{\mathrm{T}}$，而 $\bar{x}^0$ 是 $\bar{x}$ 的前 m 个分量。另一方面

$$\begin{aligned} x(t) - \mathbf{1} \otimes \bar{x}^0(t) &= (S \otimes I_m)\bar{x} - \mathbf{1} \otimes \bar{x}^0(t) \\ &= [\mathbf{1} \otimes I_m,\ S_1 \otimes I_m] \begin{bmatrix} \bar{x}^0(t) \\ \bar{x}^1(t) \end{bmatrix} - \mathbf{1} \otimes \bar{x}^0(t) \\ &= (S_1 \otimes I_m)\bar{x}^1(t) \end{aligned} \tag{10.18}$$

显然，如果系统(10.17)是容许的，当 $t \to \infty$ 时，便可以得到 $\tilde{x}_1(t) = 0$。由式(10.18)可以知道当 $t \to \infty$时，有 $\tilde{x}(t) - \mathbf{1} \otimes \tilde{x}^0(t) \to 0$，意味着广义多智能体系统可以实现一致。通过以上的分析可以知道，如果系统(10.17)是容许的，则广义多智能体系统可以实现一致。下面证明系统(10.17)是容许的。记

$$I_{n-1} \otimes A + c\Lambda \otimes (BK) = \begin{bmatrix} A + c\lambda_2 BK & * & \cdots & * \\ 0 & A + c\lambda_3 BK & \cdots & * \\ \vdots & \vdots & \ddots & \vdots \\ 0 & 0 & \cdots & A + c\lambda_n BK \end{bmatrix}。$$

则可以得到

$$\begin{aligned} &\det\left(s\begin{bmatrix} I_{n-1} \otimes E & 0 \\ 0 & I_n \otimes I_r \end{bmatrix} - \begin{bmatrix} I_{n-1} \otimes A + c\Lambda \otimes (BK) & c\Lambda \otimes (BKF_o) \\ 0 & I_n \otimes A_o \end{bmatrix} \right) \\ &= \det(sE - (A + c\lambda_2 BK))\det(sE - (A + c\lambda_3 BK)) \cdots \det(sE - (A + c\lambda_n BK)) \\ &\quad [\det(sI_r - A_o)]^n \end{aligned} \tag{10.19}$$

因为 A_o 是 Hurwitz 稳定矩阵，根据式(10.19)可以知道系统(10.17)是容许的等价于所有矩阵对 $(E,\ A + c\lambda_i BK)$ $(i = 2,\ 3,\ \cdots,\ n)$ 都是容许的。又因为通信拓扑图含有一个有向生成树，及 $\dfrac{1}{\min\limits_{\lambda_i(L) \neq 0} \mathrm{Re}(\lambda_i(L))}$ 是正数。根据式(10.9)，可以知道对所有 $i = 2,\ 3,\ \cdots,\ n$ 都有 $c\mathrm{Re}(\lambda_i) \geqslant 1$。由引理 10.3 可知，取正定矩阵 $Q > 0$

和 $\boldsymbol{R}>0$,广义 Riccati 方程(10.3)有正定解 P。于是,可以通过式(10.10)来获得反馈矩阵 $\boldsymbol{K}$。接着可以得到

$$\begin{aligned}&\boldsymbol{E}^{\mathrm{T}}\boldsymbol{P}(\boldsymbol{A}+c\lambda_i\boldsymbol{BK})+(\boldsymbol{A}+c\lambda_i\boldsymbol{BK})^{H}\boldsymbol{PE}\\&=(1-c\mathrm{Re}(\lambda_i))\boldsymbol{E}^{\mathrm{T}}\boldsymbol{PBR}^{-1}\boldsymbol{B}^{\mathrm{T}}\boldsymbol{PE}-\boldsymbol{E}^{\mathrm{T}}\boldsymbol{QE}=-\boldsymbol{E}^{\mathrm{T}}\bar{\boldsymbol{Q}}\boldsymbol{E},\end{aligned}\tag{10.20}$$

其中 $\bar{\boldsymbol{Q}}=\boldsymbol{Q}+[c\mathrm{Re}(\lambda_i)-1]\boldsymbol{PBR}^{-1}\boldsymbol{B}^{\mathrm{T}}\boldsymbol{P}>0$。根据引理 10.2,所有的矩阵对 $(\boldsymbol{E},\ \boldsymbol{A}+c\lambda_i\boldsymbol{BK})(i=2,\ 3,\ \cdots,\ n)$ 都是容许的。证明完毕。

10.3.2　基于协同观测器的分布式一致协议

本节假设每个智能体只能获得邻居的相对输入和测量输出,将智能体 i 获得的邻居测量输出偏差记作

$$\widetilde{y}_i=\sum_{j\in N_i}a_{ij}(y_i-y_j)\tag{10.21}$$

而邻居的相对控制偏差记作为

$$\widetilde{u}_i(t)=\sum_{j\in N_i}a_{ij}(u_i-u_j)\tag{10.22}$$

则基于协同观测器的分布式一致协议为

$$\begin{aligned}&\dot{z}_i(t)=\boldsymbol{A}_o z_i(t)+\boldsymbol{G}\begin{bmatrix}-\boldsymbol{E}^{\perp}\boldsymbol{B}\widetilde{u}_i(t)\\ \widetilde{y}_i(t)\end{bmatrix}+\boldsymbol{TB}\widetilde{u}_i(t)\\&\widetilde{x}_i(t)=\boldsymbol{F}_o z_i(t)+\boldsymbol{F}\begin{bmatrix}-\boldsymbol{E}^{\perp}\boldsymbol{B}\widetilde{u}_i(t)\\ \widetilde{y}_i(t)\end{bmatrix}\\&u_i(t)=c\boldsymbol{K}\widetilde{x}_i(t)\end{aligned}\tag{10.23}$$

其中,$z_i(t)\in\mathbf{R}^r$ 是协议中间变量的状态,$\widetilde{x}_i(t)\in\mathbf{R}^m$ 是用来估计智能体i 邻居状态偏差 $\sum_{j\in N_i}a_{ij}(x_i-x_j)$ 的重构变量,$c>0$ 是耦合强度,而 $\boldsymbol{A}_o\in\mathbf{R}^{r\times r}$, $\boldsymbol{G}$, $\boldsymbol{T}$, $\boldsymbol{F}_o$, $\boldsymbol{F}$ 和 $\boldsymbol{K}$ 是需要设计的参数增益矩阵。类似地,可以得到下面的定理。

定理 10.2: 对于广义多智能体系统(10.4),假设其通信拓扑图 $\bar{G}$ 含有一个有向生成树,矩阵对$(\boldsymbol{E},\ \boldsymbol{A})$是正则且无脉冲的,$(\boldsymbol{E},\ \boldsymbol{A},\ \boldsymbol{B})$是 R -可控,$(\boldsymbol{E},\ \boldsymbol{A},\ \boldsymbol{C})$是 R -可观测的。若存在矩阵 $\boldsymbol{A}_o$, $\boldsymbol{G}$, $\boldsymbol{T}$, $\boldsymbol{F}_o$, $\boldsymbol{F}$ 和 c 能够满足条件(10.6)～(10.10),则协议(10.23)可使得广义系统实现一致。

证明: 令 $\widetilde{\eta}_i=z_i-\boldsymbol{TE}\sum_{j\in N_i}a_{ij}(x_i-x_j)$, $\widetilde{e}_i=\widetilde{x}_i-\sum_{j\in N_i}a_{ij}(x_i-x_j)$。根据式

(10.4),式(10.7)和式(10.23),动态误差 $\tilde{\eta}_i$ 可以表示为

$$\begin{aligned}\dot{\tilde{\eta}}_i &= \dot{z}_i - \boldsymbol{TE}\frac{\mathrm{d}}{\mathrm{d}t}\sum_{j\in N_i} a_{ij}(x_i - x_j)\\ &= \dot{z}_i - \boldsymbol{T}\sum_{j\in N_i} a_{ij}(\boldsymbol{E}\dot{x}_i - \boldsymbol{E}\dot{x}_j)\\ &= \boldsymbol{A}_o z_i + \boldsymbol{G}\begin{bmatrix} -\boldsymbol{E}^{\perp}\boldsymbol{B}\tilde{u}_i(t)\\ \tilde{y}_i(t)\end{bmatrix} + \boldsymbol{TB}\tilde{u}_i - \boldsymbol{TA}\sum_{j\in N_i} a_{ij}(x_i - x_j) - \boldsymbol{TB}\tilde{u}_i\\ &= \boldsymbol{A}_o(z_i - \boldsymbol{TE}\sum_{j\in N_i} a_{ij}(x_i - x_j)) + \left(\boldsymbol{A}_o\boldsymbol{TE} - \boldsymbol{TA} + \boldsymbol{G}\begin{bmatrix}\boldsymbol{E}^{\perp}\boldsymbol{A}\\ \boldsymbol{C}\end{bmatrix}\right)\sum_{j\in N_i} a_{ij}(x_i - x_j)\\ &= \boldsymbol{A}_o\tilde{\eta}_i。\end{aligned} \tag{10.24}$$

再根据式(10.4),式(10.8)和式(10.23)可得

$$\begin{aligned}\tilde{e}_i &= \tilde{x}_i - \sum_{j\in N_i} a_{ij}(x_i - x_j)\\ &= \boldsymbol{F}_o z_i + \boldsymbol{F}\begin{bmatrix} -\boldsymbol{E}^{\perp}\boldsymbol{B}\tilde{u}_i(t)\\ \tilde{y}_i(t)\end{bmatrix} - \left(\boldsymbol{F}_o\boldsymbol{TE} + \boldsymbol{F}\begin{bmatrix}\boldsymbol{E}^{\perp}\boldsymbol{A}\\ \boldsymbol{C}\end{bmatrix}\right)\sum_{j\in N_i} a_{ij}(x_i - x_j)\\ &= \boldsymbol{F}_o(z_i - \boldsymbol{TE}\sum_{j\in N_i} a_{ij}(x_i - x_j)) + \boldsymbol{F}\begin{bmatrix} -\boldsymbol{E}^{\perp}(\boldsymbol{B}\tilde{u}_i + \boldsymbol{A}\sum_{j\in N_i} a_{ij}(x_i - x_j))\\ \tilde{y}_i - \boldsymbol{C}\sum_{j\in N_i} a_{ij}(x_i - x_j)\end{bmatrix}\\ &= \boldsymbol{F}_o(z_i - \boldsymbol{TE}\sum_{j\in N_i} a_{ij}(x_i - x_j)) + \boldsymbol{F}\begin{bmatrix} -\boldsymbol{E}^{\perp}\boldsymbol{E}\frac{\mathrm{d}}{\mathrm{d}t}\sum_{j\in N_i} a_{ij}(x_i - x_j)\\ \tilde{y}_i - \tilde{y}_i\end{bmatrix}\\ &= \boldsymbol{F}_o\tilde{\eta}_i。\end{aligned} \tag{10.25}$$

则闭环系统可表示为

$$\begin{aligned}\boldsymbol{E}\dot{x}_i &= \boldsymbol{A}x_i + \boldsymbol{B}u_i\\ &= \boldsymbol{A}x_i + c\boldsymbol{BK}\tilde{x}_i\\ &= \boldsymbol{A}x_i + c\boldsymbol{BK}e_i + c\boldsymbol{BK}\sum_{j\in N_i} a_{ij}(x_i - x_j)\\ &= \boldsymbol{A}x_i + c\boldsymbol{BKF}_o\tilde{\eta}_i + c\boldsymbol{BK}\sum_{j\in N_i} a_{ij}(x_i - x_j)\end{aligned} \tag{10.26}$$

再令 $x=(x_1^{\mathrm{T}}, \cdots, x_n^{\mathrm{T}})^{\mathrm{T}}$, $\tilde{\eta}=(\tilde{\eta}_1^{\mathrm{T}}, \cdots, \tilde{\eta}_n^{\mathrm{T}})^{\mathrm{T}}$,将式(10.24)和式(10.26)进行变量代换,则闭环系统可以等价表示为

$$\begin{bmatrix} I \otimes E & 0 \\ 0 & I \otimes I_r \end{bmatrix} \frac{\mathrm{d}}{\mathrm{d}t} \begin{bmatrix} x \\ \tilde{\eta} \end{bmatrix} = \begin{bmatrix} I \otimes A + cL \otimes (BK) & I \otimes cBKF_o \\ 0 & I \otimes A_o \end{bmatrix} \begin{bmatrix} x \\ \tilde{\eta} \end{bmatrix}。 \tag{10.27}$$

接下来的证明因为和定理10.1非常类似，故省略。证明完毕。

注释10.2：本节为了简洁只考虑了固定通信拓扑的情况。如果采用文献[212]中类似的手法，将不难证明协议(10.5)和(10.23)也可解决广义系统在平衡图下切换拓扑的一致问题。关于平衡图下切换拓扑的相关概念可以参考文献[149]，其中无向图切换拓扑作为一种特例。对于一般的有向图切换拓扑，可以利用平均逗留时间来弱化一致性的条件。与文献[54]类似，可以在假设平均逗留时间足够大并且所有拓扑都含有有向生成树的情况下来研究广义系统的一致性问题，而基于平均逗留时间的一致性条件可在一致协议(10.5)和(10.23)基础上获得。

注释10.3：在文献[196]中，广义多智能体系统的一致性问题通过采用基于动态补偿器的分布式协议来解决，并且作者利用线性矩阵不等式(LMIs)给出了一致性条件，还设计了一个基于广义系统的全维观测器。一般来说基于LMI所得条件的可解性讨论起来比较困难。尽管本章所提出的基于观测器的协议可以看作动态输出协议的一种特例，但是本章所设计的观测器结构与文献[196]中有很大的不同，而协议所需要满足的条件也不能直接从文献[196]中获得，并且满足条件的解相比于文献[196]要容易获得的多。本章的观测器设计结构以及相关的一致条件是受文献[35]启发而来。值得关注的是，协议中所有涉及的增益矩阵都与通信拓扑图无关。根据引理10.3，反馈增益矩阵 K 则可以根据广义Riccati方程(10.3)的正定解来设计。并且得到了一个观测器设计的充分条件，即可根据条件(10.6)，(10.7)和(10.8)来设计观测器的增益矩阵 A_o, T, G, F_o 和 F。在接下来的小节中，当矩阵对(E, A)正则且无脉冲而(E, A, C)是 R-可观测时，还将会给出另一种观测器的设计方案。

注释10.4：现在来考虑一个特殊情况，假设 $E = I$，也就是广义多智能体系统(10.4)退化为一般线性系统。注意，此时有 $E^{\perp} = \varnothing$。与之相关的基于观测器的一致性问题在文献[54, 97, 99, 207, 212]中都有所探究。可以验证对于文献[97,207]中基于当地的全维观测器协议的增益矩阵，以及文献[54,99,212]中基于当地的降维观测器协议的增益矩阵都满足条件(10.6)～(10.10)。从这点来看，一致协议(10.5)是一个基于当地观测器一致协议的统一框架，不仅适用于广义多智能体系统还适用于一般的线性多智能体系统。

10.4　观测器增益矩阵的设计方案

在本小节，总是假设矩阵对$(\boldsymbol{E},\ \boldsymbol{A})$是正则且无脉冲的，$(\boldsymbol{E},\ \boldsymbol{A},\ \boldsymbol{C})$是 R -可观测的。由于$(\boldsymbol{E},\ \boldsymbol{A})$正则且无脉冲，则存在非奇异矩阵 $\boldsymbol{M}$ 和 $\boldsymbol{N}$ 可将$(\boldsymbol{E},\ \boldsymbol{A})$分解为 Weierstrass 形式(可参见文献[43])

$$\bar{\boldsymbol{E}}=\boldsymbol{MEN}=\begin{bmatrix}\boldsymbol{I}_l & 0\\ 0 & 0\end{bmatrix},\ \bar{\boldsymbol{A}}=\boldsymbol{MAN}=\begin{bmatrix}\boldsymbol{A}_1 & 0\\ 0 & \boldsymbol{I}_{m-l}\end{bmatrix} \tag{10.28}$$

令 $\bar{\boldsymbol{B}}=\boldsymbol{MB}=\begin{bmatrix}\boldsymbol{B}_1\\ \boldsymbol{B}_2\end{bmatrix}$并且$\bar{\boldsymbol{C}}=\boldsymbol{CN}=[\boldsymbol{C}_1,\ \boldsymbol{C}_2]$。假设 $\mathrm{Rank}(\boldsymbol{C}_1)=d$。

10.4.1　全维(即 m -维)观测器设计方案

在本小节将会构造 m -维观测器，也就是全维观测器。因为$(\boldsymbol{E},\ \boldsymbol{A},\ \boldsymbol{C})$是 R -可观测的，则有 $\mathrm{Rank}\begin{bmatrix}s\boldsymbol{E}-\boldsymbol{A}\\ \boldsymbol{C}\end{bmatrix}=\mathrm{Rank}\begin{bmatrix}s\bar{\boldsymbol{E}}-\bar{\boldsymbol{A}}\\ \bar{\boldsymbol{C}}\end{bmatrix}=\mathrm{Rank}\begin{bmatrix}s\boldsymbol{I}-\boldsymbol{A}_1 & 0\\ 0 & -\boldsymbol{I}_{m-l}\\ \boldsymbol{C}_1 & \boldsymbol{C}_2\end{bmatrix}=m$ 对任意的 $s\in\mathbb{C}$ 都成立。接着可以得到 $\mathrm{Rank}\begin{bmatrix}s\boldsymbol{I}-\boldsymbol{A}_1\\ \boldsymbol{C}_1\end{bmatrix}=l$ 对任意的 $s\in\mathbb{C}$ 成立，则矩阵对$(\boldsymbol{A}_1,\ \boldsymbol{C}_1)$是可观测的。于是存在矩阵 $\boldsymbol{L}_1$ 使得 $\boldsymbol{A}_1-\boldsymbol{L}_1\boldsymbol{C}_1$ 是稳定的。取 $\boldsymbol{E}^{\perp}=[0,\ \boldsymbol{I}_{m-l}]\boldsymbol{M}$，$\boldsymbol{T}=\boldsymbol{M}$，$\boldsymbol{G}=\begin{bmatrix}-\boldsymbol{L}_1\boldsymbol{C}_2 & \boldsymbol{L}_1\\ \boldsymbol{I}_{m-l} & 0\end{bmatrix}$和$\boldsymbol{A}_0=\mathrm{diag}\{\boldsymbol{A}_1-\boldsymbol{L}_1\boldsymbol{C}_1,\ \boldsymbol{J}_1\}$，其中 $\boldsymbol{J}_1$ 是一个稳定矩阵。可以验证条件(10.6)和(10.7)都可以满足。因为 $\mathrm{Rank}\begin{bmatrix}\boldsymbol{TE}\\ \boldsymbol{E}^{\perp}\boldsymbol{A}\\ \boldsymbol{C}\end{bmatrix}=\mathrm{Rank}\begin{bmatrix}\boldsymbol{MEN}\\ [0,\ \boldsymbol{I}_{m-l}]\boldsymbol{MAN}\\ \boldsymbol{CN}\end{bmatrix}=\mathrm{Rank}\begin{bmatrix}\boldsymbol{I}_l & 0\\ 0 & 0\\ 0 & \boldsymbol{I}_{m-l}\\ \boldsymbol{C}_1 & \boldsymbol{C}_2\end{bmatrix}=m$，$\begin{bmatrix}\boldsymbol{TE}\\ \boldsymbol{E}^{\perp}\boldsymbol{A}\\ \boldsymbol{C}\end{bmatrix}$是列满秩的，意味着方程 $\boldsymbol{F}_o\boldsymbol{TE}+\boldsymbol{F}\begin{bmatrix}\boldsymbol{E}^{\perp}\boldsymbol{A}\\ \boldsymbol{C}\end{bmatrix}=[\boldsymbol{F}_o\mid\boldsymbol{F}]\begin{bmatrix}\boldsymbol{TE}\\ \hline \boldsymbol{E}^{\perp}\boldsymbol{A}\\ \boldsymbol{C}\end{bmatrix}=\boldsymbol{I}_m$ 一定是有解的。

式(10.8)的一个特解可以为

$$[\boldsymbol{F}_o \mid \boldsymbol{F}] = (\boldsymbol{E}^{\mathrm{T}}\boldsymbol{T}^{\mathrm{T}}\boldsymbol{T}\boldsymbol{E} + \boldsymbol{A}^{\mathrm{T}}\boldsymbol{E}^{\perp\mathrm{T}}\boldsymbol{E}^{\perp}\boldsymbol{A} + \boldsymbol{C}^{\mathrm{T}}\boldsymbol{C})^{-1} \times [\boldsymbol{E}^{\mathrm{T}}\boldsymbol{T}^{\mathrm{T}} \mid \boldsymbol{A}^{\mathrm{T}}\boldsymbol{E}^{\perp\mathrm{T}}, \boldsymbol{C}^{\mathrm{T}}] \tag{10.29}$$

根据以上的分析,全维观测器的增益矩阵可以由下面的算法来获得。

算法 10.1：假设矩阵对$(\boldsymbol{E}, \boldsymbol{A})$正则且无脉冲,$(\boldsymbol{E}, \boldsymbol{A}, \boldsymbol{B})$是 R -可控的,$(\boldsymbol{E}, \boldsymbol{A}, \boldsymbol{C})$是 R -可观测的。

(1) 将矩阵对$(\boldsymbol{E}, \boldsymbol{A})$分解为 Weierstrass 形式(10.28)；

(2) 选择矩阵 $\boldsymbol{L}_1$ 使得 $\boldsymbol{A}_1 - \boldsymbol{L}_1\boldsymbol{C}_1$ 是稳定的；

(3) 选择稳定矩阵 $\boldsymbol{J}_1$,取 $\boldsymbol{E}^{\perp} = [0, \boldsymbol{I}_{m-l}]\boldsymbol{M}$, $\boldsymbol{T} = \boldsymbol{M}$, $\boldsymbol{G} = \begin{bmatrix} -\boldsymbol{L}_1\boldsymbol{C}_2 & \boldsymbol{L}_1 \\ \boldsymbol{I}_{m-l} & 0 \end{bmatrix}$和 $\boldsymbol{A}_o = \mathrm{diag}\{\boldsymbol{A}_1 - \boldsymbol{L}_1\boldsymbol{C}_1, \boldsymbol{J}_1\}$；

(4) 通过计算式(10.29)得到 $\boldsymbol{F}_o$ 和 $\boldsymbol{F}$。

10.4.2　降维(l -维)观测器设计方案

根据式(10.28),选取 $\boldsymbol{L}_1$ 使得 $\boldsymbol{A}_0 = \boldsymbol{A}_1 - \boldsymbol{L}_1\boldsymbol{C}_1$ 是稳定的,然后取 $\boldsymbol{E}^{\perp} = [0, \boldsymbol{I}_{m-l}]\boldsymbol{M}$, $\boldsymbol{T} = [\boldsymbol{I}_l, 0]\boldsymbol{M}$, $\boldsymbol{G} = [-\boldsymbol{L}_1\boldsymbol{C}_2, \boldsymbol{L}_1]$。可验证条件(10.6)和(10.7)仍然满足。类似地,可以得到 $\mathrm{Rank}\begin{bmatrix} \boldsymbol{T}\boldsymbol{E} \\ \boldsymbol{E}^{\perp}\boldsymbol{A} \\ \boldsymbol{C} \end{bmatrix} = \mathrm{Rank}\begin{bmatrix} \boldsymbol{I}_l & 0 \\ 0 & \boldsymbol{I}_{m-l} \\ \boldsymbol{C}_1 & \boldsymbol{C}_2 \end{bmatrix} = m$,意味着方程(10.8)是可解的。和上一小节一样,对于 l -维的降维观测器增益矩阵可由下面的算法获得。

算法 10.2：仍然假设矩阵对$(\boldsymbol{E}, \boldsymbol{A})$正则且无脉冲,$(\boldsymbol{E}, \boldsymbol{A}, \boldsymbol{B})$是 R -可控的,$(\boldsymbol{E}, \boldsymbol{A}, \boldsymbol{C})$是 R -可观测的。

(1) 将矩阵对$(\boldsymbol{E}, \boldsymbol{A})$分解为 Weierstrass 形式(10.28)；

(2) 选择矩阵 $\boldsymbol{L}_1$ 使得 $\boldsymbol{A}_1 - \boldsymbol{L}_1\boldsymbol{C}_1$ 是稳定的；

(3) 取 $\boldsymbol{E}^{\perp} = [0, \boldsymbol{I}_{m-l}]\boldsymbol{M}$, $\boldsymbol{T} = [\boldsymbol{I}_l, 0]\boldsymbol{M}$, $\boldsymbol{G} = [-\boldsymbol{L}_1\boldsymbol{C}_2, \boldsymbol{L}_1]$ 和 $\boldsymbol{A}_o = \boldsymbol{A}_1 - \boldsymbol{L}_1\boldsymbol{C}_1$；

(4) 计算式(10.29)获得 $\boldsymbol{F}_o$ 和 $\boldsymbol{F}$。

10.4.3　降维($(l-d)$-维)观测器设计方案

因为 $\mathrm{Rank}(\boldsymbol{C}_1) = d$,则存在非奇异矩阵 $\boldsymbol{S}$ 使得

$$\boldsymbol{S}\boldsymbol{C}_1=\begin{bmatrix}\hat{\boldsymbol{C}}_1\\0\end{bmatrix} \tag{10.30}$$

其中,矩阵 $\hat{\boldsymbol{C}}_1$ 是行满秩的。则容易取矩阵 $\hat{\boldsymbol{C}}_2$ 使得

$$\boldsymbol{V}=\begin{bmatrix}\hat{\boldsymbol{C}}_1\\\hat{\boldsymbol{C}}_2\end{bmatrix}\in\mathbf{R}^{l\times l} \tag{10.31}$$

非奇异。记

$$\boldsymbol{V}\boldsymbol{A}_1\boldsymbol{V}^{-1}=\begin{bmatrix}\hat{\boldsymbol{A}}_{11} & \hat{\boldsymbol{A}}_{12}\\\hat{\boldsymbol{A}}_{21} & \hat{\boldsymbol{A}}_{22}\end{bmatrix}\boldsymbol{V}\boldsymbol{B}_1=\begin{bmatrix}\hat{\boldsymbol{B}}_1\\\hat{\boldsymbol{B}}_2\end{bmatrix} \tag{10.32}$$

并且 $\hat{\boldsymbol{C}}_1\boldsymbol{V}^{-1}=[\boldsymbol{I}_d,\ 0]$。因为$(\boldsymbol{E},\ \boldsymbol{A},\ \boldsymbol{C})$是 R -可观测的,则可以得到

$$\begin{aligned}\text{Rank}\begin{bmatrix}s\boldsymbol{E}-\boldsymbol{A}\\\boldsymbol{C}\end{bmatrix}&=\text{Rank}\begin{bmatrix}s\boldsymbol{I}-\boldsymbol{A}_1 & 0\\0 & -\boldsymbol{I}_{m-l}\\\boldsymbol{C}_1 & \boldsymbol{C}_2\end{bmatrix}=m-l+\text{Rank}\begin{bmatrix}s\boldsymbol{I}-\boldsymbol{A}_1\\\boldsymbol{C}_1\end{bmatrix}\\&=m-l+\text{Rank}\begin{bmatrix}s\boldsymbol{I}-\hat{\boldsymbol{A}}_{11} & -\hat{\boldsymbol{A}}_{12}\\-\hat{\boldsymbol{A}}_{21} & s\boldsymbol{I}-\hat{\boldsymbol{A}}_{22}\\\boldsymbol{I}_d & 0\end{bmatrix}\\&=m-l+d+\text{Rank}\begin{bmatrix}s\boldsymbol{I}-\hat{\boldsymbol{A}}_{22}\\\hat{\boldsymbol{A}}_{12}\end{bmatrix}=m\end{aligned}$$

对任意的 $s\in\boldsymbol{C}$ 都满足。接着可以得到 $\text{Rank}\begin{bmatrix}s\boldsymbol{I}-\hat{\boldsymbol{A}}_{22}\\\hat{\boldsymbol{A}}_{12}\end{bmatrix}=l-d$,说明$(\hat{\boldsymbol{A}}_{22},\ \hat{\boldsymbol{A}}_{12})$是可观测的。于是,可以选取矩阵 $\boldsymbol{L}_1\in\mathbf{R}^{(l-d)\times d}$ 使得$\boldsymbol{A}_0=\hat{\boldsymbol{A}}_{22}-\boldsymbol{L}_1\hat{\boldsymbol{A}}_{12}$ 是稳定的。然后取 $\boldsymbol{E}^{\perp}=[0,\ \boldsymbol{I}_{m-l}]\boldsymbol{M}$, $\boldsymbol{T}=[-\boldsymbol{L}_1,\ \boldsymbol{I}_{l-d},\ 0]\begin{bmatrix}\boldsymbol{V} & 0\\0 & \boldsymbol{I}_{m-l}\end{bmatrix}\boldsymbol{M}$ 和$\boldsymbol{G}=[-(\boldsymbol{A}_0\boldsymbol{L}_1+\hat{\boldsymbol{A}}_{21}-\boldsymbol{L}_1\hat{\boldsymbol{A}}_{11})[\boldsymbol{I}_d,\ 0]\boldsymbol{S}\boldsymbol{C}_2,\ (\boldsymbol{A}_0\boldsymbol{L}_1+\hat{\boldsymbol{A}}_{21}-\boldsymbol{L}_1\hat{\boldsymbol{A}}_{11})[\boldsymbol{I}_d,\ 0]\boldsymbol{S}]$。可以验证,条件(10.6)和(10.7)仍能满足。类似地,有

$$\begin{aligned}\text{Rank}\begin{bmatrix}\boldsymbol{T}\boldsymbol{E}\\\boldsymbol{E}^{\perp}\boldsymbol{A}\\\boldsymbol{C}\end{bmatrix}&=\text{Rank}\begin{bmatrix}[\boldsymbol{L}_1,\ \boldsymbol{I}_{l-d}]\boldsymbol{V} & 0\\0 & \boldsymbol{I}_{m-l}\\\boldsymbol{C}_1 & \boldsymbol{C}_2\end{bmatrix}=m-l+\text{Rank}\begin{bmatrix}[\boldsymbol{L}_1,\ \boldsymbol{I}_{l-d}]\boldsymbol{V}\\\boldsymbol{C}_1\end{bmatrix}\\&=m-l+\text{Rank}\begin{bmatrix}[\boldsymbol{L}_1,\ \boldsymbol{I}_{l-d}]\\\boldsymbol{S}\boldsymbol{C}_1\boldsymbol{V}^{-1}\end{bmatrix}=m-l+\text{Rank}\begin{bmatrix}\boldsymbol{L}_1 & \boldsymbol{I}_{l-d}\\\boldsymbol{I}_d & 0\end{bmatrix}=m\end{aligned}$$

这说明方程(10.8)是可解的。则 $l-d$ 维观测器增益矩阵可通过下面的算法获得。

算法 10.3：假设矩阵对($\boldsymbol{E}$, $\boldsymbol{A}$)正则且无脉冲,($\boldsymbol{E}$, $\boldsymbol{A}$, $\boldsymbol{B}$)是 R -可控的,($\boldsymbol{E}$, $\boldsymbol{A}$, $\boldsymbol{C}$)是 R -可观测的。

(1) 将矩阵对($\boldsymbol{E}$, $\boldsymbol{A}$)分解为 Weierstrass 形式(10.28);

(2) 选取非奇异矩阵 $\boldsymbol{S}$ 和 $\boldsymbol{V}$ 满足条件(10.30)和(10.31);

(3) 根据式(10.32),选取矩阵 $\boldsymbol{L}_1$ 使得 $\hat{\boldsymbol{A}}_{22}-\boldsymbol{L}_1\hat{\boldsymbol{A}}_{12}$ 是稳定的;

(4) 取 $\boldsymbol{A}_0=\hat{\boldsymbol{A}}_{22}-\boldsymbol{L}_1\hat{\boldsymbol{A}}_{12}$, $\boldsymbol{E}^{\perp}=[0, \boldsymbol{I}_{m-l}]\boldsymbol{M}$, $\boldsymbol{T}=[-\boldsymbol{L}_1, \boldsymbol{I}_{l-d}, 0]\begin{bmatrix}\boldsymbol{V} & 0\\ 0 & \boldsymbol{I}_{m-l}\end{bmatrix}\boldsymbol{M}$, $\boldsymbol{G}=[-(\boldsymbol{A}_0\boldsymbol{L}_1+\hat{\boldsymbol{A}}_{21}-\boldsymbol{L}_1\hat{\boldsymbol{A}}_{11})[\boldsymbol{I}_d, 0]\boldsymbol{S}\boldsymbol{C}_2, (\boldsymbol{A}_0\boldsymbol{L}_1+\hat{\boldsymbol{A}}_{21}-\boldsymbol{L}_1\hat{\boldsymbol{A}}_{11})[\boldsymbol{I}_d, 0]\boldsymbol{S}]$;

(5) 计算(10.29)式获得 $\boldsymbol{F}_o$ 和 $\boldsymbol{F}$。

10.5 数值仿真

本节将会提供一个简单的数值仿真例子来验证本章结论的正确性。假设广义多智能体系统(10.4)由 4 个智能体组成,它们的系统矩阵如下

$$\boldsymbol{E}=\begin{bmatrix}1&0&0&0\\0&1&0&0\\0&0&1&0\\0&0&0&0\end{bmatrix}, \boldsymbol{A}=\begin{bmatrix}1&0&-1&0\\0&-2&0&-2\\-1&0&-1&0\\-3&-1&2&1\end{bmatrix}, \boldsymbol{B}=\begin{bmatrix}1&3\\-3&0\\1&-1\\0&0\end{bmatrix},$$

$$\boldsymbol{C}=\begin{bmatrix}0&-0.5&0&1\\0&-1&0&2\end{bmatrix}$$

显然,$\boldsymbol{E}$ 是奇异矩阵并且 rank($\boldsymbol{E}$)=3, rank($\boldsymbol{C}$)=1。系统的广义特征值为 $\sigma(\boldsymbol{E}, \boldsymbol{A})=\{-4, 1.4142, -1.4142, \infty\}$,则系统是李亚普诺夫不稳定的。可利用矩阵 $\boldsymbol{M}$, $\boldsymbol{N}$ 将矩阵对($\boldsymbol{E}$, $\boldsymbol{A}$)分解为 Weierstrass 形式(10.28), $\boldsymbol{M}$, $\boldsymbol{N}$ 为

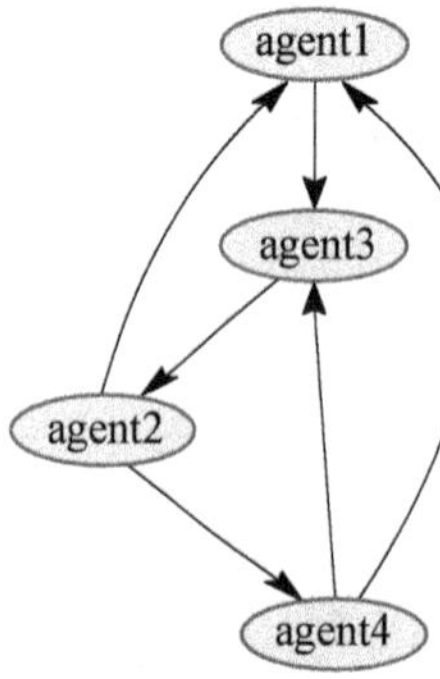

图 10.1　拓扑图

$$\boldsymbol{M}=\begin{bmatrix}0&1&0&2\\0&0&1&0\\1&0&0&0\\0&0&0&1\end{bmatrix}, \boldsymbol{N}=\begin{bmatrix}0&0&1&0\\1&0&0&0\\0&1&0&0\\1&-2&3&1\end{bmatrix}.$$

通信拓扑图 $\bar{G}$ 如图 10.1 所示,为了方便计算,所有的非零权重都取为 1。通过简单计算耦合强度可取为 $c=0.7$。取

$\boldsymbol{Q}$, $\boldsymbol{R}$ 为维数相容的单位矩阵,解广义 Riccati 方程(10.3)得到正定解

$$\boldsymbol{P}=\begin{bmatrix} 0.4968 & -0.0555 & -0.1673 & -0.1109 \\ -0.0555 & 0.1062 & 0.0596 & 0.2125 \\ -0.1673 & 0.0596 & 0.4486 & 0.1192 \\ -0.1109 & 0.2125 & 0.1192 & 1.4250 \end{bmatrix}。$$

则可以得到反馈增益矩阵 $\boldsymbol{K}$

$$\boldsymbol{K}=-\frac{1}{2}\boldsymbol{R}^{-1}\boldsymbol{B}^{\mathrm{T}}\boldsymbol{P}\boldsymbol{E}=\begin{bmatrix} -0.2480 & 0.1573 & -0.0513 & 0 \\ -0.8288 & 0.1130 & 0.4753 & 0 \end{bmatrix}。$$

例 10-1: 首先在全维观测器下采用协议(10.5)来解决广义多智能体系统的一致问题。根据算法 10.1,取 $\boldsymbol{L}_1=\begin{bmatrix} -1 & -2 \\ 2 & 0 \\ 2 & 1 \end{bmatrix}$,可以得到增益矩阵 $\boldsymbol{A}_0$, $\boldsymbol{F}_0$, $\boldsymbol{G}$, $\boldsymbol{F}$ 如下

$$\boldsymbol{A}_0=\begin{bmatrix} -1.5 & -6 & 9 & 0 \\ -1 & 3 & -7 & 0 \\ -2 & 7 & -11 & 0 \\ 0 & 0 & 0 & -2.5 \end{bmatrix},\ \boldsymbol{F}_0=\begin{bmatrix} -0.1038 & 0.4152 & 0.3772 & 0 \\ 0.9827 & 0.0692 & -0.1038 & 0 \\ 0.0692 & 0.7232 & 0.4152 & 0 \\ 0.4983 & 0.0069 & -0.0104 & 0 \end{bmatrix}。$$

$$\boldsymbol{G}=\begin{bmatrix} 5 & -1 & -2 \\ -2 & 2 & 0 \\ -4 & 2 & 1 \\ 1 & 0 & 0 \end{bmatrix},\ \boldsymbol{F}=\begin{bmatrix} -0.2076 & 0.0415 & 0.0830 \\ -0.0346 & 0.0069 & 0.0138 \\ 0.1384 & -0.0277 & -0.0554 \\ -0.0035 & 0.2007 & 0.4014 \end{bmatrix}。$$

系统的状态轨迹如图 10.2 所示,说明了最终广义多智能体系统能够实现一致。

例 10-2: 在降维观测器下采用协议(10.5)来解决广义多智能体系统的一致问题。这里采用 $l-d$ 维降维观测器,根据算法 10.3,通过简单的计算可以得到增益矩阵如下

$$\boldsymbol{A}_0=\begin{bmatrix} -8 & 13 \\ 6 & -13 \end{bmatrix},\ \boldsymbol{F}_0=\begin{bmatrix} 0 & 1 \\ 4 & -6 \\ 1 & 0 \\ 2 & -3 \end{bmatrix},\ \boldsymbol{F}=\begin{bmatrix} -1 & 0.2 & 0.4 \\ 8 & -1.6 & -3.2 \\ 1 & -0.2 & -0.4 \\ 4 & -0.6 & -1.2 \end{bmatrix},$$

$$\boldsymbol{T}=\begin{bmatrix} 3 & 0.5 & -1 & 1 \\ -2 & -0.5 & 2 & -1 \end{bmatrix},\ \boldsymbol{G}=\begin{bmatrix} -17 & 17 & 0 \\ 15 & -15 & 0 \end{bmatrix},\ \boldsymbol{L}_1=\begin{bmatrix} -1 \\ 1 \end{bmatrix}$$

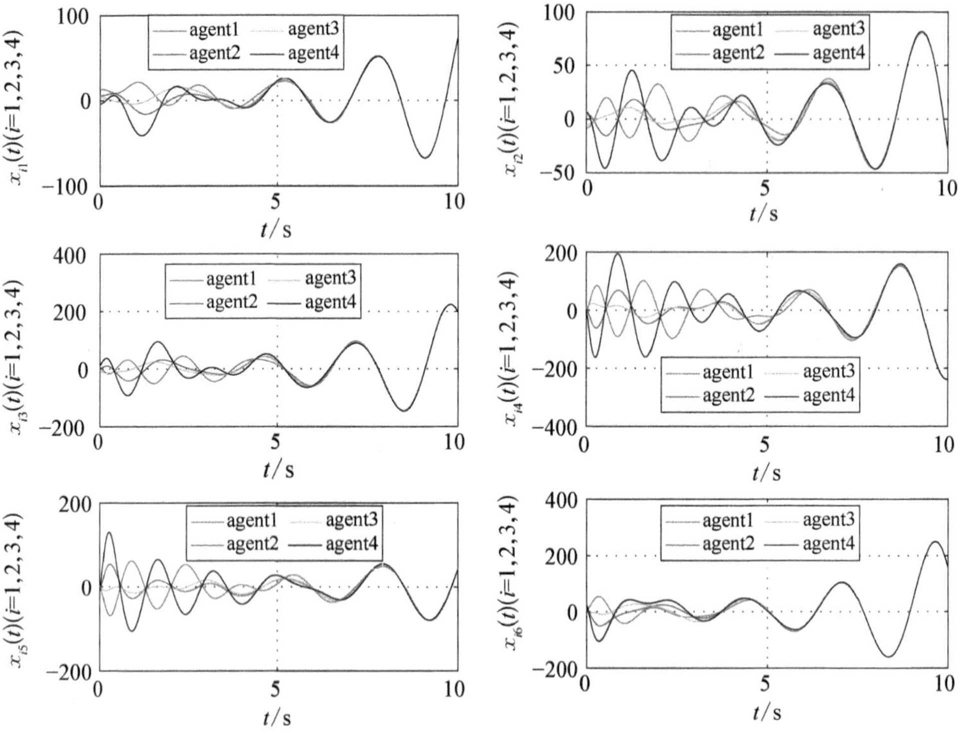

图 10.2　状态轨迹

此时，观测器的维数仅为 2。系统的状态轨迹如图 10.3 所示，也说明了广义多智能体最终能够实现一致。条件(10.10)对于耦合强度来说只是一个充分条件，可能在实际应用中还是很保守的。在本节例子中，$\frac{1}{\min\limits_{\lambda_i(L)\neq 0}\mathrm{Re}(\lambda_i(\boldsymbol{L}))}=0.5$。取 $c=0.7>0.5$，在一致协议(10.5)和(10.23)下多智能体系统都可以实现一致。但是当 c 取得过小时则系统将不能实现一致。c 的取值越大会使得收敛的速度越快，但也会导致控制增益过高。收敛的速率主要取决于 $\boldsymbol{A}_o$ 的特征值以及$(\boldsymbol{I}\otimes\boldsymbol{E},\ \boldsymbol{I}\otimes\boldsymbol{A}+c\boldsymbol{L}\otimes\boldsymbol{BK})$的广义特征值。如果按照算法 10.1～10.3 来设计观测器，则可以选取矩阵 $\boldsymbol{L}_1$ 使得 $\boldsymbol{A}_o$ 的所有特征值都落在复平面的左半部分。通过改变矩阵 $\boldsymbol{Q}$ 和 $\boldsymbol{R}$，可以使得$(\boldsymbol{I}\otimes\boldsymbol{E},\ \boldsymbol{I}\otimes\boldsymbol{A}+c\boldsymbol{L}\otimes\boldsymbol{BK})$的广义特征值的最大实部足够小。

状态观测器的维数其实等于矩阵 $\boldsymbol{A}_o$ 的维数。如何构建低维的观测器是一个很值得探索的问题。可以清楚地看到状态观测器的维数最低不会低于 $l-\mathrm{Rank}(\boldsymbol{C})$。如果还要追求更低维的观测器，则可以考虑函数观测器，这也是作者未来希望解决的问题。

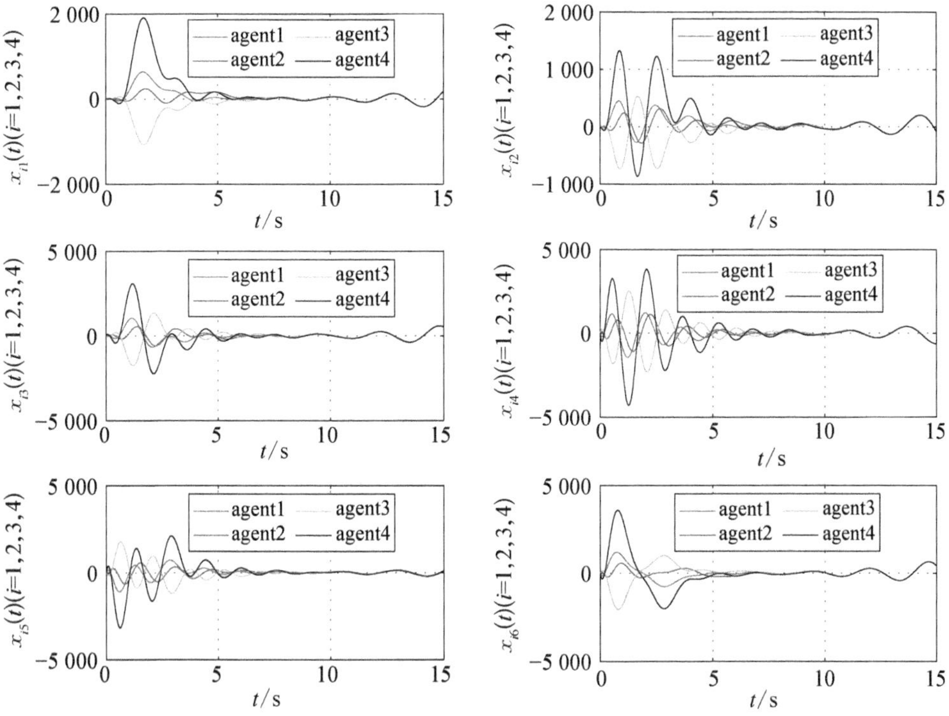

图 10.3　状态轨迹

10.6　本章小结

本章研究了广义多智能体系统在有向拓扑图下的一致性问题。在只利用邻居智能体输出信息的情况下，设计了两种基于观测器的分布式一致协议。所设计的观测器与系统状态可分离，且观测器增益矩阵只依赖于广义的 Sylvester 方程和广义 Riccati 方程的解。此外，全维和降维观测器可作为特例，统一在本章所提出的协议下。并且本章所设计的协议也可推广用于基于观测器的集群和包围问题。未来将会考虑基于函数观测器的情形，或者鲁棒一致，离散时间的广义多智能体系统一致等问题，相关论文见[57]。

第11章　分数阶非线性多智能体系统的跟踪一致性问题

分数阶系统的研究近几年才刚刚兴起，对于分数阶多智能体系统的研究目前还处于起步阶段，所以分数阶系统的研究具有很强的时代气息和研究价值。由于分数阶系统在描述有记忆性和遗传特性的材料时比整数阶系统更具备优势，故越来越引起学者们的关注。一般来说整数阶系统可以看成是分数阶系统的一种特例，由此可见分数阶系统的研究将会是一个很热门的研究课题。

近年来，对分数阶系统的研究也取得了一些有意义的成果，如文献[47,88]探讨了复杂的分数阶系统的系统稳定性，并且取得了一些实用的结果。分数阶系统的研究推动了分数阶多智能体系统的研究。近年来众多学者开始研究分数阶系统的一致性。文献[17]研究了一阶分数阶多智能体系统的一致性问题。分数阶多智能体系统基于输出和通信延迟的一致性问题在文献[154]中得以研究。而文献[197]则研究了输出反馈下不确定的分数阶系统的一致性问题。分数阶多智能体系统的同步问题在文献[167]中得以研究。文献[204]则研究了基于状态误差反馈的带领导的具有李普希兹非线性项的分数阶多智能体系统的一致性。文献[205]通过自适应牵引控制研究了带领导的分数阶多智能体系统的一致性。文献[23]则研究了不确定的线性分数阶系统的一致性，与之相关的包围控制在文献[22]得以研究。

利用神经网络和模糊系统来模拟和逼近不确定系统中的不确定项无疑是一个非常实用的方法。文献[94-96]利用模糊离散控制方法来处理非线性系统中的不确定项，而文献[130-132,165,206,208]则利用神经网络参数化方法研究多智能体系统一致性问题。

11.1　问题描述与预备知识

考虑一个由 N 个跟随者和一个领导组成的分数阶多智能体系统。每个跟随者的动力学方程描述如下：

$$
\begin{aligned}
\boldsymbol{D}^{\alpha} x_i &= \boldsymbol{A} x_i + \boldsymbol{B}[u_i + f_i(x_i)] \\
y_i &= \boldsymbol{C} x_i,\ i = 1,\ \cdots,\ N
\end{aligned}
\tag{11.1}
$$

其中，$0 < \alpha < 1$ 表示分数阶微分的阶，$x_i \in \mathbf{R}^n$ 表示第 i 个智能体的状态信息，$u_i \in \mathbf{R}^m$ 表示第 i 个智能体的控制输入，$f_i(x_i) \in \mathbf{R}^m$ 表示第 i 个智能体的不确定非线性项，假定该不确定项是有界的。$\boldsymbol{A} \in \mathbf{R}^{n \times n}$，$\boldsymbol{B} \in \mathbf{R}^{n \times m}$ 和 $\boldsymbol{C} \in \mathbf{R}^{m \times n}$ 是已知的系统矩阵。假设($\boldsymbol{A}$，$\boldsymbol{B}$)是稳定的，($\boldsymbol{A}$，$\boldsymbol{C}$)是可测的。

领导的动力学如下：

$$
\begin{aligned}
\boldsymbol{D}^{\alpha} x_0 &= \boldsymbol{A} x_0 + \boldsymbol{B} r(t) \\
y_i &= \boldsymbol{C} x_0,\ i = 1,\ \cdots,\ N
\end{aligned}
\tag{11.2}
$$

其中 $x_0 \in \mathbf{R}^n$ 表示领导的状态，$r(t) \in \mathbf{R}^m$ 是有界输入。

假定 11.1：对于所有初始条件，x_0 的解是存在的。

假定 11.2：图 G 是无向图且图 $\bar{G}$ 中领导的根节点包含一个有向生成树。

为了了解图 G 的性质，下面引入几个引理。

引理 11.1：假设图 G 是无向、固定的连通图，则至少存在一个节点与领导相连通，则矩阵 $\boldsymbol{H}$ 是正定的。

引理 11.2：如果($\boldsymbol{A}$，$\boldsymbol{B}$)是稳定的，$\boldsymbol{Q}$ 是一个对称的正定矩阵，那么存在一个唯一的正定矩阵 $\boldsymbol{P}$ 满足下面的黎卡迪方程

$$
\boldsymbol{PA} + \boldsymbol{A}^{\mathrm{T}} \boldsymbol{P} - \boldsymbol{PBB}^{\mathrm{T}} \boldsymbol{P} + \boldsymbol{Q} = 0 \tag{11.3}
$$

并且 $\boldsymbol{Q} > 0$，可以更进一步得出，矩阵 $\boldsymbol{A} - \boldsymbol{BB}^{\mathrm{T}} \boldsymbol{P}$ 特征根的实部值都在左半平面。

下面介绍分数阶微分频域的一个李亚普洛夫方程的构造方法。

引理 11.3：对于非线性分数阶微分方程

$$
{}_{t_0}\boldsymbol{D}_t^{\alpha} x(t) = f(x(t)) \tag{11.4}
$$

由一个分数阶积分连续的频域分布模型，可以改写为

$$
\begin{cases}
\dfrac{\partial z(\omega,\ t)}{\partial t} = -\omega z(\omega,\ t) + f(x(t)) \\
x(t) = \displaystyle\int_0^{\infty} \mu(\omega) z(\omega,\ t) \mathrm{d}\omega
\end{cases}
\tag{11.5}
$$

其中 $z(\omega,\ t)$是有限维的空间状态响应，$\mu(\omega)$定义为

$$
\mu(\omega) = \frac{\sin(\alpha \pi)}{\pi} \omega^{-\alpha}
$$

11.2 带有学习的协作跟踪

本节研究的是在无向拓扑图下不完全分布式的带有学习的非线性分数阶系统的一致性跟踪问题。

首先，e_i 为第 i 个智能体和邻居智能体间的相对误差，可表示成

$$e_i=\sum_{j\in N_i}a_{ij}(x_i-x_j)+b_i(x_i-x_0),\ i=1,\ \cdots,\ N。\tag{11.6}$$

全局跟踪误差定义为 $\delta_i=x_i-x_0$。由式(11.1)和式(11.2)，以 δ_i 为参数的系统可表达成如下形式

$$\boldsymbol{D}^{\alpha}\delta_i=\boldsymbol{A}\delta_i+\boldsymbol{B}[u_i+\boldsymbol{F}_i(x_i)]\tag{11.7}$$

其中 $\boldsymbol{F}_i(x_i)=f_i(x_i)-r(t)$。

为了学习未知的非线性项 $F_i(x_i)$ 引入如下假设。

假定 11.3：对于多智能体系统方程(11.1)和方程(11.2)，与其相匹配的 $F_i(x_i)$ 能够被如下形式的神经网络参数化

$$\boldsymbol{F}_i(x_i)=\boldsymbol{W}_i^{\mathrm{T}}\boldsymbol{\phi}_i(x_i)+\varepsilon_i,\ \forall x_i\in\boldsymbol{D}\tag{11.8}$$

其中，$\boldsymbol{W}_i\in\mathbf{R}^{s\times m}$ 是一个未知的权重矩阵，且满足 $\|\boldsymbol{W}_i\|\leqslant\boldsymbol{W}_{iS}$，$\boldsymbol{W}_{iS}\in\mathbf{R}$ 是一个正常数。$\boldsymbol{\phi}_i(x_i)$：$\mathbf{R}^n\rightarrow\mathbf{R}^s$ 是一个已知的神经基函数向量 $\boldsymbol{\phi}_i(x_i)=[\phi_{i1}(x_i),\ \phi_{i2}(x_i),\ \cdots,\ \phi_{ir}(x_i)]$，且满足 $\|\boldsymbol{\phi}_i\|\leqslant\phi_{iS}$，其中 $\boldsymbol{\phi}_{iS}\in\mathbf{R}$ 是一个正常数。$\boldsymbol{\varepsilon}_i$ 是一个近似误差，满足 $\|\boldsymbol{\varepsilon}_i\|\leqslant\varepsilon_{iS}$，其中 ε_{iS} 是正常数。$\boldsymbol{D}\subset\mathbf{R}^n$ 是一个充分大的定义域。

注释 11.1：函数 $F(x)$ 是一个光滑函数。只要将 x 限定在一个紧集中，对一大类激活函数(11.8)均成立，且在网络结构中增加节点个数就能够使得 ε 任意小。这是本章的一个基本假设，文献[132,206,208]中也均有涉及。

构造如下的基于本地状态信息的分布式控制协议

$$u_i=u_{in}-u_{ia}\tag{11.9}$$

其中 u_{in} 是一个线性的控制律，可设计为

$$u_{in}=c\boldsymbol{K}e_i\tag{11.10}$$

当系统中不存在非线性项时，可以直接利用协议(11.10)实现一致。即当 $F_i(x_i)=0$ 的时候，直接采用协议(11.10)即可。而 u_{ia} 的引入是为了补偿非线性

项的，具有如下形式

$$u_{ia}=\hat{\boldsymbol{W}}_i^{\mathrm{T}}\boldsymbol{\phi}_i(x_i) \tag{11.11}$$

其中 $\hat{\boldsymbol{W}}_i$ 是 $\boldsymbol{W}_i$ 的估计值，它的设计方法本章的后续内容会提及。

将式(11.9)代入式(11.7)可得

$$\boldsymbol{D}^{\alpha}\delta_i=\boldsymbol{A}\delta_i+\boldsymbol{B}[c\boldsymbol{K}e_i-\tilde{\boldsymbol{W}}_i^{\mathrm{T}}\boldsymbol{\phi}_i(x_i)+\varepsilon_i] \tag{11.12}$$

定义 $\boldsymbol{\delta}=[\delta_1^{\mathrm{T}},\ \cdots,\ \delta_N^{\mathrm{T}}]^{\mathrm{T}}$，$\boldsymbol{\varepsilon}=[\varepsilon_1^{\mathrm{T}},\ \cdots,\ \varepsilon_N^{\mathrm{T}}]^{\mathrm{T}}$，$\boldsymbol{\phi}(x)=[\phi_1^{\mathrm{T}}(x_1),\ \cdots,\ \phi_N^{\mathrm{T}}(x_N)]^{\mathrm{T}}$，$\boldsymbol{e}=[e_1^{\mathrm{T}},\ \cdots,\ e_N^{\mathrm{T}}]^{\mathrm{T}}$，$\tilde{\boldsymbol{W}}=\mathrm{diag}(\tilde{W}_1,\ \cdots,\ \tilde{W}_N)$。

则误差系统(11.12)被改写成

$$\boldsymbol{D}^{\alpha}\delta=(\boldsymbol{I}_N\otimes\boldsymbol{A}+c\boldsymbol{H}\otimes\boldsymbol{BK})\delta+(\boldsymbol{I}_N\otimes\boldsymbol{B})(-\tilde{\boldsymbol{W}}^{\mathrm{T}}\boldsymbol{\phi}(x)+\varepsilon) \tag{11.13}$$

误差系统可以描述为

$$\boldsymbol{D}^{\alpha}e=(\boldsymbol{I}_N\otimes\boldsymbol{A}+c\boldsymbol{H}\otimes\boldsymbol{BK})e+(\boldsymbol{H}\otimes\boldsymbol{B})(-\tilde{\boldsymbol{W}}^{\mathrm{T}}\boldsymbol{\phi}(x)+\varepsilon) \tag{11.14}$$

为了解决基于(11.10)的分数阶系统的一致性问题，引入下面定理

定理 11.1： 对于分数阶系统(11.1)和(11.2)，假设假定 11.1、11.2 和 11.3 满足，选择控制律(11.9)，其中 $\boldsymbol{K}=-\boldsymbol{BP}$。

耦合增益 c 满足下式

$$c\geqslant\frac{1}{2\min(\lambda_i)},\ i=1,\ \cdots,\ N \tag{11.15}$$

其中，$\boldsymbol{P}\in\mathbf{R}^{n\times n}$ 是一个正定矩阵，可通过求解黎卡迪方程(11.3)得到。$\boldsymbol{Q}$ 为给定的任意矩阵，λ_i 是矩阵 $\boldsymbol{H}$ 的第 i 个特征值。$\hat{\boldsymbol{W}}_i$ 的更新方程可表述成

$$\dot{\hat{\boldsymbol{W}}}_i=\boldsymbol{\Gamma}_{W_i}\boldsymbol{\phi}_i(x_i)\boldsymbol{e}_i^{\mathrm{T}}\boldsymbol{PB} \tag{11.16}$$

其中，$\boldsymbol{\Gamma}_{W_i}\in\mathbf{R}$ 是给定正常数。则可得到：在闭环系统中所有信号最终都是一致有界的，追踪误差 δ 满足 $\lim\limits_{t\to\infty}\|\delta\|\leqslant\gamma_1$，其中常数 $\gamma_1\in\mathbf{R}^{+}$。

证明： 由引理 11.3，分数阶跟踪系统(11.13)能表示成如下形式

$$\begin{cases}\dfrac{\partial Z(\omega,\ t)}{\partial t}=-\omega\boldsymbol{Z}(\omega,\ t)+\tilde{\boldsymbol{A}}\delta+(\boldsymbol{I}_N\otimes\boldsymbol{B})(-\tilde{\boldsymbol{W}}^{\mathrm{T}}\boldsymbol{\phi}(x)+\varepsilon)\\ \delta=\displaystyle\int_0^{\infty}\mu(\omega)Z(\omega,\ t)\mathrm{d}\omega\end{cases} \tag{11.17}$$

其中 $\tilde{\boldsymbol{A}}=\boldsymbol{I}_N\otimes\boldsymbol{A}+c\rho\boldsymbol{H}\otimes\boldsymbol{BK}$。

考虑如下的李亚普洛夫方程

$$V=\int_0^{\infty}\mu(\omega)\boldsymbol{Z}^{\mathrm{T}}(\omega,\ t)(\boldsymbol{H}\otimes\boldsymbol{P})\boldsymbol{Z}(\omega,\ t)\mathrm{d}\omega+tr(\widetilde{\boldsymbol{W}}^{\mathrm{T}}\boldsymbol{\Gamma}_W^{-1}\widetilde{\boldsymbol{W}})\tag{11.18}$$

其中，$\boldsymbol{\Gamma}_W=\mathrm{diag}\{\boldsymbol{\Gamma}_{W_1},\ \boldsymbol{\Gamma}_{W_2},\ \cdots,\ \boldsymbol{\Gamma}_{W_N}\}$。

容易得出 $0<\alpha<1$ 时,$\boldsymbol{V}$ 是正定的

沿(11.17)对 $\boldsymbol{V}(t)$ 求导,可得

$$\begin{aligned}\dot{\boldsymbol{V}}=&\int_0^{\infty}\mu(\omega)[-\omega\boldsymbol{Z}^{\mathrm{T}}(\omega,\ t)+\boldsymbol{\delta}^{\mathrm{T}}\widetilde{\boldsymbol{A}}^{\mathrm{T}}+(\boldsymbol{I}_N\otimes\boldsymbol{B}^{\mathrm{T}})(-\widetilde{\boldsymbol{W}}^{\mathrm{T}}\boldsymbol{\phi}(x)+\varepsilon)^{\mathrm{T}}]\\&(\boldsymbol{H}\otimes\boldsymbol{P})\boldsymbol{Z}(\omega,\ t)\mathrm{d}\omega+\int_0^{\infty}\mu(\omega)\boldsymbol{Z}^{\mathrm{T}}(\omega,\ t)(\boldsymbol{H}\otimes\boldsymbol{P})[(-\omega\boldsymbol{Z}^{\mathrm{T}}(\omega,\ t)+\\&\delta\widetilde{\boldsymbol{A}})]+[(\boldsymbol{I}_N\otimes\boldsymbol{B})(-\widetilde{\boldsymbol{W}}^{\mathrm{T}}\phi(x)+\varepsilon)]\mathrm{d}\omega+2\mathrm{tr}(\widetilde{\boldsymbol{W}}^{\mathrm{T}}\boldsymbol{\Gamma}_W^{-1}\dot{\widetilde{\boldsymbol{W}}}),\end{aligned}\tag{11.19}$$

经化简得

$$\begin{aligned}\dot{\boldsymbol{V}}=&-2\int_0^{\infty}\omega\mu(\omega)\boldsymbol{Z}^{\mathrm{T}}(\omega,\ t)(\boldsymbol{H}\otimes\boldsymbol{P})\boldsymbol{Z}(\omega,\ t)\mathrm{d}\omega+\\&\boldsymbol{\delta}^{\mathrm{T}}[\boldsymbol{H}\otimes(\boldsymbol{PA}+\boldsymbol{A}^{\mathrm{T}}\boldsymbol{P})-2c\boldsymbol{H}^2\otimes(\boldsymbol{PBB}^{\mathrm{T}}\boldsymbol{P})]\delta+\\&2\delta^{\mathrm{T}}(\boldsymbol{H}\otimes\boldsymbol{PB})[-\widetilde{\boldsymbol{W}}\boldsymbol{\phi}(x)+\varepsilon]+2\mathrm{tr}(\widetilde{\boldsymbol{W}}^{\mathrm{T}}\boldsymbol{\Gamma}_W^{-1}\dot{\widetilde{\boldsymbol{W}}})\end{aligned}\tag{11.20}$$

将自适应律(11.16)代入式(11.20),可得

$$\begin{aligned}\dot{\boldsymbol{V}}=&-2\int_0^{\infty}\omega\mu(\omega)\boldsymbol{Z}^{\mathrm{T}}(\omega,\ t)(\boldsymbol{H}\otimes\boldsymbol{P})\boldsymbol{Z}(\omega,\ t)\mathrm{d}\omega+\\&\boldsymbol{\delta}^{\mathrm{T}}[\boldsymbol{H}\otimes(\boldsymbol{PA}+\boldsymbol{A}^{\mathrm{T}}\boldsymbol{P})-2c\boldsymbol{H}^2\otimes(\boldsymbol{PBB}^{\mathrm{T}}\boldsymbol{P})]\boldsymbol{\delta}+\\&2\boldsymbol{\delta}^{\mathrm{T}}(\boldsymbol{H}\otimes\boldsymbol{PB})\varepsilon\end{aligned}\tag{11.21}$$

从中可以得到

$$\dot{\boldsymbol{V}}\leqslant\boldsymbol{\delta}^{\mathrm{T}}[\boldsymbol{H}\otimes(\boldsymbol{PA}+\boldsymbol{A}^{\mathrm{T}}\boldsymbol{P})-2c\boldsymbol{H}^2\otimes(\boldsymbol{PBB}^{\mathrm{T}}\boldsymbol{P})]\boldsymbol{\delta}+2\boldsymbol{\delta}^{\mathrm{T}}(\boldsymbol{H}\otimes\boldsymbol{PB})\varepsilon\tag{11.22}$$

由引理 11.1,可得 $\boldsymbol{H}$ 是一个正定矩阵。由矩阵论的知识可知：存在一矩阵 $\boldsymbol{U}$,使得 $\boldsymbol{U}^{\mathrm{T}}\boldsymbol{HU}=\mathrm{diag}(\lambda_i)\ (i=1,\ \cdots,\ N)$。定义矩阵 $\boldsymbol{\epsilon}=(\boldsymbol{U}^{\mathrm{T}}\otimes\boldsymbol{I})\boldsymbol{\delta}$,其中 $\boldsymbol{\epsilon}=[\epsilon_1,\ \cdots,\ \epsilon_N]^{\mathrm{T}}$。由式(11.22)有

$$\dot{\boldsymbol{V}}\leqslant\sum_{i=1}^{N}\epsilon_i^{\mathrm{T}}\lambda_i(\boldsymbol{PA}+\boldsymbol{A}^{\mathrm{T}}\boldsymbol{P}-2c\lambda_i\boldsymbol{PBB}^{\mathrm{T}}\boldsymbol{P})\epsilon_i+2\boldsymbol{\delta}^{\mathrm{T}}(\boldsymbol{H}\otimes\boldsymbol{PB})\varepsilon。\tag{11.23}$$

由方程(11.3)和式(11.15),可得

$$\dot{\boldsymbol{V}}\leqslant-\min_{i=1,\ \cdots,\ N}(\lambda_i)\underline{\sigma}(\boldsymbol{Q})\boldsymbol{\delta}^{\mathrm{T}}\boldsymbol{\delta}+2\boldsymbol{\delta}^{\mathrm{T}}(\boldsymbol{H}\otimes\boldsymbol{PB})\varepsilon\tag{11.24}$$

由假设(11.3),存在 $\phi_S\in\mathbf{R}^+$, $\varepsilon_S\in\mathbf{R}^+$ 使得 $\|\boldsymbol{\phi}(x)\|\leqslant\boldsymbol{\phi}_S$, $\|\boldsymbol{\varepsilon}\|\leqslant\boldsymbol{\varepsilon}_S$,

可得

$$\begin{aligned}\dot{V} &\leqslant -\min_{i=1,\cdots,N}(\lambda_i)\underline{\sigma}(\boldsymbol{Q})\|\boldsymbol{\delta}\|^2 + 2\|\boldsymbol{\delta}\|\bar{\sigma}(\boldsymbol{H})\bar{\sigma}(\boldsymbol{PB})\varepsilon_S \\ &= -\Upsilon\left(\|\boldsymbol{\delta}\| - \frac{\theta}{\Upsilon}\right)^2 + \frac{\theta^2}{\Upsilon}\end{aligned} \tag{11.25}$$

$$\begin{cases}\Upsilon = \min\limits_{i=1,\cdots,N}(\lambda_i)\underline{\sigma}(\boldsymbol{Q}) \\ \theta = \bar{\sigma}(\boldsymbol{H})\bar{\sigma}(\boldsymbol{PB})\varepsilon_S\end{cases}$$

由此可知当 $\|\boldsymbol{\delta}\| \geqslant \dfrac{2\|\boldsymbol{\theta}\|}{\Upsilon}$，则有 $\dot{\boldsymbol{V}} < 0$。因此可得 $\boldsymbol{\delta}$ 是一致有界的，即有 $\lim\limits_{t\to\infty}\|\boldsymbol{\delta}\| \leqslant \gamma_1$ 和 $\gamma_1 = \dfrac{2\|\theta\|}{\Upsilon}$。

证明完毕。

11.3　基于学习的完全分布式的跟踪问题

本节研究的是在无向拓扑图下完全分布式的带有学习的非线性分数阶系统的一致性跟踪问题。

为了设计完全的分布式控制协议，对一致性协议(11.9)进行修正

$$u_i = c_i\boldsymbol{K}e_i - u_{ia} \tag{11.26}$$

其中 u_{ia} 与式(11.11)中的 u_{ia} 相同，而自适应耦合增益 $c_i \in \mathbf{R}$ 按如下设计

$$\dot{c}_i = e_i^{\mathrm{T}}\boldsymbol{\Gamma}_\theta e_i \tag{11.27}$$

e_i 的定义如式(11.6)。

类似地，利用协议(11.26)，可得

$$\boldsymbol{D}^\alpha\delta_i = \boldsymbol{A}\delta_i + \boldsymbol{B}[c_i\boldsymbol{K}e_i - \widetilde{\boldsymbol{W}}_i^{\mathrm{T}}\phi_i(x_i) + \varepsilon_i] \tag{11.28}$$

动力系统(11.28)被表达为

$$\boldsymbol{D}^\alpha\delta_i = (\boldsymbol{I}_N \otimes \boldsymbol{A} + \tilde{c}\boldsymbol{H} \otimes \boldsymbol{BK})\delta + (\boldsymbol{I}_N \otimes \boldsymbol{B})(-\widetilde{\boldsymbol{W}}^{\mathrm{T}}\phi(x) + \varepsilon) \tag{11.29}$$

其中 $\tilde{c} = \mathrm{diag}\{c_1, \cdots, c_N\}$。

定理 11.2：对于分数阶系统(11.1)和(11.2)，假设假定 11.1，11.2 和 11.3 满足，选择控制律(11.27)，并设计 $\boldsymbol{K} = -\boldsymbol{BP}$ 和 $\boldsymbol{\Gamma}_\theta = \boldsymbol{PBB}^{\mathrm{T}}\boldsymbol{P}$，其中 $\boldsymbol{P} \in \mathbf{R}^{n\times n}$ 满足黎卡迪方程(11.3)，$\boldsymbol{Q}$ 是一个正定矩阵。则在闭环系统中所有信号最终都是一致有

界的，追踪误差 $\boldsymbol{\delta}$ 满足 $\lim\limits_{t\to\infty}\|\boldsymbol{\delta}\|\leqslant\gamma_2$，其中常数 $\gamma_2\in\mathbf{R}^+$。

证明： 由引理(11.3)，分数阶动力系统(11.29)表示成如下形式

$$\begin{cases}\dfrac{\partial Z(\omega,t)}{\partial t}=-\omega\boldsymbol{Z}(\omega,t)+\widetilde{\boldsymbol{A}}\delta+(\boldsymbol{I}_N\otimes\boldsymbol{B})(-\widetilde{\boldsymbol{W}}^{\mathrm{T}}\phi(x)+\varepsilon)\\ \delta=\displaystyle\int_0^{\infty}\mu(\omega)\boldsymbol{Z}(\omega,t)\mathrm{d}\omega\end{cases}\tag{11.30}$$

其中，$\widetilde{\boldsymbol{A}}=\boldsymbol{I}_N\otimes\boldsymbol{A}+\tilde{c}\boldsymbol{H}\otimes\boldsymbol{BK}$，考虑如下的李雅普诺夫方程

$$\boldsymbol{V}=\int_0^{\infty}\mu(\omega)\boldsymbol{Z}^{\mathrm{T}}(\omega,t)(\boldsymbol{H}\otimes\boldsymbol{P})\boldsymbol{Z}(\omega,t)\mathrm{d}\omega+\sum_{i=1}^{N}(c_i-\alpha)^2+\mathrm{tr}(\widetilde{\boldsymbol{W}}^{\mathrm{T}}\boldsymbol{\Gamma}_W^{-1}\widetilde{\boldsymbol{W}})\tag{11.31}$$

其中 α 是一个足够大的常数。对 $\mathbf{V}(t)$ 进行求导，由式(11.30)可得

$$\begin{aligned}\dot{\mathbf{V}}=&\int_0^{\infty}\mu(\omega)[-\omega\boldsymbol{Z}^{\mathrm{T}}(\omega,t)+\boldsymbol{\delta}^{\mathrm{T}}\widetilde{\boldsymbol{A}}^{\mathrm{T}}+(\boldsymbol{I}_N\otimes\boldsymbol{B}^{\mathrm{T}})(-\widetilde{\boldsymbol{W}}^{\mathrm{T}}\boldsymbol{\phi}(x)+\varepsilon)^{\mathrm{T}}]\\&(\boldsymbol{H}\otimes\boldsymbol{P})\boldsymbol{Z}(\omega,t)\mathrm{d}\omega+\int_0^{\infty}\mu(\omega)\boldsymbol{Z}^{\mathrm{T}}(\omega,t)(\boldsymbol{H}\otimes\boldsymbol{P})[(-\omega\boldsymbol{Z}^{\mathrm{T}}(\omega,t)+\\&\delta\widetilde{\mathbf{A}})]+[(\boldsymbol{I}_N\otimes\boldsymbol{B})(-\widetilde{\boldsymbol{W}}^{\mathrm{T}}\phi(x)+\varepsilon)]\mathrm{d}\omega+2\sum_{i=1}^{N}(c_i-\alpha)\dot{c}_i+2\mathrm{tr}(\widetilde{\boldsymbol{W}}^{\mathrm{T}}\boldsymbol{\Gamma}_W^{-1}\dot{\widetilde{\boldsymbol{W}}}),\end{aligned}\tag{11.32}$$

则有

$$\begin{aligned}\dot{\mathbf{V}}\leqslant&\boldsymbol{\delta}^{\mathrm{T}}[\boldsymbol{H}\otimes(\boldsymbol{PA}+\boldsymbol{A}^{\mathrm{T}}\boldsymbol{P})-2\tilde{c}\boldsymbol{H}^2\otimes(\boldsymbol{PBB}^{\mathrm{T}}\boldsymbol{P})]\boldsymbol{\delta}+\\&2\boldsymbol{\delta}^{\mathrm{T}}(\boldsymbol{H}\otimes\boldsymbol{PB})\varepsilon+2\sum_{i=1}^{N}(c_i-\alpha)\dot{c}_i。\end{aligned}\tag{11.33}$$

由式(11.6)和式(11.27)可得

$$\begin{aligned}2\sum_{i=1}^{N}(c_i-\alpha)\dot{c}_i&=2\sum_{i=1}^{N}(c_i-\alpha)e_i^{\mathrm{T}}\boldsymbol{\Gamma}_{\theta}e_i\\&=2\boldsymbol{\delta}^{\mathrm{T}}[(\tilde{c}-\alpha\boldsymbol{I}_N)\boldsymbol{H}^2\otimes\boldsymbol{\Gamma}_{\theta}]\boldsymbol{\delta}\\&=2\boldsymbol{\delta}^{\mathrm{T}}[(\tilde{c}-\alpha\boldsymbol{I}_N)\boldsymbol{H}^2\otimes\boldsymbol{PBB}^{\mathrm{T}}\boldsymbol{P}]\boldsymbol{\delta}\end{aligned}\tag{11.34}$$

将式(11.34)代入式(11.33)，可得

$$\begin{aligned}\dot{\mathbf{V}}\leqslant&\boldsymbol{\delta}^{\mathrm{T}}[\boldsymbol{H}\otimes(\boldsymbol{PA}+\boldsymbol{A}^{\mathrm{T}}\boldsymbol{P})-2\tilde{c}\boldsymbol{H}^2\otimes(\boldsymbol{PBB}^{\mathrm{T}}\boldsymbol{P})]\boldsymbol{\delta}+\\&2\boldsymbol{\delta}^{\mathrm{T}}(\boldsymbol{H}\otimes\boldsymbol{PB})\varepsilon+2\boldsymbol{\delta}^{\mathrm{T}}[(\tilde{c}-\alpha\boldsymbol{I}_N)\boldsymbol{H}^2\otimes\boldsymbol{PBB}^{\mathrm{T}}\boldsymbol{P}]\boldsymbol{\delta}\\=&\boldsymbol{\delta}^{\mathrm{T}}[\boldsymbol{H}\otimes(\boldsymbol{PA}+\boldsymbol{A}^{\mathrm{T}}\boldsymbol{P})-2\alpha\boldsymbol{H}^2\otimes(\boldsymbol{PBB}^{\mathrm{T}}\boldsymbol{P})]\delta+2\boldsymbol{\delta}^{\mathrm{T}}(\boldsymbol{H}\otimes\boldsymbol{PB})\varepsilon\end{aligned}\tag{11.35}$$

由引理 11.1,可知 $\boldsymbol{H}$ 是一个正定矩阵。定义矩阵 $\boldsymbol{U}$ 使得 $\boldsymbol{U}^{\mathrm{T}}\boldsymbol{H}\boldsymbol{U}=\operatorname{diag}(\lambda_i)$ $(i=1, \cdots, N)$,定义一个状态转移矩阵 $\epsilon=(\boldsymbol{U}^{\mathrm{T}}\otimes\boldsymbol{I})\delta$,其中 $\epsilon=[\epsilon_1, \cdots, \epsilon_N]^{\mathrm{T}}$。由式(11.35),可得

$$\dot{\boldsymbol{V}}\leqslant\sum_{i=1}^{N}\epsilon_i^{\mathrm{T}}\lambda_i(\boldsymbol{PA}+\boldsymbol{A}^{\mathrm{T}}\boldsymbol{P}-2\alpha\lambda_i\boldsymbol{PBB}^{\mathrm{T}}\boldsymbol{P})\epsilon_i+2\boldsymbol{\delta}^{\mathrm{T}}(\boldsymbol{H}\otimes\boldsymbol{PB})\varepsilon \tag{11.36}$$

选择足够大的 α,使得 $2\alpha\lambda_i\geqslant 1$ $(i=1, \cdots, N)$,可得到

$$\dot{\boldsymbol{V}}\leqslant-\min_{i=1, \cdots, N}(\lambda_i)\underline{\sigma}(\boldsymbol{Q})\|\boldsymbol{\delta}\|^2+2\boldsymbol{\delta}^{\mathrm{T}}(\boldsymbol{H}\otimes\boldsymbol{PB})\varepsilon \tag{11.37}$$

与定理 11.1 证法相类似,当 $\|\boldsymbol{\delta}\|\geqslant\dfrac{2\|\boldsymbol{\theta}\|}{\Upsilon}$,有 $\dot{\boldsymbol{V}}<0$。因此,可得 δ 是一致有界,其中 $\lim\limits_{t\to\infty}\|\boldsymbol{\delta}\|\leqslant\gamma_2$, $\gamma_2=\dfrac{2\|\boldsymbol{\theta}\|}{\Upsilon}$。证明完毕。

11.4 数值仿真

本节利用数值仿真来阐述理论结果的正确性。考虑一个由一个领导和 9 个跟随者组成的多智能体系统,即 $N=9$。动力系统满足方程(11.1)和方程(11.2),其系统矩阵如下

$$\boldsymbol{A}=\begin{bmatrix}0 & 2\\ -0.0025 & -0.1\end{bmatrix},\ \boldsymbol{B}=\begin{bmatrix}0.0025\\ 0\end{bmatrix}$$

分数阶系统的阶 $\alpha=0.8$。为了简便,令 $r(t)=\sin(t)$,未知的非线性项为 $F_i(x_i)=a_{i1}\sin(x_{i1})+a_{i2}\cos(x_{i2})$,其中未知的常数 $a_{i1}=2$, $a_{i2}=2$,图 11.1 为连通拓扑图。

通过简单的计算,由条件(11.15),得 $c=20$。

选择 $\boldsymbol{Q}=\begin{bmatrix}0.1 & 0\\ 0 & 0.1\end{bmatrix}$,解黎卡迪方程(11.3),得

$$\boldsymbol{P}=\begin{bmatrix}3.3632 & 26.4333\\ 26.4333 & 276.7941\end{bmatrix}$$

反馈矩阵 $\boldsymbol{K}$ 为

$$\boldsymbol{K}=-\boldsymbol{BP}=[-0.0661\quad -0.6920]$$

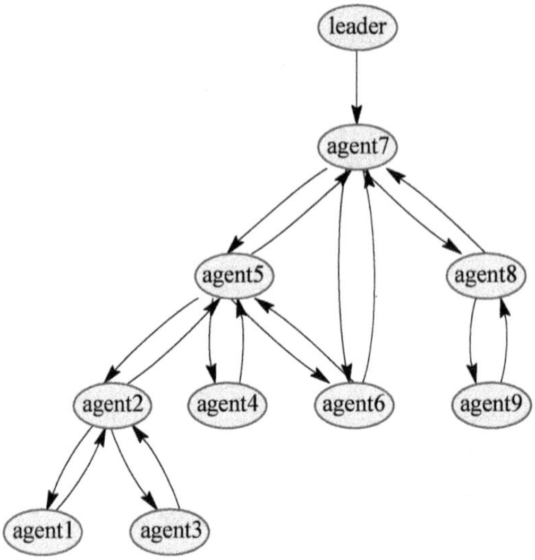

图 11.1　连通拓扑图

选择基函数为 $\phi(x)=[\sin(x_{i1})\ \cos(x_{i2})]$。取方程(11.16)中的参数 $\boldsymbol{\Gamma}_{W_i}$ 为 $\Gamma_{W_i}=100$。

利用一致性协议(11.9)分别得到跟踪误差 $\delta_i=x_i-x_0$ 的一维和二维向量，分别由图 11.2 给出，由此可以得出多智能体系统达到一致。

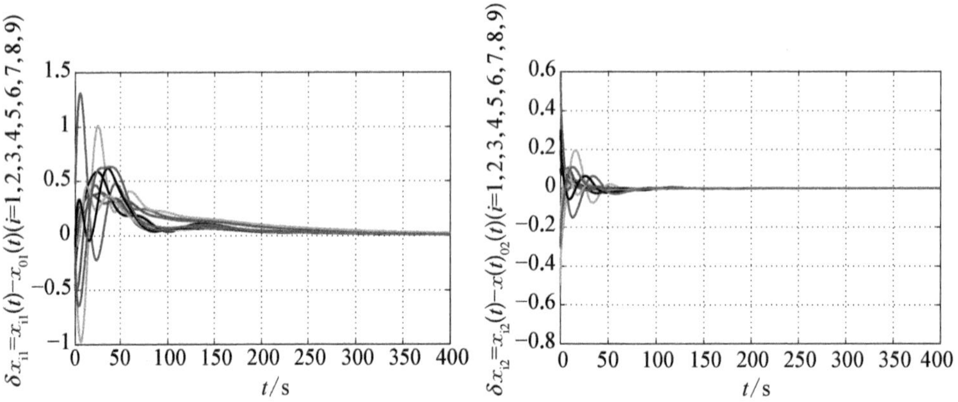

图 11.2　状态跟踪误差

利用协议(11.26)来解决分数阶系统一致性问题，跟踪误差 $\delta_i=x_i-x_0$ 的一维和二维向量由图 11.3 给出，由图可得分数阶多智能体系统达到一致。

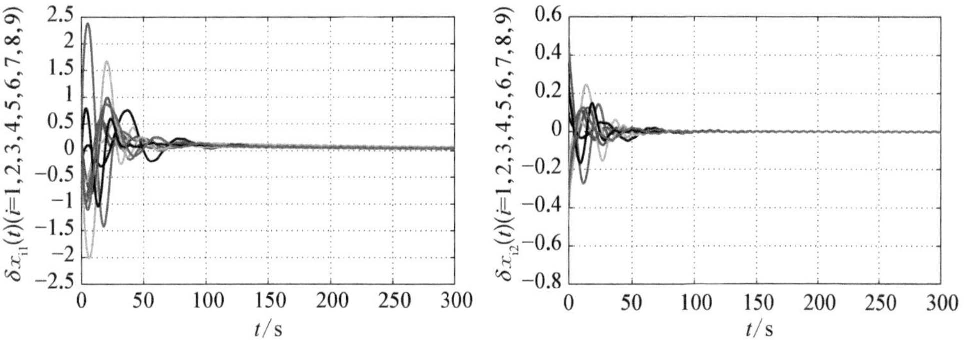

图 11.3　状态跟踪误差

11.5　本章小结

本章研究了一类带有未知非线性项的分数阶系统的跟踪问题。假定未知项可以由神经网络来逼近的前提下，我们提出了自适应学习法则来处理未知项。接着我们设计了一致性协议来解决分数阶系统的跟踪问题。然后又设计了完全分布式的一致性协议，利用该自适应协议来调整耦合增益。最终可以发现，所有的跟踪信号都是一致有界的，相关论文见[107]。

第12章 离散多智能体系统

12.1 引言

近50年来，离散控制系统的研究已经有了较大地发展，特别是最近20年，微电子技术革命的浪潮极大地推动了微处理机和微型计算机在控制系统中的应用。由于数字计算机在进行计算时在时间上是离散的，因此利用数字计算机对一个系统进行控制或用数字计算机对其进行模拟、分析、设计控制系统时，需要把时间变量考虑为离散变量，研究的系统要考虑为离散系统。相比于连续系统，离散系统更适宜计算。同样在多智能体系统的一致性研究领域中，离散多智能体系统也得到了广泛的研究，如文献[80,140,166,184]探讨一阶离散多智能体系统的一致性问题。利用概率极限理论，一阶离散多智能体系统的平均一致问题得以研究[93]。文献[58]探讨了离散二阶多智能体系统的一致性问题，并得出了这样一个结论：对于任意的有界时滞，总存在一个反馈控制使得系统实现一致。而文献[158]则研究了具有任意权值的二阶及高阶离散随机网络的一致性问题。

在实际系统中，有时不能得到系统的全部状态信息。因此，必须设计观测器来观测那些未知的变量。如文献[71]考虑一类多智能体系统，在该系统中，每个跟随者的动力学方程是一阶的，而领导是二阶的。由于领导的速度信息是未知的，故构造分布式观测器来观测领导的速度信息，从而得到系统实现一致的充分条件。虽然文献[72]同样是构造观测器来观测领导的速度，但与文献[71]的区别在于，在该文中每个跟随者和领导的动力学方程均是二阶的。文献[152]提出了低增益输出补偿器，文献[99]提出了降维观测器。然而上述文献考虑的通信拓扑结构均是时不变的。

受上述文献的启发，我们关注一类具有一般线性系统结构和具有广义系统结构的离散多智能体系统。假定每个智能体的状态信息是未知的，利用智能体的输出信息构造全维和降维观测器。利用离散的 Riccati 不等式、修正的 Riccati 方程和广义离散 Riccati 等式、Lyapunov 方法，得到多智能体系统实现一致的充分条件件，并用数值仿真说明所给方法的有效性和所得到的理论结果的正确性。

12.2　具有一般线性系统结构的离散多智能体系统的问题描述

考虑一类由 N 个跟随者和一个领导组成的多智能体系统，每个跟随者 i 的动力学方程如下：

$$\begin{aligned} x_i(k+1) &= \boldsymbol{A}x_i(k) + \boldsymbol{B}u_i(k) \\ y_i(k) &= \boldsymbol{C}x_i(k) \end{aligned}, \quad i=1, \cdots, N \tag{12.1}$$

其中，$x_i \in \mathbf{R}^n$ 是第 i 个智能体的状态，$u_i \in \mathbf{R}^m$ 是第 i 个智能体的控制输入，$y_i \in \mathbf{R}^p$ 是第 i 个智能体的测量输出。$\boldsymbol{A}$，$\boldsymbol{B}$，$\boldsymbol{C}$ 是已知的常矩阵。

领导 v_0 的动力学方程如下：

$$\begin{aligned} x_0(k+1) &= \boldsymbol{A}x_0(k) + \boldsymbol{B}u_0(k) \\ y_0(k) &= \boldsymbol{C}x_0(k) \end{aligned} \tag{12.2}$$

其中，$x_0 \in \mathbf{R}^n$ 是领导的状态，$y_0 \in \mathbf{R}^p$ 是领导的测量输出。u_0 是领导的控制输入，本章假定 u_0 是已知量，即对所有的跟随者来说，u_0 是一个公共信息。

在给出主要定理之前，先给出几个假设条件。

假定 12.1： 矩阵($\boldsymbol{A}$，$\boldsymbol{B}$，$\boldsymbol{C}$)是可稳定和可观测的。

假定 12.2： 所有的拓扑结构图 $\bar{G}$ 是连通的。

假定 12.3： 所有的跟随者均不能得到邻居的状态信息，只能获得邻居的输出信息。

若对于任意的初始状态 $x_i(0)$ $(i=0, 1, 2, \cdots, N)$，均有 $\lim\limits_{k\to\infty}(x_i(k) - x_0(k)) = 0$ $(i=1, 2, \cdots, N)$，则多智能体系统实现一致。本章的主要目的就是设计分布式控制协议 $u_i(k)$，使得闭环系统实现一致。

12.3　全维观测器

12.3.1　分布式观测器观测领导状态

设计如下的一致性协议

$$u_i(k) = u_0(k) - \boldsymbol{K}(x_i(k) - \hat{x}_i(k)) \tag{12.3}$$

以及一类分布式观测器

$$\hat{x}_i(k+1)=\boldsymbol{A}\hat{x}_i(k)-\gamma\boldsymbol{L}z_i(k)+\boldsymbol{B}u_0(k)\ i=1,\ 2,\ \cdots,\ N \tag{12.4}$$

其中，$\hat{x}_i(k)\in\mathbf{R}^n$ 是重构状态，表示第 i 个智能体对领导状态的估计值，z_i 是第 i 个智能体与周围邻居输出的误差值。γ 是耦合强度，$\boldsymbol{K}\in\mathbf{R}^{m\times n}$ 与 $\boldsymbol{L}\in\mathbf{R}^{n\times p}$ 是增益矩阵，我们要对其进行设计。

相对输出误差 z_i 可表述成

$$z_i(k)=\sum_{j\in N_i(k)}a_{ij}(k)(\hat{y}_i(k)-\hat{y}_j(k))+d_i(k)(\hat{y}_i(k)-y_0(k)) \tag{12.5}$$

其中，$\hat{y}_i(k)=\boldsymbol{C}\hat{x}_i(k)\in\mathbf{R}^p$，$a_{ij}(k)$，$(i=1,\ 2,\ \cdots,\ N)$ 和 $d_i(k)$ 为连接权值。

注释 12.1：由于每个跟随者只能获得邻居的输出信息，故需要通过动态补偿器构造控制协议。由于部分跟随者与领导没有信息交互，这些跟随者只能通过分布式方法从其他邻居中获得领导的信息，从而来估计领导的状态。实际上，这种估计方法(12.4)是一种动态补偿器，是估计领导状态的关键点。在一致性协议的设计中，每个跟随者不仅利用邻居的输出，而且还利用邻居动态补偿器的输出。

$\boldsymbol{L}_{\sigma(k)}$ 为拓扑结构图 $G_{\sigma(k)}$ 的 Laplacian 矩阵，$\boldsymbol{D}_{\sigma(k)}$ 是一个 $N\times N$ 对角矩阵，在 k 时刻时，它的第 i 个对角元上的元素是 $d_i(k)$，且 $\boldsymbol{H}_{\sigma(k)}=\boldsymbol{L}_{\sigma(k)}+\boldsymbol{D}_{\sigma(k)}$。

由于假定 $\bar{G}_{\sigma(k)}$ 总是连通的，则 $\boldsymbol{H}_{\sigma(k)}$ 是正定的。根据引理 2.2 以及 $\boldsymbol{\Gamma}$ ($\boldsymbol{\Gamma}=\{\bar{G}_1,\ \bar{G}_2,\ \cdots,\ \bar{G}_M\}$) 是一个有限集合，定义

$$\hat{\lambda}:=\min\{\lambda_{\min}(\boldsymbol{H}_p):\ p\in\Gamma\}$$
$$\bar{\lambda}:=\max\{\lambda_{\max}(\boldsymbol{H}_p):\ p\in\Gamma\}$$

显然，它们均是正定的。

接着，引入修正的离散 Riccati 方程(MDARE)，该方程是证明的关键。

$$\boldsymbol{APA}^{\mathrm{T}}-\boldsymbol{P}-(1-\delta)\boldsymbol{APC}^{\mathrm{T}}(\boldsymbol{I}+\boldsymbol{CPC}^{\mathrm{T}})^{-1}\boldsymbol{CPA}^{\mathrm{T}}+\boldsymbol{Q}=0 \tag{12.6}$$

其中，$\boldsymbol{Q}$ 为任意给定的正定矩阵，$(\boldsymbol{A},\ \boldsymbol{Q}^{\frac{1}{2}})$ 是可控的。为了说明修正的离散 Riccati 方程解的存在性，引入如下引理。

引理 12.1：若$(\boldsymbol{A},\ \boldsymbol{C})$是可观的，则存在参数 $\delta_c\in(0,\ 1]$，对任意的 $\delta_c>\delta\geqslant 0$，修正的离散 Riccati 方程(12.6)均有唯一的正定解 $\boldsymbol{P}$。而且对于任意的初始条件 $P_0\geqslant 0$，有 $\boldsymbol{P}=\lim_{k\to\infty}\boldsymbol{P}_k$，其中 $\boldsymbol{P}_k$ 满足

$$\boldsymbol{P}_{k+1}=\boldsymbol{A}^{\mathrm{T}}\boldsymbol{P}_k\boldsymbol{A}-(1-\delta)\boldsymbol{A}^{\mathrm{T}}\boldsymbol{P}_k\boldsymbol{C}^{\mathrm{T}}(\boldsymbol{I}+\boldsymbol{CP}_k\boldsymbol{C}^{\mathrm{T}})^{-1}\boldsymbol{CP}_k\boldsymbol{A}+\boldsymbol{Q} \tag{12.7}$$

注释 12.2：当 $\delta=0$，MDARE(12.6)退化成标准的离散 Riccati 方程，当$(\boldsymbol{A},$

$\boldsymbol{C}$)可观时，该方程有唯一的正定解。当 $\delta=1$，MDARE(12.6)退化成 Stain 方程。若 $\boldsymbol{A}$ 是 Schur 稳定，则 Stain 方程有唯一的正定解。若矩阵 $\boldsymbol{A}$ 不是 Schur 稳定的，则有 $0\leqslant\delta_c<1$。更多关于 δ_c 的讨论可以参考文献[45]。而且，如果矩阵 $\boldsymbol{A}$ 的特征根都不超过 1，而且($\boldsymbol{A}$, $\boldsymbol{C}$)是可观的，对任意的 δ 满足 $1>\delta\geqslant 0$，MDARE(12.6)有唯一的正定解 $\boldsymbol{P}$，且 $\boldsymbol{P}$ 是序列(12.7)的极限值(Lemma 4.1[99])。

令 $\varepsilon_i=x_i-x_0$，$e_i=\hat{x}_i-x_0$，则可将 ε_i 和 e_i 的动态方程表述成：

$$\begin{aligned}\varepsilon_i(k+1)&=x_i(k+1)-x_0(k+1)\\&=\boldsymbol{A}x_i(k)+\boldsymbol{B}u_i(k)-\boldsymbol{A}x_0(k)-\boldsymbol{B}u_0(k)\\&=\boldsymbol{A}\varepsilon_i(k)+\boldsymbol{BK}(\hat{x}_i(k)-x_0(k)+x_0(k)-x_i(k))\\&=(\boldsymbol{A}-\boldsymbol{BK})\varepsilon_i(k)+\boldsymbol{BK}e_i(k)\end{aligned}\tag{12.8}$$

$$\begin{aligned}e_i(k+1)&=\hat{x}_i(k+1)-x_0(k+1)\\&=\boldsymbol{A}e_i(k)-\gamma\boldsymbol{L}\sum_{j\in N_i(k)}[a_{ij}(k)\boldsymbol{C}(e_i(k)-e_j(k))+d_i(k)\boldsymbol{C}e_i(k)]\end{aligned}\tag{12.9}$$

令 $\varepsilon=[\varepsilon_1^{\mathrm{T}}, \varepsilon_2^{\mathrm{T}}, \cdots, \varepsilon_N^{\mathrm{T}}]^{\mathrm{T}}$，$e=[e_1^{\mathrm{T}}, e_2^{\mathrm{T}}, \cdots, e_N^{\mathrm{T}}]^{\mathrm{T}}$。则由式(12.8)、式(12.9)，可得

$$\varepsilon(k+1)=\boldsymbol{I}_N\otimes(\boldsymbol{A}-\boldsymbol{BK})\varepsilon(k)+\boldsymbol{I}_N\otimes(\boldsymbol{BK})\boldsymbol{e}(k)\tag{12.10}$$

$$e(k+1)=(\boldsymbol{I}_N\otimes\boldsymbol{A}-\boldsymbol{H}_{\sigma(k)}\otimes(\gamma\boldsymbol{LC}))\boldsymbol{e}(k)\tag{12.11}$$

由式(12.10)和式(12.11)，可将误差动态方程表述成：

$$\eta(k+1)=\boldsymbol{F}_{\sigma(k)}\eta(k)\tag{12.12}$$

其中，$\boldsymbol{\eta}=[\boldsymbol{\varepsilon}^{\mathrm{T}}, \boldsymbol{e}^{\mathrm{T}}]^{\mathrm{T}}$，

$$\boldsymbol{F}_{\sigma(k)}=\begin{pmatrix}\boldsymbol{I}_N\otimes(\boldsymbol{A}-\boldsymbol{BK}) & \boldsymbol{I}_N\otimes\boldsymbol{BK}\\ 0 & \boldsymbol{I}_N\otimes\boldsymbol{A}-\boldsymbol{H}_{\sigma(k)}\otimes(\gamma\boldsymbol{LC})\end{pmatrix}$$

显然，如果 $\lim\limits_{k\to\infty}\eta(k)=0$，则多智能体系统(12.1)～(12.2)可以实现一致。即一致性问题转化为误差系统(12.12)的稳定性问题。下面给出我们的结论。

定理 12.1：对给定的多智能体系统(12.1)～(12.2)，假设假定条件 12.1 和 12.2 满足。如果下列不等式成立，

$$\frac{\hat{\lambda}}{\bar{\lambda}}>\frac{1-\sqrt{\delta_c}}{1+\sqrt{\delta_c}}\tag{12.13}$$

则通过选择合适的耦合强度 γ、增益矩阵 $\boldsymbol{K}$, $\boldsymbol{L}$，以及反馈控制协议(12.3)和状态

观测器(12.4),则多智能体系统(12.1)～(12.2)能实现一致。与此同时,选择的参数 δ 应满足 $\delta_c > \delta \geqslant 0$。并且耦合强度 γ,增益矩阵 $\boldsymbol{K}$, $\boldsymbol{L}$ 的选取应满足

$$\begin{aligned} &\frac{1-\sqrt{\delta}}{\hat{\lambda}} < \gamma < \frac{1+\sqrt{\delta}}{\bar{\lambda}} \\ &\boldsymbol{L} = \boldsymbol{A}\boldsymbol{P}_2\boldsymbol{C}^{\mathrm{T}}(\boldsymbol{I}+\boldsymbol{C}\boldsymbol{P}_2\boldsymbol{C}^{\mathrm{T}})^{-1} \\ &\boldsymbol{K} = (\boldsymbol{I}+\boldsymbol{B}^{\mathrm{T}}\boldsymbol{P}_1\boldsymbol{B})^{-1}\boldsymbol{B}^{\mathrm{T}}\boldsymbol{P}_1\boldsymbol{A} \end{aligned} \tag{12.14}$$

其中 $\boldsymbol{P}_2$ 是 MDARE(12.6)唯一正定解,而 $\boldsymbol{P}_1$ 是如下 DARE 的唯一正定解。

$$\boldsymbol{A}^{\mathrm{T}}\boldsymbol{P}\boldsymbol{A} - \boldsymbol{P} - \boldsymbol{A}^{\mathrm{T}}\boldsymbol{P}\boldsymbol{B}(\boldsymbol{I}+\boldsymbol{B}^{\mathrm{T}}\boldsymbol{P}\boldsymbol{B})^{-1}\boldsymbol{B}^{\mathrm{T}}\boldsymbol{P}\boldsymbol{A} + \boldsymbol{Q}_1 = 0 \tag{12.15}$$

证明: 令 $\sigma(k)=p$, $p\in\{1, 2, \cdots, M\}$。由于 $\boldsymbol{H}_p$ 是正定的,则存在一个正交矩阵 $\boldsymbol{U}_p$ 满足

$$\boldsymbol{U}_p\boldsymbol{H}_p\boldsymbol{U}_p^{\mathrm{T}} = \boldsymbol{\Lambda}_p = \mathrm{diag}(\lambda_{1p}, \lambda_{2p}, \cdots, \lambda_{Np}) \tag{12.16}$$

其中,λ_{ip} 是 $\boldsymbol{H}_p$ 的第 i 个特征值。

对系统(12.12)进行正交变换

$$\tilde{\eta} = \begin{pmatrix} \boldsymbol{I}_N \otimes \boldsymbol{I}_n & 0 \\ 0 & \boldsymbol{U}_p \otimes \boldsymbol{I}_n \end{pmatrix}\eta$$

则系统(12.12)等价为

$$\tilde{\eta}(k+1) = \tilde{\boldsymbol{F}}_p\tilde{\eta}(k) \tag{12.17}$$

其中 $\tilde{\eta} = [\tilde{\boldsymbol{\varepsilon}}^{\mathrm{T}}, \tilde{\boldsymbol{e}}^{\mathrm{T}}]^{\mathrm{T}}$

$$\tilde{\boldsymbol{F}}_p = \begin{pmatrix} \boldsymbol{I}_N \otimes (\boldsymbol{A}-\boldsymbol{B}\boldsymbol{K}) & \boldsymbol{I}_N \otimes (\boldsymbol{B}\boldsymbol{K}) \\ 0 & \boldsymbol{I}_N \otimes \boldsymbol{A} - \boldsymbol{\Lambda}_p \otimes (\gamma\boldsymbol{L}\boldsymbol{C}) \end{pmatrix}$$

即

$$\tilde{\eta}_i(k+1) = \begin{pmatrix} \boldsymbol{A}-\boldsymbol{B}\boldsymbol{K} & \boldsymbol{B}\boldsymbol{K} \\ 0 & \boldsymbol{A}-\lambda_{ip}\gamma\boldsymbol{L}\boldsymbol{C} \end{pmatrix}\tilde{\eta}_i(k) \tag{12.18}$$

不难得到 $\dfrac{1-\sqrt{\delta}}{1+\sqrt{\delta}}$ 在[0, 1)内是连续、单调递减的。根据条件(12.13),总存在 $\delta\in[0, \delta_c)$ 使得

$$\frac{\hat{\lambda}}{\bar{\lambda}} > \frac{1-\sqrt{\delta}}{1+\sqrt{\delta}}$$

即

$$\frac{1-\sqrt{\delta}}{\hat{\lambda}}<\frac{1+\sqrt{\delta}}{\bar{\lambda}}$$

则有

$$1-\sqrt{\delta}<\gamma\hat{\lambda}\leqslant\gamma\lambda_{ip}\leqslant\gamma\bar{\lambda}<1+\sqrt{\delta}$$

而且，还可得到

$$1\geqslant 2\gamma\lambda_{ip}-(\gamma\lambda_{ip})^2=1-(1-\gamma\lambda_{ip})^2\geqslant 1-\delta$$

又由于 $\boldsymbol{Q}_1$ 是正定的，而且 $(\boldsymbol{A},\boldsymbol{B})$ 是可稳定的，则 DARE(12.15)存在一个唯一的正定解 $\boldsymbol{P}_1$。即有

$$\begin{aligned}
&(\boldsymbol{A}-\boldsymbol{BK})^{\mathrm{T}}\boldsymbol{P}_1(\boldsymbol{A}-\boldsymbol{BK})-\boldsymbol{P}_1\\
=&\boldsymbol{A}^{\mathrm{T}}\boldsymbol{P}_1\boldsymbol{A}-2\boldsymbol{A}^{\mathrm{T}}\boldsymbol{P}_1\boldsymbol{B}(\boldsymbol{I}+\boldsymbol{B}^{\mathrm{T}}\boldsymbol{P}_1\boldsymbol{B})^{-1}\boldsymbol{B}^{\mathrm{T}}\boldsymbol{P}_1\boldsymbol{A}+\boldsymbol{K}^{\mathrm{T}}\boldsymbol{B}^{\mathrm{T}}\boldsymbol{P}_1\boldsymbol{BK}-\boldsymbol{P}_1\\
=&\boldsymbol{A}^{\mathrm{T}}\boldsymbol{P}_1\boldsymbol{A}-\boldsymbol{P}_1-\boldsymbol{A}^{\mathrm{T}}\boldsymbol{P}_1\boldsymbol{B}(\boldsymbol{I}+\boldsymbol{B}^{\mathrm{T}}\boldsymbol{P}_1\boldsymbol{B})^{-1}\boldsymbol{B}^{\mathrm{T}}\boldsymbol{P}_1\boldsymbol{A}+\\
&\boldsymbol{A}^{\mathrm{T}}\boldsymbol{P}_1\boldsymbol{B}(\boldsymbol{I}+\boldsymbol{B}^{\mathrm{T}}\boldsymbol{P}_1\boldsymbol{B})^{-\mathrm{T}}[\boldsymbol{B}^{\mathrm{T}}\boldsymbol{P}_1\boldsymbol{B}(\boldsymbol{I}+\boldsymbol{B}^{\mathrm{T}}\boldsymbol{P}_1\boldsymbol{B})^{-1}-\boldsymbol{I}]\boldsymbol{B}^{\mathrm{T}}\boldsymbol{P}_1\boldsymbol{A}\\
=&\boldsymbol{A}^{\mathrm{T}}\boldsymbol{P}_1\boldsymbol{A}-\boldsymbol{P}_1-\boldsymbol{A}^{\mathrm{T}}\boldsymbol{P}_1\boldsymbol{B}(\boldsymbol{I}+\boldsymbol{B}^{\mathrm{T}}\boldsymbol{P}_1\boldsymbol{B})^{-1}\boldsymbol{B}^{\mathrm{T}}\boldsymbol{P}_1\boldsymbol{A}-\boldsymbol{K}^{\mathrm{T}}\boldsymbol{K}\leqslant\\
&\boldsymbol{A}^{\mathrm{T}}\boldsymbol{P}_1\boldsymbol{A}-\boldsymbol{P}_1-\boldsymbol{A}^{\mathrm{T}}\boldsymbol{P}_1\boldsymbol{B}(\boldsymbol{I}+\boldsymbol{B}^{\mathrm{T}}\boldsymbol{P}_1\boldsymbol{B})^{-1}\boldsymbol{B}^{\mathrm{T}}\boldsymbol{P}_1\boldsymbol{A}\leqslant\\
&-\boldsymbol{Q}_1
\end{aligned}\tag{12.19}$$

由式(12.19)，不难得到

$$\begin{aligned}
&[\boldsymbol{I}_N\otimes(\boldsymbol{A}-\boldsymbol{BK})^{\mathrm{T}}](\boldsymbol{I}_N\otimes\boldsymbol{P}_1)[\boldsymbol{I}_N\otimes(\boldsymbol{A}-\boldsymbol{BK})]-\boldsymbol{I}_N\otimes\boldsymbol{P}_1\leqslant\\
&-\boldsymbol{I}\otimes\boldsymbol{Q}_1<0
\end{aligned}\tag{12.20}$$

采用相似的分析方法，由 MDARE(12.6)可得

$$\begin{aligned}
&(\boldsymbol{A}-\lambda_{ip}\gamma\boldsymbol{LC})\boldsymbol{P}_2(\boldsymbol{A}-\lambda_{ip}\gamma\boldsymbol{LC})^{\mathrm{T}}-\boldsymbol{P}_2\\
=&\boldsymbol{AP}_2\boldsymbol{A}^{\mathrm{T}}-\boldsymbol{P}_2-2\lambda_{ip}\gamma\boldsymbol{AP}_2\boldsymbol{C}^{\mathrm{T}}\boldsymbol{L}^{\mathrm{T}}+\lambda_{ip}^2\gamma^2\boldsymbol{LCP}_2\boldsymbol{C}^{\mathrm{T}}\boldsymbol{L}^{\mathrm{T}}\\
=&\boldsymbol{AP}_2\boldsymbol{A}^{\mathrm{T}}-\boldsymbol{P}_2-(2\lambda_{ip}\gamma-\lambda_{ip}^2\gamma^2)\boldsymbol{AP}_2\boldsymbol{C}^{\mathrm{T}}(\boldsymbol{I}+\boldsymbol{CP}_2\boldsymbol{C}^{\mathrm{T}})^{-1}\boldsymbol{CP}_2\boldsymbol{A}^{\mathrm{T}}-\lambda_{ip}^2\gamma^2\boldsymbol{L}^{\mathrm{T}}\boldsymbol{L}\leqslant\\
&\boldsymbol{AP}_2\boldsymbol{A}^{\mathrm{T}}-\boldsymbol{P}_2-(2\lambda_{ip}\gamma-\lambda_{ip}^2\gamma^2)\boldsymbol{AP}_2\boldsymbol{C}^{\mathrm{T}}(\boldsymbol{I}+\boldsymbol{CP}_2\boldsymbol{C}^{\mathrm{T}})^{-1}\boldsymbol{CP}_2\boldsymbol{A}^{\mathrm{T}}\leqslant\\
&\boldsymbol{AP}_2\boldsymbol{A}^{\mathrm{T}}-\boldsymbol{P}_2-(1-\delta)\boldsymbol{AP}_2\boldsymbol{C}^{\mathrm{T}}(\boldsymbol{I}+\boldsymbol{CP}_2\boldsymbol{C}^{\mathrm{T}})^{-1}\boldsymbol{CP}_2\boldsymbol{A}^{\mathrm{T}}\leqslant\\
&-\boldsymbol{Q}_2
\end{aligned}\tag{12.21}$$

因此，利用式(12.21)可得

$$\begin{pmatrix}-\boldsymbol{P}_2 & \boldsymbol{A}-\lambda_{ip}\gamma\boldsymbol{LC}\\(\boldsymbol{A}-\lambda_{ip}\gamma\boldsymbol{LC})^{\mathrm{T}} & -\boldsymbol{P}_2^{-1}\end{pmatrix}<0$$

利用引理 12.4，又可以得到

$$(\boldsymbol{A}-\lambda_{ip}\gamma \boldsymbol{LC})^{\mathrm{T}}\bar{\boldsymbol{P}}_2(\boldsymbol{A}-\lambda_{ip}\gamma \boldsymbol{LC})-\bar{\boldsymbol{P}}_2=-\bar{\boldsymbol{Q}}_2<0 \tag{12.22}$$

其中，$\bar{\boldsymbol{P}}_2=\boldsymbol{P}_2^{-1}$。

从不等式(12.22)，不难发现

$$(\boldsymbol{I}_N\otimes \boldsymbol{A}-\boldsymbol{H}_p\otimes \gamma \boldsymbol{LC})^{\mathrm{T}}(\boldsymbol{I}_N\otimes \bar{\boldsymbol{P}}_2)(\boldsymbol{I}_N\otimes \boldsymbol{A}-\boldsymbol{H}_p\otimes \gamma \boldsymbol{LC})-\boldsymbol{I}_N\otimes \bar{\boldsymbol{P}}_2\leqslant -\boldsymbol{I}\otimes \bar{\boldsymbol{Q}}_2<0 \tag{12.23}$$

构造如下的带参数的 Lyapunov 矩阵

$$\widetilde{\boldsymbol{P}}=\begin{pmatrix}\dfrac{1}{\omega}\boldsymbol{I}_N\otimes \boldsymbol{P}_1 & 0\\ 0 & \boldsymbol{I}_N\otimes \bar{\boldsymbol{P}}_2\end{pmatrix}$$

其中，ω 是给定的正参数。显然，$\widetilde{\boldsymbol{P}}$ 是正定矩阵。为误差系统(12.12)构造如下的公共的 Lyapunov 函数

$$\boldsymbol{V}(\eta(k))=\eta(k)^{\mathrm{T}}\widetilde{P}\eta(k) \tag{12.24}$$

沿着式(12.12)对 Lyapunov 函数(12.24)求差分，可得

$$\begin{aligned}\Delta \boldsymbol{V}_k&=\boldsymbol{V}(\eta(k+1))-\boldsymbol{V}(\eta(k))\\&=\eta^{\mathrm{T}}(k)(\boldsymbol{F}_p^{\mathrm{T}}\widetilde{\boldsymbol{P}}\boldsymbol{F}_p-\widetilde{\boldsymbol{P}})\eta(k)\leqslant-\eta^{\mathrm{T}}(k)\widetilde{\boldsymbol{Q}}_p\eta(k)\end{aligned} \tag{12.25}$$

其中

$$\bar{\boldsymbol{Q}}_p=\begin{vmatrix}\dfrac{1}{\omega}\boldsymbol{I}_N\otimes \boldsymbol{Q}_1 & -\dfrac{1}{\omega}\boldsymbol{I}_N\otimes[(\boldsymbol{A}-\boldsymbol{BK})^{\mathrm{T}}\boldsymbol{P}_1\boldsymbol{BK}]\\ * & \boldsymbol{I}_N\otimes \bar{\boldsymbol{Q}}_2-\dfrac{1}{\omega}\boldsymbol{I}_N\otimes(\boldsymbol{K}^{\mathrm{T}}\boldsymbol{B}^{\mathrm{T}}\boldsymbol{P}_1\boldsymbol{BK})\end{vmatrix}$$

当参数 ω 满足如下条件时，

$$\omega>\lambda_{\max}\bar{\boldsymbol{Q}}_2^{-1}\boldsymbol{K}^{\mathrm{T}}\boldsymbol{B}^{\mathrm{T}}\boldsymbol{P}_1[\boldsymbol{BK}+(\boldsymbol{A}-\boldsymbol{BK})\boldsymbol{Q}_1^{-1}(\boldsymbol{A}-\boldsymbol{BK})^{\mathrm{T}}\boldsymbol{P}_1\boldsymbol{BK}] \tag{12.26}$$

即

$$\omega\bar{\boldsymbol{Q}}_2>\boldsymbol{K}^{\mathrm{T}}\boldsymbol{B}^{\mathrm{T}}\boldsymbol{P}_1[\boldsymbol{BK}+(\boldsymbol{A}-\boldsymbol{BK})\boldsymbol{Q}_1^{-1}(\boldsymbol{A}-\boldsymbol{BK})^{\mathrm{T}}\boldsymbol{P}_1\boldsymbol{BK}] \tag{12.27}$$

根据引理 12.4，可知当(12.26)满足时，$\widetilde{\boldsymbol{Q}}_p$ 是正定的。又因为 Lyapunov 函数$\boldsymbol{V}(\eta)$满足以下条件

$$\lambda_{\min}(\widetilde{\boldsymbol{P}})\parallel\eta\parallel^2\leqslant \boldsymbol{V}(\eta)\leqslant\lambda_{\max}(\widetilde{\boldsymbol{P}})\parallel\eta\parallel^2 \tag{12.28}$$

因此，可得 $\|\eta\| \leqslant \sqrt{\dfrac{V(\boldsymbol{\eta})}{\lambda_{\min}(\widetilde{\boldsymbol{P}})}}$。此外，又因为

$$\min \frac{\boldsymbol{\eta}^{\mathrm{T}}\widetilde{\boldsymbol{Q}}_p\eta}{\eta^{\mathrm{T}}\widetilde{\boldsymbol{P}}\eta} \geqslant \frac{\lambda_{\min}\widetilde{\boldsymbol{Q}}_p}{\lambda_{\max}\widetilde{\boldsymbol{P}}}$$

令 $\beta := \dfrac{\lambda_{\min}\widetilde{\boldsymbol{Q}}_p}{\lambda_{\max}\widetilde{\boldsymbol{P}}}$，其中 $0 < \beta < 1$。因此，由式(12.25)，可得 $\Delta\boldsymbol{V}(\eta) = -\boldsymbol{\eta}^{\mathrm{T}}\widetilde{\boldsymbol{Q}}_p\boldsymbol{\eta} \leqslant -\beta\boldsymbol{\eta}^{\mathrm{T}}\widetilde{\boldsymbol{P}}\boldsymbol{\eta}$ 或等价于 $\boldsymbol{V}(\eta(k)) = (1-\beta)^k\boldsymbol{V}(\eta(0))$。因此，$\lim_{k\to\infty}\eta(k)=0$ 成立，即利用反馈协议(12.3)和状态观测器(12.4)，多智能体系统(12.1)～(12.2)可以实现一致。证明完毕。

推论 12.1： 对给定的多智能体系统(12.1)～(12.2)，当假定 12.1 和 12.2 同时满足时，如果矩阵 $\boldsymbol{A}$ 的特征根的模都不大于 1，则利用反馈协议(12.3)及状态观测器(12.3)以及选择合适的耦合强度 γ 和增益矩阵 $\boldsymbol{K}$，$\boldsymbol{L}$，多智能体系统可以实现一致。并且选择的 δ 应满足

$$1 > \delta > \left(\frac{\bar{\lambda}-\hat{\lambda}}{\bar{\lambda}+\hat{\lambda}}\right)^2 \tag{12.29}$$

而耦合强度 γ 和增益矩阵 $\boldsymbol{K}$，$\boldsymbol{L}$ 的构造方法如式(12.14)。

证明： 根据注释 12.2，有 $\delta_c=1$。从而可知，对任意的 $\hat{\lambda}$，$\bar{\lambda}$，条件(12.13)均成立。对任意满足条件(12.29)的 δ，我们均可得

$$\frac{1-\sqrt{\delta}}{\hat{\lambda}} < \frac{1+\sqrt{\delta}}{\bar{\lambda}}$$

由于矩阵 $\boldsymbol{A}$ 特征值的模均不超过 1，MDARE(12.6)有唯一的正定解 $\boldsymbol{P}_2$。其他证明过程如定理 12.1，故省略。

12.3.2　分布式观测器观测跟踪误差

本节提出另一种分布式观测器，该观测器是用来观测跟踪误差而不是观测领导的状态。第 i 个智能体与邻居的相对输出误差可表述成：

$$\begin{aligned}\widetilde{z}_i(k) = &\sum_{j\in N_i(k)} a_{ij}(k)[(\widetilde{y}_i(k)-\widetilde{y}_j(k))-(y_i(k)-y_j(k))]+\\ &d_i(k)[\widetilde{y}_i(k)-(y_i(k)-y_0(k))]\end{aligned} \tag{12.30}$$

其中，$\widetilde{y}_i(k)=C\widetilde{x}_i(k)$。

对第 i 个智能体设计如下的分布式观测器：

$$\tilde{x}_i(k+1)=(\boldsymbol{A}-\boldsymbol{BK})\tilde{x}_i(k)-\gamma L\tilde{z}_i(k)\ i=1,\ 2,\ \cdots,\ N \tag{12.31}$$

其中，$\tilde{x}_i$ 是协议状态。

而第 i 个智能体的状态反馈控制器如下：

$$u_i(k)=u_0(k)-\boldsymbol{K}\tilde{x}_i\quad i=1,\ 2,\ \cdots,\ N \tag{12.32}$$

采用上节的设计方法，设计耦合强度 γ，增益矩阵 $\boldsymbol{L}$ 和反馈矩阵 $\boldsymbol{K}$。

令 $\tilde{e}_i=\tilde{x}_i-(x_i-x_0)$，$\tilde{\boldsymbol{e}}=(\tilde{\boldsymbol{e}}_1^{\mathrm{T}},\ \tilde{\boldsymbol{e}}_2^{\mathrm{T}},\ \cdots,\ \tilde{\boldsymbol{e}}_N^{\mathrm{T}})^{\mathrm{T}}$。

同理可得

$$\tilde{\boldsymbol{e}}(k+1)=[\boldsymbol{I}_N\otimes\boldsymbol{A}-\boldsymbol{H}_{\sigma(k)}\otimes(\gamma\boldsymbol{LC})]\tilde{e}(k) \tag{12.33}$$

同样的，对于 $e_i=x_i-x_0$，$\boldsymbol{e}=(\boldsymbol{e}_1^{\mathrm{T}},\ \boldsymbol{e}_2^{\mathrm{T}},\ \cdots,\ \boldsymbol{e}_N^{\mathrm{T}})^{\mathrm{T}}$，可得

$$\boldsymbol{e}(k+1)=[\boldsymbol{I}_N\otimes(\boldsymbol{A}-\boldsymbol{BK})]\boldsymbol{e}(k)-[\boldsymbol{I}_N\otimes(\boldsymbol{BK})]\tilde{\boldsymbol{e}}(k) \tag{12.34}$$

将式(12.33)和式(12.34)表述成堆向量的形式：

$$\boldsymbol{\xi}(k+1)=\boldsymbol{E}_{\sigma(k)}\xi(k) \tag{12.35}$$

其中，

$$\boldsymbol{\xi}(k+1)=\begin{pmatrix}e\\ \tilde{e}\end{pmatrix},\ \boldsymbol{E}_{\sigma(k)}=\begin{pmatrix}\boldsymbol{I}_N\otimes(\boldsymbol{A}-\boldsymbol{BK}) & -\boldsymbol{I}_N\otimes(\boldsymbol{BK})\\ 0 & \boldsymbol{I}_N\otimes\boldsymbol{A}-\boldsymbol{H}_{\sigma(k)}\otimes\gamma\boldsymbol{LC}\end{pmatrix}$$

显然，如果 $\lim\limits_{k\to\infty}\xi(k)=0$，则多智能体系统可以实现一致，即一致性问题转换成系统(12.35)的稳定性问题。由于误差系统(12.35)的形式与系统(12.12)非常相似，可以直接得到如下的结论。证明过程与定理 12.1 相似，故省略。

定理 12.2：对给定的多智能体系统(12.1)～(12.2)，假设假定条件 12.1 和 12.2 同时满足。如果条件(12.13)成立，通过选择合适的耦合强度 γ，即 γ 必须满足条件 $\delta_c>\delta\geqslant0$，以及构造合适的增益矩阵 $\boldsymbol{K}$，$\boldsymbol{L}$，而增益矩阵的构造方法同式(12.14)，并利用该参数和增益矩阵构造状态反馈协议(12.32)和状态观测器(12.31)，则多智能体系统可以实现一致。

注释 12.3：同理，若 $\boldsymbol{A}$ 的特征根均不大于 1，则通过选择合适的参数 γ，以及合适的增益矩阵 $\boldsymbol{K}$，$\boldsymbol{L}$ 来构造反馈协议(12.32)和状态观测器(12.31)，在该控制器和观测器下，多智能体系统可以实现一致。该控制器与前面提到的控制协议相比有一个优点，即不需要用到个体的状态信息 x_i。

注释 12.4：若多智能体系统中的某些变量不能测量，以及领导的参考输入为 0 时，利用我们设计的控制器和观测器，对任意给定的初始条件，多智能体系统也能实现一致。

12.3.3 数值仿真

本节给出一些数值仿真用来验证定理 12.1、12.2 的正确性。考虑一类由一个领导和 4 个跟随者组成的多智能体系统。领导和跟随者的系统矩阵如下：

$$\boldsymbol{A}=\begin{pmatrix} 0.6005 & -0.1 & 0.4005 \\ -0.1 & 0.1 & 0.1 \\ -0.5995 & -1.9 & 1.6005 \end{pmatrix},\ \boldsymbol{B}=\begin{pmatrix} 3 \\ 2 \\ 1 \end{pmatrix},\ \boldsymbol{C}=(1\quad 1\quad 1) \tag{12.36}$$

假定拓扑结构图在三个图 $\bar{G}_i\ (i=1,\ 2,\ 3)$ 中任意切换，$\bar{G}_i\ (i=1,\ 2,\ 3)$ 如图 12.1 所示。

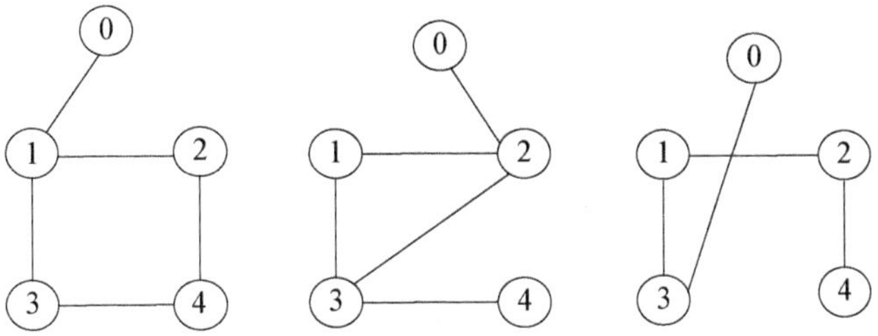

图 12.1　拓扑结构图

拓扑结构图 G_i 的 Laplacian 矩阵 $\boldsymbol{L}_i\ (i=1,\ 2,\ 3)$ 如下：

$$\boldsymbol{L}_1=\begin{pmatrix} 2 & -1 & -1 & 0 \\ -1 & 2 & 0 & -1 \\ -1 & 0 & 2 & -1 \\ 0 & -1 & -1 & 2 \end{pmatrix} \quad \boldsymbol{L}_2=\begin{pmatrix} 2 & -1 & -1 & 0 \\ -1 & 2 & -1 & 0 \\ -1 & -1 & 3 & -1 \\ 0 & 0 & -1 & 1 \end{pmatrix}$$

$$\boldsymbol{L}_3=\begin{pmatrix} 2 & -1 & -1 & 0 \\ -1 & 2 & 0 & -1 \\ -1 & 0 & 1 & 0 \\ 0 & -1 & 0 & 1 \end{pmatrix}$$

而度矩阵为

$$\boldsymbol{D}_1=\mathrm{diag}(1\quad 0\quad 0\quad 0)\quad \boldsymbol{D}_2=\mathrm{diag}(0\quad 1\quad 0\quad 0)\quad \boldsymbol{D}_3=\mathrm{diag}(0\quad 0\quad 1\quad 0)$$

通过计算可得 $\bar{\lambda}=4.3429$，$\hat{\lambda}=0.1206$。根据式(12.14)，选择 $\gamma=0.42$。由于 $\boldsymbol{A}$ 有一个特征值大于 1，选择 $\delta=0.9025$(满足条件(12.13))。通过求解 MDARE(12.6)、DARE(12.15)，可得

$$\boldsymbol{K}=(0.2277\quad 0.6113\quad -0.3900),\ \boldsymbol{L}=\begin{pmatrix}0.4898\\0.0071\\0.5541\end{pmatrix}$$

取 $u_0(k)=0$，并随机选取初始值。首先采用定理 12.1 提出的方法。图 12.2 为跟随者与领导的误差($x_{ij}-x_{0j}$，$j=1, 2, 3$)轨迹，从图 12.2 可以看出利用状态观测器(12.4)和反馈控制器(12.3)可以保证所有智能体能跟踪领导的轨迹。

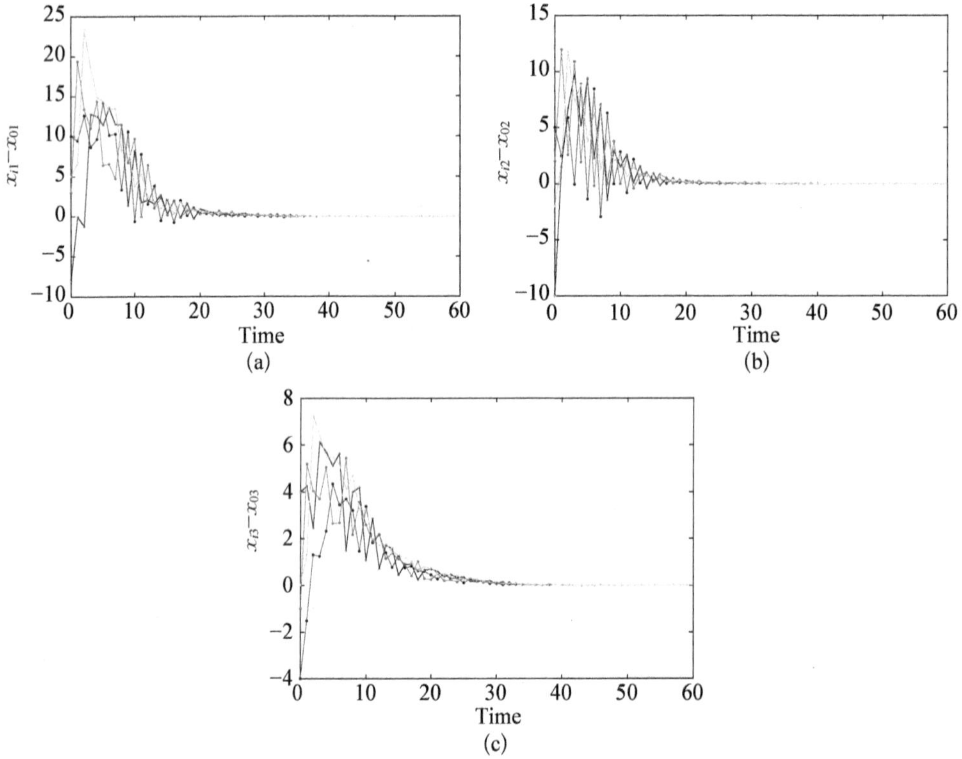

图 12.2　每个智能体与领导的跟踪误差轨迹

(a) $x_{i1}-x_{01}$　(b) $x_{i2}-x_{02}$　(c) $x_{i3}-x_{03}$

接着，利用反馈控制器(12.32)和分布式观测器(12.31)来解决一致性问题。从图 12.3 同样可以看出，每个智能体能跟踪领导的轨迹。

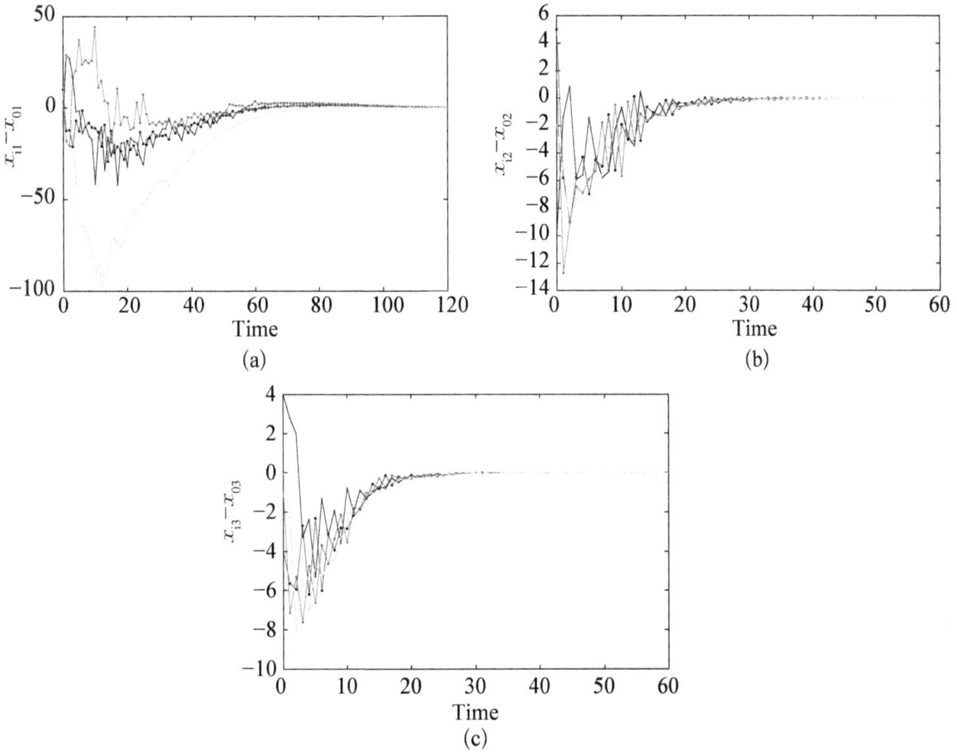

图 12.3　每个智能体与领导的跟踪误差轨迹

(a) $x_{i1}-x_{01}$　(b) $x_{i2}-x_{02}$　(c) $x_{i3}-x_{03}$

12.4　降维观测器

本节将提出一个基于分布式降维观测器的一致性协议。在给出主要结果之前，先介绍一些将要用到的引理。首先需要指出的是：对于任意给定的正定矩阵 $\boldsymbol{Q}$，$(\boldsymbol{A}, \boldsymbol{Q}^{\frac{1}{2}})$ 是可测的，则下列 MDARE

$$\boldsymbol{A}^{\mathrm{T}}\boldsymbol{P}\boldsymbol{A}-\boldsymbol{P}-\delta\boldsymbol{A}^{\mathrm{T}}\boldsymbol{P}\boldsymbol{B}(\boldsymbol{I}+\boldsymbol{B}^{\mathrm{T}}\boldsymbol{P}\boldsymbol{B})^{-1}\boldsymbol{B}^{\mathrm{T}}\boldsymbol{P}\boldsymbol{A}+\boldsymbol{Q}=0 \tag{12.37}$$

是可解的。

引理 12.2: 对于一个给定的满足 $\delta_c<\delta\leqslant 1$ 的 δ，令 P 表示 MDARE(12.37) 的唯一正定解，选择一个反馈矩阵 $\boldsymbol{K}=(\boldsymbol{I}+\boldsymbol{B}^{\mathrm{T}}\boldsymbol{P}\boldsymbol{B})^{-1}\boldsymbol{B}^{\mathrm{T}}\boldsymbol{P}\boldsymbol{A}$，那么，对于任意的 $s\in\bar{\boldsymbol{C}}(1, \sqrt{1-\delta})$，$\boldsymbol{A}-s\boldsymbol{B}\boldsymbol{K}$ 是稳定的。

证明：由方程(12.37)，我们有

$$
\begin{aligned}
&(\boldsymbol{A}-s\boldsymbol{BK})^H\boldsymbol{P}(\boldsymbol{A}-s\boldsymbol{BK})-\boldsymbol{P}\\
&=\boldsymbol{A}^H\boldsymbol{PA}-(s+s^H)\boldsymbol{A}^H\boldsymbol{PB}(\boldsymbol{I}+\boldsymbol{B}^H\boldsymbol{PB})^{-1}\boldsymbol{B}^H\boldsymbol{PA}+ss^H\boldsymbol{K}^H\boldsymbol{B}^H\boldsymbol{PBK}-\boldsymbol{P}\\
&=\boldsymbol{A}^H\boldsymbol{PA}-\boldsymbol{P}-(s+s^H-ss^H)\boldsymbol{A}^H\boldsymbol{PB}(\boldsymbol{I}+\boldsymbol{B}^H\boldsymbol{PB})^{-1}\boldsymbol{B}^H\boldsymbol{PA}+\\
&\quad |s|^2\boldsymbol{K}^H\boldsymbol{K}\leqslant \boldsymbol{A}^H\boldsymbol{PA}-\boldsymbol{P}-\delta\boldsymbol{A}^H\boldsymbol{PB}(\boldsymbol{I}+\boldsymbol{B}^H\boldsymbol{PB})^{-1}\boldsymbol{B}^H\boldsymbol{PA}\leqslant -\boldsymbol{Q}
\end{aligned}
\tag{12.38}
$$

因此，若 $s-1<\sqrt{1-\delta}$，$\boldsymbol{A}-s\boldsymbol{BK}$ 是 Schur 稳定的。

在这节，通过运用状态变量反馈控制来探究多智能体系统的一致性问题。我们仍将使用在文献[67]中提出的控制协议，但是将提出一种新的方法来构造反馈增益矩阵。智能体 i 和邻居的一致性误差被定义为

$$z_i(k)=\sum_{j\in N_i}a_{ij}(x_j(k)-x_i(k))+d_i(x_0(k)-x_i(k)) \tag{12.39}$$

智能体 i 的分布式状态反馈拓扑为

$$u_i(k)=c_1(1+d_i+g_i)^{-1}\boldsymbol{K}z_i(k) \tag{12.40}$$

这里 $g_i=\sum_{j\in N_i}a_{ij}$，$c_1$ 是待确定的耦合强度，$\boldsymbol{K}$ 是待确定的反馈增益矩阵。

记 $e_i=x_i-x_0$，$\boldsymbol{e}=[e_1^{\mathrm{T}}, e_2^{\mathrm{T}}, \cdots, e_N^{\mathrm{T}}]^{\mathrm{T}}$，则容易得到闭环系统的全局跟踪误差动态方程[67]：

$$\boldsymbol{e}(k+1)=[\boldsymbol{I}_N\otimes\boldsymbol{A}-c_1\bar{\boldsymbol{\Gamma}}\otimes(\boldsymbol{BK})]\boldsymbol{e}(k) \tag{12.41}$$

这里 $\bar{\boldsymbol{\Gamma}}=(\boldsymbol{I}+\boldsymbol{D}+\boldsymbol{G})^{-1}(\boldsymbol{L}+\boldsymbol{G})$

定义 12.1：关于矩阵 $\bar{\boldsymbol{\Gamma}}$ 的一个覆盖圆 $\bar{C}(c_0, r_0)$ 是指：复平面上中心在 $c_0\in R$ 的一个闭圆，而且对于所有的 $i=1, 2, \cdots, N$，$\lambda_i\in\bar{C}(c_0, r_0)$。

那么，下面的定理将给出构造反馈增益矩阵的新方法。

定理 12.3：对给定的多智能体系统(12.1)～(12.2)，假设 $\bar{G}$ 包含一个以 v_0 为根节点的有向生成树。如果存在一个闭圆 $\bar{C}(c_0, r_0)$使得

$$0<\frac{r_0}{c_0}<\sqrt{1-\delta_c} \tag{12.42}$$

那么，必定存在合适的 c_1 和 $\boldsymbol{K}$ 使得全局跟踪误差动态系统(12.41)达到渐近稳定。进一步，取 δ 满足

$$\frac{r_0}{c_0}\leqslant\sqrt{1-\delta}<\sqrt{1-\delta_c} \tag{12.43}$$

且解 MDARE(12.37)得到唯一的正定解 $\boldsymbol{P}$,那么,反馈矩阵 $\boldsymbol{K}$ 和耦合强度 c_1 可为

$$\boldsymbol{K}=(\boldsymbol{I}+\boldsymbol{B}^{\mathrm{T}}\boldsymbol{PB})^{-1}\boldsymbol{B}^{\mathrm{T}}\boldsymbol{PA} \tag{12.44}$$

$$c_0=\frac{1}{c_1} \tag{12.45}$$

证明: 易知当 $\delta>\delta_c$ 时,MDARE(12.37)有一个唯一的正定解 $\boldsymbol{P}$。对于任意的 λ_i 满足 $|\lambda_i-c_0|\leqslant r_0$,有 $|c_1\lambda_i-1|\dfrac{r_0}{c_0}\leqslant\sqrt{1-\delta}$。根据引理 12.2,所有的 $\boldsymbol{A}-c_1\lambda_i\boldsymbol{BK}$, $i=1, 2, \cdots, N$ 是 Schur 稳定。令 $\boldsymbol{U}$ 表示 $\bar{\boldsymbol{\Gamma}}$ 的 Schur 变换矩阵,使得

$$\boldsymbol{U}^{\mathrm{T}}\bar{\boldsymbol{\Gamma}}\boldsymbol{U}=\begin{pmatrix}\lambda_1 & * & \cdots & * \\ 0 & \lambda_2 & \cdots & * \\ \vdots & \vdots & \ddots & \vdots \\ 0 & 0 & \cdots & \lambda_N\end{pmatrix}$$

那么,我们有

$$\begin{aligned}&(\boldsymbol{U}\times\boldsymbol{I})^{\mathrm{T}}[\boldsymbol{I}_N\otimes\boldsymbol{A}-c_1\bar{\boldsymbol{\Gamma}}(\boldsymbol{BK})](\boldsymbol{U}\times\boldsymbol{I})\\ =&\begin{pmatrix}\boldsymbol{A}-c_1\lambda_1\boldsymbol{BK} & * & \cdots & * \\ 0 & \boldsymbol{A}-c_1\lambda_2\boldsymbol{BK} & \cdots & * \\ \vdots & \vdots & \ddots & \vdots \\ 0 & 0 & \cdots & \boldsymbol{A}-c_1\lambda_N\boldsymbol{BK}\end{pmatrix}\end{aligned}$$

显然,$(\boldsymbol{U}\times\boldsymbol{I})$也是一个矩阵。矩阵 $\boldsymbol{I}_N\otimes\boldsymbol{A}-c_1\bar{\boldsymbol{\Gamma}}(\boldsymbol{BK})$是 Schur 稳定的当且仅当所有的 $\boldsymbol{A}-c_1\lambda_i\boldsymbol{BK}$, $i=1, 2, \cdots, N$ 是 Schur 稳定的。因此,结论是成立的。

注释 12.5: 对于条件(12.42),要求 $0<c_0<r_0$,这就意味着覆盖圆要位于右半开平面。而且只要$\dfrac{r_0}{c_0}$足够小,就能保证 MDARE(12.37)是可解的,这也是本节提出的设计方法的关键点。另外,反馈控制率中的加权参数不一定要取 $c_1(1+d_i+g_i)^{-1}$,也可以取 $c_1(d_i+g_i)^{-1}$、c_1 等,只要保证满足式(12.42)的相关矩阵 c_1^- 存在一个覆盖圆就可以。

12.4.1　带降维观测器的一致性协议的设计

在这部分,假定网络是有向的固定拓扑图。假设矩阵 $\boldsymbol{C}$ 是行满秩的,即 $\mathrm{Rank}(\boldsymbol{C})=q$。下面给出基于降维观测器的一致性协议,它包括一个降维估计律和

一个反馈控制律。智能体 i 的局部降维估计律为

$$v_i(k+1)=\boldsymbol{F}v_i(k)+\boldsymbol{G}y_i(k)+\boldsymbol{TB}u_i(k) \tag{12.46}$$

这里 $v_i(k)\in\mathbf{R}^{n-q}$ 为协议状态，$\boldsymbol{F}\in\mathbf{R}^{(n-q)\times(n-q)}$，$\boldsymbol{G}\in\mathbf{R}^{(n-q)\times q}$，$\boldsymbol{T}\in\mathbf{R}^{(n-q)\times m}$ 是增益矩阵。智能体 i 的分布式反馈控制律为

$$u_i(k)=c_1(1+d_i+g_i)^{-1}\boldsymbol{K}\zeta_i(k) \tag{12.47}$$

这里智能体 i 的一致性误差 $\zeta_i(k)$ 为

$$\begin{aligned}\zeta_i(k)=&\boldsymbol{Q}_1\Big[\sum_{j\in N_i}a_{ij}(y_j(k)-y_i(k))+d_i(y_0(k)-y_i(k))\Big]+\\&\boldsymbol{Q}_2\Big[\sum_{j\in N_i}a_{ij}(v_j(k)-v_i(k))+d_i(\boldsymbol{T}x_0(k)-v_i(k))\Big]\end{aligned} \tag{12.48}$$

其中 $\boldsymbol{K}$ 为增益矩阵。类似地，提出协议(12.46)和(12.47)中增益矩阵的设计方法。

算法 12.1：对于给定的矩阵($\boldsymbol{A}$，$\boldsymbol{B}$，$\boldsymbol{C}$)，若($\boldsymbol{A}$，$\boldsymbol{B}$)可稳定，($\boldsymbol{A}$，$\boldsymbol{C}$)可观测，矩阵 $\boldsymbol{C}$ 行满秩：秩($\boldsymbol{C}$)$=q$。则可按如下算法构造协议(12.46)中的增益矩阵。

(1) 选择一个合适的 Hurwitz 矩阵 $\boldsymbol{F}\in\mathbf{R}^{(n-q)\times(n-q)}$，使其不含有与 $\boldsymbol{A}$ 相同的特征值。

(2) 随机选择矩阵 $\boldsymbol{G}\in\mathbf{R}^{(n-q)\times q}$，使得($\boldsymbol{F}$，$\boldsymbol{G}$)是可控的。

(3)求解 Sylvester 方程

$$\boldsymbol{TA}-\boldsymbol{FT}=\boldsymbol{GC} \tag{12.49}$$

得到唯一解 $\boldsymbol{T}$。满足$\begin{pmatrix}\boldsymbol{C}\\\boldsymbol{T}\end{pmatrix}$是非奇异的。若$\begin{pmatrix}\boldsymbol{C}\\\boldsymbol{T}\end{pmatrix}$是奇异的，则返回第二步，重新选择 $\boldsymbol{G}$ 矩阵，重复上述步骤，直到$\begin{pmatrix}\boldsymbol{C}\\\boldsymbol{T}\end{pmatrix}$是非奇异为止。

(4) 利用 $[\boldsymbol{Q}_1\quad\boldsymbol{Q}_2]=\begin{pmatrix}\boldsymbol{C}\\\boldsymbol{T}\end{pmatrix}^{-1}$，计算矩阵 $\boldsymbol{Q}_1\in\mathbf{R}^{n\times q}$ 和 $\boldsymbol{Q}_2\in\mathbf{R}^{n\times(n-q)}$。下面，给出本节的主要结论：

定理 12.4：对给定的多智能体系统(12.1)～(12.2)，假设 $\bar{G}$ 包含一个以 v_0 为根节点的有向生成树。如果存在一个闭圆 $\bar{C}(c_0, r_0)$使得

$$0<\frac{r_0}{c_0}<\sqrt{1-\delta_c} \tag{12.50}$$

那么，基于观测器的分布式协议(12.46)和(12.47)能够解决离散时间的跟踪一致性问题。而且协议(12.46)和(12.47)中的参数矩阵 $\boldsymbol{F}$，$\boldsymbol{G}$，$\boldsymbol{T}$，$\boldsymbol{Q}_1$，$\boldsymbol{Q}_2$ 可以根据算

法 12.1 来构造。取 δ 满足

$$\frac{r_0}{c_0} \leqslant \sqrt{1-\delta} < \sqrt{1-\delta_c} \tag{12.51}$$

且解 MDARE(12.37)得到唯一的正定解 $\boldsymbol{P}$，那么，反馈矩阵 $\boldsymbol{K}$ 和耦合强度 c_1 可为

$$\boldsymbol{K} = (\boldsymbol{I} + \boldsymbol{B}^{\mathrm{T}}\boldsymbol{PB})^{-1}\boldsymbol{B}^{\mathrm{T}}\boldsymbol{PA} \tag{12.52}$$

$$c_0 = \frac{1}{c_1} \tag{12.53}$$

证明： 为了分析系统的收敛性，记 $e_i(k) = x_i(k) - x_0(k)$，$\varepsilon_i(k) = v_i(k) - \boldsymbol{T}x_0(k)$ 那么 $e_i(k)$ 和 $\varepsilon_i(k)$ 的动态方程满足

$$\begin{aligned} e_i(k+1) = {} & \boldsymbol{A}e_i(k) - c_1(1+d_i+g_i)^{-1}\boldsymbol{BKQ}_1\boldsymbol{C}\Big[\sum_{j\in N_i} a_{ij}(e_i(k) - \\ & e_j(k)) + d_i e_i(k)\Big] - c_1(1+d_i+g_i)^{-1}\boldsymbol{BKQ}_2 \times \\ & \Big[\sum_{j\in N_i} a_{ij}(\varepsilon_i(k) - \varepsilon_j(k)) + d_i\varepsilon_i(k)\Big] \end{aligned} \tag{12.54}$$

和

$$\begin{aligned} \varepsilon_i(k+1) & = v_i(k+1) - \boldsymbol{T}x_0(k+1) \\ & = \boldsymbol{F}v_i(k) + \boldsymbol{GC}x_i(k) - \boldsymbol{TA}x_0(k) - c_1(1+d_i+g_i)^{-1} \\ & \quad \boldsymbol{TBKQ}_1\boldsymbol{C}\Big[\sum_{j\in N_i} a_{ij}(x_i(k) - x_j(k)) + d_i(x_i(k) - \\ & \quad x_0(k))\Big] - c_1(1+d_i+g_i)^{-1} \times \\ & \quad \boldsymbol{TBKQ}_2\Big[\sum_{j\in N_i} a_{ij}(v_i(k) - v_j(k)) + d_i(v_i(k) - \boldsymbol{T}x_0(k))\Big] \\ & = \boldsymbol{F}\varepsilon_i(k) + \boldsymbol{GC}e_i(k) - c_1(1+d_i+g_i)^{-1}\boldsymbol{TBKQ}_1\boldsymbol{C} \\ & \quad \Big[\sum_{j\in N_i} a_{ij}(e_i(k) - e_j(k)) + d_i e_i\Big] - \\ & \quad c_1(1+d_i+g_i)^{-1}\boldsymbol{TBKQ}_2\Big[\sum_{j\in N_i} a_{ij}(\varepsilon_i(k) - \varepsilon_j(k)) + d_i\varepsilon_i(k)\Big] \end{aligned} \tag{12.55}$$

定义 $e(k) = [e_1^{\mathrm{T}}(k), e_2^{\mathrm{T}}(k), \cdots, e_N^{\mathrm{T}}(k)]^{\mathrm{T}}$ 和 $\varepsilon(k) = [\varepsilon_1^{\mathrm{T}}(k), \varepsilon_2^{\mathrm{T}}(k), \cdots, \varepsilon_N^{\mathrm{T}}(k)]^{\mathrm{T}}$。由(12.54)和(12.55)可得闭环系统的误差动态方程可以表示为

$$\begin{pmatrix} e(k+1) \\ \varepsilon(k+1) \end{pmatrix} = \begin{pmatrix} \boldsymbol{I}_N \otimes \boldsymbol{A} - c_1\bar{\boldsymbol{\Gamma}}(\boldsymbol{BKQ}_1\boldsymbol{C}) & -c_1\bar{\boldsymbol{\Gamma}}(\boldsymbol{BKQ}_2) \\ \boldsymbol{I}_N \otimes \boldsymbol{GC} - c_1\bar{\boldsymbol{\Gamma}}(\boldsymbol{TBKQ}_1\boldsymbol{C}) & \boldsymbol{I}_N \otimes \boldsymbol{F} - c_1\bar{\boldsymbol{\Gamma}}(\boldsymbol{TBKQ}_2) \end{pmatrix} \begin{pmatrix} e(k) \\ \varepsilon(k) \end{pmatrix}$$

$$\triangleq \boldsymbol{\Xi}\begin{pmatrix} e(k) \\ \varepsilon(k) \end{pmatrix} \tag{12.56}$$

容易看出：当闭环系统(12.56)是 Schur 稳定时，多智能体系统将达到一致。令 $\bar{\boldsymbol{U}}=\begin{pmatrix} \boldsymbol{I}_N \otimes \boldsymbol{I}_n & 0 \\ -\boldsymbol{I}_N \otimes \boldsymbol{U} & \boldsymbol{I}_N \otimes \boldsymbol{I}_{n-q} \end{pmatrix}$，$\boldsymbol{U}$ 是非奇异的且 $\bar{\boldsymbol{U}}^{-1}=\begin{pmatrix} \boldsymbol{I}_N \otimes \boldsymbol{I}_n & 0 \\ -\boldsymbol{I}_N \otimes \boldsymbol{U} & \boldsymbol{I}_N \otimes \boldsymbol{I}_{n-q} \end{pmatrix}$，由算法 12.1 的第 2 步，可以得到

$$\bar{\boldsymbol{\Xi}} \triangleq \bar{\boldsymbol{U}}\boldsymbol{\Xi}\bar{\boldsymbol{U}}^{-1}=\begin{pmatrix} \boldsymbol{I}_N \otimes \boldsymbol{A}-c_1\bar{\boldsymbol{\Gamma}}(\boldsymbol{BK}) & -c_1\bar{\boldsymbol{\Gamma}}(\boldsymbol{BKQ}_2) \\ 0 & \boldsymbol{I}_N \otimes \boldsymbol{F} \end{pmatrix} \tag{12.57}$$

矩阵 $\bar{\boldsymbol{\Xi}}$ 是块上三角矩阵，其块对角矩阵为 $\boldsymbol{I}_N \otimes \boldsymbol{A}-c_1\bar{\boldsymbol{\Gamma}}(\boldsymbol{BK})$ 和 $\boldsymbol{I}_N \otimes \boldsymbol{F}$。因为 $\boldsymbol{F}$ 是 Schur 稳定的，当且仅当 $\boldsymbol{I}_N \otimes \boldsymbol{A}-c_1\bar{\boldsymbol{\Gamma}}(\boldsymbol{BK})$ 是 Schur 稳定时，矩阵 $\boldsymbol{\Xi}$ 是 Schur 稳定。余下的证明与定理 12.4 的证明十分相似，这里就不再赘述。

12.4.2 数值仿真

这部分中，我们给出具体的例子来说明所得结果的有效性。设智能体系统(12.1)～(12.2)包含 4 个智能体和一个领导，即 $N=4$，其系统矩阵如下

$$\boldsymbol{A}=\begin{bmatrix} 0 & 3 & 0 \\ 0 & 0 & 1 \\ -0.2 & 0.2 & 1.1 \end{bmatrix},\ \boldsymbol{B}=\begin{bmatrix} 0 \\ 0 \\ 4 \end{bmatrix},\ \boldsymbol{C}=[0,\ 1,\ 1]。$$

与拓扑图 $\bar{G}$ 相关的 $\boldsymbol{L}$ 和 $\boldsymbol{D}$ 分别为

$$\boldsymbol{L}=\begin{bmatrix} 2 & -1 & -1 & 0 \\ -1 & 2 & -1 & 0 \\ -1 & -1 & 3 & -1 \\ -1 & 0 & -1 & 2 \end{bmatrix},\ \boldsymbol{D}=\begin{bmatrix} 0 & 0 & 0 & 0 \\ 0 & 0 & 0 & 0 \\ 0 & 0 & 1 & 0 \\ 0 & 0 & 0 & 1 \end{bmatrix}。$$

选择 $c_0=0.5768$，$r_0=0.5001$，有 $c_1=1.7337$。当 $\delta=0.2482$ 时，求解 MDRAE (12.37)得到唯一的正定解 $\boldsymbol{P}$

$$\boldsymbol{P}=\begin{bmatrix} 2.7685 & 2.0965 & -8.6525 \\ 2.0965 & 17.0036 & -7.1766 \\ -8.6525 & -7.1766 & 59.3567 \end{bmatrix}$$

则增益矩阵为

$$F=\begin{bmatrix}-0.1 & 0\\ -0.1 & -0.1\end{bmatrix},\ G=[4,\ 7]^{\mathrm{T}},\ T=\begin{bmatrix}1.1842 & 3.2895 & 0.5921\\ 0.8535 & 5.6999 & 0.1009\end{bmatrix}$$

$$Q_1=[-0.7031,\ 0.0892,\ 0.9168]^{\mathrm{T}},\ Q_2=\begin{bmatrix}1.2936 & -0.6232\\ -0.1972 & 0.2736\\ 0.1972 & -0.2736\end{bmatrix}$$

由图 12.4 可知利用协议(12.46)和(12.47)，所有跟随者均可跟随领导的轨迹。

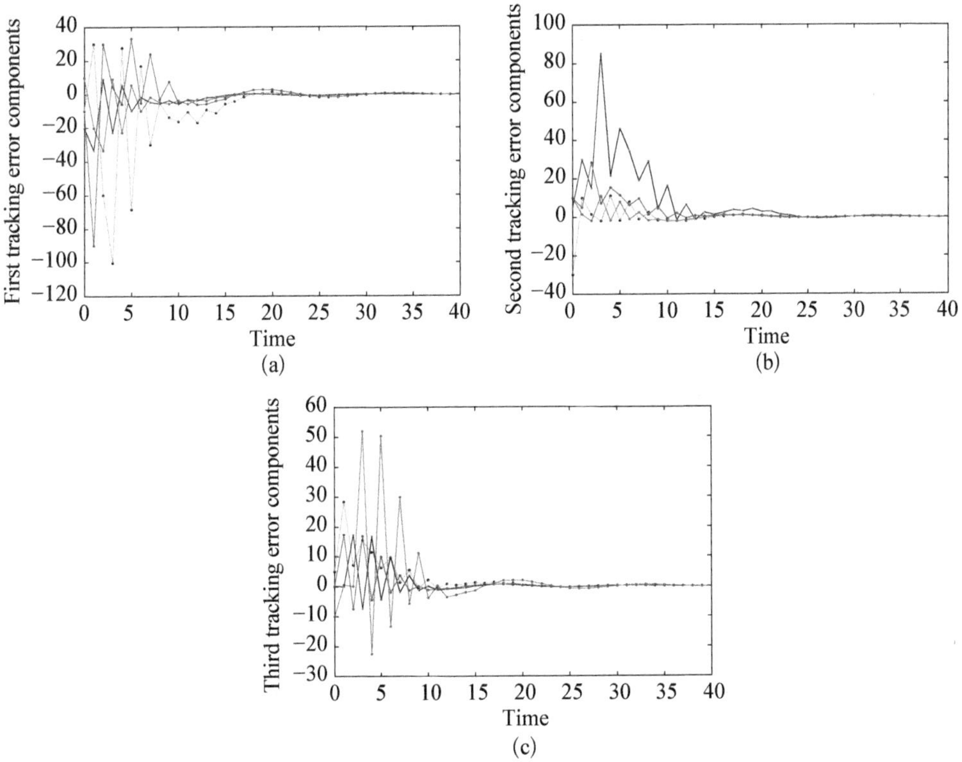

图 12.4　基于降维观测器的跟踪误差

(a) 第一维跟踪误差　(b) 第二维跟踪误差　(c) 第三维跟踪误差

12.5　广义离散多智能体系统的一致性

本节考虑一类广义离散多智能体系统的一致性问题。假定每个智能体均为一个离散的广义系统，并且假定网络拓扑结构是有向的。通过构造三种不同的观测器和控制器来解决一致性问题。利用广义修正 Riccati 方程来设计系统矩阵，并通过图论、矩阵理论和 Lyapunov 方法，得到广义多智能体系统实现一致的收敛条件，并用数值仿真例子说明理论结果的正确性和有效性。

12.5.1 系统建模

首先介绍一下离散广义系统的一些基本概念和结果。

$$\begin{aligned} \boldsymbol{E}x(k+1) &= \boldsymbol{A}x(k)+\boldsymbol{B}u(k) \\ y(k) &= \boldsymbol{C}x(k),\ k=0,\ 1,\ 2,\ \cdots \end{aligned} \tag{12.58}$$

其中，$x(k)\in\mathbf{R}^m$ 为状态变量，$u(k)\in\mathbf{R}^p$ 为控制输入，$y(k)\in\mathbf{R}^q$ 为测量输出。

定义 12.2：$\boldsymbol{E},\ \boldsymbol{A}\in\mathbf{R}^{m\times m}$。

(1) 假如 $\det(s\boldsymbol{E}-\boldsymbol{A})$不恒为零，则矩阵对$(\boldsymbol{E},\ \boldsymbol{A})$是正则的；

(2) 假如矩阵对$(\boldsymbol{E},\ \boldsymbol{A})$是正则的，且 $\deg(\det(s\boldsymbol{E}-\boldsymbol{A}))=\operatorname{rank}(\boldsymbol{E})$，则矩阵对$(\boldsymbol{E},\ \boldsymbol{A})$无脉冲；

(3) 假如矩阵对$(\boldsymbol{E},\ \boldsymbol{A})$的有限广义特征值都落在单位圆内，则矩阵对$(\boldsymbol{E},\ \boldsymbol{A})$是 Schur 稳定的；

(4) 假如矩阵对$(\boldsymbol{E},\ \boldsymbol{A})$无脉冲且是 Schur 稳定，则矩阵对$(\boldsymbol{E},\ \boldsymbol{A})$是容许的。

广义系统(12.58)的 R -可控与 R -可观见文献[43]。对广义系统(12.58)来说，仅当对任意 $s\in\boldsymbol{C}$(其中 $\boldsymbol{C}$ 为复矩阵)时，$\operatorname{Rank}[s\boldsymbol{E}-\boldsymbol{AB}]=m$，则$(\boldsymbol{E},\ \boldsymbol{A},\ \boldsymbol{B})$是 R -可控的。而当且仅当对任意 $s\in\boldsymbol{C}$ 时，$\operatorname{Rank}\begin{bmatrix} s\boldsymbol{E}-\boldsymbol{A} \\ \boldsymbol{C} \end{bmatrix}=m$，则$(\boldsymbol{E},\ \boldsymbol{A},\ \boldsymbol{B})$是 R -可观的。实际上，广义系统应该稳定且无脉冲。广义系统的容许控制已经得到广泛研究。下面先给出一些必需的引理。

引理 12.3：$(\boldsymbol{E}_{\text{add}},\ \boldsymbol{A}_{\text{add}})$是可容许的，当且仅当所有的矩阵对$(\boldsymbol{E}_i,\ \boldsymbol{A}_i)$，$i=1,\ 2,\ \cdots,M$ 均是容许的，其中

$$\boldsymbol{E}_{\text{add}}=\begin{pmatrix} E_1 & & & \\ & E_2 & & \\ & & \ddots & \\ & & & E_M \end{pmatrix},\ \boldsymbol{A}_{\text{add}}=\begin{pmatrix} A_1 & A_{12} & \cdots & A_{1M} \\ & A_2 & \cdots & A_{2M} \\ & & \ddots & \vdots \\ & & & A_M \end{pmatrix}, \tag{12.59}$$

证明：由

$$\det(s\boldsymbol{E}_{\text{add}}-\boldsymbol{A}_{\text{add}})=\det(sE_1-A_1)\det(sE_2-A_2)\cdots\det(sE_M-A_M) \tag{12.60}$$

由定义 12.3，结论显然成立。

引理 12.4: 对 $\boldsymbol{E}, \boldsymbol{A} \in \mathbf{R}^{m\times m}$,假定$(\boldsymbol{E}, \boldsymbol{A})$是奇异的,当且仅当对任意正定矩阵 $\boldsymbol{Q}$,存在半正定矩阵 $\boldsymbol{P}$ 满足下列的 Lyapunov 不等式

$$\boldsymbol{A}^{\mathrm{T}}\boldsymbol{P}\boldsymbol{A}-\boldsymbol{E}^{\mathrm{T}}\boldsymbol{P}\boldsymbol{E}\leqslant-\boldsymbol{E}^{\mathrm{T}}\boldsymbol{Q}\boldsymbol{E} \tag{12.61}$$

则$(\boldsymbol{E}, \boldsymbol{A})$是可容许的。

证明: (必要性)由于$(\boldsymbol{E}, \boldsymbol{A})$正则且无脉冲,则存在非奇异矩阵 $\boldsymbol{M}$ 和 $\boldsymbol{N}$ 使得矩阵对$(\boldsymbol{E}, \boldsymbol{A})$具有如下的 Weiertrass 形式(见参考文献[43])

$$\widetilde{\boldsymbol{E}}=\boldsymbol{M}\boldsymbol{E}\boldsymbol{N}=\begin{bmatrix}\boldsymbol{I} & 0\\ 0 & 0\end{bmatrix},\ \widetilde{\boldsymbol{A}}=\boldsymbol{M}\boldsymbol{A}\boldsymbol{N}=\begin{bmatrix}\widetilde{\boldsymbol{A}}_1 & 0\\ 0 & \boldsymbol{I}\end{bmatrix}。 \tag{12.62}$$

而且,令

$$\widetilde{\boldsymbol{P}}=\boldsymbol{M}^{-\mathrm{T}}\boldsymbol{P}\boldsymbol{M}^{-1}=\begin{bmatrix}\widetilde{\boldsymbol{P}}_{11} & \widetilde{\boldsymbol{P}}_{12}\\ \widetilde{\boldsymbol{P}}_{12}^{\mathrm{T}} & \widetilde{\boldsymbol{P}}_{22}\end{bmatrix},\ \widetilde{\boldsymbol{Q}}=\boldsymbol{M}^{-\mathrm{T}}\boldsymbol{Q}\boldsymbol{M}^{-1}=\begin{bmatrix}\widetilde{\boldsymbol{Q}}_{11} & \widetilde{\boldsymbol{Q}}_{12}\\ \widetilde{\boldsymbol{Q}}_{12}^{\mathrm{T}} & \widetilde{\boldsymbol{Q}}_{22}\end{bmatrix}。 \tag{12.63}$$

用矩阵 $\boldsymbol{N}^{\mathrm{T}}$ 和 $\boldsymbol{N}$ 分别左乘和右乘 Lyapunov 不等式(12.61),则可得如下等价不等式

$$\widetilde{\boldsymbol{A}}^{\mathrm{T}}\widetilde{\boldsymbol{P}}\widetilde{\boldsymbol{A}}-\widetilde{\boldsymbol{E}}^{\mathrm{T}}\widetilde{\boldsymbol{P}}\widetilde{\boldsymbol{E}}\leqslant-\widetilde{\boldsymbol{E}}^{\mathrm{T}}\widetilde{\boldsymbol{Q}}\widetilde{\boldsymbol{E}} \tag{12.64}$$

即

$$\begin{bmatrix}\widetilde{\boldsymbol{A}}_1^{\mathrm{T}}\widetilde{\boldsymbol{P}}_{11}\widetilde{\boldsymbol{A}}_1-\widetilde{\boldsymbol{P}}_{11}+\widetilde{\boldsymbol{Q}}_{11} & \widetilde{\boldsymbol{A}}_1^{\mathrm{T}}\widetilde{\boldsymbol{P}}_{12}\\ \widetilde{\boldsymbol{P}}_{12}^{\mathrm{T}}\widetilde{\boldsymbol{A}}_1 & \widetilde{\boldsymbol{P}}_{22}\end{bmatrix}\leqslant 0 \tag{12.65}$$

由于矩阵对$(\boldsymbol{E}, \boldsymbol{A})$可容许,则可得 $\widetilde{\boldsymbol{A}}_1$ 是 Schur 稳定。因此,存在正定矩阵 $\widetilde{\boldsymbol{P}}_{11}$ 满足 $\widetilde{\boldsymbol{A}}_1^{\mathrm{T}}\widetilde{\boldsymbol{P}}_{11}\widetilde{\boldsymbol{A}}_1-\widetilde{\boldsymbol{P}}_{11}\leqslant-\widetilde{\boldsymbol{Q}}_{11}<0$。显然,半正定矩阵 $\boldsymbol{P}=\boldsymbol{M}^{\mathrm{T}}\begin{bmatrix}\widetilde{\boldsymbol{P}}_{11} & 0\\ 0 & 0\end{bmatrix}\boldsymbol{M}$ 满足 Lyapunov 不等式(12.61)。

(充分性)由于$(\boldsymbol{E}, \boldsymbol{A})$是正则的,则存在非奇异矩阵 $\boldsymbol{M}$ 和 $\boldsymbol{N}$ 使得矩阵对$(\boldsymbol{E}, \boldsymbol{A})$具有如下的 Weiertrass 形式(见文献[43])

$$\widetilde{\boldsymbol{E}}=\boldsymbol{M}\boldsymbol{E}\boldsymbol{N}=\begin{bmatrix}\boldsymbol{I} & 0\\ 0 & \boldsymbol{L}\end{bmatrix}\quad \widetilde{\boldsymbol{A}}=\boldsymbol{M}\boldsymbol{A}\boldsymbol{N}=\begin{bmatrix}\widetilde{\boldsymbol{A}}_1 & 0\\ 0 & \boldsymbol{I}\end{bmatrix} \tag{12.66}$$

其中,$\boldsymbol{L}$ 是幂零矩阵,即存在 h 使得 $\boldsymbol{L}^h\neq 0$ 以及 $\boldsymbol{L}^{h+1}=0$。按(12.63)方法取矩阵 $\widetilde{\boldsymbol{P}}$ 和 $\widetilde{\boldsymbol{Q}}$。由于 $\boldsymbol{Q}>0$ 以及 $\boldsymbol{P}\geqslant 0$,可知 $\widetilde{\boldsymbol{Q}}_{11}>0$, $\widetilde{\boldsymbol{Q}}_{22}>0$, $\widetilde{\boldsymbol{P}}_{11}\geqslant 0$ 以及 $\widetilde{\boldsymbol{P}}_{22}\geqslant 0$。类似地可得,Lyapunov 不等式(12.61)同样具有形如(12.64)的等价不等式,即

$$\widetilde{\boldsymbol{A}}_1^{\mathrm{T}}\widetilde{\boldsymbol{P}}_{11}\widetilde{\boldsymbol{A}}_1-\widetilde{\boldsymbol{P}}_{11}\leqslant-\widetilde{\boldsymbol{Q}}_{11}<0 \tag{12.67}$$

以及

$$\widetilde{\boldsymbol{P}}_{22}-\boldsymbol{L}^{\mathrm{T}}\widetilde{\boldsymbol{P}}_{22}\boldsymbol{L}\leqslant-\boldsymbol{L}^{\mathrm{T}}\widetilde{\boldsymbol{Q}}_{22}\boldsymbol{L} \tag{12.68}$$

再次利用式(12.68),可得

$$\begin{aligned}\widetilde{\boldsymbol{P}}_{22}&\leqslant\boldsymbol{L}^{\mathrm{T}}\widetilde{\boldsymbol{P}}_{22}\boldsymbol{L}-\boldsymbol{L}^{\mathrm{T}}\widetilde{\boldsymbol{Q}}_{22}\boldsymbol{L}\leqslant(\boldsymbol{L}^{\mathrm{T}})^2\widetilde{\boldsymbol{P}}_{22}\boldsymbol{L}^2-(\boldsymbol{L}^{\mathrm{T}})^2\widetilde{\boldsymbol{Q}}_{22}\boldsymbol{L}^2-\boldsymbol{L}^{\mathrm{T}}\widetilde{\boldsymbol{Q}}_{22}\boldsymbol{L}\\&\leqslant\cdots\leqslant-(\boldsymbol{L}^{\mathrm{T}})^h\widetilde{\boldsymbol{Q}}_{22}\boldsymbol{L}^h-(\boldsymbol{L}^{\mathrm{T}})^{h-1}\widetilde{\boldsymbol{Q}}_{22}\boldsymbol{L}^{h-1}-\cdots-\boldsymbol{L}^{\mathrm{T}}\widetilde{\boldsymbol{Q}}_{22}\boldsymbol{L}\leqslant 0\end{aligned} \tag{12.69}$$

由此可知 $\widetilde{\boldsymbol{P}}_{22}=0$。将 $\widetilde{\boldsymbol{P}}_{22}=0$ 带入(12.68),可得 $\boldsymbol{L}^{\mathrm{T}}\widetilde{\boldsymbol{Q}}_{22}\boldsymbol{L}\leqslant 0$。显然有,$\boldsymbol{L}^{\mathrm{T}}\widetilde{\boldsymbol{Q}}_{22}\boldsymbol{L}\geqslant 0$。因此可得 $\boldsymbol{L}^{\mathrm{T}}\widetilde{\boldsymbol{Q}}_{22}\boldsymbol{L}=0$,同时又由于 $\widetilde{\boldsymbol{Q}}_{22}>0$ 可得 $\boldsymbol{L}=0$。

由于(12.67),可得 $\widetilde{\boldsymbol{P}}_{11}>\widetilde{\boldsymbol{A}}_1^{\mathrm{T}}\widetilde{\boldsymbol{P}}_{11}\widetilde{\boldsymbol{A}}_1\geqslant 0$ 由此可知 Lyapunov 不等式(12.67)有正定解 $\widetilde{\boldsymbol{P}}_{11}$。因此,$\widetilde{\boldsymbol{A}}_1$ 是 Schur 稳定的。则矩阵对($\boldsymbol{E}$, $\boldsymbol{A}$)是容许的。

引理 12.5: 由于矩阵 $\boldsymbol{E},\ \boldsymbol{A}\in\mathbf{R}^{m\times m}$, $\boldsymbol{B}\in\mathbf{R}^{m\times r}$ 以及 $\boldsymbol{C}\in\mathbf{R}^{q\times m}$,假定矩阵对($\boldsymbol{E}$, $\boldsymbol{A}$)是正则的且无脉冲,($\boldsymbol{E}$, $\boldsymbol{A}$, $\boldsymbol{B}$)是 R -可控的。则对任意给定的正定矩阵 $\boldsymbol{W}\in\mathbf{R}^{n\times n}$ 和 $\boldsymbol{R}\in\mathbf{R}^{r\times r}$,均存在 $\delta_c\in[0,\ 1)$ 使得对任意的 $1\geqslant\delta>\delta_c$,如下的修正广义离散 Riccati 方程(MGDARE)至少有一个半正定解 $\boldsymbol{Q}$

$$\boldsymbol{A}^{\mathrm{T}}\boldsymbol{QA}-\boldsymbol{E}^{\mathrm{T}}\boldsymbol{QE}-\delta\boldsymbol{A}^{\mathrm{T}}\boldsymbol{QB}(\boldsymbol{R}+\boldsymbol{B}^{\mathrm{T}}\boldsymbol{QB})^{-1}\boldsymbol{B}^{\mathrm{T}}\boldsymbol{QA}+\boldsymbol{E}^{\mathrm{T}}\boldsymbol{WE}=0 \tag{12.70}$$

证明: 有矩阵对($\boldsymbol{E}$, $\boldsymbol{A}$)正则且无脉冲,($\boldsymbol{E}$, $\boldsymbol{A}$)具有 Weiertrass 形式(12.62)。由(12.62),令

$$\begin{aligned}&\widetilde{\boldsymbol{Q}}=\boldsymbol{M}^{-\mathrm{T}}\boldsymbol{QM}^{-1}=\begin{bmatrix}\widetilde{\boldsymbol{Q}}_{11}&\widetilde{\boldsymbol{Q}}_{12}\\\widetilde{\boldsymbol{Q}}_{12}^{\mathrm{T}}&\widetilde{\boldsymbol{Q}}_{22}\end{bmatrix},\ \widetilde{\boldsymbol{W}}=\boldsymbol{M}^{-\mathrm{T}}\boldsymbol{WM}^{-1}=\begin{bmatrix}\widetilde{\boldsymbol{W}}_{11}&\widetilde{\boldsymbol{W}}_{12}\\\widetilde{\boldsymbol{W}}_{12}^{\mathrm{T}}&\widetilde{\boldsymbol{W}}_{22}\end{bmatrix},\\&\widetilde{\boldsymbol{B}}=\boldsymbol{MB}=\begin{bmatrix}\widetilde{\boldsymbol{B}}_1\\\widetilde{\boldsymbol{B}}_2\end{bmatrix}。\end{aligned} \tag{12.71}$$

并对 MGDARE(12.70)分别左乘和右乘 $\boldsymbol{N}^{\mathrm{T}}$ 和 $\boldsymbol{N}$,可得如下不等式

$$\widetilde{\boldsymbol{A}}^{\mathrm{T}}\widetilde{\boldsymbol{Q}}\widetilde{\boldsymbol{A}}-\widetilde{\boldsymbol{E}}^{\mathrm{T}}\widetilde{\boldsymbol{Q}}\widetilde{\boldsymbol{E}}-\delta\widetilde{\boldsymbol{A}}^{\mathrm{T}}\widetilde{\boldsymbol{Q}}\widetilde{\boldsymbol{B}}(\boldsymbol{R}+\widetilde{\boldsymbol{B}}^{\mathrm{T}}\widetilde{\boldsymbol{Q}}\widetilde{\boldsymbol{B}})^{-1}\widetilde{\boldsymbol{B}}^{\mathrm{T}}\widetilde{\boldsymbol{Q}}\widetilde{\boldsymbol{A}}+\widetilde{\boldsymbol{E}}^{\mathrm{T}}\widetilde{\boldsymbol{W}}\widetilde{\boldsymbol{E}}=0 \tag{12.72}$$

取 $\widetilde{\boldsymbol{Q}}_{12}=0$、$\widetilde{\boldsymbol{Q}}_{22}=0$,假如如下的修正广义离散 Riccati 方程(MDARE)成立,

$$\widetilde{\boldsymbol{A}}_1^{\mathrm{T}}\widetilde{\boldsymbol{Q}}_{11}\widetilde{\boldsymbol{A}}_1-\widetilde{\boldsymbol{Q}}_{11}-\delta\widetilde{\boldsymbol{A}}_1^{\mathrm{T}}\widetilde{\boldsymbol{Q}}_{11}\widetilde{\boldsymbol{B}}_1(\boldsymbol{R}+\widetilde{\boldsymbol{B}}_1^{\mathrm{T}}\widetilde{\boldsymbol{Q}}_{11}\widetilde{\boldsymbol{B}}_1)^{-1}\widetilde{\boldsymbol{B}}_1^{\mathrm{T}}\widetilde{\boldsymbol{Q}}_{11}\widetilde{\boldsymbol{A}}_1+\widetilde{\boldsymbol{W}}_{11}=0 \tag{12.73}$$

则 MGDARE(12.70)成立。由于($\boldsymbol{E}$, $\boldsymbol{A}$, $\boldsymbol{B}$)是 R -可控的,可知($\widetilde{\boldsymbol{A}}_1$, $\widetilde{\boldsymbol{B}}_1$)是可控的。则由[44]中的关于 MDARE 的结论可得,对任意 $1\geqslant\delta>\delta_c$ 和 $\widetilde{\boldsymbol{W}}_{11}>0$,存在 $\delta_c\in[0,\ 1)$ 使得 MDARE(12.73)有唯一的正定解 $\widetilde{\boldsymbol{Q}}_{11}$。则半正定矩阵 $\boldsymbol{Q}=\boldsymbol{M}^{\mathrm{T}}\begin{bmatrix}\widetilde{\boldsymbol{Q}}_{11}&0\\0&0\end{bmatrix}\boldsymbol{M}$ 满足 MGDARE(12.70)。

注释 12.6: 当 $\delta=1$ 或 $\delta=0$ 时，MGDARE(12.70)将分别退化成一般离散系统的 Riccati 方程(MDARE)和 Lyapunov 方程。假如矩阵对($\boldsymbol{E}$, $\boldsymbol{A}$)是 Schur-稳定时，一般离散系统的 Lyapunov 方程具有正定解。如果矩阵对($\boldsymbol{E}$, $\boldsymbol{A}$)不是 Schur-稳定，不难得到此时 $0\leqslant\delta_c<1$。由 MDARE(12.73)可知，δ_c 的取值取决于矩阵 $\widetilde{\boldsymbol{A}}_1$ 和 $\widetilde{\boldsymbol{B}}_1$。且如果矩阵 $\widetilde{\boldsymbol{A}}_1$ 均不大于 1，以及($\widetilde{\boldsymbol{A}}_1$, $\widetilde{\boldsymbol{B}}_1$)可稳定时，对任意的 δ 满足 $0<\delta\leqslant 1$ 时，MDARE(12.73)有唯一的正定解 $\widetilde{\boldsymbol{Q}}_{11}$。更多关于 δ_c 的讨论见文献[44]。

12.5.2　问题描述

考虑由 N 个跟随者(记号为 1, 2, …, N)和一个领导(记号为 0)组成的多智能体系统。每个跟随者 i 的动力学可以用如下的广义系统所表示

$$\begin{aligned}\boldsymbol{E}x_i(k+1)&=\boldsymbol{A}x_i(k)+\boldsymbol{B}u_i(k)\\ y_i(k)&=\boldsymbol{C}x_i(k)\end{aligned},\quad k=1,\,2,\,\cdots \tag{12.74}$$

其中，$x_i(k)\in\mathbf{R}^m$ 为智能体 i 的状态，$u_i(k)\in\mathbf{R}^p$ 为其控制输入，$y_i(k)\in\mathbf{R}^q$ 为其测量输出。

领导的动力学如下

$$\begin{aligned}\boldsymbol{E}x_0(k+1)&=\boldsymbol{A}x_0(k)+\boldsymbol{B}u_0(k)\\ y_0(k)&=\boldsymbol{C}x_0(k)\end{aligned} \tag{12.75}$$

其中，$x_0(k)\in\mathbf{R}^m$ 为领导的状态，$y_0(k)\in\mathbf{R}^q$ 是其测量输出。领导的控制输入 u_0 可被看成公共的信息，每个跟随者均能获得。

假定 12.4: 对于广义系统(12.74)，假定矩阵对($\boldsymbol{E}$, $\boldsymbol{A}$)为正则和无脉冲的，($\boldsymbol{E}$, $\boldsymbol{A}$, $\boldsymbol{B}$)是 R -可控的，以及($\boldsymbol{E}$, $\boldsymbol{A}$, $\boldsymbol{C}$)为 R -可观。

对离散的广义多智能体系统(12.74)～(12.75)来说，如果对任意的初始状态 $x_i(0)$ $(i=0,\,1,\,\cdots,\,N)$均有

$$\lim_{k\to\infty}(x_i(k)-x_0(k))=0,\ i=1,\,2,\,\cdots,\,N$$

则多智能体系统实现一致。

12.6　协同观测器设计

本节将对第 i 个智能体设计三类协同观测器，用来观测未知状态，从而使系统

实现一致。

假定每个跟随者均有一个状态观测器,其状态为 $v_i(k)$,令 $\hat{y}_i(k)=\boldsymbol{C}v_i(k)$ 以及 $\tilde{y}_i=y_i-\hat{y}_i$,并构造辅助变量

$$\boldsymbol{\xi}_i(k)=\sum_{j\in N_i}a_{ij}(y_i(k)-y_j(k))+d_i(y_i(k)-y_0(k)) \tag{12.76}$$

$$\tilde{\boldsymbol{\xi}}_i(k)=\sum_{j\in N_i}a_{ij}(\tilde{y}_i(k)-\tilde{y}_j(k))+d_i\tilde{y}_i(k) \tag{12.77}$$

$$\hat{\boldsymbol{\xi}}_i(k)=\sum_{j\in N_i}a_{ij}(\hat{y}_i(k)-\hat{y}_j(k))+d_i\hat{y}_i(k) \tag{12.78}$$

(1) 分布式观测器观测每个跟随者状态:第 i 个跟随者的观测器用来观测其状态,形如

$$\boldsymbol{E}v_i(k)=\boldsymbol{A}v_i(k)+\boldsymbol{B}\boldsymbol{u}_i(k)-c_1(1+d_i+g_i)^{-1}\boldsymbol{F}\tilde{\xi}_i(k) \tag{12.79}$$

其中,v_i 为观测器状态,$g_i=\sum\limits_{j\in N_i}a_{ij}$,$c_1$ 和 $\boldsymbol{F}\in\mathbf{R}^{m\times q}$ 分别为观测器的耦合参数和增益矩阵。

第 i 个跟随者的观测误差表示成 $\eta_i^{(1)}=x_i-v_i$,全局误差为 $\eta^{(1)\mathrm{T}}=[\eta_1^{(1)\mathrm{T}},\cdots,\eta_N^{(1)\mathrm{T}}]^{\mathrm{T}}$。由式(12.74),式(12.77)以及式(12.79),可得

$$\begin{aligned}\boldsymbol{E}\eta_i^{(1)}(k)=&\boldsymbol{A}\eta_i^{(1)}(k)-c_1(1+d_i+g_i)^{-1}\boldsymbol{F}\boldsymbol{C}\Big[\sum_{j\in N_i}a_{ij}(\eta_i^{(1)}(k)-\\&\eta_j^{(1)}(k))+g_i\eta_i^{(1)}(k)\Big]\end{aligned} \tag{12.80}$$

即全局误差为

$$(\boldsymbol{I}_n\otimes\boldsymbol{E})\eta^{(1)}(k+1)=[\boldsymbol{I}_n\otimes\boldsymbol{A}-c_1\bar{\boldsymbol{\Gamma}}\otimes(\boldsymbol{F}\boldsymbol{C})]\eta^{(1)}(k) \tag{12.81}$$

其中,$\bar{\boldsymbol{\Gamma}}=(\boldsymbol{I}+\boldsymbol{D}+\boldsymbol{G}_d)^{-1}(\boldsymbol{L}+\boldsymbol{G}_d)$。

(2) 分布式观测器观测领导状态:每个跟随者 i 的分布式观测器具有如下形式

$$\boldsymbol{E}v_i(k)=\boldsymbol{A}v_i(k)+c_1(1+d_i+g_i)^{-1}\boldsymbol{F}(\hat{\xi}_i(k)-g_iy_0(k)) \tag{12.82}$$

该观测器用来观测领导状态 x_0。

则规定 $\eta_i^{(2)}=x_0-v_i$ 以及 $\eta^{(2)\mathrm{T}}=[\eta_1^{(2)\mathrm{T}},\cdots,\eta_N^{(2)\mathrm{T}}]^{\mathrm{T}}$。由式(12.75)、式(12.78)以及式(12.82),可得

$$\boldsymbol{E}\eta_i^{(2)}(k)=\boldsymbol{A}\eta_i^{(2)}(k)-c_1(1+d_i+g_i)^{-1}\boldsymbol{F}\boldsymbol{C}\Big[\sum_{j\in N_i}a_{ij}(\eta_i^{(2)}(k)-$$

$$\eta_j^{(2)}(k)) + d_i\eta_i^{(2)}(k)\Big] \tag{12.83}$$

则全局误差可如下表示

$$(\boldsymbol{I}_n \otimes \boldsymbol{E})\eta^{(2)}(k+1) = [\boldsymbol{I}_n \otimes \boldsymbol{A} - c_1\bar{\boldsymbol{\Gamma}} \otimes (\boldsymbol{FC})]\eta^{(2)}(k) \tag{12.84}$$

(3) 分布式观测器观察跟踪误差：

第 i 个跟随者的观测器按如下方式构造

$$\boldsymbol{E}v_i(k) = \boldsymbol{A}v_i(k) + \boldsymbol{B}u_i(k) - c_1(1 + d_i + g_i)^{-1}\boldsymbol{F}(\xi_i(k) - \hat{\xi}_i(k)) \tag{12.85}$$

该观测器用来观测跟踪误差 $x_i - x_0$

则令 $\eta_i^{(3)} = (x_i - x_0) - v_i$ 以及 $\eta^{(3)\mathrm{T}} = [\eta_1^{(3)\mathrm{T}}, \cdots, \eta_N^{(3)\mathrm{T}}]^{\mathrm{T}}$，由式(12.74)、(12.75)、(12.76)、(12.78)以及(12.85)，类似可得全局误差

$$(\boldsymbol{I}_n \otimes \boldsymbol{E})\eta^{(3)}(k+1) = [\boldsymbol{I}_n \otimes \boldsymbol{A} - c_1\bar{\boldsymbol{\Gamma}} \otimes (\boldsymbol{FC})]\eta^{(3)}(k) \tag{12.86}$$

显然，当$(\boldsymbol{I}_n \otimes \boldsymbol{E}, \boldsymbol{I}_n \otimes \boldsymbol{A} - c_1\bar{\boldsymbol{\Gamma}} \otimes (\boldsymbol{FC}))$可容许时，全局误差趋于零。而系统的容许性取决于矩阵 $\bar{\boldsymbol{\Gamma}}$ 的特征值。下面，我们将介绍矩阵 $\bar{\boldsymbol{\Gamma}}$ 特征值的一些相关定义。

定义 12.3： 与矩阵 $\bar{\boldsymbol{\Gamma}}$ 相关的覆盖圆 $\bar{C}(c_0, r_0)$ 是复平面上的闭圆，其圆心为 $c_0 \in R$ 对所有的 $i = 1, 2, \cdots, N$，均有 $\lambda_i(\bar{\boldsymbol{\Gamma}}) \in \bar{C}(c_0, r_0)$。

注释 12.7： 如果拓扑图 $\bar{G}$ 具有有向生成树，且 v_0 为生成树的根节点，可得 $\boldsymbol{L} + \boldsymbol{G}_d$ 为非奇异矩阵，则 $\bar{\boldsymbol{\Gamma}}$ 也是非奇异的，且 $\bar{\boldsymbol{\Gamma}}$ 的所有特征根都落在闭圆 $\bar{C}(1, r_0)$，其中 $r_0 < 1$[185]。

引理 12.6： 对于 $\boldsymbol{E}, \boldsymbol{A} \in \mathbf{R}^{m\times m}$，$\boldsymbol{B} \in \mathbf{R}^{m\times r}$ 以及 $\boldsymbol{C} \in \mathbf{R}^{q\times m}$，假定矩阵对 $(\boldsymbol{E}, \boldsymbol{A})$ 正则且无脉冲，$(\boldsymbol{E}, \boldsymbol{A}, \boldsymbol{B})$ 是 R-可控的。对任意的 δ 满足条件 $1 \geqslant \delta \geqslant \delta_c$，$\boldsymbol{Q}$ 为 MGDARE(12.70)的半正定矩阵，其中 $W > 0$，$R > 0$。选取反馈增益矩阵 $\boldsymbol{K} = (\boldsymbol{R} + \boldsymbol{B}^{\mathrm{T}}\boldsymbol{QB})^{-1}\boldsymbol{B}^{\mathrm{T}}\boldsymbol{QA}$，则对任意的 $s \in \bar{\boldsymbol{C}}(1, \sqrt{1-\delta})$，$(\boldsymbol{E}, \boldsymbol{A} - s\boldsymbol{BK})$ 是可容许的。

证明： 由引理 12.5 以及 $s \in \bar{\boldsymbol{C}}(1, \sqrt{1-\delta})$，得到

$$\begin{aligned}
&(\boldsymbol{A} - s\boldsymbol{BK}) * \boldsymbol{Q}(\boldsymbol{A} - s\boldsymbol{BK}) - \boldsymbol{E} * \boldsymbol{QE} \\
&= \boldsymbol{A}^{\mathrm{T}}\boldsymbol{QA} - (s + s^*)\boldsymbol{A}^{\mathrm{T}}\boldsymbol{QB}(\boldsymbol{R} + \boldsymbol{B}^{\mathrm{T}}\boldsymbol{QB})^{-1}\boldsymbol{B}^{\mathrm{T}}\boldsymbol{QA} + ss^*\boldsymbol{K}^{\mathrm{T}}\boldsymbol{B}^{\mathrm{T}}\boldsymbol{QBK} - \boldsymbol{E}^{\mathrm{T}}\boldsymbol{QE} \\
&= \boldsymbol{A}^{\mathrm{T}}\boldsymbol{QA} - \boldsymbol{E}^{\mathrm{T}}\boldsymbol{QE} - (s + s^* - ss^*)\boldsymbol{A}^{\mathrm{T}}\boldsymbol{QB}(\boldsymbol{R} + \boldsymbol{B}^{\mathrm{T}}\boldsymbol{QB})^{-1}\boldsymbol{B}^{\mathrm{T}}\boldsymbol{QA} - |s|^2\boldsymbol{K}^{\mathrm{T}}\boldsymbol{RK} \\
&= \boldsymbol{A}^{\mathrm{T}}\boldsymbol{QA} - \boldsymbol{E}^{\mathrm{T}}\boldsymbol{QE} - (1 - |s-1|^2)\boldsymbol{A}^{\mathrm{T}}\boldsymbol{QB}(\boldsymbol{R} + \boldsymbol{B}^{\mathrm{T}}\boldsymbol{QB})^{-1}\boldsymbol{B}^{\mathrm{T}}\boldsymbol{QA} - \\
&\quad |s|^2\boldsymbol{K}^{\mathrm{T}}\boldsymbol{RK} \leqslant \boldsymbol{A}^{\mathrm{T}}\boldsymbol{QA} - \boldsymbol{E}^{\mathrm{T}}\boldsymbol{QE} - \delta\boldsymbol{A}^{\mathrm{T}}\boldsymbol{QB}(\boldsymbol{R} + \boldsymbol{B}^{\mathrm{T}}\boldsymbol{QB})^{-1}\boldsymbol{B}^{\mathrm{T}}\boldsymbol{QA}
\end{aligned}$$

$$=-\boldsymbol{E}^{\mathrm{T}}\boldsymbol{W}\boldsymbol{E} \tag{12.87}$$

由引理 12.4，$\boldsymbol{A}-s\boldsymbol{BK}$ 是可容许的。证明完毕。

注释 12.8: 由于($\boldsymbol{E}$, $\boldsymbol{A}$, $\boldsymbol{C}$)是 R -可观的，则($\boldsymbol{E}^{\mathrm{T}}$, $\boldsymbol{A}^{\mathrm{T}}$, $\boldsymbol{C}^{\mathrm{T}}$)是 R -可控的。根据引理 12.5，不难发现对任意的正定矩阵 $\boldsymbol{W}_o\in\mathbf{R}^{n\times n}$ 和 $\boldsymbol{R}_o\in\mathbf{R}^{r\times r}$，总存在 $\delta_o\in[0,1)$ 使得下面的修正离散时间的 Riccati 方程至少有一个半正定解 $\boldsymbol{Q}_o$，其中 $1\geqslant\delta_2>\delta_o$

$$\boldsymbol{A}\boldsymbol{Q}_o\boldsymbol{A}^{\mathrm{T}}-\boldsymbol{E}\boldsymbol{Q}_o\boldsymbol{E}^{\mathrm{T}}-\delta_2\boldsymbol{A}\boldsymbol{Q}_o\boldsymbol{C}^{\mathrm{T}}(\boldsymbol{R}_o+\boldsymbol{C}\boldsymbol{Q}_o\boldsymbol{C}^{\mathrm{T}})^{-1}\boldsymbol{C}\boldsymbol{Q}\boldsymbol{A}^{\mathrm{T}}+\boldsymbol{E}\boldsymbol{W}_o\boldsymbol{E}^{\mathrm{T}}=0 \tag{12.88}$$

增益矩阵 $\boldsymbol{F}=\boldsymbol{A}\boldsymbol{Q}_o\boldsymbol{C}^{\mathrm{T}}(\boldsymbol{R}_o+\boldsymbol{C}\boldsymbol{Q}_o\boldsymbol{C}^{\mathrm{T}})^{-1}$。类似于引理 12.6，可得对任意的 $s\in\bar{\boldsymbol{C}}(1,\sqrt{1-\delta_2})$，($\boldsymbol{E}$, $\boldsymbol{A}-s\boldsymbol{FC}$) 是可容许的。

下面，将给出增益矩阵 $\boldsymbol{F}$ 的设计方法，并给出观测器的收敛条件。

定理 12.5: 对多智能体系统(12.74)～(12.75)，假定网络拓扑图 $\bar{G}$ 具有有向生成树，且 v_0 为其根节点。如果与矩阵 $\bar{\boldsymbol{\Gamma}}$ 相关的覆盖圆 $\bar{C}(c_0, r_0)$满足如下条件，则有

$$0<\frac{r_0}{c_0}<\sqrt{1-\delta_o}, \tag{12.89}$$

则必定存在 c_1 和矩阵 $\boldsymbol{F}$ 使得误差系统(12.81)(12.84)以及(12.86)是可容许的，即观测器的状态(12.79)，(12.82)和(12.85)分别收敛于第 i 个跟随者的状态，领导的状态，以及第 i 个跟随者的跟踪误差。而耦合参数 c_1 以及 $\boldsymbol{F}$ 具有如下表达式

$$c_1=\frac{1}{c_0} \tag{12.90}$$

$$\boldsymbol{F}=\boldsymbol{A}\boldsymbol{Q}_o\boldsymbol{C}^{\mathrm{T}}(\boldsymbol{R}_o+\boldsymbol{C}\boldsymbol{Q}_o\boldsymbol{C}^{\mathrm{T}})^{-1} \tag{12.91}$$

其中，$\boldsymbol{Q}_o$ 为 GMDARE(12.88)的半正定解，其中 $\delta_2\in\left(\delta_o, 1-\frac{r_0^2}{c_0^2}\right]$。

证明: 由于 $\delta_2\in\left(\delta_o, 1-\frac{r_0^2}{c_0^2}\right]$，则 MGDARE(12.88)至少存在一个半正定解 $\boldsymbol{Q}_o$。由条件(12.89)，$\bar{\boldsymbol{\Gamma}}$矩阵的第 i 个特征值满足 $|\lambda_i-c_0|\leqslant r_0$。因此，由(12.90)，可得 $|c_1\lambda_i-1|\leqslant\frac{r_0}{c_0}<\sqrt{1-\delta_o}$，由注释 12.8 得所有的矩阵对($\boldsymbol{E}$, $\boldsymbol{A}-c_1\lambda_i\boldsymbol{FC}$)，$i=1, 2, \cdots, N$ 均是可容许的。

用酉矩阵 $\boldsymbol{U}$ 对矩阵 $\bar{\boldsymbol{\Gamma}}$ 进行 Schur 变化，使得

$$U^* \Gamma U = \begin{bmatrix} \lambda_1 & * & \cdots & * \\ 0 & \lambda_2 & \cdots & * \\ \vdots & \vdots & \ddots & \vdots \\ 0 & 0 & \cdots & \lambda_n \end{bmatrix}。$$

则可得

$$(\boldsymbol{U} \times \boldsymbol{I})^* [\boldsymbol{I}_n \otimes \boldsymbol{A} - c_1 \bar{\boldsymbol{\Gamma}} \otimes (\boldsymbol{FC})](\boldsymbol{U} \times \boldsymbol{I}) = \begin{bmatrix} \boldsymbol{A} - c_1 \lambda_1 \boldsymbol{FC} & \cdots & * \\ \vdots & \ddots & \vdots \\ 0 & \cdots & \boldsymbol{A} - c_1 \lambda_n \boldsymbol{FC} \end{bmatrix}$$

由于$\boldsymbol{U} \otimes \boldsymbol{I}$ 同样是酉矩阵，则$(\boldsymbol{I} \otimes \boldsymbol{E}, \boldsymbol{I}_n \otimes \boldsymbol{A} - c_1 \bar{\boldsymbol{\Gamma}} \otimes (\boldsymbol{FC}))$ 的容许性等价于$(\boldsymbol{I} \otimes \boldsymbol{E}, (\boldsymbol{U} \otimes \boldsymbol{I})^* [\boldsymbol{I}_n \otimes \boldsymbol{A} - c_1 \bar{\boldsymbol{\Gamma}} \otimes (\boldsymbol{FC})](\boldsymbol{U} \otimes \boldsymbol{I}))$ 的容许性，由此可知三种全局误差均是可容许的，当且仅当所有的矩阵对$(\boldsymbol{E}, \boldsymbol{A} - c_1 \lambda_i \boldsymbol{FC})$，$i = 1, 2, \cdots, N$ 均是可容许的。 证明完毕。

12.7　分布式状态反馈协议

本节探讨基于状态反馈的广义系统的一致性问题。第 i 个跟随者基于邻居的误差可表示成

$$\varepsilon_i(k) = \sum_{j \in N_i} a_{ij}(x_i(k) - x_j(k)) + d_i(x_i(k) - x_0(k)) \tag{12.92}$$

第 i 个跟随者分布式状态反馈协议为

$$u_i(k) = -c_2(1 + d_i + g_i)^{-1} \boldsymbol{K} \varepsilon_i(k) \tag{12.93}$$

其中，c_2 为耦合参数，$\boldsymbol{K}$ 为要设计的反馈增益矩阵。该协议由文献[67]提出，用来解决具有一般线性系统结构的多智能体系统一致性问题。

令 $e_i(k) = x_i(k) - x_0(k)$ 以及 $e(k) = [e_1^{\mathrm{T}}(k), e_2^{\mathrm{T}}(k), \cdots, e_n^{\mathrm{T}}(k)]^{\mathrm{T}}$。由(12.74)和(12.75)，可得如下的全局误差系统

$$(\boldsymbol{I} \otimes \boldsymbol{E}) e(k+1) = [\boldsymbol{I}_n \otimes \boldsymbol{A} - c_2 \bar{\boldsymbol{\Gamma}} \otimes (\boldsymbol{BK})] e(k) \tag{12.94}$$

对系统(12.94)运用引理 12.5 和引理 12.6 的结论，容易得到如下定理。由于该定理的证明过程同定理 12.5 非常相似，故省略。

定理 12.6： 对多智能体系统(12.74)～(12.75)，假定网络拓扑图 $\bar{G}$ 具有有向生成树，且 v_0 为其根节点。假定与矩阵 $\bar{\boldsymbol{\Gamma}}$ 相关的覆盖圆 $\bar{C}(c_0, r_0)$满足条件

$$0<\frac{r_0}{c_0}<\sqrt{1-\delta_c} \tag{12.95}$$

则必存在耦合参数 c_2 以及矩阵 $\boldsymbol{K}$ 使得多智能体系统实现一致。且可按如下方式选择耦合参数 c_2 和反馈矩阵 $\boldsymbol{K}$ 使得

$$c_2=\frac{1}{c_0} \tag{12.96}$$

$$\boldsymbol{K}=(\boldsymbol{R}+\boldsymbol{B}^{\mathrm{T}}\boldsymbol{Q}\boldsymbol{B})^{-1}\boldsymbol{B}^{\mathrm{T}}\boldsymbol{Q}\boldsymbol{A} \tag{12.97}$$

其中,$\boldsymbol{Q}$ 为 MGDARE(12.70)的半正定解,并满足 $\delta\in\left(\delta_c,\ 1-\frac{r_0^2}{c_0^2}\right]$。

本节将提出三类不同的控制器与观测器来解决一致性问题。这三类观测器结构最先是由文献[207]提出,并利用其解决具有一般线性系统结构的连续多智能体系统的一致性问题。而随后文献[195]将其应用到具有一般线性系统结构的离散多智能体系统中。如今,我们将利用其解决广义离散多智能体系统的一致性问题。

12.7.1 基于分布式观测器的一致性协议

在第一种观测器结构中,第 i 个智能体的观测器是局部观测器,具有如下形式

$$\boldsymbol{E}v_i(k+1)=\boldsymbol{A}v_i(k)+\boldsymbol{B}u_i(k)-\boldsymbol{F}(\hat{y}_i(k)-y_i(k)) \tag{12.98}$$

在该类观测器中只用到个体的输出来观测 x_i 的状态。而分布式控制器具有如下形式

$$u_i(k)=-c_2(1+d_i+g_i)^{-1}\boldsymbol{K}\hat{\varepsilon}_i(k) \tag{12.99}$$

其中假定与邻居间的观测误差为 $\hat{\varepsilon}_i$

$$\hat{\varepsilon}_i(k)=\sum_{j\in N_i}a_{ij}(v_i(k)-v_j(k))+d_i(v_i(k)-x_0(k)) \tag{12.100}$$

因为 $\eta_i^{(1)}=x_i-v_i$,由式(12.74)以及观测器(12.98)可得观测误差 $\eta_i^{(1)}$ 为

$$\boldsymbol{E}\eta_i^{(1)}(k+1)=(\boldsymbol{A}-\boldsymbol{F}\boldsymbol{C})\eta_i^{(1)}(k) \tag{12.101}$$

由于($\boldsymbol{E}$, $\boldsymbol{A}$, $\boldsymbol{C}$)是 R -可观的,则此时存在矩阵 $\boldsymbol{F}$,使得矩阵对($\boldsymbol{E}$, $\boldsymbol{A}-\boldsymbol{F}\boldsymbol{C}$)是容许的,则可利用文献[43]提出的极值配置的方法设计增益矩阵 $\boldsymbol{F}$。则广义系统(12.101)同样是可容许的。同时由于式(12.74)、式(12.75)以及控制器(12.99),得

$$\begin{aligned}\boldsymbol{E}e_i(k+1)=&\boldsymbol{A}e_i(k)-c_2(1+d_i+g_i)^{-1}\boldsymbol{BK}\Big[\sum_{j\in N_i}a_{ij}(x_i(k)-x_j(k))+\\&g_i(x_i(k)-x_0(k))\Big]-c_2(1+d_i+g_i)^{-1}\boldsymbol{BK}\Big[\sum_{j\in N_i}a_{ij}(\eta_i^{(1)}(k)-\\&\eta_j^{(1)}(k))+g_i\eta_i^{(1)}(k)\Big]\end{aligned}\tag{12.102}$$

由此可得如下的全局误差系统

$$(\boldsymbol{I}_n\otimes\boldsymbol{E})e(k+1)=(\boldsymbol{I}_n\otimes\boldsymbol{A}-c_2\bar{\boldsymbol{\Gamma}}\otimes(\boldsymbol{BK}))e(k)+c_2\bar{\boldsymbol{\Gamma}}\otimes(\boldsymbol{BK})\eta^{(1)}(k)\tag{12.103}$$

因此可得如下的闭环系统

$$\begin{aligned}&\begin{bmatrix}\boldsymbol{I}_n\otimes\boldsymbol{E}&0\\0&\boldsymbol{I}_n\otimes\boldsymbol{E}\end{bmatrix}\begin{bmatrix}e(k+1)\\\eta^{(1)}(k+1)\end{bmatrix}\\=&\begin{bmatrix}\boldsymbol{I}_n\otimes\boldsymbol{A}-c_2\bar{\boldsymbol{\Gamma}}\otimes(\boldsymbol{BK})&c_2\bar{\boldsymbol{\Gamma}}\otimes(\boldsymbol{BK})\\0&\boldsymbol{I}_n\otimes(\boldsymbol{A}-\boldsymbol{FC})\end{bmatrix}\begin{bmatrix}e(k)\\\eta^{(1)}(k)\end{bmatrix}\end{aligned}\tag{12.104}$$

由上述分析，可容易得到如下结论。故省略其证明过程。

定理 12.7： 对广义多智能体系统(12.74)～(12.75)，假定网络拓扑图 $\bar{G}$ 具有有向生成树，且 v_0 为其根节点。假定与矩阵 $\bar{\boldsymbol{\Gamma}}$ 相关的覆盖圆 $\bar{\boldsymbol{C}}(c_0, r_0)$满足条件(12.95)，则必存在 c_2，$\boldsymbol{F}$ 以及 $\boldsymbol{K}$ 使得多智能体系统实现一致。且 c_2 的表达式为 $c_2=\dfrac{1}{c_0}$，$\boldsymbol{K}$ 按(12.97)方式构造，并选择 $\boldsymbol{F}$ 使得($\boldsymbol{E}$, $\boldsymbol{A}-\boldsymbol{FC}$)可容许的。

12.7.2　分布式观测器与局部控制器

在这类协议中，智能体 i 采取第三种形式观测器(12.85)，局部控制器具有如下形式

$$u_i(k)=-\boldsymbol{K}v_i(k)\tag{12.105}$$

由式(12.74)、式(12.75)以及控制器(12.105)，可得

$$\boldsymbol{E}e_i(k+1)=(\boldsymbol{A}-\boldsymbol{BK})e_i(k)+\boldsymbol{BK}\eta_i^{(3)}(k)\tag{12.106}$$

又由于式(12.86)以及式(12.106)，易得如下闭环控制系统

$$\begin{bmatrix}\boldsymbol{I}\otimes\boldsymbol{E}&0\\0&\boldsymbol{I}\otimes\boldsymbol{E}\end{bmatrix}\begin{bmatrix}e(k+1)\\\eta^{(3)}(k+1)\end{bmatrix}$$

$$=\begin{bmatrix}\boldsymbol{I}\otimes(\boldsymbol{A}-\boldsymbol{BK}) & \boldsymbol{I}\otimes(\boldsymbol{BK})\\ 0 & \boldsymbol{I}\otimes\boldsymbol{A}-c_1\boldsymbol{\Gamma}\otimes(\boldsymbol{FC})\end{bmatrix}\begin{bmatrix}x(k)\\ \eta^{(3)}(k)\end{bmatrix} \tag{12.107}$$

由于($\boldsymbol{E}$, $\boldsymbol{A}$, $\boldsymbol{B}$)是 R -可控的，则必存在控制器 $\boldsymbol{K}$ 使得矩阵对($\boldsymbol{E}$, $\boldsymbol{A}-\boldsymbol{BK}$)是可容许的。因此可参考[43]中的极值配置的方法设计 $\boldsymbol{K}$。类似地，可得如下结论。

定理 12.8：对广义多智能体系统(12.74)～(12.75)，假定网络拓扑图 $\bar{G}$ 具有有向生成树，且 v_0 为其根节点。假定与矩阵 $\bar{\boldsymbol{\Gamma}}$ 相关的覆盖圆 $\bar{\boldsymbol{C}}(c_0, r_0)$满足条件(12.89)。则必存在 c_1，$\boldsymbol{F}$ 以及 $\boldsymbol{K}$ 使得多智能体系统实现一致。且 c_1 的表达式为 $c_1=\dfrac{1}{c_0}$，按(12.91)选择矩阵 $\boldsymbol{F}$，选择 $\boldsymbol{K}$，使得($\boldsymbol{E}$, $\boldsymbol{A}-\boldsymbol{BK}$)是可容许的。

注释 12.9：当跟随者的状态已知时，第 i 个跟随者构造的分布式观测器(12.82)同样能解决广义系统的一致性问题。其局部控制器采取如下形式

$$u_i(k)=-\boldsymbol{K}(x_i(k)-v_i(k)) \tag{12.108}$$

同样地，可得闭环控制系统

$$\begin{bmatrix}\boldsymbol{I}\otimes\boldsymbol{E} & 0\\ 0 & \boldsymbol{I}\otimes\boldsymbol{E}\end{bmatrix}\begin{bmatrix}e(k+1)\\ \eta^{(2)}(k+1)\end{bmatrix}$$

$$=\begin{bmatrix}\boldsymbol{I}\otimes(\boldsymbol{A}-\boldsymbol{BK}) & -\boldsymbol{I}\otimes(\boldsymbol{BK})\\ 0 & \boldsymbol{I}\otimes\boldsymbol{A}-c_2\boldsymbol{\Gamma}\otimes(\boldsymbol{FC})\end{bmatrix}\begin{bmatrix}x(k)\\ \eta^{(2)}(k)\end{bmatrix} \tag{12.109}$$

由此可得类似于定理 12.8 的结论。

12.7.3 局部观测器和控制器

每个智能体 i 采取第三种形式的观测器(12.85)，其分布式协议如下

$$u_i(k)=-c_2(1+d_i+g_i)^{-1}\boldsymbol{K}\tilde{\varepsilon}_i(k) \tag{12.110}$$

基于邻居的观测误差 $\hat{\varepsilon}_i$ 可表示成

$$\tilde{\varepsilon}_i(k)=\sum_{j\in N_i}a_{ij}(v_i(k)-v_j(k))+d_iv_i(k) \tag{12.111}$$

类似于系统(12.103)，由系统(12.74)、式(12.75)、协议(12.110)以及式(12.111)可得误差系统

$$(\boldsymbol{I}_n\otimes\boldsymbol{E})e(k+1)=(\boldsymbol{I}_n\otimes\boldsymbol{A}-c_2\bar{\boldsymbol{\Gamma}}\otimes(\boldsymbol{BK}))e(k)+c_2\bar{\boldsymbol{\Gamma}}\otimes(\boldsymbol{BK})\eta^{(3)}(k) \tag{12.112}$$

同时由式(12.86),可得误差系统

$$
\begin{bmatrix} \boldsymbol{I} \otimes \boldsymbol{E} & 0 \\ 0 & \boldsymbol{I} \otimes \boldsymbol{E} \end{bmatrix} \begin{bmatrix} e(k+1) \\ \eta^{(3)}(k+1) \end{bmatrix}
= \begin{bmatrix} \boldsymbol{I}_n \otimes \boldsymbol{A} - c_2 \bar{\boldsymbol{\Gamma}} \otimes (\boldsymbol{BK}) & c_2 \bar{\boldsymbol{\Gamma}} \otimes (\boldsymbol{BK}) \\ 0 & \boldsymbol{I}_n \otimes \boldsymbol{A} - c_1 \bar{\boldsymbol{\Gamma}} \otimes (\boldsymbol{FC}) \end{bmatrix} \begin{bmatrix} e(k) \\ \eta^{(3)}(k) \end{bmatrix} \tag{12.113}
$$

利用类似的方法,可直接得到如下结果。

定理 12.9: 对广义多智能体系统(12.74)～(12.75),假定网络拓扑图 $\bar{G}$ 具有有向生成树,且 v_0 为其根节点。假定与矩阵 $\bar{\boldsymbol{\Gamma}}$ 相关的覆盖圆 $\bar{\boldsymbol{C}}(c_0, r_0)$ 使得

$$
0 < \frac{r_0}{c_0} < \min\{\sqrt{1-\delta_c}, \sqrt{1-\delta_o}\} \tag{12.114}
$$

则存在合适的参数 c_1, c_2,以及增益矩阵 $\boldsymbol{F}$ 和 $\boldsymbol{K}$ 使得多智能体系统实现一致。而且 c_1 和 c_2 满足 $c_1 = c_2 = \dfrac{1}{c_0}$, $\boldsymbol{F}$ 按(12.91)的方法设计,而 $\boldsymbol{K}$ 按式(12.97)的方法设计。

注释 12.10: 利用分布式观测器(12.79)和分布式控制器(12.99)可解决广义系统的一致性问题。由系统(12.74)、式(12.75)、式(12.81)以及控制器(12.110),不难得到如下的误差系统

$$
\begin{bmatrix} \boldsymbol{I} \otimes \boldsymbol{E} & 0 \\ 0 & \boldsymbol{I} \otimes \boldsymbol{E} \end{bmatrix} \begin{bmatrix} e(k+1) \\ \eta^{(1)}(k+1) \end{bmatrix}
= \begin{bmatrix} \boldsymbol{I}_n \otimes \boldsymbol{A} - c_2 \boldsymbol{\Gamma} \otimes (\boldsymbol{BK}) & c^2 \boldsymbol{\Gamma} \otimes (\boldsymbol{BK}) \\ 0 & \boldsymbol{I}_n \otimes \boldsymbol{A} - c_1 \boldsymbol{\Gamma} \otimes (\boldsymbol{FC}) \end{bmatrix} \begin{bmatrix} e(k) \\ \eta^{(1)}(k) \end{bmatrix} \tag{12.115}
$$

因此很容易得到类似定理 12.9 的结论。文献[207]利用提出的观测器和控制器解决连续的一般线性系统的一致性问题,而文献[67]则解决的是离散的形式。相比较而言,本节提出的观测器(12.85)和控制器(12.110)具有一个优点。即领导的状态可被领导的邻居集所获得。当然,本节提出的观测器(12.85)和控制器(12.110)同样可以解决具有一般线性系统结构的多智能体系统的一致性问题。

注释 12.11: 当 $\boldsymbol{E} = \boldsymbol{I}$ 时,本节讨论的一致性问题就退化成文献[67]中的一致性问题。但本节 Riccati 方程中的增益矩阵的构造方法不同于文献[67]中的构造方法。文献[67]增益矩阵依赖于 DARE,其收敛速度取决于 DARE 的解。而本节构造了多种观测器,这些观测器同样可以解决文献[67, 207]中的一致性问题。而且,不难发现,我们提出的观测器同样可以解决无领导的多智能体系统的一致性问

题。为了解决不带领导的多智能体系统的一致性问题，只需将先前协议中的 d_i 的值取为 0 即可。

12.8　数值仿真

本节将给出数值例子来说明结论的有效性和正确性。考虑一类离散的广义多智能体系统(12.74)～(12.75)，假定该系统由 4 个跟随者和一个领导组成，其系统矩阵为

$$\boldsymbol{E}=\begin{bmatrix}-2 & -3 & 1\\ 1 & 1 & 0\\ 0 & 1 & -1\end{bmatrix},\ \boldsymbol{A}=\begin{bmatrix}-1.1 & -0.6 & -1.5\\ -0.1 & -0.3 & 0.2\\ 0.3 & 0.2 & 0.1\end{bmatrix},$$

$$\boldsymbol{B}=\begin{bmatrix}1\\ 2\\ -1\end{bmatrix},\ \boldsymbol{C}=\begin{bmatrix}1 & -1 & 1\\ 2 & 6 & -2\end{bmatrix}$$

拉普拉斯矩阵 $\boldsymbol{L}$ 和度矩阵 $\boldsymbol{D}$ 为

$$\boldsymbol{L}=\begin{bmatrix}2 & -1 & -1 & 0\\ -1 & 2 & -1 & 0\\ -1 & -1 & 3 & -1\\ -1 & 0 & -1 & 2\end{bmatrix},\ \boldsymbol{D}=\begin{bmatrix}0 & 0 & 0 & 0\\ 0 & 0 & 0 & 0\\ 0 & 0 & 1 & 0\\ 0 & 0 & 0 & 1\end{bmatrix}$$

由于矩阵对($\boldsymbol{E}$, $\boldsymbol{A}$)是正则和无脉冲的，则($\boldsymbol{E}$, $\boldsymbol{A}$)具有 Weiertrass 形式(12.62)。因此，选择

$$\boldsymbol{M}=\begin{bmatrix}0 & 1 & 0\\ 0 & 0 & 1\\ -1 & -2 & -1\end{bmatrix},\ \boldsymbol{N}=\begin{bmatrix}2 & -1 & -1\\ -1 & 1 & 1\\ -1 & 0 & 1\end{bmatrix}。$$

通过计算得 $\bar{C}(c_0,\ r_0)$其中 $c_0=0.5768$, $r_0=0.5001$ 是与矩阵 $\bar{\boldsymbol{\Gamma}}$ 有关的覆盖圆。因此，取 $c_1=c_2=1.7337$, $R=\boldsymbol{I}$, $R_o=\boldsymbol{I}$, $W=\boldsymbol{I}$ 以及 $W_o=\boldsymbol{I}$，取 $\delta=0.9$ 并求解 MGDARE(12.70)得到半正定解

$$\boldsymbol{Q}=\begin{bmatrix}0 & 0 & 0\\ 0 & 5.1209 & 1.9103\\ 0 & 1.9103 & 2.1120\end{bmatrix},\ \boldsymbol{Q}_o=\begin{bmatrix}6.1783 & -3.1215 & -3.0569\\ -3.1215 & 2.0852 & 1.0362\\ -3.0569 & 1.0362 & 2.0207\end{bmatrix}。$$

则增益矩阵为

$$K=(R+B^{\mathrm{T}}QB)^{-1}B^{\mathrm{T}}QA=[-0.0201\quad -0.1352\quad 0.1152],$$

$$F=AQ_oC^{\mathrm{T}}(R_o+CQ_oC^{\mathrm{T}})^{-1}=\begin{bmatrix}-0.0466 & 0.0979\\ -0.0405 & -0.0704\\ 0.1276 & 0.0429\end{bmatrix}。$$

广义系统构造协议(12.98)和(12.99)，并随机选择初始状态，则图12.5给出跟踪误差 $\|e_i(k)\|$ 的轨迹。图12.6和图12.7分别给出了协议(12.85)和(12.105)以及协议(12.85)和(12.110)下的误差轨迹 $\|e_i(k)\|$。图12.5～图12.7表明了不同的控制器和观测器结构均可以解决广义系统的一致性问题。

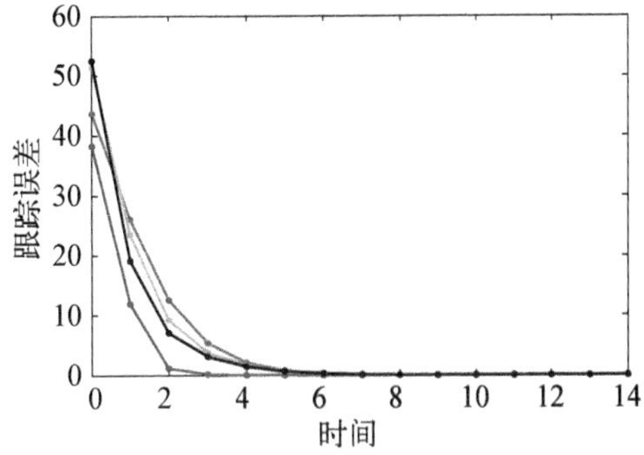

图12.5　状态跟踪误差

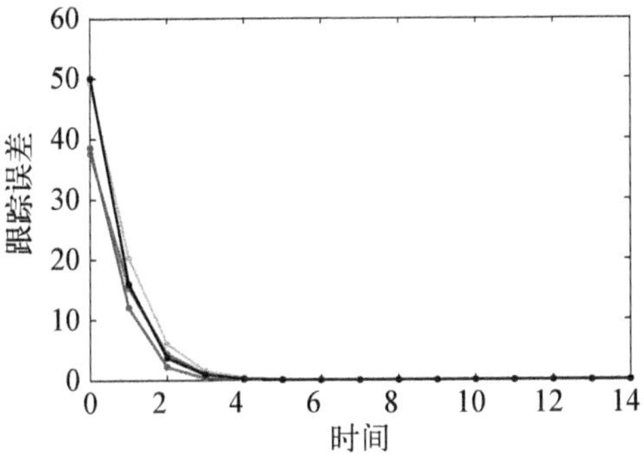

图12.6　状态跟踪误差

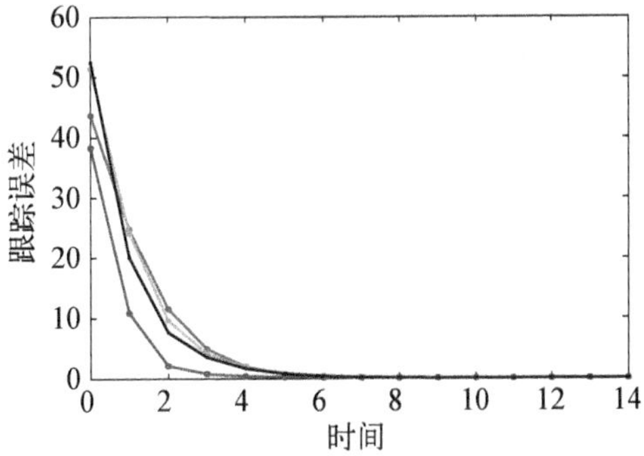

图12.7　状态跟踪误差

12.9　本章小结

本章解决了基于分布式控制器和观测器的离散多智能体系统的跟踪问题。通过运用全状态反馈信息和测量输出反馈信息，提供了设计分布式一致性协议的一般性框架。并且，我们提出了基于降维观测器的一致性协议来解决跟踪问题，相关论文见[185,186]。在未来的工作中，我们将会把现有的结果进一步扩充到切换和跳变系统中。

参考文献

[1] Amato F, Ambrosino R, Cosentino C, et al. Input-Output finite-time stabilization of linear systems[J]. *Automatica*, 2010, 46: 1558-1562.

[2] Amato F, Arola M, Cosentino C. Finite time control of linear systems subject to parametric uncertainties and disturbances[J]. *Automatica*, 2001, 37: 1459-1463.

[3] Amato F, Arola M, Cosentino C. Finite-time stabilization via dynamic output feedback[J]. *Automatica*, 2006, 42: 337-342.

[4] Amato F, Ariola M, Cosentino C. Finite-time control of discrete-time linear system: Analysis and design conditions[J]. *Automatica*, 2010, 46: 919-924.

[5] Amato F, Tommasi G, Pironti A. Necessary and sufficient conditions for finite-time stability of impulsive dynamical linear system[J]. *Automatica*, 2013, 49: 2546-2550.

[6] Aysal T, Oreshkin B, Coates M. Accelerated distributed average consensus via localized node state prediction[J]. *IEEE Transactions on Signal Processing*, 2009, 57(4): 1563-1576.

[7] Bhat S, Bernstein D. Finite-time stability of continuous autonomous systems[J]. *SIAM Journal of Control Optimation*, 2000, 38(3): 751-766.

[8] Bliman P, Ferrari-Trecate G. Average consensus problems in networks of agents with delayed communications[J]. *Automatica*, 2008, 44: 1985-1995.

[9] Borkar V, Varaiya P. Asymptotic agreement in distributed estimation[J]. *IEEE Transactions on Automatic Control*, 1982, 27(3): 650-655.

[10] Boy S, Ghaoui L, Feron E, et al. Linear matrix inequalities in system and control theory. Philadelphia: SIAM, 1994.

[11] Cai N, Xi J, Zhong Y. Swarm stability of high order linear time-invariant swarm systems[J]. *IET Control Theory and Applications*, 2011, 5(2): 402 - 408.

[12] Cai S, He Q, Hao J, et al. Exponential synchronization of complex networks with nonidentical time-delayed dyanmical nodes[J]. *Physics Letter A*, 2010, 374(25): 2539 - 2550.

[13] Cai S, He Q, Hao J, et al. Exponential synchronization of complex delayed dynamical networks via pinning periodically intermittent control [J]. *Physics Letter A*, 2011, 375(19): 1965 - 1971.

[14] Cai S, Liu Z, Xu F. Periodically intermittent controlling complex dynamical networks with time-varying delays to a desired orbit [J]. *Physics Letter A*, 2009, 373(42): 3846 - 3854.

[15] Cao M, Morse A, Anderson B. Reaching an agreement using delayed information[C]. *In: Proceedings of IEEE Conference on Decision and Control*. San Diego, CA, 2006, 3375 - 3380.

[16] Cao Y, Li Y, Ren W, et al. Distributed coordination algorithms for multiple fractional-order systems[C]. *IEEE Conference on Decision and Control*, 2008, 2920 - 2925.

[17] Cao Y, Li Y, Ren W, et al. Distributed coordination of networked fractional-order systems[J]. *IEEE Transactions on Systems, Man, and Cybernetics — Part B: Cybernetics*, 2010, 40(2): 362 - 370.

[18] Cao Y, Ren W. Distributed coordination of fractional-order systems with extensions to directed dynamic networks and absolute relative damping [J]. *IEEE Conference on Decision and Control and 28th Chinese Control Conference*, 2009, 7125 - 7130.

[19] Cao Y, Ren W. Multi-vehicle coordination for double-integrator dynamics under fixed undirected/directed interaction in a sampled-data setting[J]. *International Journal of Robust and Nonlinear Control*, 2010, 20(9): 987 - 1000.

[20] Cao Y, Ren W. Sampled-data discrete-time coordination algorithms for doubleintegrator dynamics under dynamic directed interaction [J]. *International Journal of Control*, 2010, 83(3): 506 - 515.

[21] Chen C, *Linear system theory and design* [M]. New York: Oxford University Press, 1999.

[22] Chen J, Guan Z, Yang C, et al. Distributed containment control of fractional-order uncertain multi-agent systems [J]. *Journal of the Franklin Institute*, 2016, 353: 1672 - 1688.
[23] Chen J, Guan Z, Li T, et al. Multiconsensus of fractional-order uncertain multi-agent systems[J]. *Neurocomputing*, 2015, 149: 698 - 705.
[24] Chen W, Li X. Observer-based consensus of second-order multi-agent system with fixed and stochastically switching topology via sampled data [J]. *International Journal of Robust and Nonlinear Control*, 2014, 24: 567 - 584.
[25] Chen Z, Xiang L, Liu Z, et al. Tracking control for multi-agent consensus with an active leader and directed topology[C]. *In Proceedings of the 27th Chinese Control Conference*, 2008: 494 - 498 Kunming, Yunnan, China.
[26] Chow Y, Teicher H. Probability theory: independence, interchangeability, martingales[M]. New York: Springer, 1997.
[27] Chu H, Gao L, Zhang W. Distributed adaptive containment control of heterogeneous linear multi-agent systems: An output regulation approach [J]. *IET Control Theory and Applications*, 2016, 10(1): 95 - 102.
[28] Chu H, Cai Y, Zhang W. Consensus tracking for multi-agent systems with directed graph via distributed adaptive protocol [J]. *Neurocomputing*, 2015, 166: 8 - 13.
[29] Chung S, Slotine J. Cooperative robot control and concurrent synchronization of Lagrangian systems [J]. *IEEE Transaction on Robotics*, 2007, 25(3): 686 - 700.
[30] Conte G, Pennesi P. The rendezvous problem with discontinuous control policies[J]. *IEEE Transaction on Automatic Control*, 2010, 55(1): 279 - 283.
[31] Czirok A, Stanley H, Vicsek T. Spontaneously ordered motion of self-propelled particles[J]. *Physics A*, 1997, 30(5): 1357 - 1358.
[32] Czirok A, Vicsek T. Collective behavior of interacting self-propelled particles[J]. *Physica A*, 2000, 281(1): 17 - 29.
[33] Dai L. *Singular Control Systems*[M]. Berlin: Springer-Verlag, 1989.
[34] Das D, Lewis F. Distributed adaptive control for synchronization of unknown nonlinear networked systems [J]. *Automatica*, 2010, 46:

2014 - 2021.

[35] Darouach M. Observers and observer-based control for descriptor systems revisited[J]. *IEEE Transactions on Automatic Control*, 59(5), 1367 - 1373, 2014.

[36] David A, Pierre-Alexandre B. Tight estimates for convergence of some non-stationary consensus algorithms[J]. *Systems & Control Letters*, 2008, 57(12): 996 - 1004.

[37] Degroot M. Reaching a consensus[J]. *Journal of American Statistical Association*, 1974, 65(345): 118 - 121.

[38] Dimarogonas D. Distributed event-triggered control for multi-agent systems[J]. *IEEE Transaction on Automatic Control*, 2012, 57(5): 1291 - 1297.

[39] Dorato P. Short time stability in linear time-varying systems[J]. *In Proceeding of the IRE Internation Convention Record*, 1961(4): 83 - 87.

[40] Dong X, Xi J, Lu G, et al. Containment analysis and design for high-order linear time-invariant singular swarm systems with time delays[J]. *International Journal of Robust and Nonlinear Control*, 2014, 24(7): 1189 - 1204.

[41] Dong X, Shi Z, Lu G, et al. Output containment analysis and design for high-order linear time-invariant singular swarm systems[J]. *International Journal of Robust and Nonlinear Control*, 2015, 25(6): 900 - 913.

[42] D'Orsogna M, Chuang Y, Bertozzi A, et al. Self-propelled particles with soft-core interactions: patterns, stability, and collapse[J]. *Physical Review Letter*, 2006, 96(10): 104302.

[43] Duan G. *Analysis and design of descriptor linear systems*[M]. New York: Springer, 2010.

[44] Franceschetti M, Poolla K, Jordan M, et al. Kalman filtering with intermittent observations[J]. *IEEE Transaction on Automatic Control*, 2004, 49(9): 1453 - 1464.

[45] Franceschetti M, Poolla K, Jordan M, et al. Kalman filtering with intermittent observations[J]. *IEEE Transaction on Automatic Control*, 2004, 49(9): 1453 - 1464.

[46] Friedman A. Stochastic differential equations and applications[M]. *New York*: Academic Press, 1975.

[47] Gallegos J, Duarte-Mermoud M. On the Lyapunov theory for fractional order systems[J]. *Applied Mathematics and Computation*, 2016, 287: 161 - 170.

[48] Gan Q. Exponential synchronization of stochastic neural networks with leakage delay and reaction-diffusion terms via periodically intermittent control[J]. *Chaos*, 2012, 22: Article ID 013124.

[49] Gan Q. Exponential synchronization of stochastic Cohen-Grossberg neural networks with mixed time-varying delays and reaction-diffusion via periodically intermittent control [J]. *Neural Networks*, 2012, 31: 12 - 21.

[50] Gao L, Tang Y, Chen W, et al. Consensus seeking in multi-agent systems with an active leader and communication delays[J]. *Kybernetika*, 2011, 47(5): 773 - 789.

[51] Gao L, Zhang J, Chen C. Second-order consensus for multiagent systems under directed and switching topologies[J]. *Mathematical Problems in Engineering*, 2012, 2012: Article ID 273140.

[52] Gao L, Zhu X, Chen W. Leader-following consensus problem with an accelerated motion leader [J]. *International Journal of Control, Automation, and Systems*, 2012, 10(5): 931 - 939.

[53] Gao L, Zhu X, Chen W, et al. Leader-following consensus of linear multi-agent systems with state-observer under switching topologies [J]. *Mathematical Problems in Engineering*, 2013, 2013: Article ID 873140.

[54] Gao L, Xu B, Li J, et al. A distributed reduced-order observer-based approach to consensus problems for linear multi-agent systems[J]. *IET Control Theory and Apolication*, 2015, 9(5): 784 - 792.

[55] Gao L, Cui Y, Chen W, et al. Leader-following consensus for discrete-time descriptor multi-agent systems with observer-based protocols [J]. *Transactions of the Institute of Measurement & Control*, 2016, 38(11): 1353 - 1364.

[56] Gao L, Cui Y, Xu X, et al. Distributed consensus protocol for leader-following multi-agent systems with functional observers[J]. *Journal of the Franklin Institute*, 2015, 352(11): 5173 - 5190.

[57] Gao L, Cui Y, Chen W. Admissible consensus for descriptor multi-agent systems via distributed observer-based protocols [J]. *Journal of the*

Franklin Institute, 2017, 354(1): 257 - 276.

[58] Gao Y, Ma J, Zuo M, et al. Consensus of discrete-time second-order agents with time-varying topolgy and time-varying delays[J]. *Journal of the Franklin Institute*, 2012, 349: 2598 - 2608.

[59] Gao Y, Wang L. Consensus of multiple dynamic agents with sampled information[J]. *IET Control Theory and Application*, 2010, 4(6): 945 - 956.

[60] Godsil C, Royle G. Algebraic graph theory [M]. New York: Springer, 2001.

[61] Gu K, Kharitonov V, Chen J. Stability of time-delay systems[M]. Boston: *Springer Verlag*, 2003.

[62] Guan Z, Wu Y, Feng G. Consensus analysis based on impulsive systems in multiagent networks[J]. *IEEE Transactions on Circuits and Systems*, 2012, 59(1): 170 - 178.

[63] Han X, Lu J, Wu X. Adaptive feedback synchronization of Lu. system [J]. *Chaos, Solitons & Fmctals*, 2004, 22: 221 - 227.

[64] Hayakawa T, Matsuzawa T, Hara S. Formation control of multi-agent systems with sampled information-relationship between information exchange structure and control performance[C]. *Proceedings of the 45nd IEEE Conference on Decision and Control*, San Diego, CA 2006: 4333 - 4338.

[65] He J, Cheng P, Shi L, et al. SATS: Secure average-consensus-based time synchronization in wireless sensor networks[J]. *IEEE Transactions on Signal Processing*, 61(24): 6387 - 6400, 2013.

[66] He J, Cheng P, Shi L, et al. Time synchronization in WSNs: a maximum-value-based consensus approach[J]. *IEEE Transactions on Automatic Control*, 2014, 59(3): 660 - 675.

[67] Hengster-Movric K, Lewis F. Cooperative observers and regulators for discrete-time multi-agent systems[J]. *International Journal of Robust and Nonlinear Control*, 2013, 23: 1545 - 1562.

[68] He W, Cao J. Consensus control for high-order multi-agent systems[J]. *IET Control Theory and Applications*, 2011, 5(1): 231 - 238.

[69] Hong Y, Huang J, Xu Y. On an output feedback finite-time stabilization problem[J]. *IEEE Transactions on Automatic Control*, 2001, 46:

305 - 309.

[70] Hong Y. Finite-time stabilization and stabilizability of a class of controllable systems[J]. *System & Control Letters*, 2002, 46: 231 - 236.

[71] Hong Y, Hu J, Gao L. Tracking control for multi-agent consensus with an active leader and variable topology[J]. *Automatica*, 2006, 42(7): 1177 - 1182.

[72] Hong Y, Chen G, Bushnell L. Distributed observers desgsign for leader-following control of multi-agent networks[J]. *Automatica*, 2008, 44(3): 846 - 850.

[73] Hong Y, Wang X. Multi-agent tracking of a high-dimensional active leader with switching topology[J]. *Journal of Systems Science and Complexity*, 2009, 22: 722 - 731.

[74] Horn R, Johnson C. Matrix analysis[M]. *New York*: Cambbridge University Press, 1985.

[75] Hu J, Hong Y. Leader-following coordination of multi-agent systems with coupling time delays[J]. *Physica A*, 2007, 374: 853 - 863.

[76] Hu J, Feng G. Distrubuted tracking control of leader-follower multi-agent systems under noisy measurement[J]. *Automatica*, 2010, 46(8): 1382 - 1387.

[77] Hu Y, Lam J, Liang J. Consensus of multi-agent systems with Lueberger observers[J]. *Journal of Franklin Institute*, 2013, 350: 2769 - 2790.

[78] Huang M, Manton J. Coordination and consensus of networked agents with noisy measurement: Stochastic algorithms and asymptotic behavior[J]. *SIAM Journal on Control and Optimization*, 2009, 48(1): 134 - 161.

[79] Huang D. Synchronization in adaptive weighted networks[J]. *Physical Review E*, 2006, 74: 046208.

[80] Jadbabaie A, Lin J, Morse A. Coordination of groups of mobile autonomous agents using nearest neighbor rules[J]. *IEEE Transactions on Automatic Control*, 2003, 48(6): 988 - 1001.

[81] Ji M, Ferrari T, Egerstedt M. Containment control in mobile networks[J]. *IEEE Transactions on Automatic Control*, 2008, 53(8): 1972 - 1975.

[82] Jin D, Gao L. Stability analysis of a double integrator swarm model

related to position and velocity[J]. *Transactions of the Institute of Measurement and Control*, 2008, 30(3-4): 275-293.

[83] Kashyap A, Basar T, Srikant R. Quantized consensus[J]. *Automatica*, 2007, 43(7): 1192-1203.

[84] Kano H. Existence condition of positive-definite solutions for algebraic matrix Riccati equations[J]. *Automatica*, 1987, 23(3): 393-397.

[85] Kristic M, Kanellakopoulos I, Kokotovic P. Nonlinear and adaptive control desgin[M]. *New York*: John Wiley & Sons, 1995.

[86] Li X, Leung A, Liu X, et al. Adaptive synchronization of identical chaotic and hyper-chaotic systems with uncertain parameters[J]. *Nonlinear Analysis: Real World Applications*, 2010, 11: 2215-2223.

[87] Li C, Feng G, Liao X. Stabilization of nonlinear systems via periodically intermittent control[J]. *IEEE Transaction on Circuits and Systems*, 2007, 54(11): 1019-1023.

[88] Li C, Zhang F. A survey on the stability of fractional differential equations[J]. *European Physical Journal-Special Topics*, 2011, 193(1): 27-47.

[89] Li H. Observer-type consensus protocol for a class of fractional-order uncertain multi-agent systems[J]. *Abstract and Applied Analysis*, 2012, 2012: 1-18.

[90] Li J, Ren W, Xu S. Distributed containment control with multiple dynamic leaders for double-integrator dynamics using only position measurements[J]. *IEEE Transactions on Automatic Control*, 2012, 57(6): 1553-1559.

[91] Li S, Du H, Lin X. Finite-time consensus algorithm for multi-agent systems with double-integrator dynamics[J]. *Automatica*, 2011, 47(8): 1706-1712.

[92] Li T, Zhang J. Mean square average-consensus under measurement noises and fixed topologies: Necessary and sufficient condition[J]. *Automatica*, 2009, 45(8): 1929-1936.

[93] Li T, Zhang J. Consensus conditions of multi-agent systems with time-varying topologies and stochastic conmmunication noises[J]. *IEEE Transaction on Automatic Control*, 2010, 55(9): 2043-2057.

[94] Li Y, Tong S, Li T. Observer-based adaptive fuzzy tracking control of

MIMO stochastic nonlinear systems with unknown control direction and unknown dead-zones[J]. *IEEE Transactions on Fuzzy Systems*, 2015, 23(4): 1228 - 1241.

[95] Li Y, Tong S, Li T. Adaptive fuzzy output feedback dynamic surface control of inter-connected nonlinear pure-feedback systems[J]. *IEEE Transactions on Cybernetics*, 2015, 45(1): 138 - 149.

[96] Li Y, Tong S. Command-filtered-based fuzzy adaptive control design for MIMO switched nonstrict-feedback nonlinear systems [J]. *IEEE Transactions on Fuzzy Systems*, 2017, 25(3): 668 - 681.

[97] Li Z, Duan Z, Chen G, et al. Consensus of multiagent systems and synchronization of complex networks: A unified viewpoint[J]. *IEEE Transactions on Circuits and Systems I: Regular Papers*, 2010, 57(1): 213 - 224.

[98] Li Z, Duan Z, Chen G. Dynamic consensus of linear multi-agent systems [J]. *IET Control Theory and Applications*, 2011, 5(1): 19 - 28.

[99] Li Z, Liu X, Lin P, et al. Consensus of linear multi-agent systems with reduced-order observer-based protocols[J]. *System & Control Letter*, 2011, 60(7): 510 - 516.

[100] Li Z, Liu X, Ren W, et al. Distributed tracking control for linear multiagent systems with a leader of bounded unknown input[J]. *IEEE Transactions on Automatic Control*, 2013, 58(2): 518 - 523.

[101] Li Z, Ishiguro H. Consensus of linear multi-agent systems based on full-order observer [J]. *Journal of Franklin Institute*, 2014, 351: 1151 - 1160.

[102] Li Z, Ren W, Liu X, et al. Consensus of multiagent systems with general linear and Lipschitz nonlinear dynamics using distributed adaptive protocols[J]. *IEEE Transactions on Automatic Control*, 2013, 58(7): 1786 - 1791.

[103] Li Z, Ren W, Liu X, et al. Distributed consensus of linear multi-agent systems with adaptive dynamic protocols[J]. *Automatica*, 2013, 49: 1986 - 1995.

[104] Lin P, Jia Y. Consensus of second-order discrete-time multi-agent systems with nonuniform time-delays and dynamically changing topologies[J]. *Automatica*, 2009, 45(9): 2154 - 2458.

[105] Lin P, Jia Y. Consensus of a class of second-order multi-agent systems with time-delay and jointly-connected topologies[J]. *IEEE Transaction on Automatic control*, 2010, 55(3): 778 - 784.

[106] Lin P, Jia Y, Du J, et al. Distributed leadless coordination for networks of second-order agents with time-delay on switching topology [C]. *Proceedings of the American Control Conference*. Washington, USA, 2008: 1564 - 1569.

[107] Li Z, Gao L, Chen W, et al. Distributed adaptive cooperative tracking of uncertain nonlinear fractional-order multi-agent systems[J]. *IEEE/CAA Journal of Automatic Sinica* (to be accepted).

[108] Lin P, Qin K, Zhao H. A new approach to average consensus problems with multiple time-delays and jointly-connected topologies[J]. *Journal of the Franklin Insitute*, 2012, 349(1): 293 - 304.

[109] Lin Z, Broucke M, Francis B. Local control strategies for groups of mobile autonomous agents [J]. *IEEE Transactions on Automatic Control*, 2004, 49(4): 622 - 629.

[110] Liu B, Wang X, Su G, et al. Adaptive second-order consensus of multi-agent systems with heterogeneous nonlinear dynamics and time-varying delays[J]. *Neurocomputing*, 2013, 118: 289 - 300.

[111] Liu H, Xie G, Wang L. Necessary and suffcient conditions for solving consensus problems of double-integrator dynamics via sampled control [J]. *International Journal of Robust and Nonlinear Control*, 2010, 20 (15): 1706 - 1722.

[112] Liu X, Chen T. Cluster synchronization in directed networks via intermittent pinning control [J]. *IEEE Transactions on Neural Network*, 2011, 22(7): 1009 - 1020.

[113] Low D. Following the crowd[J]. *Nature*, 2000, 407: 465 - 466.

[114] Lu J, Ho D, Kurths J. Consensus over directed static networks with arbitrary finite communicationdelays[J]. *Physical Review E*, 2009, 80 (6): 066121.

[115] Luan X, Liu F, Shi P. Finite-time filtering for non-linear stochastic systems with partially known transition jump rates[J]. *IET Control Theory and Applications*, 2010, 4: 735 - 745.

[116] Luan X, Shi P, Liu F. Finite-time stabilization of stochastic systems

with partially known transition probabilities[J]. *ASME Journal of Dynamic Systems, Measurement, Control*, 2011, 133(1): Article ID 014504.

[117] Lynch A. Distributed Algorithms[M]. *San Francisco, CA: Morgan Kaufmann*, 1997.

[118] Mei J, Jiang M, Xu W, et al. Finite-time synchronization control of complex dynamicaly networks with time delay[J]. *Commun Nonlinear Sci Numer Simulat*, 2013, 18: 2462 - 2478.

[119] Mei J, Ren W, Ma G. Distributed coordination for second-order multi-agent systems with nonlinear dynamics using only relative position measurements[J]. *Automatica*, 2013, 49: 1419 - 1427.

[120] Meng Z, Lin Z. Distributed finite-time cooperative tracking of networked Lagrange systems via local interactions[C]. *2012 American Control Conference Fairmont Queen Elizabeth*, 2012.

[121] Meng Z, Pen W, Cao Y. Leaderless and leader-following consensus with communication and input delays under a directed network topology[J]. *IEEE Transactions on Systems, Man, and Cybernetics — Part B: Cybernetics*, 2011, 41(1): 75 - 88.

[122] Mohar B. The Laplacian spectrum of graphs[J]. *Graph Theory, Combinatorics, and Applications*, 1991, 2: 871 - 898.

[123] Moreau L. Stability of continuous-time distributed consensus algorithms [C]. *In Proceedings of the IEEE Conference on Decision and Control.* Paradise Island, 2004: 3998 - 4003.

[124] Moreau L. Stability of multi-agent systems with time-dependent communication links[J]. *IEEE Transactions on Automatic Control*, 2005, 50(2): 169 - 182.

[125] Nersesov S, Haddad W, Hui Q. Finite-time stabilization of nonlinear dynamical systems via control vector Lyapunov functions[J]. *Journal of the Franklin Institute*, 2008, 345: 819 - 837.

[126] Ni W, Cheng D. Leader-following consensus of multi-agent systems under fixed and switching topologies[J]. *Systems & Control Letters*, 2010, 59(3): 209 - 217.

[127] Oh K, Ahn H. Formation control of mobile agents based on inter-agent distance dynamics[J]. *Automatica*, 2011, 47: 2306 - 2312.

[128] Park P, Hahn V. Stability theory[M]. *Englewood Cliffs, NJ, USA: Prentice Hall*, 1993.

[129] Parrish J, Viscido S, Grunbaum D. Self-organized fish schools: an examination of emergent properties [J]. *Biology Bull*, 2002, 202: 296 - 305.

[130] Peng Z, Wang D, Wang H, et al. Distributed cooperative tracking of uncertain nonlinear multi-agent systems with fast learning [J]. *Neurocomputing*, 2014, 129(10): 494 - 503.

[131] Peng Z, Wang D, Zhang H, et al. Distributed model reference adaptive control for cooperative tracking of uncertain dynamical multi-agent systems [J]. *IET Control Theory Applications*, 2013, 7(8): 1079 - 1087.

[132] Peng Z, Wang D, Zhang H, et al. Distributed neural network control for adaptive synchronization of uncertain dynamical multiagent systems[J]. *IEEE Transactions on Neural Networks and Learning Systems*, 2014, 25(8): 1508 - 1519.

[133] Pitcher T, Partridge B, Wardle C. A blind fish can school[J]. *Scientific American*, 1976, 194(4268): 963 - 965.

[134] Podlubny I. Fractional differential equations[M]. *New York: Academic Press*, 1999.

[135] Qian Y, Wu X, Lu J. Second-order consensus of multi-agents ystems with nonlinear dynamics via impulsive control [J]. *Neurocomputing*, 2014, 125: 142 - 147.

[136] Qin J, Gao H, Zheng W. Second-order consensus for multi-agent systems with switching topology and communication delay[J]. *Systems & Control Letters*, 2011, 60(6): 390 - 397.

[137] Qin J, Zheng W, Gao H. Consensus of multiple second-order vehicles with a time-varying reference signal under directed topology [J]. *Automatica*, 2011, 47(9): 1983 - 1991.

[138] Ren J, Zhang Q. PD observer design for descriptor systems: an LMI approach[J]. *International Journal of Control, Automation, Systems*, 2010, 8(4): 735 - 740.

[139] Ren W, Atkins E. Distributed multi-vehicle coordinated control via local information exchange [J]. *International Journal of Robust and*

Nonlinear Control, 2007, 17(10 - 11): 1002 - 1033.

[140] Ren W, Beard R. Consensus seeking in multi-agent systems under dynamically changing interaction topologies[J]. *IEEE Transactions on Automatic Control*, 2005, 50(5): 655 - 661.

[141] Ren W, Beard R. Distributed consensus in multi-vehicle cooperative control[M]. *Springer-Verlag*, 2008.

[142] Ren W, Beard R, Atkins. Information consensus in multivehicle cooperative control: Collective group behavior through local interaction [J]. *IEEE Control Systems Magzine*, 2007, 27(2): 71 - 82.

[143] Ren W, Cao Y. Distributed coordination of multi-agent networks[M]. *Springer-Verlag London Limited*, 2011.

[144] Ren W, Chen Y. Leaderless formation control for multiple autonomous vehicles[C]. *In AIAA Guidance, Navigation, and Control Conference and Exhibit*, 2006, 6069 - 6078.

[145] Ren W, Moore K, Chen Y. High-order consensus algorithms in cooperative control of vehicle systems [C]. *Proceeding IEEE International Conference on Networking, Sensing and Control*, 2006, 457 - 462.

[146] Ren W, Moore K, Chen Y. High-order and model reference consensus algorithms in cooperative control of multi-vehicle systems[J]. *Journal of Dynamic Systems, Measurement, and Control*, 2007, 5: 678 - 688.

[147] Reynolds C. Flocks, birds, schools: a distributed behavioral model [J]. *Computer Graphics*, 1987, 21(4): 25 - 34.

[148] Saber R, Murray R. Consensus protocols for networks of dynamic agents [C]. *In Proceceedings of the American control Conference*. Denver, CO, USA, 2003: 951 - 956.

[149] Saber R, Murray M. Consensus problems in networks of agents with switching topology and time-delays [J]. *IEEE Transactions on Automatic Control*, 2004, 49(9): 1520 - 1533.

[150] Saber R, Shamma J. Consensus filters for sensor networks and distributed sensor fusion[C]. *Procceedings of 44th IEEE conference on Decision and Control*. Seville, Spain, 2005: 2016 - 2021.

[151] Saber R. Flocking for multi-agent dynamic systems: algorithms and theory[J]. *IEEE Transactions on Automatic Control*, 2006, 51(3):

401 - 420.

[152] Seo J, Shim H, Back J. Consensus of high-order linear systems using dynamic output feedback compensator: low gain approach [J]. *Automatica*, 2009, 45(11): 2659 - 2664.

[153] Shaw E. Fish in schools[J]. *Natural History*, 1975, 84(8): 40 - 45.

[154] Shen J, Cao J, Lu J. Consensus of fractional-order systems with non-uniform input and communication delays [J]. *Proceedings of the Institution of Mechanical Engineers, Part I: Journal of Systems and Control Engineering*, 226(2), 271 - 283, 2012.

[155] Song Q, Cao J, Yu W. Second-order leader-following consensus of nonlinear multi-agent systems via pinning control[J]. *Systems & Control Letters*, 2010, 59: 553 - 562.

[156] Su H, Chen G, Wang X, et al. Adaptive second-order consensus of networked mobile agents with nonlinear dynamics [J]. *Automatica*, 2011, 47: 368 - 375.

[157] Sun F, Chen J, Guan Z, et al. Leader-following finite-time consensus for multiagent systems with jointly-reachable leader [J]. *Nonlinear Analysis: Real World Applications*, 2012, 13(5): 2271 - 2284.

[158] Sun F, Guan Z, Zhan X, et al. Continuous of second-order and high-order discrete-time multi-agent systems with random networks[J]. *Real World Applications*, 2012, 13: 1979 - 1990.

[159] Sun Y, Wang L, Xie G. Average consensus in networks of dynamic agents with switching topologies and multiple time-varying delays[J]. *Systems & Control Letters*, 2008, 57(2): 175 - 183.

[160] Tang Z, Huang T, Shao J. Leader-following consensus for multi-agent systems via sampled-data control [J]. *IET Control Theory and Applications*, 2011, 5(14): 1658 - 1665.

[161] Tang Z, Huang T, Shao J, et al. Consensus of second-order multi-agent systems with nonunifom time-varying delays [J]. *Neurocomputing*, 2012, 97: 410 - 414.

[162] Trigeassou J, Maamri N, Sabatier J, et al. A Lyapunov approach to the stability of fractional differential equations[J]. *Signal Processing*, 91: 437 - 445, 2011.

[163] Tsitsiklis N, Athans M. Convergence and asymptotic agreement in

distributed decision problem [J]. *IEEE Transactions on Automatic Control*, 1984, 29(1): 42 - 50.

[164] Vicsek T, Cziro'k A, Ben-Jacob E. Novel type of phase transition in a system of self-driven particles [J]. *Physical Review Letters*, 1995, 75(6): 1226 - 1229.

[165] Wang F, Liu Z, Zhang Y, et al. Distributed adaptive coordination control for uncertain nonlinear multi-agent systems with dead-zone input [J]. *Journal of the Franklin Institute*, 2014, 353(10): 2270 - 2289.

[166] Wang L, Xiao F. Dynamic behavior of discrete-time multi-agent systems with general communication structure[J]. *Physical A*, 2006, 379(2): 364 - 380.

[167] Wang J, Xiong X. A general fractional-order dynamical network: Synchronization behavior and state tuning[J]. *Chaos*, 2012, 22(2): 0231021 - 0231029.

[168] Wang R, Gao L, Chen W, et al. Consensus for second-order multi-agent systems with position sampled data[J]. *Chinese Physics B*, 2016, 25(10): 100202.

[169] Wang S, Xie D. Consensus of second-order multi-agent systems via sampled control undirected fixed topology case[J]. *IET Control Theory and Application*, 2012, 6(7): 893 - 899.

[170] Wang W, Huang J, Wen C, et al. Distributed adaptive control for consensus tracking with application to formation control of nonholonomic mobile robots[J]. *Automatica*, 2014, 50: 1254 - 1263.

[171] Wang X, Hong Y. Finite-time consensus for multi-agent networks with second-order agent dynamics [C]. *Proceedings of the 17th World Congress The International Federation of Automatic Control*, Seoul, Korea, 2008: 15185 - 151190.

[172] Wen G, Duan Z, Yu W, et al. Consensus of multi-agent systems with nonlinear dynamics and sampled-data information a delayed-input approach[J]. *International Journal of Robust and Nonlinear Control*, 2013, 23(6): 602 - 619.

[173] Wonham W. *Linear Multivariable Contol* [M]. New York: Springer-Verlag, 1985.

[174] Xi J, Cai N, Zhong Y. Consensus problems for high-order linear time-

invariant swarm systems[J]. *Physica A* , 2010, 389(24): 5619 - 5627.

[175] Xi J, Shi Z, Zhong Y. Consensus analysis and design for high-order linear swarm systems with time-varying delays[J]. *Physica A*, 2011, 390(23 - 24): 4114 - 4123.

[176] Xi J, Shi Z, Zhong Y. Admissible consensus and consensualization of high order linear time-invariant singular swarm systems[J]. *Physica A*, 2012, 391: 5839 - 5849.

[177] Xi J, Meng F, Shi Z, et al. Delay-dependent admissible consensualization for singular time-delayed swarm systems[J]. *Systems & Control Letters*, 2012, 61(11): 1089 - 1096.

[178] Xi J, Yu Z, Liu G, et al. Guaranteed-cost consensus for singular multi-agent systems with switching topologies[J]. *IEEE Transactions on Circuits & Systems I Regular Papers*, 2014, 61(5): 1531 - 1542.

[179] Xi X, Cai N, Zhong Y. Consensus problems for high-order linear time-invariant swarm systems[J]. *Physica A*, 2010, 389(24): 5619 - 5627.

[180] Xia W, Cao J. Pinning synchronization of delayed dynamical networks via periodically intermittent control [J]. *Chaos*, 2009, 19: Article ID 013120.

[181] Xiao L, Stephen B. Fast linear iterations for distributed averaging[J]. *System & Control Letters*, 2004, 53(1): 65 - 78.

[182] Xiao L, Boyd S, Lall S. A scheme for robust distributed sensor fusion based on average consensus[C]. *Proc. International Symposium on Information Processing in Sensor Networks.* Boston, Massachusetts, 2005: 63 - 70.

[183] Xiao F, Wang L. Consensus problems for high-dimensional multi-agent systems[J]. *IET Control Theory and Applications*, 2007, 1(3): 830 - 837.

[184] Xiao F, Wang L. Consensus protocols for discrete-time multi-agent systems with time-varying delays [J]. *Automatica*, 2008, 44: 2577 - 2582.

[185] Xu B, Gao L, Zhang Y, et al. Leader-following consensus stability of discrete-time linear multiagent systems with observer-based protocols [J]. *Abstract and Applied Analysis*, 2013, 1 - 10 Article ID 357971.

[186] Xu X, Chen S, Huang W, et al. Leader-following consensus of discrete-

time multi-agent systems with observer-based protocols [J]. *Neurocomputing*, 2013, 118(22): 334 - 341.

[187] Xu X, Chen S, Gao L. Observer-based consensus tracking for second-order leader-following nonlinear multi-agent systems with adaptive coupling parameter design[J]. *Neurocomputing*, 2015, 256: 297 - 305.

[188] Xu X, Chen S, Gao L. Distributed leader-following finite-time consensus control for linear multiagent systems under switching topology[J]. *The Scientific World Journal*, 2014, 2014: 248041.

[189] Xu X, Gao L. Intermittent observer-based consensus control for multi-agent systems with switching topologies[J]. *International Journal of Systems Science*, 2016, 47(8): 1891 - 1904.

[190] Xu X, Gao L. Distributed adaptive consensus control for multi-agent systems with Lipschitz nonlinear dynamics [J]. *Transactions of the Institute of Measurement & Control* 2017, 39(12): 1864 - 1876.

[191] 徐仲,张凯院,陆全,等. 矩阵论简明教程[M]. 北京:科学出版社,2001.

[192] Yang D, Ma Y, Sha C, et al. H_2 observer for descriptor systems: a LMI design method[J]. *International Journal of Information and Systems Sciences*, 2005, 1(3 - 4): 293 - 301.

[193] Yang H, Guo L, Zhu X, et al. Consensus of compound-order multi-agent systems with communication delays[J]. *Central European Journal of Physics*, 2013, 11(6): 806 - 812.

[194] Yang W, Bertozzi A, Wang X. Stability of a second order consensus algorithm with time delay[C]. *Proceedings of the 47th IEEE Conference on Decision and Control Conference*. Minneapolis, 2006: 756 - 761.

[195] Yang X, Liu G. Necessary and sufficient consensus conditions of linear descriptor multi-agent system[J]. *IEEE Transactions on Circuits And Systems — I: Regular Papers*, 2012, 59(11): 2669 - 2676.

[196] Yang X, Liu G. Consensus of descriptor multi-agent systems via dynamic compensators[J]. *IET Control Theory and Applications*, 2014, 8(6): 389 - 398.

[197] Yin X, Hu S. Consensus of fractional-order uncertain multi-agent systems based on output feedback[J]. *Asian Journal Control*, 2013, 15(5): 1538 - 1542.

[198] Yu J, Hu C, Jiang H, et al. Synchronization of nonlinear system with

delays via periodically nonlinear intermittent control[J]. *Communications in Nonlinear Science and Numerical Simulation*, 2012, 17(7): 2978 - 2989.

[199] Yu W, Chen G, Cao M. Some necessary and sufficient conditions for second-order consensus in multi-agent dynamical systems [J]. *Automatica*, 2010, 46: 1089 - 1095.

[200] Yu W, Chen G, Cao M, et al. Second-order consensus for multiagent systems with directed topologies and nonlinear dynamics[J]. *IEEE Transaction on Systems, Man, Cybernetics — Part B: Cybernetics*, 2010, 40(3): 881 - 891.

[201] Yu W, Ren W, Zheng W, et al. Distributed control gains design for consensus in multi-agent systems with second-order nonlinear dynamics [J]. *Automatica*, 2013, 58(7): 2107 - 2115.

[202] Yu W, Zheng W, Chen G, et al. Second-order consensus in multi-agent dynamical systems with sampled position data[J]. *Automatica* , 2011, 47(7): 1496 - 1503.

[203] Yu W, Zhou L, Yu X, et al. Consensus in multiagent systems with second-order dynamics and sampled data[J]. *IEEE Transactions on Industrial Informatics*, 2013, 9(4): 2137 - 2146.

[204] Yu Z, Jiang H, Hu C. Leader-following consensus of fractional-order multi-agent systems under fixed topology[J]. *Neurocomputing*, 2015, 149: 613 - 620.

[205] Yu Z, Jiang H, Hu C, et al. Leader-following consensus of fractional-order multi-agent systems via adaptive pinning control[J]. *International Journal of Control*, 2015, 88: 1746 - 1756.

[206] Yucelen Y, Haddad W. Low-frequency learning and fast adaptation in model reference adaptive control[J]. *IEEE Transactions on Automatic Control*, 2013, 58(4): 1080 - 1085.

[207] Zhang H, Lewis FL, Das A. Optimal design for synchronization of cooperative systems: state feedback, observer and output feedback[J]. *IEEE Transactions on Automatic Control*, 2011, 56(8): 1948 - 1952.

[208] Zhang H, Lewis F. Adaptive cooperative tracking control of higher-order nonlinear systems with unknown dynamics[J]. *Automatica*, 2012, 48(7): 1432 - 1439.

[209] Zhang W, Zeng D, Qu S. Dynamic feedback consensus control of a class of high-order multiagent systems[J]. *Control Theory and Applications*, 2010, 4(10): 2219 - 2222.

[210] Zhang W, Huang J, Wei P. Weak synchronization of chaotic neural networks with parameter mismatch via periodically intermittent control [J]. *Applied Mathematical Modelling*, 2011, 35(2): 612 - 620.

[211] Zhang X, Liu L, Feng G. Leader-follower consensus of time-varying nonlinear multi-agent systems[J]. *Automatica*, 2015, 52: 8 - 14.

[212] Zhang Y, Gao L, Tong C. On distributed reduced-order observer-based protocol for linear multi-agent consensus under switching topology[J]. *Abstract and Applied Analysis*, 2013, Article ID 793276, 13 pages, 2013.

[213] Zhang Y, Tian Y. Consentability and protocol design of multi-agent systems with stochastic switching topology[J]. *Automatica*, 2009, 45(5): 1195 - 1201.

[214] Zhang Y, Yang Y. Finite-time consensus of second-order leader-following multi-agent systems without velocity measurement [J]. *Physics Letter A*, 2013, 377: 243 - 249.

[215] Zhao H, Xu S, Yuan D. Minimum communication cost consensus in multi-agent systems with Markov chain patterns [J]. *IET Control Theory and Applications*, 2011, 5(1): 63 - 68.

[216] Zhao Y, Li Z, Duan Z. Distributed consensus tracking of multi-agent systems with non-linear dynamics under a reference leader [J]. *International Journal of Control*, 2013, 86(10): 1859 - 1869.

[217] Zhao Y, Wang Y, Zhang X, et al. Feedback stabilisation control design for fractional order non-linear systems in the lower triangular form[J]. *IET Control Theory and Applications*, 2016, 10(9): 1061 - 1068.

[218] 郑大钟.线性系统理论(第2版)[M].北京：清华大学出版社,2002.

[219] Zhou B, Liao X. Leader-following second-order consensus in multi-agent systems with sampled data via pinning control [J]. *Springe*, 2014, 78(1): 555 - 569.

[220] Zhou L, Xiao X, Lu G. Network-based control of discrete-time descriptor systems with random delays[J]. *Circuits, Systems & Signal Processing*, 2011, 30(5): 1055 - 1070.

[221] Zhu H, Cui B. Stabilization and synchronization of chaotic systems via intermittent control [J]. *Communications in Nonlinear Science and Numerical Simulation*, 2010, 15(11): 3577 - 3586.

[222] Zochowski M. Intermittent dynamical control [J]. *Physica D*, 2000, 145: 181 - 190.

索 引